시험 직전 ... 보는 전기기기 암기노

1 직류기

[1] 직류 발전기의 원리와 구조

(1) 직류 발전기의 원리 : 플레밍(Fleming)의 오른손 법칙
유기 기전력 $e = vBl\sin\theta$[V]

(2) 직류 발전기의 구조
① 전기자(armature)
② 계자(field magnet)
③ 정류자(commutator)

[2] 전기자 권선법

(1) 직류기의 전기자 권선법

- 환상권
- 고상권
  - 개로권
  - 폐로권
    - 단층권
    - 2층권
      - 중권
      - 파권

(2) 전기자 권선법의 중권과 파권을 비교

구 분	전압·전류	병렬 회로수	브러시수	균압환
중권	**저전압, 대전류**	$a=p$	$b=p$	**필요**
파권	**고전압, 소전류**	$a=2$	$b=2$ 또는 p	**불필요**

[3] 유기 기전력

$$E = \frac{Z}{a}p\phi\frac{N}{60}\,[\text{V}]$$

[4] 전기자 반작용

(1) 전기자 반작용의 영향
① **전기적 중성축이 이동**한다.
② **계자 자속이 감소**한다.
③ **정류자 편간 전압이 국부적으로 높아져 불꽃이 발생**한다.

(2) 전기자 반작용의 방지책
① 보극을 설치한다.
② **보상 권선을 설치**한다.

[5] 정류

① 교류를 직류로 변환하는 것
② 정류 개선책은 다음과 같다.

평균 리액턴스 전압 $e = L\frac{2I_c}{T_c}$[V

㉠ 평균 리액턴스 전압을 작게
㉡ 보극을 설치한다.
㉢ 브러시의 접촉 저항을 크게

[6] 직류 발전기의 종류와 특성

(1) 타여자 발전기
단자 전압 : $V = E - I_a R_a$[V]

(2) 분권 발전기
단자 전압 : $V = E - I_a R_a = I_f r_f$[V]

(3) 직권 발전기

(4) 복권 발전기

(5) 직류 발전기의 특성 곡선
① 무부하 포화 특성 곡선 : 계자 전
곡선
② 부하 특성 곡선 : 계자 전류(I_f)
③ 외부 특성 곡선 : 부하 전류(I)

[7] 전압 변동률 : ε[%]

$$\varepsilon = \frac{V_0 - V_n}{V_n} \times 100\,[\%]$$

[8] 직류 발전기의 병렬 운전

(1) 병렬 운전의 조건
① 극성이 일치할 것
② 단자 전압이 같을 것
③ 외부 특성 곡선은 일치하고 약

(2) 균압선
직권 계자 권선이 있는 발전기에서
설치한다.

[9] 직류 전동기의 원리와 구조

(1) 직류 전동기의 원리 : 플레밍의 왼손
힘 $F = IBl\sin\theta$[N]

]

한다.

한다.

류(I_f)와 유기 기전력(E)의 관계

단자 전압[V]의 관계 곡선

단자 전압(V)의 관계 곡선

수하 특성일 것

정된 병렬 운전을 하기 위하여

법칙

(2) 직류 전동기의 구조

직류 발전기와 동일하다.

[10] 회전 속도와 토크

(1) 회전 속도

$$\text{회전 속도 } N = K\frac{V - I_a R_a}{\phi}\,[\text{rpm}]$$

(2) 토크(Torque 회전력)

$$T = \frac{P}{2\pi \frac{N}{60}}\,[\text{N}\cdot\text{m}]$$

[11] 직류 전동기의 종류와 특성

(1) 분권 전동기

① 속도 변동률이 작다.

② 경부하 운전 중 계자 권선이 단선되면 위험 속도에 도달한다.

(2) 직권 전동기

① 속도 변동률이 크다.

② 토크가 전기자 전류의 제곱에 비례한다($T_{직} \propto I_a^2$).

③ 운전 중 무부하 상태가 되면 무구속 속도(위험 속도)에 도달한다.

[12] 직류 전동기의 운전법

(1) 기동법

전기자에 직렬로 저항을 넣고 기동하는 저항 기동법

(2) 속도 제어

① **계자 제어 : 정출력 제어**

② 저항 제어 : 손실이 크고, 효율이 낮다.

③ **전압 제어 : 효율이 좋고, 광범위로 원활한 제어**를 할 수 있다.

㉠ **워드 레오나드(Ward leonard) 방식**

㉡ **일그너(Ilgner) 방식**

(3) 제동법

① 발전 제동

② 회생(回生) 제동

③ 역상 제동(plugging) : 전기자 권선의 결선을 반대로 바꾸어 급제동하는 방법

[13] 손실 및 효율

(1) 손실

① 무부하손(고정손)

㉠ **철손**

- **히스테리시스손 :** $P_h = \sigma_h f B_m^{1.6}\,[\text{W/m}^3]$
- **와류손 :** $P_e = \sigma_e k (t f B_m)^2\,[\text{W/m}^3]$

㉡ 기계손 : 풍손 + 마찰손

② 부하손(가변손)

㉠ 동손 : $P_c = I^2 R\,[\text{W}]$

㉡ 표유 부하손(stray load loss)

[13] 위상 특성 곡선(V곡선)

계자 전류(I_f)와 전기자 전류(I)의 크기 및 위상(역률) 관계 곡선

(1) 부족 여자 : 리액터 작용

(2) 과여자 : 콘덴서 작용

3 변압기

[1] 변압기의 원리와 구조

(1) 변압기의 원리 : 전자 유도 작용

유기 기전력 $e = -N\dfrac{d\phi}{dt}$ [V]

(2) 변압기의 구조

① 환상 철심

② 1차, 2차 권선

③ **변압기의 권수비** : $a = \dfrac{e_1}{e_2} = \dfrac{N_1}{N_2} = \dfrac{v_1}{v_2} = \dfrac{i_2}{i_1}$

[2] 1·2차 유기 기전력과 여자 전류

(1) 유기 기전력

① 1차 유기 기전력 : $E_1 = 4.44 f N_1 \Phi_m$ [V]

② 2차 유기 기전력 : $E_2 = 4.44 f N_2 \Phi_m$ [V]

(2) 변압기의 여자 전류

① 여자 전류 : $\dot{I_0} = \dot{Y_0}\dot{V_1} = \dot{I_i} + \dot{I_\phi} = \sqrt{\dot{I_i}^2 + \dot{I_\phi}^2}$ [A]

② 여자 어드미턴스 : $Y_0 = g_0 - jb_0$ [℧]

③ 철손 : $P_i = V_1 I_i = g_0 V_1^{\ 2}$ [W]

[3] 변압기의 등가 회로

(1) 등가 회로 작성 시 필요한 시험

① 무부하 시험 : I_0, Y_0, P_i

② 단락 시험 : I_s, V_s, $P_c(W_s)$

③ 권선 저항 측정 : r_1, r_2[Ω]

(2) 2차를 1차로 환산한 임피던스

$r_2{}' = a^2 r_2$, $x_2{}' = a^2 x_2$

[4] 변압기의 특성

(1) 전압 변동률 : ε[%]

$\varepsilon = \dfrac{V_{20} - V_{2n}}{V_{2n}} \times 100$ [%]

① 퍼센트 전압 강하

㉠ 퍼센트 저항 강하 : $p = \dfrac{I \cdot r}{V} \times 100 = \dfrac{P_c}{P_n} \times 100$ [%]

㉡ 퍼센트 리액턴스 강하 : $q = \dfrac{I \cdot x}{V} \times 100$ [%]

㉢ **퍼센트 임피던스 강하 : $\%Z$**

② 임피던스 전압과 임피던스 와트

㉠ **임피던스 전압 : V_s[V]**

정격 전류에 의한 변압기 내

㉡ 임피던스 와트 : W_s[W]

변압기에 임피던스 전압을 공

③ **퍼센트 강하의 전압 변동률(ε)**

$\varepsilon = p\cos\theta \pm q\sin\theta = \sqrt{p^2 + q^2}$ co

(2) $\dfrac{1}{m}$인 부하 시 효율 : $\eta_{\frac{1}{m}}$

$\eta_{\frac{1}{m}} = \dfrac{\frac{1}{m} \cdot VI \cdot \cos\theta}{\frac{1}{m} \cdot VI \cdot \cos\theta + P_i + \left(\frac{1}{m}\right)}$

- **최대 효율 조건 : $P_i = \left(\dfrac{1}{m}\right)^2 \cdot P_c$**

(3) 변압기유(oil)

① **구비 조건**

㉠ **절연 내력이 클 것**

㉡ **점도가 낮을 것**

㉢ **인화점은 높고, 응고점은 낮**

㉣ **화학 작용과 침전물이 없을**

② **열화 방지책 : 콘서베이터(conse**

[5] 변압기의 결선법

(1) △-△ 결선

① 선간 전압=상전압 : $V_l = E_p$

② 선전류= $\sqrt{3}$ 상전류 : $I_l = \sqrt{3}\, I_p$

③ 3상 출력 : $P_3 = \sqrt{3}\, V_l I_l \cdot \cos\theta$

④ △-△ 결선의 특성

㉠ 운전 중 1대 고장 시 V-V 결

㉡ 중성점을 접지할 수 없으므로

한다.

(2) Y-Y 결선

① 선간 전압= $\sqrt{3}$ 상전압 : $V_l = $

② 선전류=상전류 : $I_l = I_p$

③ Y-Y 결선의 특성 : 고조파 순환

발생시킨다.

(3) △-Y, Y-△ 결선

① △-Y 결선은 승압용 변압기 결

② Y-△ 결선은 강압용 변압기 결

$= \dfrac{I \cdot Z}{V} \times 100$

$= \dfrac{I_n}{I_s} \times 100 = \sqrt{p^2 + q^2}\,[\%]$

전압 강하

급할 때의 입력

$s(\alpha - \theta)$

$\times 100[\%]$

$\cdot P_c$

것

vator)를 설치한다.

$\angle -30°$

W]

선으로 운전을 계속할 수 있다.

지락 사고 시 이상 전압이 발생

$3 E_p \angle 30°$

전류가 흘러 통신 유도 장해를

선에 유효하다.

선에 유효하다.

(4) V－V 결선

① **V결선 출력** $P_V = \sqrt{3} P_1$

② **이용률 :** $\dfrac{\sqrt{3} P_1}{2P_1} = 0.866 \rightarrow 86.6[\%]$

③ **출력비 :** $\dfrac{\sqrt{3} P_1}{3P_1} = 0.577 \rightarrow 57.7[\%]$

[6] 변압기의 병렬 운전

(1) 병렬 운전 조건

① **극성이 같을 것**

② **1차, 2차 정격 전압과 권수비가 같을 것**

③ **퍼센트 임피던스 강하가 같을 것**

④ **변압기의 저항과 리액턴스의 비가 같을 것**

⑤ **상회전 방향 및 각 변위가 같을 것(3상 변압기의 경우)**

(2) 부하 분담비

$$\frac{I_a}{I_b} = \frac{\%Z_b}{\%Z_a} \cdot \frac{P_A}{P_B}$$

[7] 상(相, phase)수 변환

(1) 3상 → 2상 변환

① 스코트(Scott) 결선(T결선)

② 메이어(Meyer) 결선

③ 우드 브리지(Wood bridge) 결선

(2) 3상 → 6상 변환

① 2중 Y결선(성형 결선, Star)

② 2중 △결선

③ 환상 결선

④ 대각 결선

⑤ 포크(fork) 결선

[8] 단권 변압기

$$\frac{\text{자기 용량}(P)}{\text{부하 용량}(W)} = \frac{(V_2 - V_1) I_2}{V_2 I_2} = \frac{V_h - V_l}{V_h}$$

4 유도기

[1] 유도 전동기의 원리와 구조

(1) 유도 전동기의 원리 : 전자 유도 작용과 플레밍의 왼손 법칙

(2) 유도 전동기의 구조

① 고정자(1차) : 교류 전원을 공급받아 회전 자계를 발생하는 부분

② 회전자(2차) : 회전 자계와 같은 방향으로 회전하는 부분

㉠ 권선형 유도 전동기 : 기동 특성이 양호하다(비례 추이).

㉡ 농형 유도 전동기 : 구조가 간결하고 튼튼하다.

기출과 개념을 한 번에 잡는

전기기기

임한규 지음

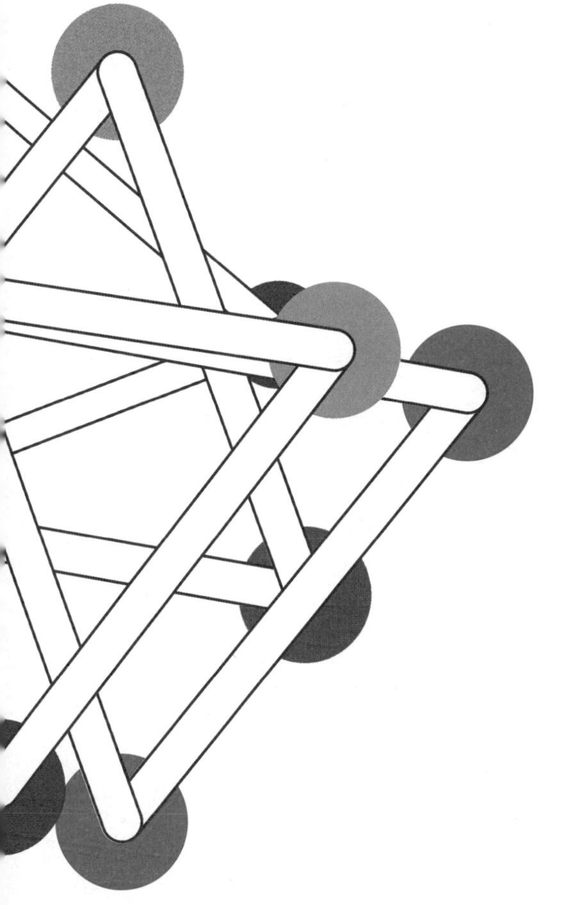

BM (주)도서출판 성안당

■ 도서 A/S 안내

성안당에서 발행하는 모든 도서는 저자와 출판사, 그리고 독자가 함께 만들어 나갑니다.

좋은 책을 펴내기 위해 많은 노력을 기울이고 있습니다. 혹시라도 내용상의 오류나 오탈자 등이 발견되면 "좋은 책은 나라의 보배"로서 우리 모두가 함께 만들어 간다는 마음으로 연락주시기 바랍니다. 수정 보완하여 더 나은 책이 되도록 최선을 다하겠습니다.

성안당은 늘 독자 여러분들의 소중한 의견을 기다리고 있습니다. 좋은 의견을 보내주시는 분께는 성안당 쇼핑몰의 포인트(3,000포인트)를 적립해 드립니다.

잘못 만들어진 책이나 부록 등이 파손된 경우에는 교환해 드립니다.

저자 문의 : sapdary@naver.com(임한규)

본서 기획자 e-mail : coh@cyber.co.kr(최옥현)

홈페이지 : http://www.cyber.co.kr 전화 : 031) 950-6300

이 책을 펴내면서…

전기수험생 여러분!

합격하기도, 학습하기도 어려운 전기자격증시험 어떻게 하면 합격할 수 있을까요? 이것은 과거부터 현재까지 끊임없이 제기되고 있는 전기수험생들의 고민이며 가장 큰 바람입니다.

필자가 강단에서 30여 년 강의를 하면서 안타깝게도 전기수험생들이 열심히 준비하지만 합격하지 못한 채 중도에 포기하는 경우를 많이 보았습니다. 전기자격증시험이 너무 어려워서?, 머리가 나빠서?, 수학실력이 없어서?, 그렇지 않습니다. 그것은 전기자격증 시험대비 학습방법이 잘못되었기 때문입니다.

전기기사·산업기사 시험문제는 전체 과목의 이론에 대해 출제될 수 있는 문제가 모두 출제된 상태로 현재는 문제은행방식으로 기출문제를 그대로 출제하고 있습니다.

따라서 이 책은 기출개념원리에 의한 독특한 교수법으로 시험에 강해질 수 있는 사고력을 기르고 이를 바탕으로 기출문제 해결능력을 키울 수 있도록 다음과 같이 구성하였습니다.

이 책의 특징

❶ **기출핵심개념과 기출문제를 동시에 학습**

중요한 기출문제를 기출핵심이론의 하단에서 바로 학습할 수 있도록 구성하였습니다. 따라서 기출개념과 기출문제풀이가 동시에 학습이 가능하여 어떠한 형태로 문제가 출제되는지 출제감각을 익힐 수 있게 구성하였습니다.

❷ **전기자격증시험에 필요한 내용만 서술**

기출문제를 토대로 방대한 양의 이론을 모두 서술하지 않고 시험에 필요 없는 부분은 과감히 삭제, 시험에 나오는 내용만 담아 수험생의 학습시간을 단축시킬 수 있도록 교재를 구성하였습니다.

이 책으로 인내심을 가지고 꾸준히 시험대비를 한다면 학습하기도, 합격하기도 어렵다는 전기자격증시험에 반드시 좋은 결실을 거둘 수 있으리라 확신합니다.

임한규 씀

”

기출개념과 문제를 한번에 잡는 합격 구성

“

기출개념

기출문제에 꼭 나오는 핵심개념을 관련 기출문제와 구성하여 한 번에 쉽게 이해

단원 최근 빈출문제

단원별로 자주 출제되는 기출문제를 엄선하여 출제 가능성이 높은 필수 기출문제 공략

실전 기출문제

최근 출제되었던 기출문제를 풀면서 실전시험 최종 마무리

이 책의 구성과 특징

01 기출개념

시험에 출제되는 중요한 핵심개념을 체계적으로 정리해 먼저 제시하고 그 개념과 관련된 기출문제를 동시에 학습할 수 있도록 구성하였다.

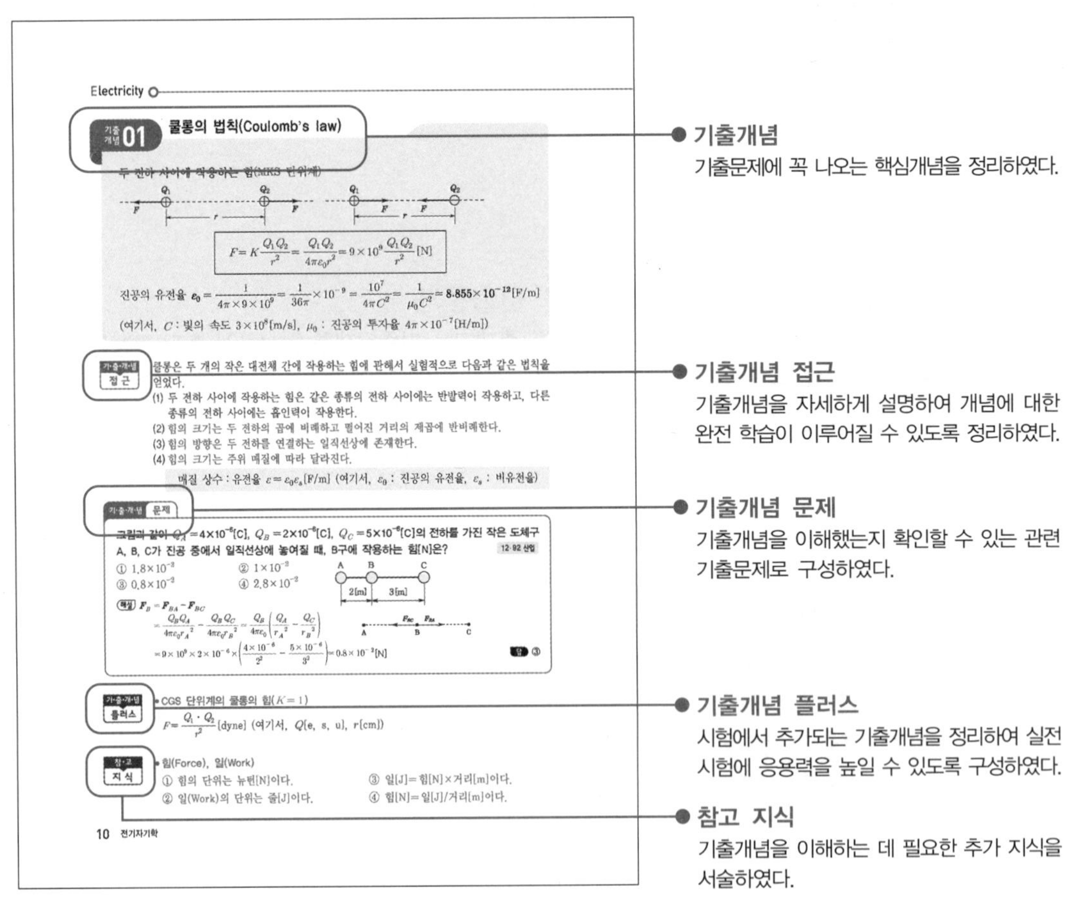

기출개념
기출문제에 꼭 나오는 핵심개념을 정리하였다.
기출개념 접근
기출개념을 자세하게 설명하여 개념에 대한 완전 학습이 이루어질 수 있도록 정리하였다.
기출개념 문제
기출개념을 이해했는지 확인할 수 있는 관련 기출문제로 구성하였다.
기출개념 플러스
시험에서 추가되는 기출개념을 정리하여 실전 시험에 응용력을 높일 수 있도록 구성하였다.
참고 지식
기출개념을 이해하는 데 필요한 추가 지식을 서술하였다.

02 단원별 출제비율

단원별로 다년간 출제문제를 분석한 출제비율을 제시하여 학습방향을 세울 수 있도록 구성하였다.

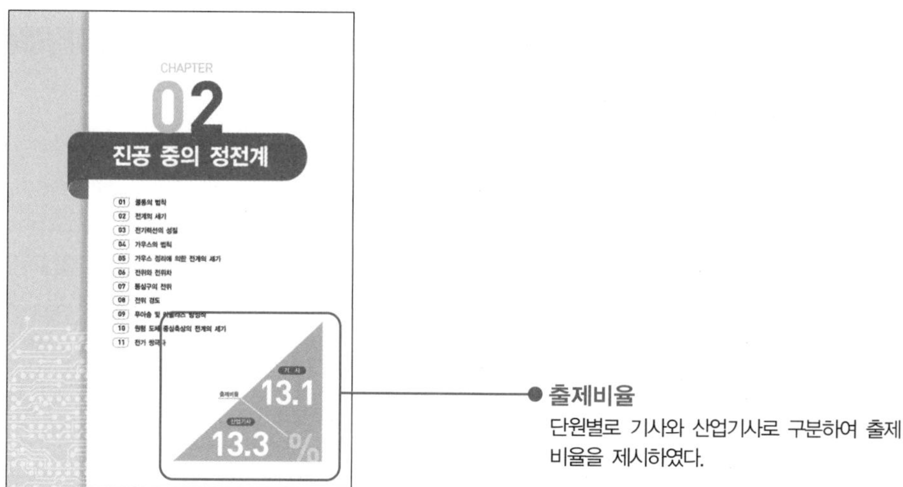

CHAPTER
02
진공 중의 정전계
기사
13.1
산업기사
13.3
%
출제비율
단원별로 기사와 산업기사로 구분하여 출제 비율을 제시하였다.

03 단원 최근 빈출문제

자주 출제되는 기출문제를 엄선하여 단원별로 학습할 수 있도록 빈출문제로 구성하였다.

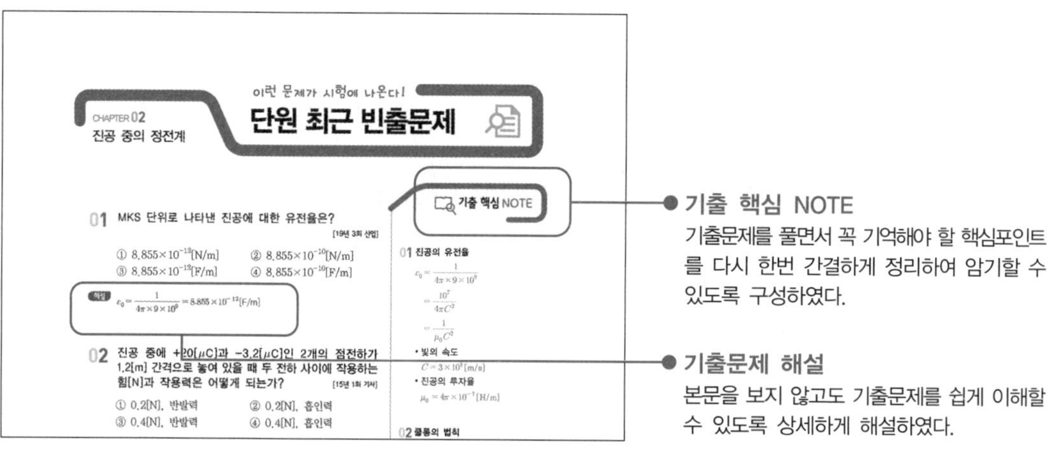

04 최근 과년도 출제문제

실전시험에 대비할 수 있도록 최근 기출문제를 수록하여 시험에 대한 감각을 기를 수 있도록 구성하였다.

전기자격시험안내

01 시행처

한국산업인력공단

02 시험과목

구분	전기기사	전기산업기사	전기공사기사	전기공사산업기사
필기	1. 전기자기학 2. 전력공학 3. 전기기기 4. 회로이론 및 제어공학 5. 전기설비기술기준	1. 전기자기학 2. 전력공학 3. 전기기기 4. 회로이론 5. 전기설비기술기준	1. 전기응용 및 공사재료 2. 전력공학 3. 전기기기 4. 회로이론 및 제어공학 5. 전기설비기술기준	1. 전기응용 2. 전력공학 3. 전기기기 4. 회로이론 5. 전기설비기술기준
실기	전기설비 설계 및 관리	전기설비 설계 및 관리	전기설비 견적 및 시공	전기설비 견적 및 시공

03 검정방법

[기사]

- **필기** : 객관식 4지 택일형, 과목당 20문항(과목당 30분)
- **실기** : 필답형(2시간 30분)

[산업기사]

- **필기** : 객관식 4지 택일형, 과목당 20문항(과목당 30분)
- **실기** : 필답형(2시간)

04 합격기준

- **필기** : 100점을 만점으로 하여 과목당 40점 이상, 전과목 평균 60점 이상
- **실기** : 100점을 만점으로 하여 60점 이상

05 출제기준

■ 전기기사, 전기산업기사

주요항목	세부항목
1. 직류기	(1) 직류발전기의 구조 및 원리 (2) 전기자 권선법 (3) 정류 (4) 직류발전기의 종류와 그 특성 및 운전 (5) 직류발전기의 병렬운전 (6) 직류전동기의 구조 및 원리 (7) 직류전동기의 종류와 특성 (8) 직류전동기의 기동, 제동 및 속도제어 (9) 직류기의 손실, 효율, 온도상승 및 정격 (10) 직류기의 시험
2. 동기기	(1) 동기발전기의 구조 및 원리 (2) 전기자 권선법 (3) 동기발전기의 특성 (4) 단락현상 (5) 여자장치와 전압조정 (6) 동기발전기의 병렬운전 (7) 동기전동기 특성 및 용도 (8) 동기조상기 (9) 동기기의 손실, 효율, 온도상승 및 정격 (10) 특수 동기기
3. 전력변환기	(1) 정류용 반도체 소자 (2) 정류회로의 특성 (3) 제어정류기
4. 변압기	(1) 변압기의 구조 및 원리 (2) 변압기의 등가회로 (3) 전압강하 및 전압변동률 (4) 변압기의 3상 결선 (5) 상수의 변환 (6) 변압기의 병렬운전 (7) 변압기의 종류 및 그 특성 (8) 변압기의 손실, 효율, 온도상승 및 정격 (9) 변압기의 시험 및 보수 (10) 계기용변성기 (11) 특수변압기
5. 유도전동기	(1) 유도전동기의 구조 및 원리 (2) 유도전동기의 등가회로 및 특성 (3) 유도전동기의 기동 및 제동 (4) 유도전동기제어 (5) 특수 농형유도전동기 (6) 특수유도기 (7) 단상유도전동기 (8) 유도전동기의 시험 (9) 원선도
6. 교류정류자기	(1) 교류정류자기의 종류, 구조 및 원리 (2) 단상직권 정류자 전동기 (3) 단상반발 전동기 (4) 단상분권 전동기 (5) 3상 직권 정류자 전동기 (6) 3상 분권 정류자 전동기 (7) 정류자형 주파수 변환기
7. 제어용 기기 및 보호기기	(1) 제어기기의 종류 (2) 제어기기의 구조 및 원리 (3) 제어기기의 특성 및 시험 (4) 보호기기의 종류 (5) 보호기기의 구조 및 원리 (6) 보호기기의 특성 및 시험 (7) 제어장치 및 보호장치

이 책의 차례

CHAPTER 01 직류기

기사 15%/ 산업 20%

Section 01. 직류 발전기

Section 02. 직류 전동기

CHAPTER 02 동기기

기사 20% / 산업 20%

CHAPTER 03 변압기

기사 25% / 산업 25%

CHAPTER 04 유도기

기사 25% / 산업 25%

CHAPTER 05 정류기

기사 15% / 산업 10%

부 록

CHAPTER

01 직류기

Section 01. 직류 발전기

01 전기 자기의 법칙

02 직류 발전기의 원리와 구조

03 전기자 권선법

04 유기 기전력

05 전기자 반작용

06 정류

07 직류 발전기의 종류와 특성

08 전압 변동률

09 직류 발전기의 병렬 운전

Section 02. 직류 전동기

01 직류 전동기의 원리와 구조

02 회전 속도와 토크

03 직류 전동기의 종류와 특성

04 직류 전동기의 운전법

05 손실 및 효율

06 시험

출제비율

기 사 15

산업기사 20

%

기출개념 01 전기 자기의 법칙

(1) 앙페르의 오른나사 법칙

도체에 오른나사가 진행하는 방향으로 전류가 흐르면 나사가 회전하는 방향으로 자계(자속)가 발생하는 현상이다.

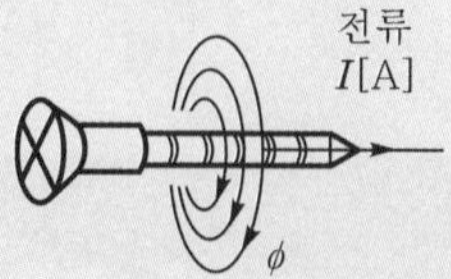

▌앙페르의 오른나사 법칙▐

(2) 전자 유도(패러데이의 법칙)

코일에서 쇄교 자속이 시간적으로 변화하면 자속의 변화를 방해하는 방향으로 기전력이 유도되는 현상이다.

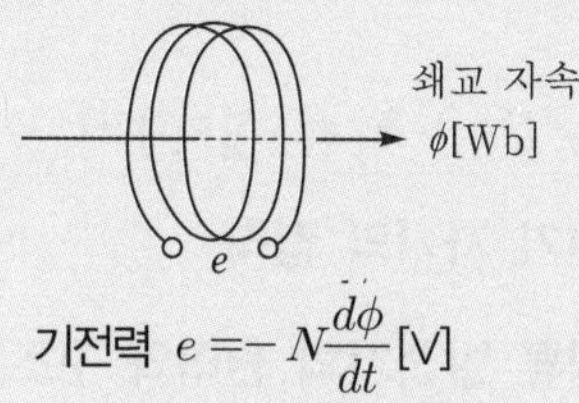

기전력 $e=-N\dfrac{d\phi}{dt}$[V]

▌전자 유도▐

(3) 플레밍의 오른손 법칙

도체가 운동하여 자속을 끊으면 도체에서 기전력이 유도되는 현상을 플레밍의 오른손 법칙이라 한다.

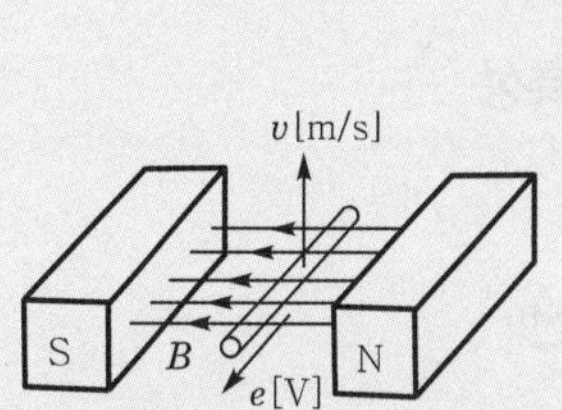

유기 기전력 $e=vBl\sin\theta$[V]

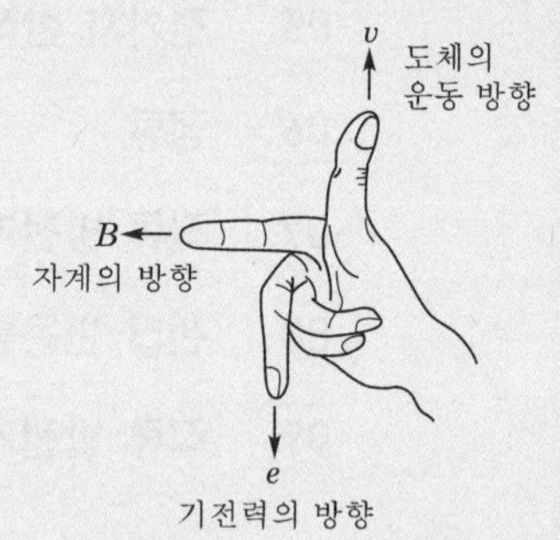

▌플레밍의 오른손 법칙▐

(4) 플레밍의 왼손 법칙

자계 중에서 도체에 전류를 흘려주면 도체에서 힘이 작용하는 현상을 플레밍의 왼손 법칙이라 한다.

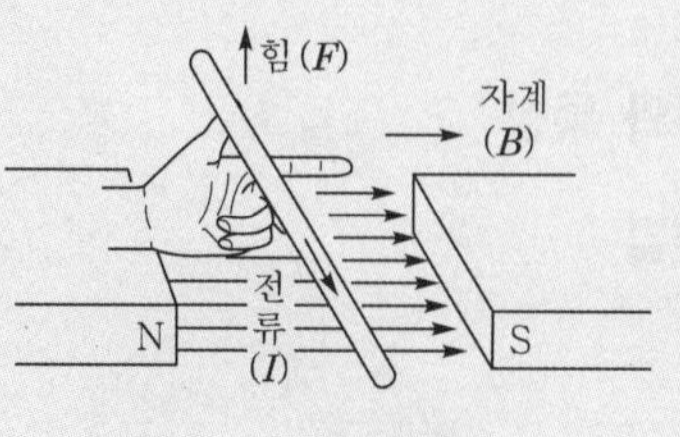

힘 $F=IBl\sin\theta$[N]

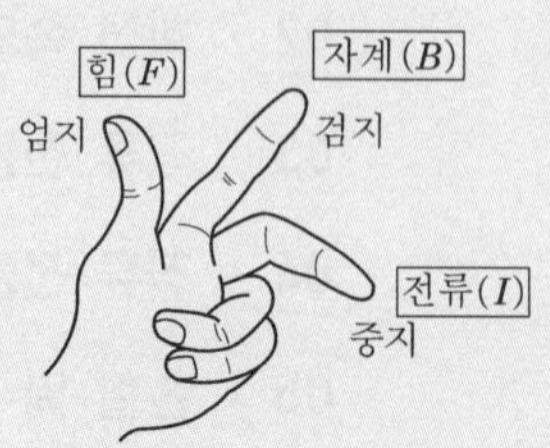

▌플레밍의 왼손 법칙▐

기출개념 02 직류 발전기의 원리와 구조

[1] 직류 발전기의 원리 : 플레밍(Fleming)의 오른손 법칙

도체가 운동하여 자속을 끊으면 도체에서 기전력이 유기되는 현상을 플레밍의 오른손 법칙이라 한다.

유기 기전력 $e = vBl\sin\theta$[V]

여기서, v : 도체의 운동 속도[m/s]
B : 자속 밀도[Wb/m^2]
l : 도체의 길이[m]
θ : v와 B가 이루는 각[°]

(1) 교류 기전력의 발생

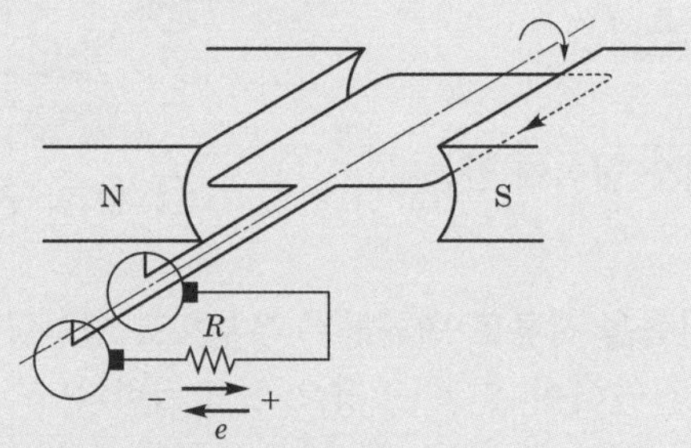

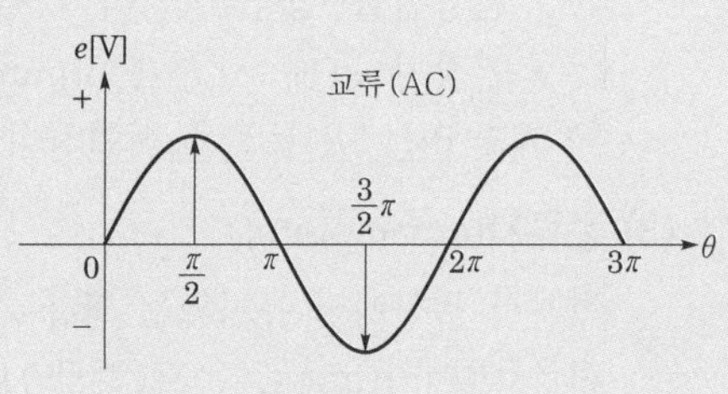

(2) 직류 기전력의 발생

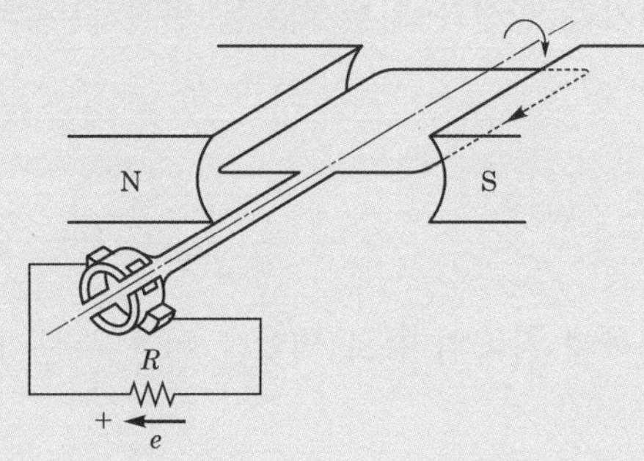

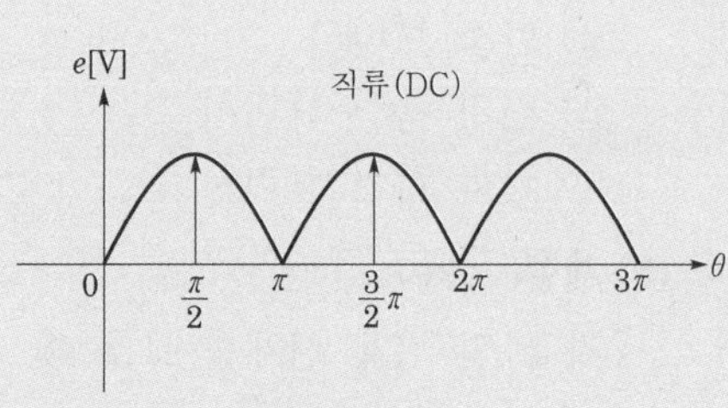

[2] 직류 발전기의 구조

(1) 전기자(armature)

원동기에 의해 회전하여 자속을 끊으므로 **기전력을 발생하는 부분**

① **전기자 철심** : 얇은 규소 강판을 성층 철심하여 사용한다.
- 규소 함유량 : 1~1.4[%]
- 강판 두께 : 0.35~0.5[mm]

② **전기자 권선** : 연동선(원형, 평각동선)을 절연하여 전기자 철심의 홈(slot)에 배열한다.

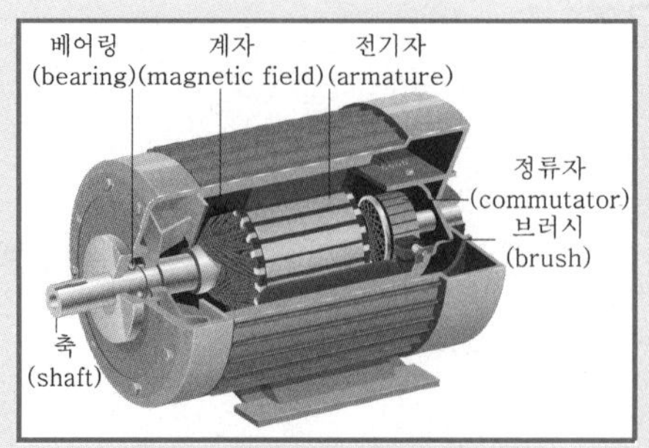

▌직류 발전기의 구조▐

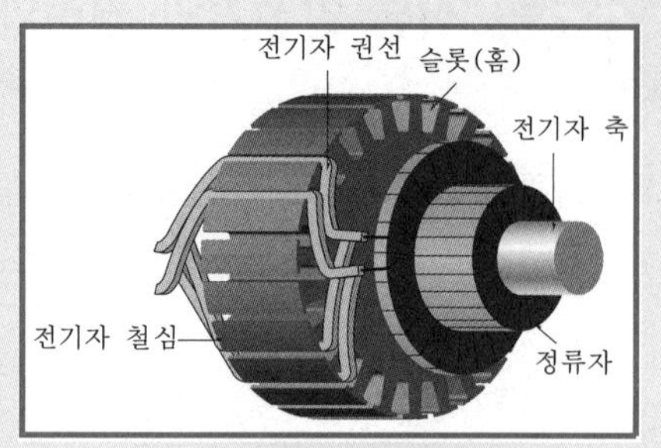

▌전기자의 구조▐

(2) 계자(field magnet)

전기자가 쇄교하는 **자속(ϕ)을 만드는 부분**으로 계자 철심, 계자 권선, 자극편, 계철 등으로 구성된다.

① 계자 철심
- 연강판을 성층 철심하여 사용한다.
- 연강판 두께 : 0.8~1.6[mm]

② 계자 권선 : 연동선을 절연하여 계자 철심에 감는다.

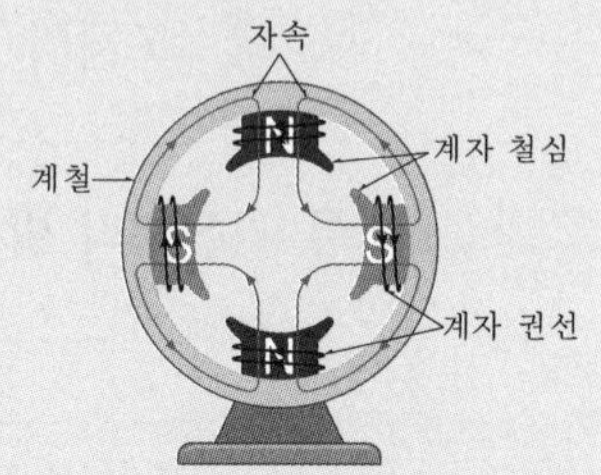

▌계자의 구조▐

(3) 정류자(commutator)

전기자 권선에서 유도되는 **교류 기전력을 직류로 변환하는 부분**으로 경인동의 정류자편을 마이카(mica, 운모(雲母))로 절연하여 원통 모양으로 조립한다.

(4) 브러시(brush)

브러시는 정류자 면과 접촉하여 **전기자 권선과 외부 회로를 연결하는 부분**이다.

① 탄소 브러시
② 전기 흑연 브러시
③ 금속 흑연 브러시

(5) 계철(yoke)

자극 및 기계 전체를 보호 및 지지하며 **자속의 통로 역할**을 하는 부분이다.

기·출·개·념 **문제**

다음 중 직류기의 3요소는? 03 산업

① 계자, 전기자, 정류자
② 계자, 전기자, 브러시
③ 정류자, 계자, 브러시
④ 전기자 권선, 보상 권선, 보극

(해설) 직류 발전기와 전동기의 3요소는 전기자, 계자, 정류자를 가리킨다.

답 ①

기출개념 03 전기자 권선법

전기자 권선은 각 코일에서 유도되는 기전력이 서로 더해져 브러시 사이에 나타나도록 접속한다.

[1] 환상권과 고상권

(1) 환상권(ring armature winding)

환상 철심에 권선을 안팎으로 감은 것이다.

(2) 고상권(drum armature winding)

원통형 철심의 표면에서만 권선이 왔다갔다 하도록 만든 것으로서 환상권보다 능률이 높아진다. 따라서, 실제 전기자 권선법으로 이용되는 것은 모두 고상권이다.

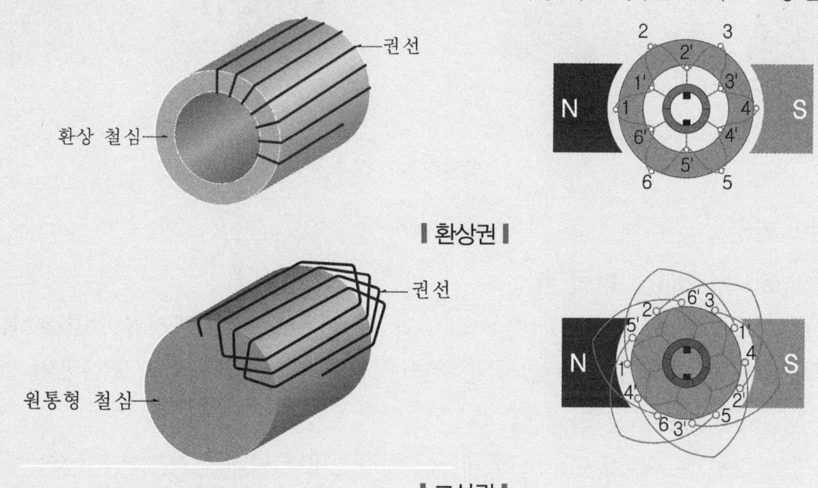

▍환상권▍

▍고상권▍

[2] 개로권과 폐로권

(1) 개로권(open circuit winding)

몇 개의 개로된 독립 권선을 철심에 감은 것이다. 이것이 외부 회로에 접속되어야만 비로소 폐회로가 되는 권선이다.

(2) 폐로권(closed circuit winding)

권선의 어떤 점에서 출발하여 도체를 따라가면 출발점에 되돌아와서 닫혀지고 폐회로가 된다. 직류기의 권선은 전부 폐로권이다.

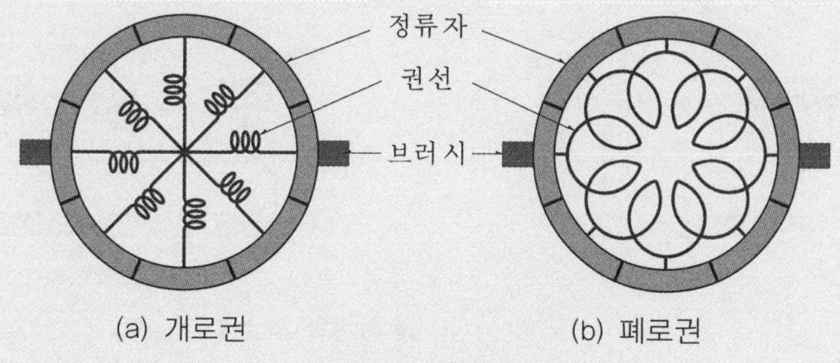

(a) 개로권 (b) 폐로권

▍개로권과 폐로권▍

[3] 단층권과 2층권

코일변을 슬롯에 넣는 방법에 따라 단층권(single layer winding)과 2층권(double layer winding)으로 나누어진다. 단층권은 슬롯 1개에 코일변 1개만을 넣는 방법이며, **2층권은 슬롯 1개에 상·하 2층으로 코일변을 넣는 방법**이다.

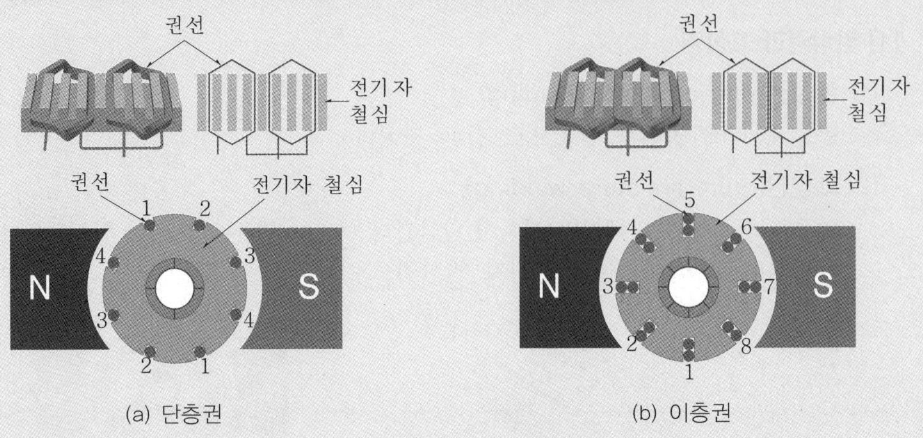

▌단층권과 이층권▐

[4] 중권과 파권

(1) 중권(lap winding, 병렬권)

병렬 회로수와 브러시수가 자극의 수와 같으며 **저전압, 대전류**에 유효하고, 병렬 회로 사이에 전압의 불균일 시 순환 전류가 흐를 수 있으므로 균압환이 필요하다.

(2) 파권(wave winding, 직렬권)

파권은 병렬 회로수가 극수와 관계없이 항상 2개로 되어 있으므로, **고전압, 소전류**에 유효하고, 균압환은 불필요하며, 브러시수는 2 또는 극수와 같게 할 수 있다.

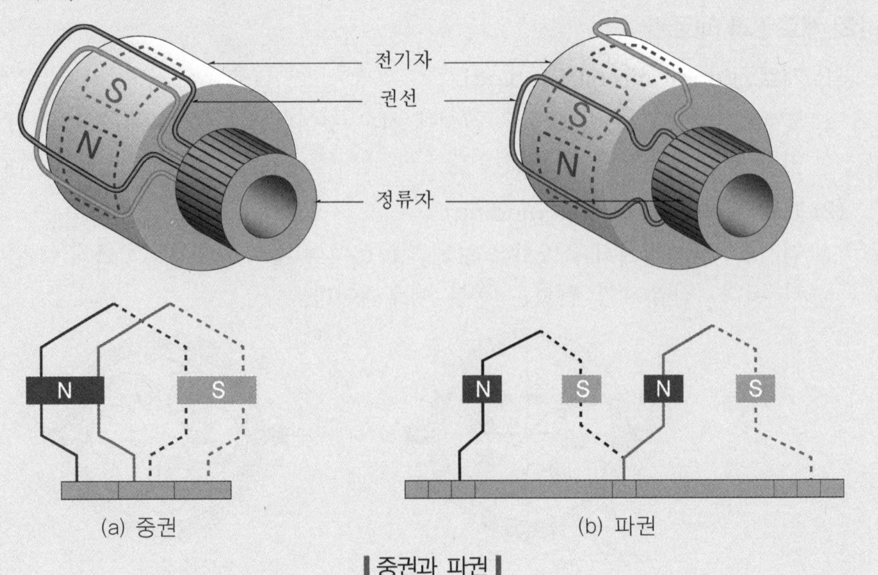

▌중권과 파권▐

(3) 중권과 파권의 비교

구 분	단중 중권(병렬권)	단중 파권(직렬권)
전기자 병렬 회로수(a)	극수(p)	2
브러시수(b)	극수(p)	2 또는 극수(p)
전압, 전류	저전압, 대전류	고전압, 소전류
균압환	4극 이상 필요	불필요

기·출·개·념 **문제**

1. 다음 권선법 중 직류기에 주로 사용되는 것은? 14·12·09·96 기사

① 폐로권, 환상권, 2층권
② 폐로권, 고상권, 2층권
③ 개로권, 환상권, 단층권
④ 개로권, 고상권, 2층권

(해설) 직류기의 전기자 권선법은 다음과 같다.

- 환상권
- 고상권
  - 개로권
  - 폐로권
    - 단층권
    - 2층권
      - 중권
      - 파권

답 ②

2. 직류기의 권선을 단중 파권으로 감으면 어떻게 되는가? 10·04·95 기사/05·94 산업

① 내부 병렬 회로수가 극수만큼 생긴다.
② 내부 병렬 회로수는 극수에 관계없이 언제나 2이다.
③ 저압 대전류용 권선이다.
④ 균압환을 연결해야 한다.

(해설) 전기자 권선법의 중권과 파권을 비교하면 다음과 같다.

구분	전압·전류	병렬 회로수	브러시수	균압환
중권	저전압, 대전류	$a=p$	$b=p$	필요
파권	고전압, 소전류	$a=2$	$b=2$ 또는 p	불필요

답 ②

3. 전기자 도체의 굵기, 권수, 극수가 모두 동일할 때, 단중 파권은 단중 중권에 비해 전류와 전압의 관계는? 12 기사/10·06·97·94·93 산업

① 소전류, 저전압 ② 대전류, 저전압
③ 소전류, 고전압 ④ 대전류, 고전압

(해설) 병렬 회로수의 경우 파권은 항상 $a=2$이고, 중권은 $a=p$로 극수와 같으므로 파권은 고전압·소전류, 중권은 저전압·대전류에 적합하다.

답 ③

기출개념 04 유기 기전력

(1) 도체 1개의 유기 기전력 e

$$e = vBl[\mathrm{V}]$$

도체의 운동 속도 $v = \pi Dn[\mathrm{m/s}]$

자속 밀도 $B = \dfrac{p\phi}{\pi Dl}[\mathrm{Wb/m^2}]$

$$e = \pi Dn \cdot \frac{p\phi}{\pi Dl} \cdot l = p\phi n[\mathrm{V}]$$

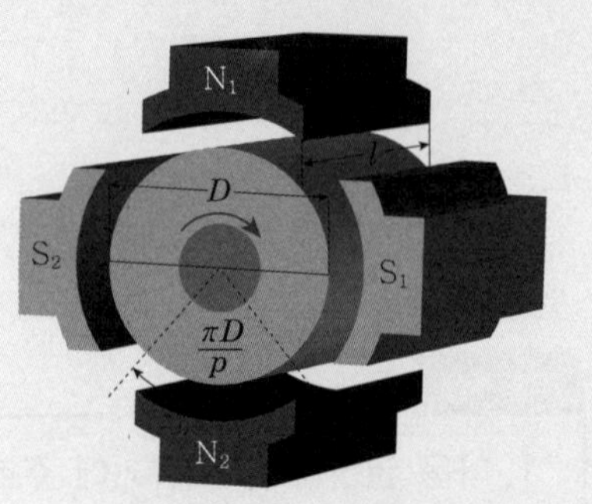

▌직류 발전기의 유기 기전력▐

(2) 도체의 총수가 Z개인 경우 유기 기전력 E

$$E = \frac{Z}{a} \cdot e = \frac{Z}{a}p\phi n = \frac{Z}{a}p\phi\frac{N}{60}[\mathrm{V}]$$

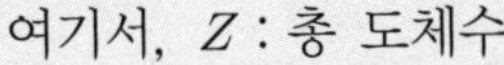

여기서, Z : 총 도체수

a : 병렬 회로수(중권 : $a = p$, 파권 : $a = 2$)

p : 극수

ϕ : 매 극당 자속[Wb]

N : 분당 회전수[rpm]

기·출·개·념 **문제**

1. 직류 발전기의 극수가 10이고, 전기자 도체수가 500이며 단중 파권일 때, 매 극의 자속수가 0.01[Wb]이면 600[rpm]일 때의 기전력[V]은? 14·00·98·94 기사 / 97·91 산업

① 150 ② 200

③ 250 ④ 300

(해설) 파권이므로 $a = 2$

$$\therefore\ E = \frac{pZ}{a}\phi\frac{N}{60} = \frac{10\times 500}{2}\times 0.01\times\frac{600}{60} = 250[\mathrm{V}]$$

답 ③

2. 자극수 6, 파권, 전기자 도체수 400인 직류 발전기를 600[rpm]의 회전 속도로 무부하 운전할 때, 기전력은 120[V]이다. 1극당의 주자속[Wb]은? 12·09·99·94 기사

① 0.89 ② 0.09

③ 0.47 ④ 0.01

(해설) $E = \dfrac{pZ}{a}\phi\dfrac{N}{60}[\mathrm{V}]$

$$\therefore\ \phi = \frac{60Ea}{pZN} = \frac{60\times 120\times 2}{6\times 400\times 600} = 0.01[\mathrm{Wb}]$$

답 ④

기출개념 05 전기자 반작용

직류 발전기에 부하를 연결하면 전기자 권선에 전류가 흐르며 **전기자 전류에 의한 자속이 주자속의 분포에 영향**을 미치게 되는데 이러한 현상을 전기자 반작용이라 한다.

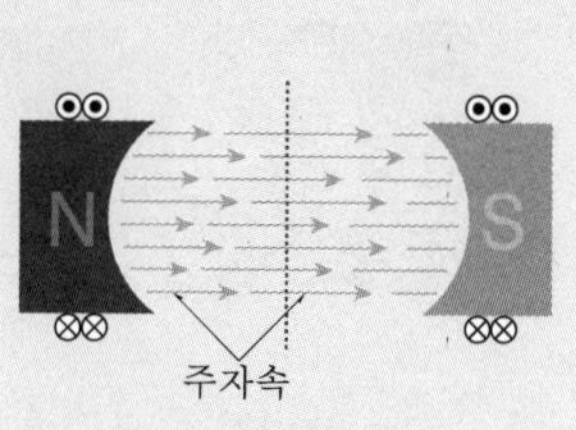

(a) 무부하 상태 시 주자속 분포

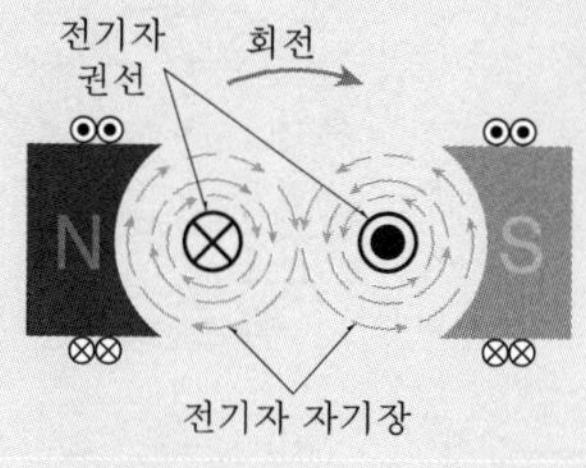

(b) 부하 접속 시 전기자 주위 자기장 분포

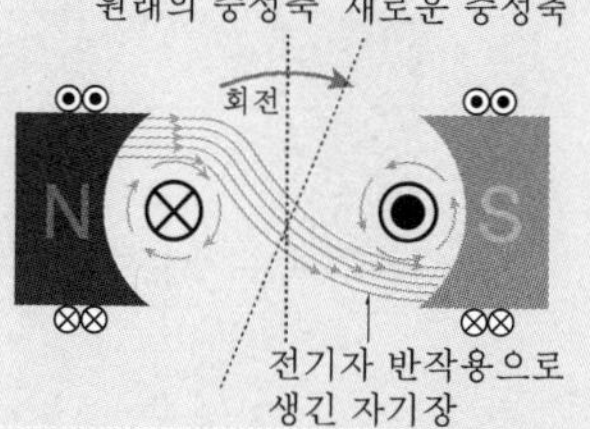

(c) 전기자 반작용에 의한 주자속 분포

▍전기자 반작용▍

[1] 전기자 반작용의 영향

(1) **전기적 중성축이 이동**한다.

① 발전기 : **회전 방향**으로

② 전동기 : 회전 **반대 방향**으로

(2) 계자 자속이 감소한다.

① 발전기 : 기전력이 감소

② 전동기 : 속도 상승, 토크 감소

(3) **정류자 편간 전압이 국부적으로 높아져 불꽃**이 발생한다(정류 불량을 초래).

[2] 전기자 반작용의 분류

(1) **감자 작용** : 계자 자속을 감소하는 작용

① 발전기 : 기전력 감소($E \propto \phi$)

② 전동기 : 회전 속도 상승$\left(N \propto \dfrac{1}{\phi}\right)$

* 극당 감자 기자력 : $AT_d = \dfrac{2\alpha}{180°} \cdot \dfrac{ZI_a}{2pa}$ [AT/p]

(2) **교차(편자) 작용** : 계자 자속을 편협하는 작용

① 중성축 이동

② 정류자 편간 전압 국부적으로 상승 : 정류 불량

* 극당 교차 기자력 : $AT_c = \dfrac{180° - 2\alpha}{180°} \cdot \dfrac{ZI_a}{2pa}$ [AT/p]

[3] 전기자 반작용의 방지책

(1) **보극을 설치**한다.

중성축을 환원하여 정류 개선에 도움을 준다.

(2) 보상 권선을 설치한다.

보상 권선은 자극편에 설치하여 전기자 전류와 크기는 같고, 반대 방향으로 전류를 흘려주어 전기자 전류에 의한 자속을 상쇄하므로 전기자 반작용을 원천적으로 방지할 수 있다.

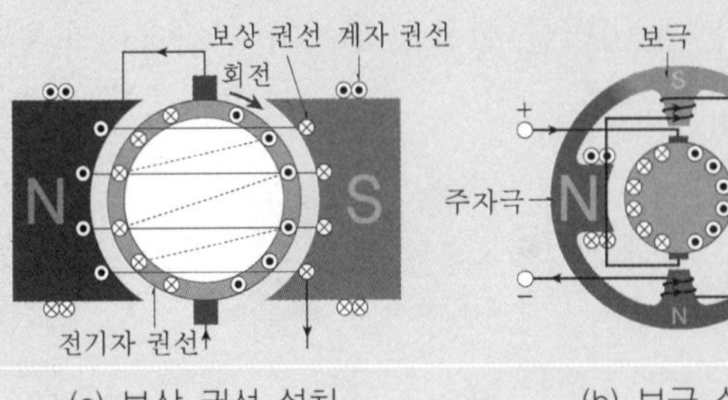

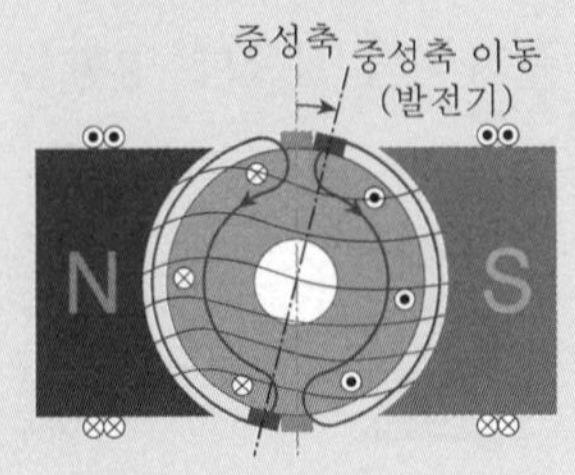

(a) 보상 권선 설치 (b) 보극 설치 (c) 브러시 위치 이동

▮전기자 반작용 해결방법▮

기·출·개·념 **문제**

1. 직류기의 전기자 반작용 결과가 아닌 것은? 93 기사

① 전기적 중성축이 이동한다. ② 주자속이 감소한다.
③ 정류자편 사이의 전압이 불균일하게 된다. ④ 자기 여자 현상이 생긴다.

해설 **전기자 반작용의 영향**
- 전기적 중성축이 이동한다.
- 주자속이 감소한다.
- 정류자 편간 전압이 국부적으로 상승하여 불꽃이 발생한다.

답 ④

2. 도체수 500, 부하 전류 200[A], 극수 4, 전기자 병렬 회로수 2인 직류 발전기의 매 극당 감자 기전력[AT]은 얼마인가? (단, 브러시의 이동각은 전기 각도 20°이다.) 93·83 기사

① 11,000 ② 5,550
③ 2,777 ④ 1,389

해설 $p=4$, $Z=500$, $a=2$, $I=200[\text{A}]$, $\alpha=20°$이므로 감자 기자력 AT_d는

$$\therefore AT_d = \frac{I_a Z}{2ap}\cdot\frac{2\alpha}{180°} = \frac{200\times 500}{2\times 2\times 4}\cdot\frac{2\times 20}{180} = 1{,}389[\text{AT/극}]$$

답 ④

3. 부하의 변화가 심할 때, 직류기의 전기자 반작용 방지에 가장 유효한 것은? 96·95·91·90 기사/10·96 산업

① 리액턴스 코일 ② 보상 권선
③ 공극의 증가 ④ 보극

해설 전기자 반작용을 방지하는 데 가장 유효한 방법은 보상 권선을 설치하는 것이다. 보상 권선은 주자극편에 슬롯(slot)을 만들어 권선을 설치하고 전기자 권선과 직렬로 접속하여 전기자 전류와 반대 방향으로 전류를 흘려주어 전기자 기자력을 상쇄시켜 전기자 반작용을 방지한다.

답 ②

기출개념 06 정류

전기자 권선의 정류 코일에 흐르는 전류의 방향을 반대로 전환하여 **교류 기전력를 직류로 변환**하는 것을 정류라 한다.

[1] 정류 작용

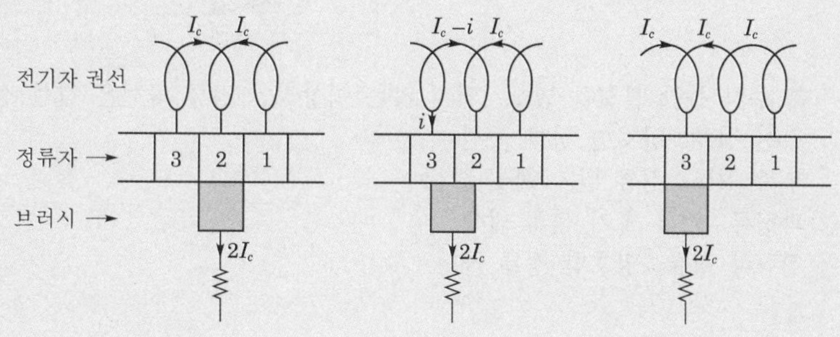

[2] 정류 곡선

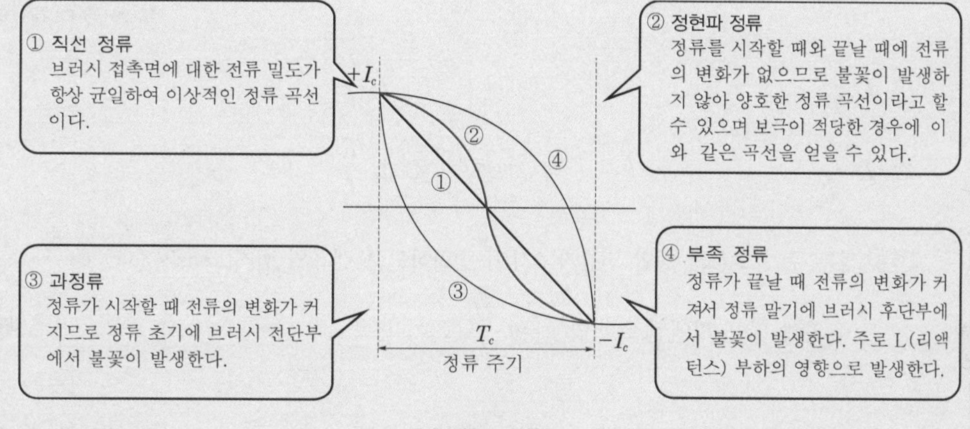

① 직선 정류
브러시 접촉면에 대한 전류 밀도가 항상 균일하여 이상적인 정류 곡선이다.
② 정현파 정류
정류를 시작할 때와 끝날 때에 전류의 변화가 없으므로 불꽃이 발생하지 않아 양호한 정류 곡선이라고 할 수 있으며 보극이 적당한 경우에 이와 같은 곡선을 얻을 수 있다.
③ 과정류
정류가 시작할 때 전류의 변화가 커지므로 정류 초기에 브러시 전단부에서 불꽃이 발생한다.
④ 부족 정류
정류가 끝날 때 전류의 변화가 커져서 정류 말기에 브러시 후단부에서 불꽃이 발생한다. 주로 L(리액턴스) 부하의 영향으로 발생한다.
$+I_c$
$-I_c$
T_c
정류 주기

▌정류 곡선▌

[3] 정류 개선책

평균 리액턴스 전압 $e = L\dfrac{di}{dt} = L\dfrac{2I_c}{T_c}$ [V]

(1) **평균 리액턴스 전압을 작게** 한다.

① 인덕턴스(L) 작을 것

② 정류 주기(T_c) 클 것

③ 주변 속도(v_c) 느릴 것

(2) **보극을 설치**한다.

평균 리액턴스 전압 상쇄 → **전압 정류**

(3) 브러시의 접촉 저항을 크게 한다. → 저항 정류

고전압 소전류의 경우 탄소질 브러시(접촉 저항 크게) 사용

기·출·개·념 문제

1. 다음은 직류 발전기의 정류 곡선이다. 이 중에서 정류 말기에 정류의 상태가 좋지 않은 것은?

01·98·82 산업

① 1
② 2
③ 3
④ 4

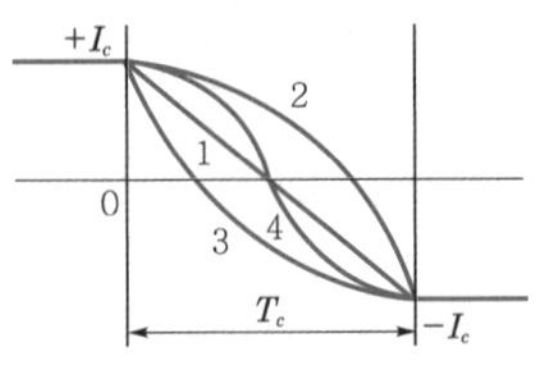

해설 정류 주기 동안 불꽃을 발생시키지 않는 이상적인 정류 곡선은 직선 정류이다.

① 직선 정류 : 양호한 정류 곡선
② 부족 정류 : 정류 말기 불꽃 발생
③ 과정류 : 정류 초기 불꽃 발생
④ 정현파 정류 : 양호한 정류 곡선

답 ②

2. 직류기에서 정류 코일의 자기 인덕턴스를 L이라 할 때, 정류 코일의 전류가 정류 기간 T_c 사이에 I_c에서 $-I_c$로 변한다면 정류 코일의 리액턴스 전압(평균값)[V]은?

12·99·96·83 기사 / 92 산업

① $L\dfrac{2I_c}{T_c}$
② $L\dfrac{I_c}{T_c}$
③ $L\dfrac{2T_c}{I_c}$
④ $L\dfrac{T_c}{I_c}$

해설 정류 주기 T_c[초] 동안 전류가 $2I_c$[A] 변화하므로 렌츠의 법칙(Lenz's law) $e=-L\dfrac{di}{dt}$[V]에 의해 평균 리액턴스 전압 $e=L\dfrac{2I_c}{T_c}$[V]이다.

답 ①

3. 직류기에서 양호한 정류를 얻는 조건이 아닌 것은?

97·96·91 기사 / 12·95 산업

① 정류 주기를 크게 한다.
② 전기자 코일의 인덕턴스를 작게 한다.
③ 평균 리액턴스 전압을 브러시 접촉면 전압 강하보다 크게 한다.
④ 브러시의 접촉 저항을 크게 한다.

해설 평균 리액턴스 전압 $e=L\dfrac{2I_c}{T_c}$[V]가 정류 불량의 가장 큰 원인이므로 양호한 정류를 얻으려면 리액턴스 전압을 작게 하여야 한다.

- 전기자 코일의 인덕턴스(L)를 작게 한다.
- 정류 주기(T_c)가 클 것
- 주변 속도(v_c)는 느릴 것
- 보극을 설치한다. → 평균 리액턴스 전압 상쇄
- 브러시의 접촉 저항을 크게 한다.

답 ③

기출개념 07 직류 발전기의 종류와 특성

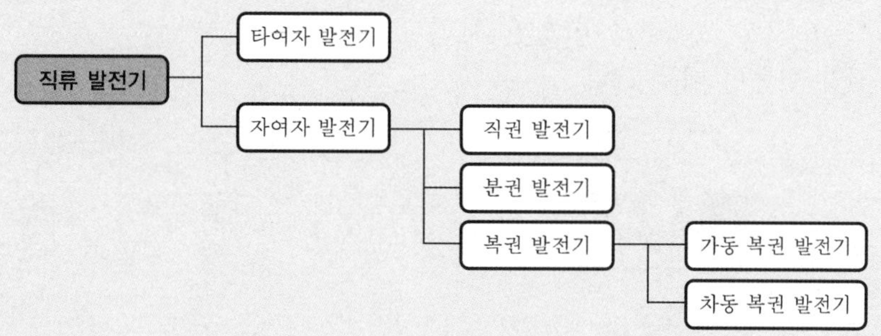

▌직류 발전기의 분류▐

[1] 타여자 발전기

독립된 직류 전원에 의해 여자하는 발전기

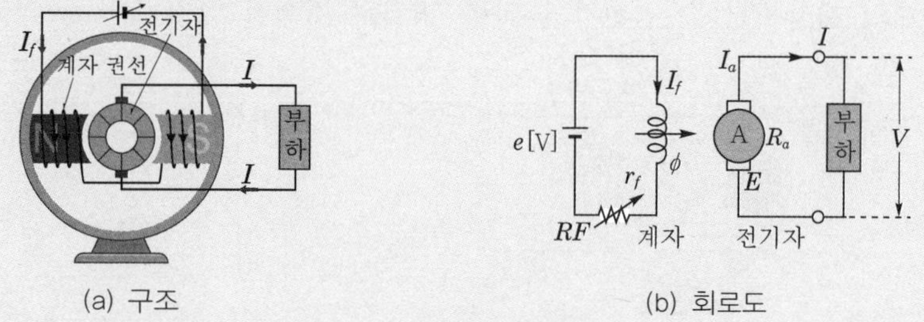

(a) 구조 (b) 회로도

▌타여자 발전기▐

① 단자 전압 : $V = E - I_a R_a$[V]

② 전기자 전류 : $I_a = I$[A] (여기서, I : 부하 전류)

③ 출력 : $P = VI$[W]

④ 특성 및 용도

- **전압 변동률이 작고, 전압 조정이 용이**하며, 독립 직류 전원이 필요하다.
- 대용량 교류 발전기의 여자용 전원장치, 시험용 전원 등에 사용한다.

[2] 분권 발전기

① 단자 전압 : $V = E - I_a R_a = I_f r_f$[V]

② 전기자 전류 : $I_a = I + I_f$

③ 전압 조정이 가능하고, **일반 직류 전원** 및 축전지 충전용 전원으로 사용한다.

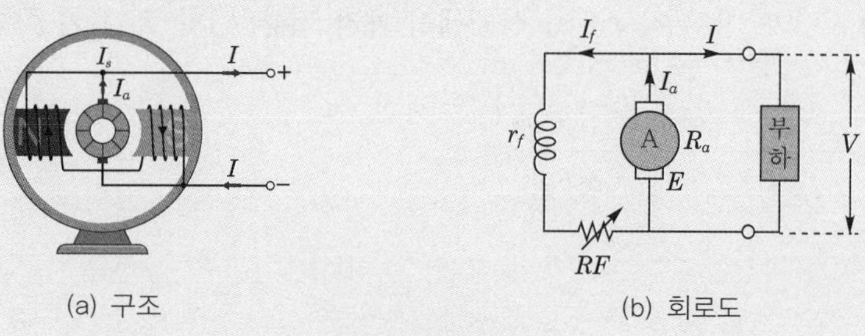

(a) 구조 (b) 회로도

▌분권 발전기▐

[3] 직권 발전기

- $I_a = I = I_f$
- $V = E - I_a R_a - I_a r_f = E - I_a (R_a + r_f)$ [V]
- **전압 변동이 매우 크다.**

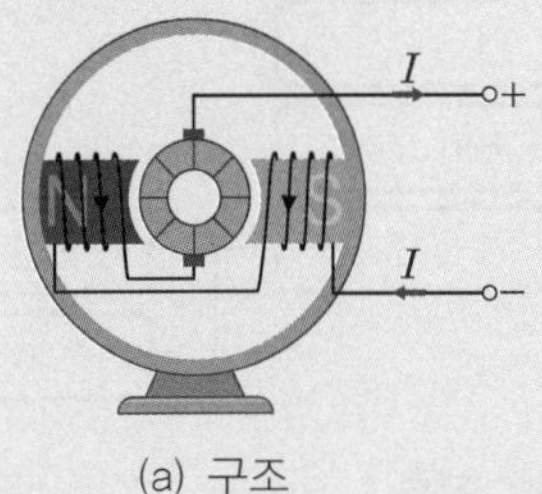

(a) 구조

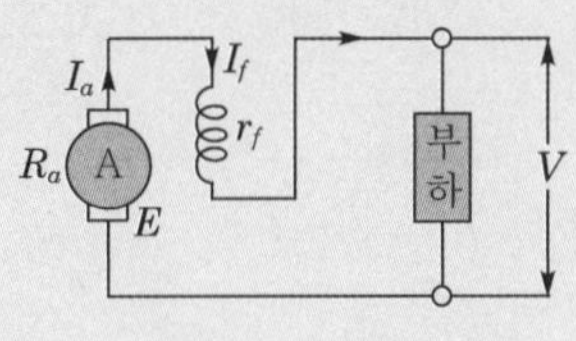

(b) 회로도

▎직권 발전기▎

[4] 복권 발전기

2개의 계자 권선을 전기자와 직렬·병렬로 접속한 발전기

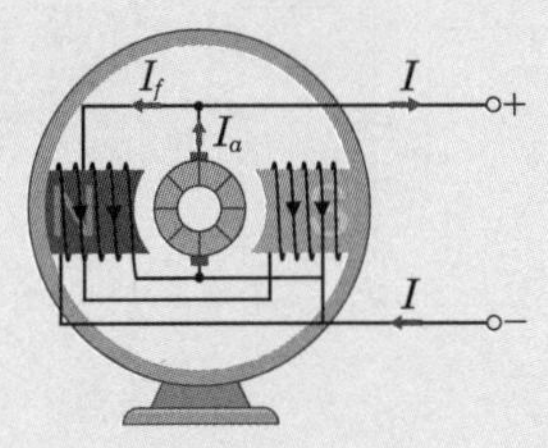

(a) 구조

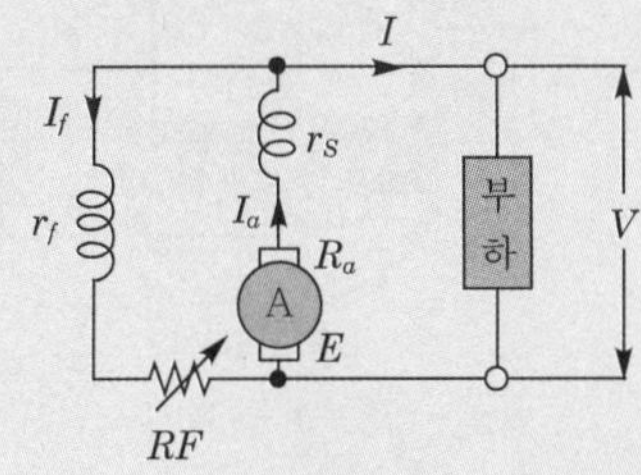

(b) 회로도

▎복권 발전기▎

$$E = \frac{Z}{a} p \cdot (\phi_{분} \pm \phi_{직}) \frac{N}{60}$$

- 복권 발전기
  - 가동 복권
    - 과복권 발전기
    - 평복권 발전기
    - 부족 복권 발전기
  - 차동 복권

[5] 직류 발전기의 특성 곡선과 전압의 확립

(1) 무부하 포화 특성 곡선

정격 속도, 무부하($I=0$) 상태에서 **계자 전류**(I_f)와 **유기 기전력**(E)의 관계 곡선

$$E = \frac{Z}{a} p \phi \frac{N}{60} = K\phi N \propto \phi \text{[V]}$$

$\phi \propto I_f$이므로 $E \propto I_f$이다.

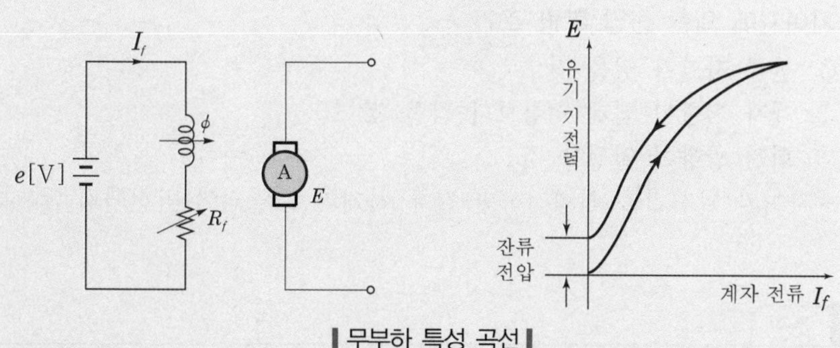

▌무부하 특성 곡선▐

(2) 부하 특성 곡선

정격 속도, 정격 부하를 연결하고 **계자 전류(I_f)**를 변화할 때 **단자 전압[V]**의 변화 곡선

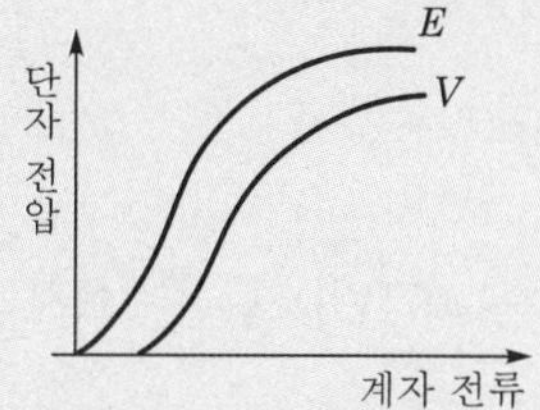

(3) 외부 특성 곡선

회전 속도, 계자 저항 일정 상태에서 **부하 전류(I)**와 **단자 전압(V)**의 관계 곡선

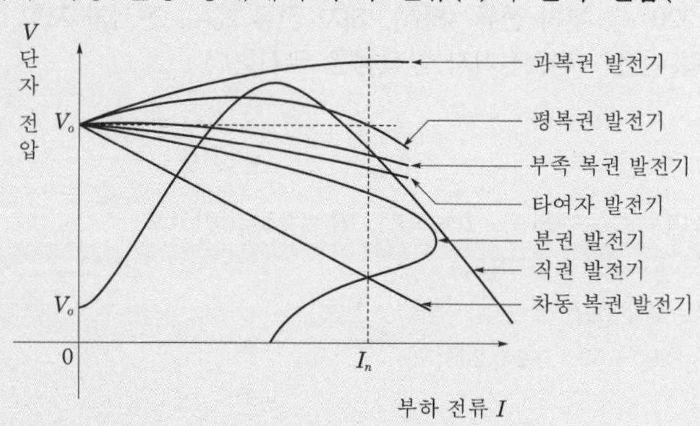

▌외부 특성 곡선▐

(4) 자여자에 의한 전압의 확립 과정

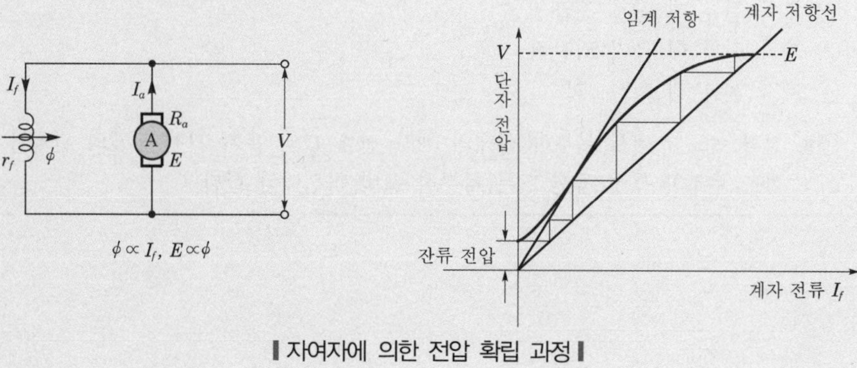

▌자여자에 의한 전압 확립 과정▐

(5) 자여자에 의한 전압 확립 조건

① **잔류 자기**가 있을 것

② **계자 저항**이 **임계 저항보다 작을 것**

③ **회전 방향이 일정**할 것

* 자여자 발전기를 역회전하면 잔류 자기가 소멸되어 발전되지 않는다.

기·출·개·념 **문제**

1. 계자 철심에 잔류 자기가 없어도 발전되는 직류기는? 06·04 기사/14·04 산업

① 직권기

② 타여자기

③ 분권기

④ 복권기

(해설) $E=\frac{pZ}{a}\phi n=\frac{pZ}{a}\phi\frac{N}{60}=k\phi N[\mathrm{V}]\left(\because k=\frac{pZ}{a}\right)$에서

N이 $\frac{1}{2}$로 되면 ϕ가 2배가 되어야 E가 일정하다. 답 ②

2. 단자 전압 220[V], 부하 전류 48[A], 계자 전류 2[A], 전기자 저항 0.2[Ω]인 분권 발전기의 유도 기전력[V]은? (단, 전기자 반작용은 무시한다.) 04 기사/02 산업

① 240 ② 230

③ 220 ④ 210

(해설) $V=220[\mathrm{V}]$, $I=48[\mathrm{A}]$, $I_f=2[\mathrm{A}]$, $R_a=0.2[\Omega]$이므로

$I_a=I+I_f=48+2=50[\mathrm{A}]$

$\therefore E=V+I_aR_a$

$=220+50\times0.2=230[\mathrm{V}]$ 답 ②

3. 직류 발전기의 무부하 포화 곡선은 다음 중 어느 관계를 표시한 것인가? 02 산업

① 계자 전류 대 부하 전류

② 부하 전류 대 단자 전압

③ 계자 전류 대 유기 기전력

④ 계자 전류 대 회전 속도

(해설) 정격 속도 n에서 무부하 상태의 계자 전류 I_f와 유기 기전력 E의 관계를 나타내는 곡선을 무부하 특성 곡선 또는 무부하 포화 곡선이라 한다. 답 ③

기출 개념 08 전압 변동률 : ε[%]

발전기의 부하를 **정격 부하**에서 **무부하**로 전환하였을 때 **전압의 차**를 백분율로 나타낸 것

$$\varepsilon=\frac{V_0-V_n}{V_n}\times 100=\frac{E-V}{V}\times 100[\%]$$

여기서, V_0 : 무부하 단자 전압

V_n : 정격 전압

* 전압 변동률

- $\varepsilon \rightarrow +(V_0 > V_n)$: 타여자, 분권, 부족 복권, 차동 복권
- $\varepsilon \rightarrow 0(V_0 = V_n)$: 평복권
- $\varepsilon \rightarrow -(V_0 < V_n)$: 과복권, 직권

기·출·개·념 문제

1. 정격 전압 200[V], 정격 출력 10[kW]인 직류 분권 발전기의 전기자 및 분권 계자의 각 저항은 각각 0.1[Ω] 및 100[Ω]이다. 전압 변동률은 몇 [%]인가? 96 기사/91 산업

① 2　② 2.6
③ 3　④ 3.6

해설 $P=10[\text{kW}]$, $V=200[\text{V}]$, $R_a=0.1[\Omega]$, $R_f=100[\Omega]$이므로

$$I_a=I+I_f=\frac{P}{V}+\frac{V}{R_f}$$
$$=\frac{10\times 10^3}{200}+\frac{200}{100}=52[\text{A}]$$

전압 변동률 $\varepsilon=\dfrac{E-V}{V}\times 100=\dfrac{I_aR_a}{V}\times 100$

$$=\frac{52\times 0.1}{200}\times 100=2.6[\%]$$

답 ②

2. 직류 분권 발전기의 정격 전압 200[V], 정격 출력 10[kW], 이때의 계자 전류는 2[A], 전압 변동률은 4[%]라 한다. 발전기의 무부하 전압[V]은? 89 기사

① 208　② 210
③ 220　④ 228

해설 $V_n=200[\text{V}]$, $\varepsilon=4[\%]$이므로 $\varepsilon=\dfrac{V_0-V_n}{V_n}\times 100$

$$\therefore\ V_0=V_n\left(1+\frac{\varepsilon}{100}\right)$$
$$=200\times\left(1+\frac{4}{100}\right)=208[\text{V}]$$

답 ①

기출개념 09 직류 발전기의 병렬 운전

(1) 개념

2대 이상의 발전기를 병렬로 연결하여 부하에 전원을 공급하는 방법으로 능률(효율) 증대, 예비기 설치 시 경제적이다.

(2) 병렬 운전의 조건

① **극성이 일치**할 것

② **단자 전압이 같을 것**

③ **외부 특성 곡선은 일치**하고, 약간 **수하 특성**일 것

$$I = I_a + I_b$$
$$V = E_a - I_aR_a = E_b - I_bR_b$$

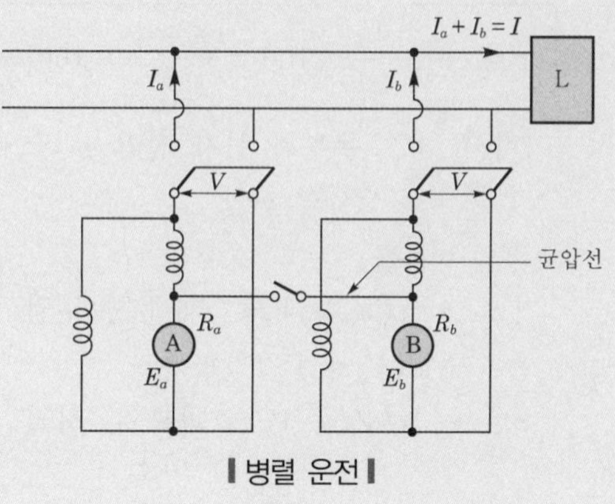

❙병렬 운전❙

* 균압선

직권 계자 권선이 있는 발전기에서 **안정된 병렬 운전**을 하기 위하여 반드시 설치한다.

기·출·개·념 문제

1. 직류 발전기를 병렬 운전할 때, 균압선이 필요한 직류기는? 12·11·97 기사/90 산업

① 분권 발전기, 직권 발전기 ② 분권 발전기, 복권 발전기
③ 직권 발전기, 복권 발전기 ④ 분권 발전기, 단극 발전기

(해설) 균압선의 목적은 병렬 운전을 안정하게 하기 위하여 설치하는 것으로 일반적으로 직권 및 복권 발전기에서는 직권 계자 권선에 흐르는 전류에 의하여 병렬 운전이 불안정하게 되므로 균압선을 설치하여 직권 계자 권선에 흐르는 전류를 균등하게 분류하도록 한다.

답 ③

2. 2대의 직류 발전기를 병렬 운전하여 부하에 100[A]에 공급하고 있다. 각 발전기의 유기 기전력과 내부 저항이 각각 110[V], 0.04[Ω] 및 112[V], 0.06[Ω]이다. 각 발전기에 흐르는 전류[A]는? 91 기사/91 산업

① 10, 90 ② 20, 80
③ 30, 70 ④ 40, 60

(해설) $I = I_a + I_b = 100$에서 $I_a = 100 - I_b$

$V = E_a - I_aR_a = E_b - I_bR_b$

$= 110 - 0.04I_a = 112 - 0.06I_b$

$110 - 0.04(100 - I_b) = 112 - 0.06I_b$

$I_b = 60$[A]

$\therefore\ I_a = 100 - I_b = 40$[A]

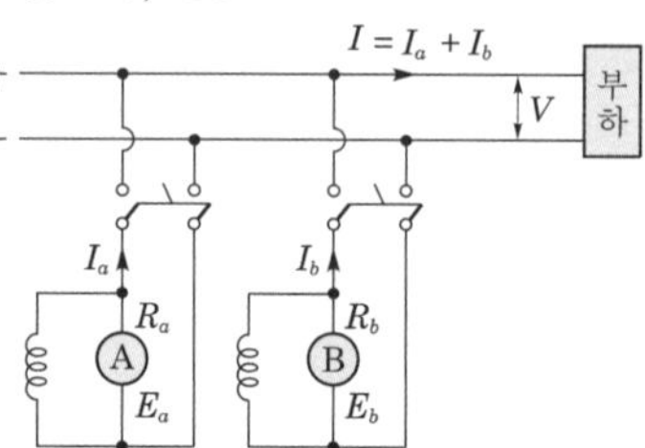

답 ④

기출개념 01 직류 전동기의 원리와 구조

* 직류 전동기 : 직류 전원을 공급받아 회전하는 기계

(1) 원리 : 플레밍의 왼손 법칙

자계 중에서 도체에 전류를 흘려주면 힘이 작용하는 현상을 플레밍의 왼손 법칙이라 하며, 힘 $F = IBl\sin\theta$[N]이다.

그림 (a)에서 N, S 자극 사이에 코일을 놓고 직류 전원을 공급하여 전류를 흘려주면 도체 ab 및 cd는 시계 방향으로 힘이 발생하여 회전하며 반회전한 다음 (b)의 위치에서도 (a)의 경우와 같이 코일은 시계 방향으로 회전한다.

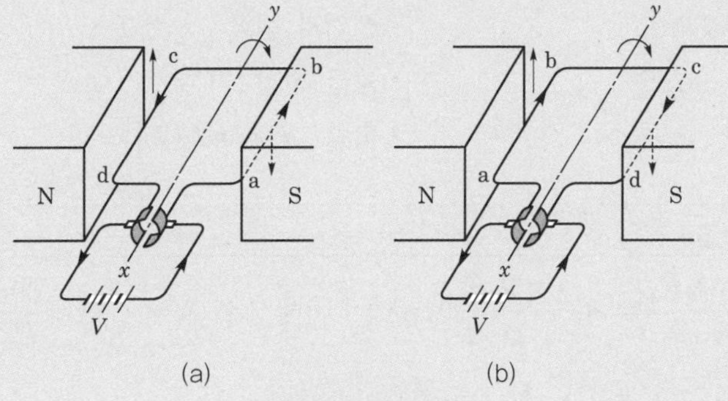

여기서, I : 도체의 전류[A]
B : 자속 밀도[Wb/m²]
l : 도체 길이[m]
θ : I와 B의 각[°]

▌전동기 원리▐

(2) 구조

직류 전동기의 구조는 직류 발전기와 동일하다.

① 전기자
② 계자
③ 정류자

기·출·개·념 문제

평등 자장 내에 놓여 있는 직선 전류 도선에 받는 힘에 대한 설명 중 옳지 않은 것은?

① 힘은 전류에 비례한다.
② 힘은 자장의 세기에 비례한다.
③ 힘은 도선의 길이에 반비례한다.
④ 힘은 전류의 방향과 자장의 방향과의 사이각의 정현에 관계된다.

(해설) **플레밍의 왼손 법칙**
힘 $F = IBl\sin\theta$[N]에서 도선에 받는 힘은 도선의 길이에 비례한다.

답 ③

기출개념 02 회전 속도와 토크

(1) 회전 속도 : N[rpm]

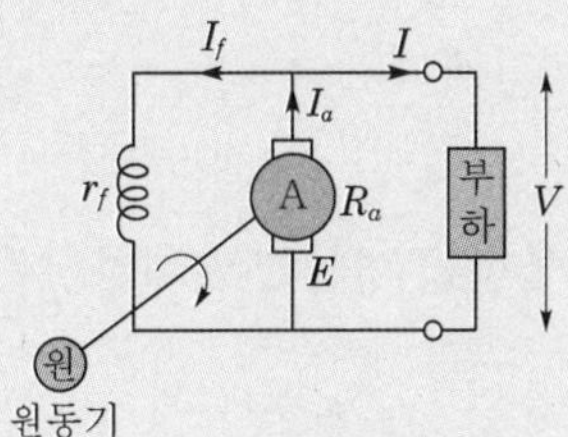

▌분권 발전기▐

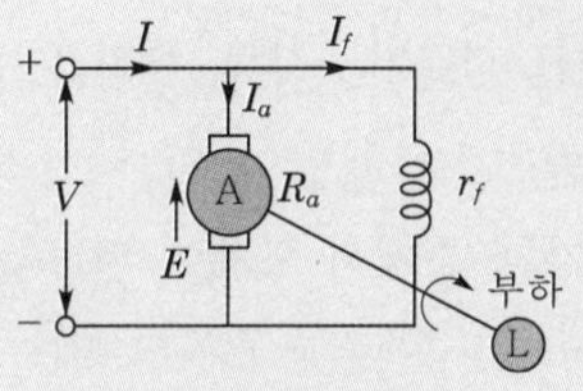

▌분권 전동기▐

- 유기 기전력 : $E=\dfrac{Z}{a}p\phi\dfrac{N}{60}$
- 전기자 전류 : $I_a=I+I_f$
- 단자 전압 : $V=E-I_aR_a$
- 출력 : $P=VI$

- 역기전력 : $E=\dfrac{Z}{a}p\phi\dfrac{N}{60}$
- 전기자 전류 : $I_a=I-I_f$
- 공급 전압 : $V=E+I_aR_a$
- 출력 : $P=EI_a$[W]

역기전력 $E=\dfrac{Z}{a}p\phi\dfrac{N}{60}=K'\phi N=V-I_aR_a$

회전 속도 $N=\dfrac{V-I_aR_a}{K'\phi}=K\dfrac{V-I_aR_a}{\phi}$[rpm] $\left(\text{비례상수 } K=\dfrac{1}{K'}=\dfrac{60a}{PZ}\right)$

(2) 토크(Torque 회전력) : $T=F\cdot r$[N·m]

$$T=\frac{P(\text{출력})}{\omega(\text{각속도})}=\frac{P}{2\pi\frac{N}{60}}[\text{N}\cdot\text{m}]$$

$$\tau=\frac{T}{9.8}=\frac{60}{9.8\times 2\pi}\frac{P}{N}=0.975\frac{P}{N}[\text{kg}\cdot\text{m}]\ \ (1[\text{kg}]=9.8[\text{N}])$$

출력 $P=E\cdot I_a=2\pi nT$[W]

기·출·개·념 **문제**

1. 100[V], 10[A], 전기자 저항 1[Ω], 회전수 1,800[rpm]인 전동기의 역기전력[V]은?

14·02·01 기사

① 120　　② 110
③ 100　　④ 90

(해설) $E=V-I_aR_a=100-10\times 1=90$[V]

 ④

기·출·개·념 **문제**

2. 직류 전동기의 회전 속도를 나타내는 것 중 틀린 것은?

① 공급 전압이 감소하면 회전 속도도 감소한다.
② 자속이 감소하면 회전 속도는 증가한다.
③ 전기자 저항이 증가하면 회전 속도는 감소한다.
④ 계자 전류가 증가하면 회전 속도는 증가한다.

해설 $N = K\dfrac{V - I_a R_a}{\phi}$[rpm]이므로 계자 전류가 증가하면 자속이 증가하므로 회전 속도는 감소한다.

답 ④

3. 회전수 N[rpm]으로 단자 전압이 E_t[V]일 때, 정격 부하에서 I_a[A]의 전기자 전류가 흐르는 직류 분권 전동기의 전기자 저항이 R_a[Ω]이라고 한다. 이 전동기를 같은 전압으로 무부하 운전할 때, 그 속도 N_o[rpm]은? (단, 전기자 반작용 및 자기 포화 현상 등은 일체 무시한다.)

05·03·99 산업

① $\dfrac{N}{(E_t - I_a R_a)}$
② $\dfrac{E_t}{(E_t - I_a R_a)}N$
③ $\left(\dfrac{E_t - I_a R_a}{E_t}\right)N$
④ $\left(\dfrac{E_t + I_a R_a}{E_t}\right)N$

해설 $N = K\dfrac{E_t - I_a R_a}{\phi}$에서 $\dfrac{K}{\phi} = \dfrac{N}{E_t - I_a R_a}$이므로

무부하 속도 $N_o = K\dfrac{E_t}{\phi} = \dfrac{E_t}{E_t - I_a R_a}N$[rpm]

답 ②

4. P[kW], n[rpm]인 전동기의 토크[kg·m]는?

13·11·05·99 기사 / 13·98·94·88 산업

① $0.01625\dfrac{P}{n}$
② $716\dfrac{P}{n}$
③ $956\dfrac{P}{n}$
④ $975\dfrac{P}{n}$

해설 $T = \dfrac{P}{2\pi\dfrac{N}{60}}$[N·m], $\tau = \dfrac{T}{9.8} = \dfrac{60}{9.8 \times 2\pi} \cdot \dfrac{P}{n} = 0.975\dfrac{P}{n}$[kg·m]

출력 P[kW]일 때 토크 $\tau = 0.975 \times \dfrac{P \times 10^3}{n} = 975\dfrac{P}{n}$[kg·m]

답 ④

5. 출력 10[hp], 600[rpm]인 전동기의 토크(torque)는 약 몇 [kg·m]인가?

① 11.8 ② 118 ③ 12.1 ④ 121

해설 1[hp]=746[W]이므로 $P = 10 \times 746 = 7{,}460$[W]이다.

$\therefore\ \tau = \dfrac{P}{\omega}$[N·m]$= \dfrac{P}{9.8\omega}$[kg·m]$= \dfrac{P}{9.8 \times 2\pi \times \dfrac{N}{60}} \fallingdotseq 0.975\dfrac{P}{N}$

$= 0.975 \times \dfrac{7{,}460}{600} \fallingdotseq 12.1$[kg·m]

답 ③

기출개념 03 직류 전동기의 종류와 특성

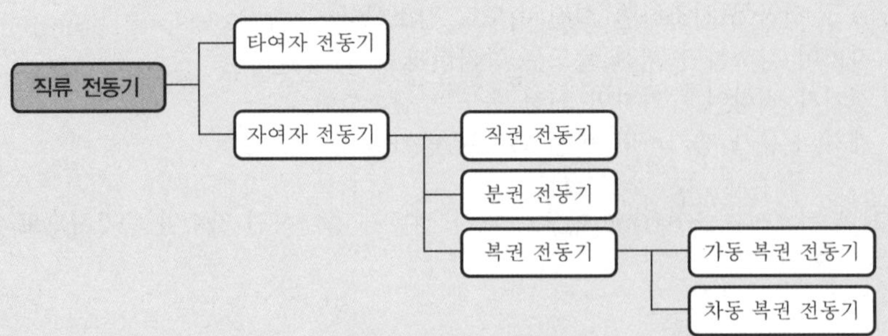

▌직류 전동기의 종류▐

(1) **분권 전동기** : 계자 권선이 전기자와 병렬 접속된 전동기

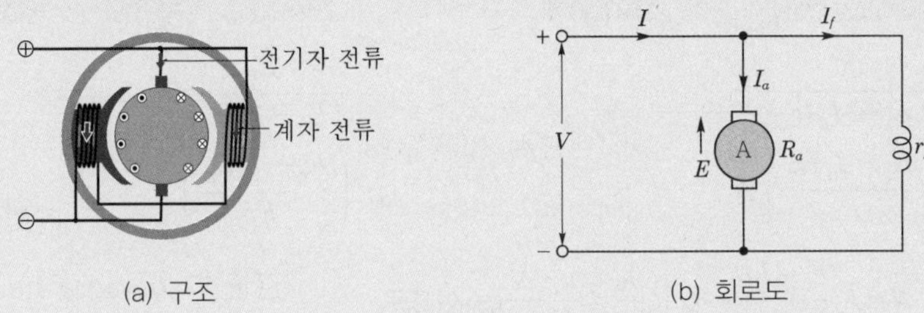

(a) 구조 (b) 회로도

▌분권 전동기▐

① 속도 : $N = K\dfrac{V - I_aR_a}{\phi}$ [rpm]

② 토크 : $T = \dfrac{P}{2\pi\dfrac{N}{60}} = \dfrac{PZ}{2\pi a}\phi I_a \cdot \propto I_a$

③ 속도 및 토크 특성

- 속도 변동률이 작다(정속도 전동기).
- **토크는 전기자 전류에 비례**하며($T_{분} \propto I_a$) 기동 토크가 작다.
- 경부하 운전 중 **계자 권선이 단선되면 위험 속도**(파손의 우려가 있는 속도)에 도달한다.

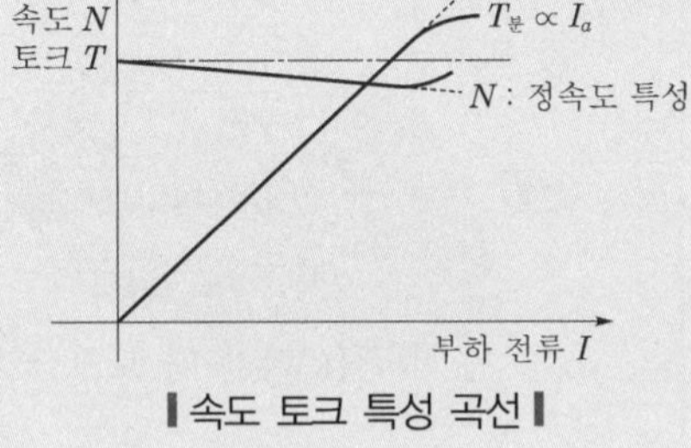

▌속도 토크 특성 곡선▐

(2) **직권 전동기** : 계자 권선이 전기자와 직렬로 접속된 전동기

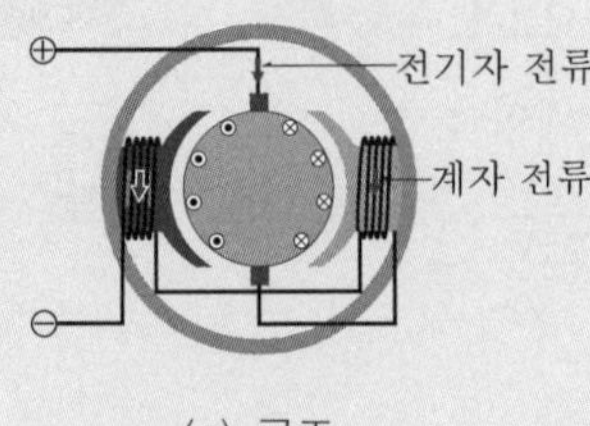

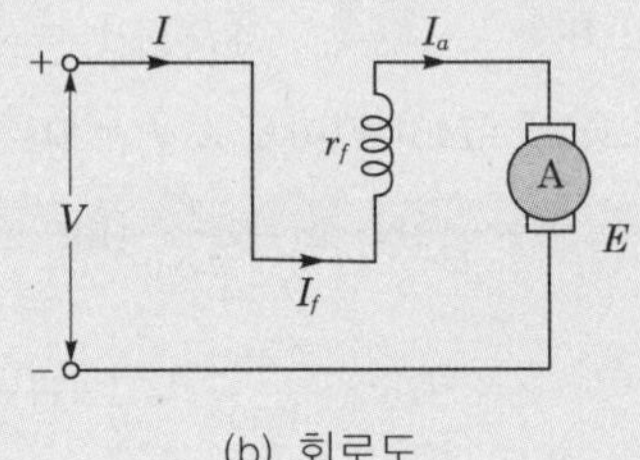

(a) 구조 (b) 회로도

▌직권 전동기▐

① $I = I_f = I_a$

② 속도 : $N = K\dfrac{V - I_a(R_a + R_f)}{\phi} \propto \dfrac{1}{I_a}$

③ 토크 : $T = \dfrac{PZ}{2\pi a}\phi I_a \propto I_a^{\,2}(\phi \propto I_a)$

④ 속도 및 토크 특성

- 속도 변동률이 크다$\left(N \propto \dfrac{1}{I_a}\right)$.
- **토크가 전기자 전류의 제곱에 비례**하므로($T_{직} \propto I_a^{\,2}$) 기동 토크가 매우 크다.
- 운전 중 **무부하 상태가 되면 무구속 속도**(위험 속도)에 도달할 수 있으므로 부하를 전동기에 직결한다.

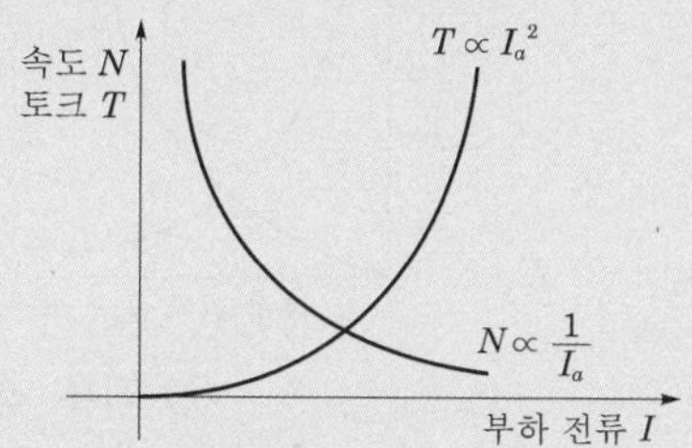

(3) 복권 전동기 : 계자 권선이 전기자와 직·병렬로 접속된 전동기

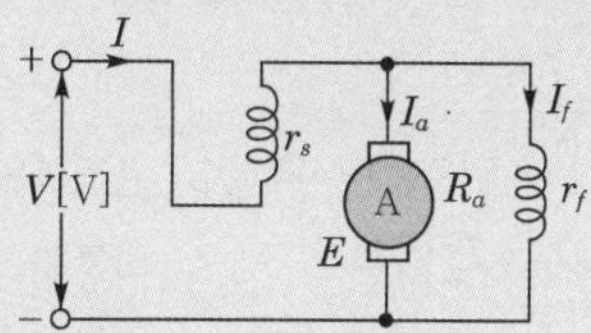

① 속도 변동률이 작다(직권보다).

② 기동 토크가 크다(분권보다).

③ 운전 중 계자 권선 단선, 무부하 상태로 되어도 위험 속도에 도달하지 않는다.

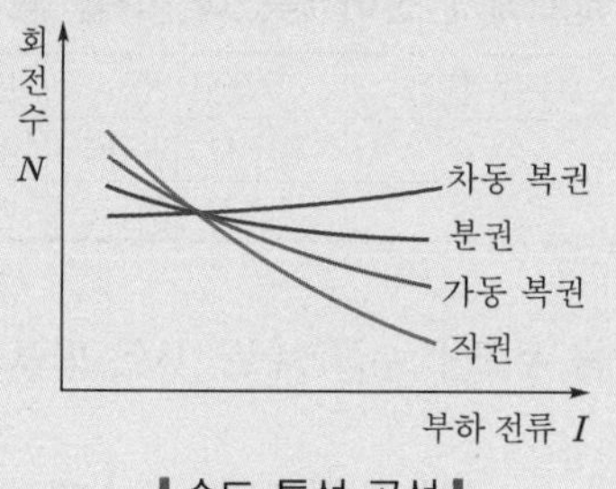

▌속도 특성 곡선▐

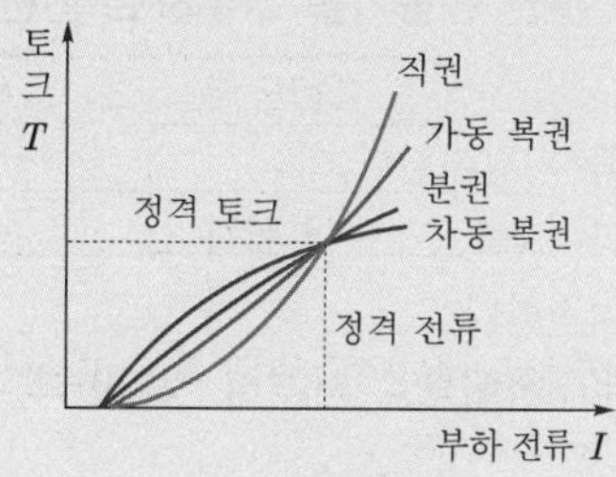

▌토크 특성 곡선▐

기·출·개·념 **문제**

1. 직류 전동기에서 정속도(constant speed) 전동기라고 볼 수 있는 전동기는? 97·94·92 기사

① 직류 직권 전동기
② 직류 내분권식 전동기
③ 직류 복권 전동기
④ 직류 타여자 전동기

해설 타여자 전동기 및 분권 전동기는 부하 변동에 의한 속도 변화가 작으므로 정속도 전동기로 볼 수 있다.

답 ④

2. 다음 그림은 속도 특성 곡선 및 토크 특성 곡선을 나타낸다. 어느 전동기인가? 13 기사

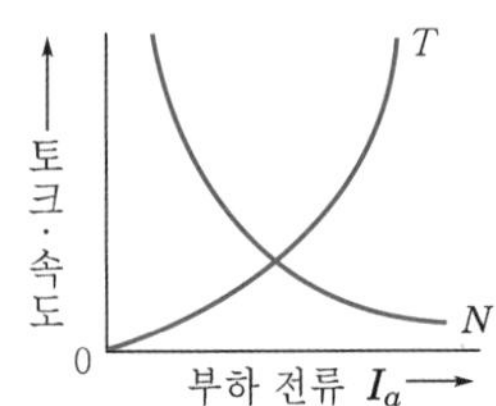

① 직류 분권 전동기 ② 직류 직권 전동기
③ 직류 복권 전동기 ④ 유도 전동기

해설 직권 전동기는 $I = I_a = I_f$이고, 자속 $\phi \propto I_f (= I_a = I)$이므로

회전 속도 $N = K\dfrac{V - I_a R_a}{\phi} \propto \dfrac{1}{\phi} \propto \dfrac{1}{I_a}$

토크 $T = \dfrac{Zp}{2\pi a}\phi I_a \propto \phi I_a \propto I_a^2$이므로

따라서, 속도 특성 곡선은 부하 전류(전기자 전류)에 반비례, 토크 특성 곡선은 부하 전류(전기자 전류)의 제곱에 비례하므로 쌍곡선과 포물선이 된다.

답 ②

3. 직류 분권 전동기를 무부하로 운전 중 계자 회로에 단선이 생겼다. 다음 중 옳은 것은? 01 기사/13 산업

① 즉시 정지한다.
② 과속도로 되어 위험하다.
③ 역전한다.
④ 무부하이므로 서서히 정지한다.

해설 $N = K\dfrac{V - I_a R_a}{\phi}$[rpm]에서 단선되는 순간에 ϕ가 0이 되기 때문에 과속도로 되어 위험하다.

답 ②

기출개념 04 직류 전동기의 운전법

[1] 기동법

전동기를 기동하는 순간에는 $E=0$이므로 매우 큰 전류가 흘러 전기자 권선이 소손할 염려가 있다. 그러므로 **기동 시 전류를 제한**(정격 전류의 약 1.2~2배)하기 위해서 전기자에 직렬로 저항을 넣고 기동하는데 이와 같은 기동을 저항 기동법이라 한다.

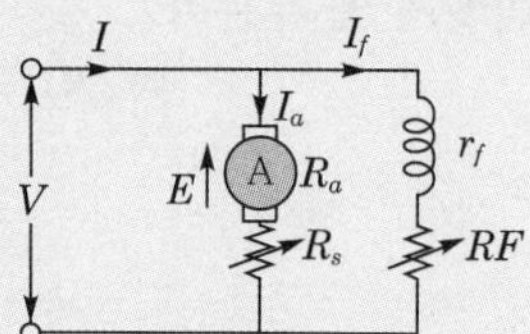

- 기동 시 기동 저항 : $R_s=$최대
- 계자 저항 $RF=0$

[2] 속도 제어

$$\text{회전 속도 } N = K\frac{V-I_aR_a}{\phi}\,[\text{rpm}]$$

(1) 계자 제어

계자 권선에 저항(RF)을 연결하여 자속(ϕ)의 변화에 의해 속도를 제어하는 방법이다.

* **계자 제어에 의한 속도** 제어 시 출력이 일정하므로 **정출력 제어**라 한다.

(2) 저항 제어

전기자에 직렬로 저항을 연결하여 속도를 제어하는 방법으로 **손실이 크고, 효율이 낮다.**

(3) 전압 제어

공급 전압의 변환에 의해 속도를 제어하는 방법으로 설치비는 고가이나 **효율이 좋고, 광범위로 원활한 제어**를 할 수 있다.

① **워드 레오나드**(Ward leonard) 방식

② 일그너(Ilgner) 방식 : **부하 변동이 큰** 경우 유효하다(fly wheel **설치**).

(4) 직·병렬 제어(전기 철도)

2대 이상의 전동기를 직·병렬 접속에 의한 속도 제어(전압 제어의 일종)

[3] 제동법

* 전기적 제동 : **전기자 권선의 전류 방향을 바꾸어 제동**하는 방법으로 다음과 같이 분류한다.

(1) 발전 제동

전기적 에너지를 저항에서 열로 소비하여 제동하는 방법

(2) 회생(回生) 제동

전동기의 역기전력을 공급 전압보다 높게 하여 전기적 에너지를 전원측에 환원하여 제동하는 방법

(3) 역상 제동(plugging)

전기자 권선의 결선을 반대로 바꾸어 역회전력에 의해 급제동하는 방법(원심력 계전기를 연결하여 정지 시 전원으로부터 분리하여야 한다.)

기·출·개·념 **문제**

1. 직류 분권 전동기의 기동 시에는 계자 저항기의 저항값은 어떻게 해 두는가?

99 기사 / 12·02 산업

① 영(0)으로 해 둔다.
② 최대로 해 둔다.
③ 중위(中位)로 해 둔다.
④ 끊어 놔둔다.

(해설) $T = \dfrac{EI_a}{2\pi \dfrac{N}{60}} = \dfrac{pZ}{2\pi a}\phi I_a = K\phi I_a$

토크는 자속 ϕ에 비례하므로 기동 시 기동 토크를 크게 하기 위하여 계자 저항(RF)은 영(0)으로 놓는다. 답 ①

2. 직류 전동기의 속도 제어 방법 중 광범위한 속도 제어가 가능하며 운전 효율이 좋은 방법은?

05·02·00·98·92 산업

① 계자 제어
② 직렬 저항 제어
③ 병렬 저항 제어
④ 전압 제어

(해설) 전압 제어는 광범위한 속도 제어가 가능하며 손실이 매우 적다. 답 ④

3. 직류 전동기의 속도 제어법에서 정출력 제어에 속하는 것은?

10·02·97·95·93·92 기사 / 12·02·00·98·96·94·91 산업

① 전압 제어법
② 계자 제어법
③ 워드 레오나드 제어법
④ 전기자 저항 제어법

(해설) • 속도 : $N = K\dfrac{V - I_a R_a}{\phi} = K_1 \dfrac{1}{\phi}$

• 출력 : $P = E \cdot I_a = \dfrac{Z}{a}P\phi\dfrac{N}{60}I_a = K_2\phi N = K_2 \cdot \phi \cdot K_1\dfrac{1}{\phi} = K_3$이므로 자속을 변환하여 속도를 제어하는 경우 출력은 일정하다. 답 ②

기·출·개·념 **문제**

4. 워드 레오나드 속도 제어는? 12·98·94·90 기사

① 전압 제어　　② 직·병렬 제어
③ 저항 제어　　④ 계자 제어

(해설) 회전 속도 : $N = K\dfrac{V - I_a R_a}{\phi}$ [rpm]

㉠ 계자 제어 : 계자 권선에 저항(R_f)을 연결하여 자속(ϕ) 변환에 의한 제어 → 정출력 제어
㉡ 저항 제어 : 전기자 권선에 저항(R_c)을 직렬로 연결하여 제어 → 정토크 제어
㉢ 전압 제어 : 타여자 전동기의 공급 전압을 변환하여 제어
- 워드 레오나드(Ward Leonard) 방식
- 일그너(Ilgner) 방식 : 부하 변동이 큰 경우 플라이 휠(fly wheel)을 설치한다.

㉣ 직·병렬 제어 : 2대 이상의 직권 전동기를 직·병렬로 접속을 변환하여 제어하는 방법(전압 제어의 일종)

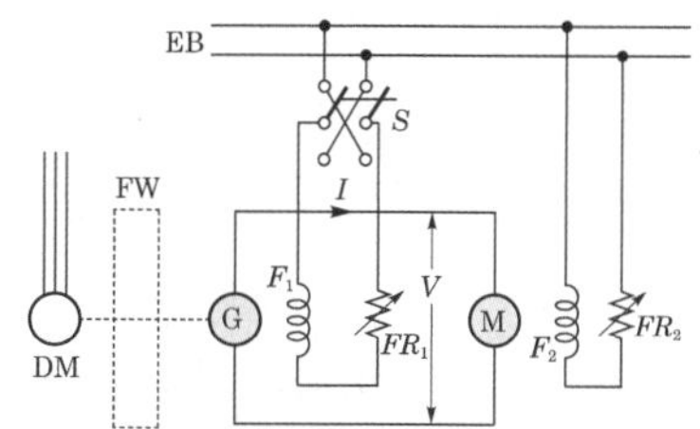

워드 레오나드 속도 제어는 그림과 같이 타여자 전동기 M에 전속된 타여자 발전기 G와 이 발전기를 구동시키는 전동기 DM을 두고, G의 계자 조정으로 M의 전기자 전압 V를 조정하는 타여자 전동기 속도 제어법의 하나이다.
주자속 ϕ도 일정하게 유지하면서 속도를 변화시키므로 정류도 양호하고 속도 변동률도 적으며, 큰 저항 손실이 생기지도 않는다. 답 ①

5. 직류 직권 전동기의 전원 극성을 반대로 하면? 13·99 기사 / 14·00 산업

① 회전 방향이 변하지 않는다.　　② 회전 방향이 변한다.
③ 속도가 증가된다.　　④ 발전기로 된다.

(해설)

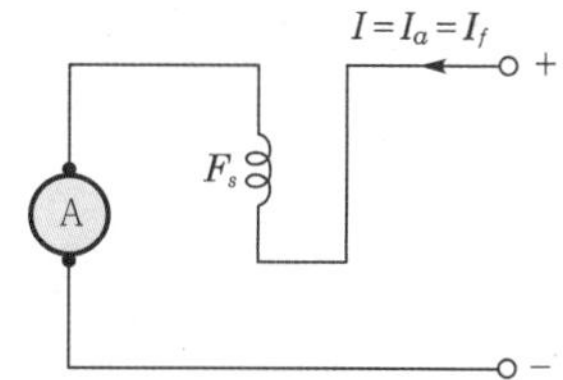

직류 직권 전동기는 계자 권선과 전기자 권선이 직렬로 접속되어 있으므로 전원 극성을 반대로 하면 전기자 전류와 여자 전류의 방향이 모두 반대로 되므로 회전 방향은 변하지 않는다. 답 ①

기출 개념 05 손실 및 효율

[1] 손실(loss) : P_l[W]

(1) 무부하손(고정손)

① 철손 : 철심 중에서 자속의 시간적 변화에 의한 손실

- 히스테리시스손 : $P_h = \sigma_h f B_m^{1.6}$ [W/m^3]
- 와류손 : $P_e = \sigma_e k (t f B_m)^2$ [W/m^3]

여기서, σ_e : 와류 상수
k : 도전율[℧/m]
t : 강판 두께[m]
f : 주파수[Hz]
B_m : 최대 자속 밀도[Wb/m^2]

② 기계손 : 회전자(전기자)의 회전에 의한 손실

- 풍손 : 회전부와 공기의 마찰로 인한 손
- 마찰손 : 축과 베어링, 정류자와 브러시 등의 마찰로 인한 손

(2) 부하손(가변손)

① 동손 : $P_c = I^2 R$[W] 전기자 권선에 전류가 흘러서 발생하는 손실

② 표유 부하손(stray load loss) : 측정이나 계산에 의해 구할 수 없는 손실로 도체 안이나 철심 내부에서 발생하며 부하에 따라 증감하는 손실이다.

[2] 효율

(1) 실측 효율

실측 효율은 전기기기의 입력과 출력을 직접 측정하여 계산한 효율이다.

효율 $\eta = \dfrac{\text{출력}}{\text{입력}} \times 100[\%]$

(2) 규약 효율

입력 또는 출력을 정확하게 측정하기 곤란한 경우

효율 $\eta = \dfrac{\text{출력}}{\text{출력} + \text{손실}} \times 100[\%]$

$= \dfrac{\text{입력} - \text{손실}}{\text{입력}} \times 100[\%]$ (직류 전동기의 규약 효율)

* 최대 효율의 조건 : **무부하손(고정손)=부하손(가변손)**

기·출·개·념 **문제**

1. 직류기의 효율이 최대가 되는 경우는 다음 중 무엇인가? 10·03·98·91 산업

① 와전류손=히스테리시스손
② 기계손=전기자 동손
③ 전부하 동손=철손
④ 고정손=부하손

(해설) 단자 전압 V[V], 부하 전류 I[A], 고정손 P_i[W], 부하손 I^2r[W]이면

효율 $\eta = \dfrac{VI}{VI + P_i + I^2r} = \dfrac{V}{V + \dfrac{P_i}{I} + Ir}$

$\left(\dfrac{P_i}{I} + Ir\right)$가 최소이면 효율은 최대가 되며 $\dfrac{P_i}{I} = Ir$이면 $\dfrac{P_i}{I} + Ir$은 최소가 된다.

그러므로 $P_i = I^2r$(고정손=부하손)의 경우 효율이 최대가 된다.

답 ④

2. 일정 전압으로 운전하고 있는 직류 발전기의 손실이 $\alpha + \beta I^2$으로 표시될 때, 효율이 최대가 되는 전류는? (단, α, β는 상수이다.) 03·94 기사 / 04·90 산업

① $\dfrac{\alpha}{\beta}$
② $\dfrac{\beta}{\alpha}$
③ $\sqrt{\dfrac{\alpha}{\beta}}$
④ $\sqrt{\dfrac{\beta}{\alpha}}$

(해설) **최대 효율의 조건**

무부하손=부하손
(고정손) (가변손)

손실 $\alpha + \beta I^2$에서 α는 부하 전류와 관계없는 고정손이고, βI^2은 전류의 제곱에 비례하는 가변손이다. 따라서 최대 효율은 $\alpha = \beta I^2$이므로 전류 $I = \sqrt{\dfrac{\alpha}{\beta}}$ [A]에서 효율이 최대가 된다.

답 ③

3. 효율 80[%], 출력 10[kW]인 직류 발전기의 전손실[kW]은? 99 기사

① 1.25
② 1.5
③ 2.0
④ 2.5

(해설) 전손실을 P_l[kW]라 하면

효율 $\eta = \dfrac{\text{출력}}{\text{출력} + \text{전손실}} \times 100$

$0.8 = \dfrac{10}{10 + P_l}$

$\therefore\ P_l = \dfrac{10}{0.8} - 10 = 2.5$[kW]

답 ④

기출개념 06 시험

[1] 절연 저항 측정 : R_i[MΩ]

$$R_i = \frac{\text{정격 전압[V]}}{\text{정격 출력[kW]}+1{,}000}\text{[MΩ] 이상}$$

[2] 부하법

온도 측정을 위하여 부하를 접속하는 방법

(1) 실부하법 : 소형 기계

실제 부하(전구, 저항기)를 접속하고 온도상승시험을 하는 부하법

(2) 반환 부하법

동일 정격의 기계 2대를 한쪽은 발전기, 다른 쪽은 전동기로 하여 서로 전력과 동력을 주고 받도록 접속하여 온도 상승을 측정하는 방법

① 카프법(Kapp's method)
② 홉킨슨법(Hopkinson's method)
③ 블론델법(Blondel's method)

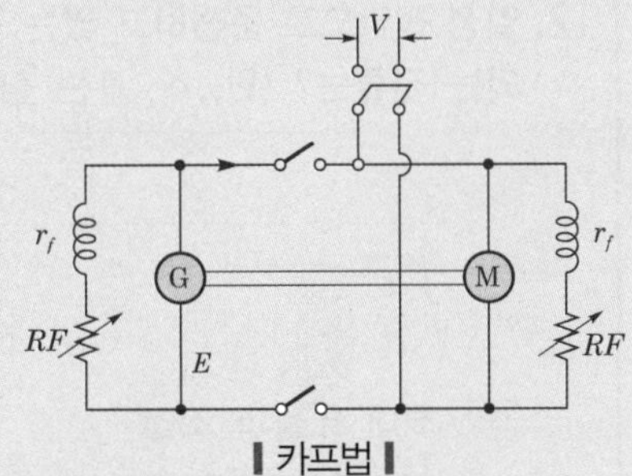

▌카프법▐

[3] 토크 및 출력 측정법

(1) 프로니(prony) 브레이크법(소형)

(2) 전기 동력계법(대형)

① 전동기의 토크

$$\tau = W \cdot L = 0.975\frac{P}{N}\text{[kg·m]}$$

② 출력 : $P = \frac{W \cdot L}{0.975}N\text{[W]}$

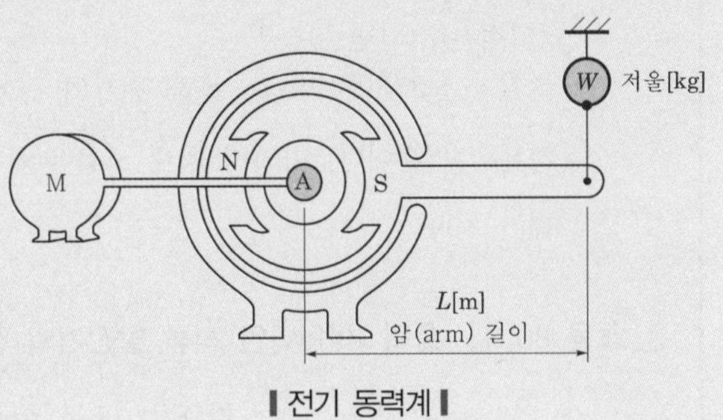

▌전기 동력계▐

기·출·개·념 문제

정격 출력 5[kW], 정격 전압 110[V]인 직류 발전기가 있다. 500[V]의 메거(Megger)를 사용하여 절연 저항을 측정할 때, 절연 저항은 최저 몇 [MΩ] 이상이어야 양호한 절연이라 할 수 있는가? 93 산업

① $R=0.11$　② $R=0.50$　③ $R=0.0045$　④ $R=2.42$

(해설) 절연 저항의 최저값 R은 $R = \frac{\text{정격 전압[V]}}{\text{정격 출력[kW]}+1{,}000}$[MΩ]이므로

$V=110$[V], $P=5$[kW]를 대입하면 $\therefore R = \frac{110}{5+1{,}000} \fallingdotseq 0.11$[MΩ]

답 ①

이런 문제가 시험에 나온다!

CHAPTER 01
직류기

단원 최근 빈출문제

01 직류기의 철손에 관한 설명으로 틀린 것은? [18년 2회 기사]

① 성층 철심을 사용하면 와전류손이 감소한다.
② 철손에는 풍손과 와전류손 및 저항손이 있다.
③ 철에 규소를 넣게 되면 히스테리시스손이 감소한다.
④ 전기자 철심에는 철손을 작게 하기 위해 규소 강판을 사용한다.

해설 직류기의 철손은 히스테리시스손과 와전류손의 합이며, 히스테리시스손을 감소시키기 위해 철에 규소를 함유하고, 와전류손을 적게 하기 위하여 얇은 강판을 성층 철심하여 사용한다.

02 히스테리시스손과 관계가 없는 것은? [15년 2회 기사]

① 최대 자속 밀도
② 철심의 재료
③ 회전수
④ 철심용 규소 강판의 두께

해설 히스테리시스손$(P_h) = \eta f \cdot B_m^{\ 1.6 \sim 2}$[W/m^3]
여기서, f : 주파수(회전수)
B_m : 최대 자속 밀도[Wb/m^2]
규소 강판의 두께는 와류손과 관계가 있다.

03 직류기 권선법에 대한 설명 중 틀린 것은? [16년 1회 기사]

① 단중 파권은 균압환이 필요하다.
② 단중 중권의 병렬 회로수는 극수와 같다.
③ 저전류·고전압 출력은 파권이 유리하다.
④ 단중 파권의 유기 전압은 단중 중권의 $\dfrac{P}{2}$이다.

해설 단중 중권의 경우 병렬 회로 사이에 전위를 균등하게 하기 위해 균압환이 필요하고, 파권으로 하면 병렬 회로 사이에 전위가 같으므로 불필요하다.

기출 핵심 NOTE

01 손실(loss) P_l[W]

㉠ 무부하손(고정손)
- 철손 $P_i = P_h + P_e$
  - 히스테리시스손 P_h
    $P_h = \sigma_h f B_{m}^{\ 1.6}$[W/m^3]
  - 와류손 P_e
    $P_e = \sigma_e K(tfB_m)^2$[W/m^3]
- 기계손
  - 풍손
  - 마찰손

㉡ 부하손(가변손)
- 동손 $P_c = I^2R$[W]
- 표유 부하손
  (stray load loss)

03 전기자 권선법

구분	전압, 전류	병렬 회로수	브러시수	균압환
중권	저전압, 대전류	$a=p$	$b=p$	필요
파권	고전압, 소전류	$a=2$	$b=2$ 또는 $b=p$	불필요

정답 01. ② 02. ④ 03. ①

04 4극 단중 파권 직류 발전기의 전전류가 I[A]일 때, 전기자 권선의 각 병렬 회로에 흐르는 전류는 몇 [A]가 되는가?

[17년 1회 산업]

① $4I$ ② $2I$
③ $\frac{I}{2}$ ④ $\frac{I}{4}$

해설 단중 파권 직류 발전기의 병렬 회로수 $a=2$이므로
각 권선에 흐르는 전류 $i=\frac{I}{a}=\frac{I}{2}$[A]

05 자극수 p, 파권, 전기자 도체수가 Z인 직류 발전기를 N[rpm]의 회전 속도로 무부하 운전할 때 기전력이 E[V]이다. 1극당 주자속[Wb]은?

[16년 2회 기사]

① $\frac{120E}{pZN}$ ② $\frac{120Z}{pEN}$
③ $\frac{120ZN}{pE}$ ④ $\frac{120pZ}{EN}$

해설 직류 발전기의 유기 기전력 $E=\frac{Z}{a}p\phi\frac{N}{60}$[V]
병렬 회로수 $a=2$(파권)이므로
극당 자속 $\phi=\frac{120E}{ZpN}$[Wb]

06 1,000[kW], 500[V]의 직류 발전기가 있다. 회전수 246[rpm], 슬롯수 192, 각 슬롯 내의 도체수 6, 극수는 12이다. 전부하에서의 자속수[Wb]는? (단, 전기자 저항은 0.006[Ω]이고, 전기자 권선은 단중 중권이다.)

[15년 2회 기사]

① 0.502 ② 0.305
③ 0.2065 ④ 0.1084

해설 부하 전류$(I)=\frac{P}{V}=\frac{1,000\times10^3}{500}=2,000$[A]
(여기서, P : 전력)
총 도체수(Z)=슬롯수×슬롯당 도체수$=192\times6=1,152$
∴ 유기 기전력$(E)=V+I_ar_a=500+2,000\times0.006=512$
∴ $E=\frac{pZ}{60a}\phi N$에서(여기서, p : 극수)
$\phi=\frac{60aE}{pZN}=\frac{60\times12\times512}{12\times1,152\times246}=0.1084$[Wb]
(단, 중권 : $a=p$)

기출 핵심 NOTE

04 파권의 병렬 회로수 $a=2$이므로

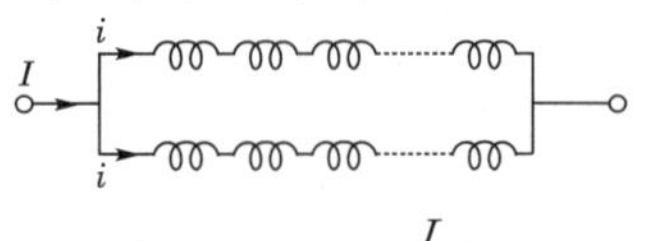

전전류 $I=2i$, $i=\frac{I}{2}$[A]

05 유기 기전력

직류 발전기의 전기자 권선의 주변 속도를 v[m/s], 평균 자속 밀도를 B[Wb/m²], 도체의 길이를 l[m]라 하면, 전기자 도체 1개의 유기 기전력 $e=vBl$[V]

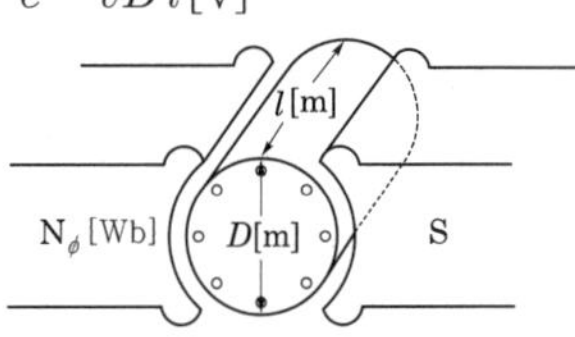

❙유기 기전력❙

여기서, 속도 $v=\pi DN$[m/s]
자속 밀도 $B=\frac{p\phi}{\pi Dl}$[Wb/m²]이므로
$e=\pi DN\cdot\frac{p\phi}{\pi Dl}\cdot l=p\phi N$[V]
전기자 도체의 총수를 Z, 병렬 회로의 수를 a라 하면, 브러시 사이의 전체 유기 기전력은 다음과 같다.
$E=\frac{Z}{a}\cdot e=\frac{Z}{a}p\phi N=\frac{Z}{a}p\phi\frac{N}{60}$[V]
여기서, Z : 전기자 도체의 총수[개]
a : 병렬 회로수
(중권 : $a=p$,
파권 : $a=2$)
p : 자극의 수[극]
ϕ : 매 극당 자속[Wb]
N : 분당 회전수[rpm]

정답 04. ③ 05. ① 06. ④

07 극수 8, 중권 직류기의 전기자 총 도체수 960, 매극 자속 0.04[Wb], 회전수 400[rpm]이라면 유기 기전력은 몇 [V]인가? [07년 기사]

① 625 ② 425
③ 327 ④ 256

해설 중권이므로 $a=p=8$

$$E=\frac{Z}{a}p\phi\frac{N}{60}$$
$$=\frac{960}{8}\times 8\times 0.04\times\frac{400}{60}=256[\text{V}]$$

08 4극, 중권, 총 도체수 500, 극당 자속이 0.01[Wb]인 직류 발전기가 100[V]의 기전력을 발생시키는 데 필요한 회전수는 몇 [rpm]인가? [20년 4회 기사]

① 800 ② 1,000
③ 1,200 ④ 1,600

해설 유기 기전력 $E=\frac{pZ\phi}{a}\frac{N}{60}[\text{V}]$

중권의 경우 병렬 회로수 $a=p_{극수}$

여기서, p : 극수
Z : 총 도체수
ϕ : 극당 자속[Wb]
N : 분당 회전수[rpm]

회전수 $N=\frac{Ea60}{pZ\phi}=\frac{100\times 4\times 60}{4\times 500\times 0.01}=1,200[\text{rpm}]$

09 직류 발전기에 P[N·m/s]의 기계적 동력을 주면 전력은 몇 [W]로 변환되는가? (단, 손실은 없으며, i_a는 전기자 도체의 전류, e는 전기자 도체의 유기 기전력, Z는 총 도체수이다.) [20년 1·2회 기사]

① $P=i_aeZ$ ② $P=\frac{i_ae}{Z}$
③ $P=\frac{i_aZ}{e}$ ④ $P=\frac{eZ}{i_a}$

해설 기계적 동력 $P=EI_a$(발전기 입력=전력)

기전력 $E=\frac{Z}{a}\cdot e[\text{V}]$

전기자 전류 $I_a=ai_a[\text{A}]$

전력 $P=EI_a=\frac{Z}{a}e\times ai_a=i_a\cdot eZ[\text{W}]$

기출 핵심 NOTE

07 유기 기전력 E[V]

$$E=\frac{Z}{a}\cdot e=\frac{Z}{a}p\phi\frac{N}{60}[\text{V}]$$

여기서, Z : 전기자 총 도체수[개]
a : 병렬 회로수
(중권 : $a=p$,
파권 : $a=2$)
p : 자극의 수[극]
ϕ : 매 극당 자속[Wb]
N : 분당 회전수[rpm]

08 직류 발전기의 유기 기전력

$$E=\frac{pZ}{a}\phi n=\frac{pZ}{a}\phi\frac{N}{60}$$
$$=K_1\phi N[\text{V}]\left(\because K_1=\frac{pZ}{60a}\right)$$

여기서, p : 극수
n : 매초 회전수[rps]
Z : 전기자의 도체 총수
ϕ : 매극의 자속수[Wb]
N : 매분 회전수[rpm]
a : 전기자 내부 병렬 회로수
(중권 : $a=p$,
파권 : $a=2$)

정답 07. ④ 08. ③ 09. ①

10 8극, 유도 기전력 100[V], 전기자 전류 200[A]인 직류 발전기의 전기자 권선을 중권에서 파권으로 변경했을 경우의 유도 기전력과 전기자 전류는? [20년 1·2회 산업]

① 100[V], 200[A]
② 200[V], 100[A]
③ 400[V], 50[A]
④ 800[V], 25[A]

해설 유기 기전력 $E=\frac{pZ\phi}{a}\frac{N}{60}$[V]에서 유기 기전력($E$)은 병렬 회로수($a$)와 반비례이므로 중권($a=8$)에서 파권($a=2$)으로 변경하면 유도 기전력은 100[V]에서 4배 증가하여 400[V]가 되고, 전기자 전류는 200[A]에서 $\frac{1}{4}$배가 되어 50[A]가 된다.

※ 중권과 파권은 결선이 다를 뿐 전력 $P=EI$는 일정하다. 그러므로 중권에서 파권으로 변경 시 회로의 변화로 인해 전압이 상승하면 전류는 감소하게 된다.

11 6극 직류 발전기의 정류자 편수가 132, 유기 기전력이 210[V], 직렬 도체수가 132개이고 중권이다. 정류자 편간 전압은 약 몇 [V]인가? [16년 3회 기사]

① 4 ② 9.5
③ 12 ④ 16

해설 정류자 편간 전압

$e_k=\frac{pE}{k}=\frac{6\times 210}{132}=9.54$[V]

여기서, k : 정류자 편수
p : 극수
E : 유기 기전력

12 직류기에서 전기자 반작용이란 전기자 권선에 흐르는 전류로 인하여 생긴 자속이 무엇에 영향을 주는 현상인가? [16년 1회 산업]

① 감자 작용만을 하는 현상
② 편자 작용만을 하는 현상
③ 계자극에 영향을 주는 현상
④ 모든 부문에 영향을 주는 현상

해설 전기자 반작용은 전기자 전류에 의한 자속이 계자 자속의 분포에 영향을 주는 현상이다.

기출 핵심 NOTE

10 유기 기전력(E)

$E=\frac{Z}{a}\cdot e=\frac{Z}{a}p\phi\frac{N}{60}$[V]

- 전기자 전류 $I_a=aI$[A]
- 병렬 회로수 a
- 단중 중권 $a=p$
- 단중 파권 $a=2$

11 정류자 편간 전압 e_k[V]

$e_k=2e=2\frac{aE}{Z}=\frac{aE}{\frac{Z}{2}}=\frac{pE}{k}$[V]

여기서, e : 도체 1개의 기전력
k : 정류 편수$\left(k=\frac{Z}{2}\right)$
Z : 총 도체수
a : 병렬 회로수
(중권 : $a=p$)

12 전기자 반작용

전기자 전류에 의한 자속이 계자 자속의 분포에 영향을 주는 현상

정답 10. ③ 11. ② 12. ③

13 직류기의 전기자 반작용의 영향이 아닌 것은?

[17년 3회 산업]

① 주자속이 증가한다.
② 전기적 중성축이 이동한다.
③ 정류 작용에 악영향을 준다.
④ 정류자 편간 전압이 상승한다.

해설 **전기자 반작용의 영향**

- 전기적 중성축이 이동한다(발전기는 회전 방향, 전동기는 회전 반대 방향).
- 주자속이 감소한다.
- 정류자 편간 전압이 국부적으로 높아져 섬락을 일으켜 정류에 악영향을 미친다.

14 전기자 총 도체수 152, 4극, 파권인 직류 발전기가 전기자 전류를 100[A]로 할 때 매 극당 감자 기자력[AT/극]은 얼마인가? (단, 브러시의 이동각은 10°이다.)

[17년 3회 기사]

① 33.6 ② 52.8
③ 105.6 ④ 211.2

해설 **극당 감자 기자력**

$$AT_d = \frac{2\alpha}{180°} \times \frac{ZI_a}{2Pa} = \frac{2\times 10°}{180°} \times \frac{152\times 100}{2\times 4\times 2} = 105.55\ [\text{AT/극}]$$

15 직류기에서 전기자 반작용을 방지하기 위한 보상 권선의 전류 방향은?

[14년 3회 산업]

① 계자 전류 방향과 같다.
② 계자 전류 방향과 반대이다.
③ 전기자 전류 방향과 같다.
④ 전기자 전류 방향과 반대이다.

해설 보상 권선은 전기자 권선과 직렬로 접속하여 전기자 전류와 반대 방향으로 전류를 통해서 전기자 기자력을 상쇄시키도록 한다.

16 직류기에 보극을 설치하는 목적은?

[17년 1회 기사]

① 정류 개선 ② 토크의 증가
③ 회전수 일정 ④ 기동 토크의 증가

해설 주자극 중간에 보극을 설치하면 평균 리액턴스 전압을 효과적으로 상쇄시킬 수 있으므로 불꽃이 없는 정류를 할 수 있고, 전기적 중성축의 이동을 방지할 수 있다.

기출 핵심 NOTE

13 반작용의 영향

- 전기적 중성축 이동
- 주자속 감소
- 정류자 편간 전압 국부적으로 상승

14
- 극당 감자 기자력 AT_d

$$AT_d = \frac{2\alpha}{180°} \times \frac{ZI_a}{2Pa}\ [\text{AT/극}]$$

- 극당 교차 기자력 AT_c

$$AT_c = \frac{180° - 2\alpha}{180°} \times \frac{ZI_a}{2Pa}\ [\text{AT/극}]$$

16 보극

주자극 사이에 설치한 소자극으로 평균 리액턴스 전압을 상쇄하고, 중성축을 환원하여 정류를 개선한다.

정답 13. ① 14. ③ 15. ④ 16. ①

17 직류 발전기의 정류 초기에 전류 변화가 크며 이때 발생되는 불꽃 정류로 옳은 것은? [19년 1회 기사]

① 과정류
② 직선 정류
③ 부족 정류
④ 정현파 정류

해설 직류 발전기의 정류 곡선에서 정류 초기에 전류 변화가 큰 곡선을 과정류라 하며 초기에 불꽃이 발생한다.

18 직류 분권 발전기에 대한 설명으로 옳은 것은? [16년 2회 기사]

① 단자 전압이 강하하면 계자 전류가 증가한다.
② 부하에 의한 전압의 변동이 타여자 발전기에 비하여 크다.
③ 타여자 발전기의 경우보다 외부 특성 곡선이 상향(上向)으로 된다.
④ 분권 권선의 접속 방법에 관계없이 자기 여자로 전압을 올릴 수가 있다.

해설 직류 분권 발전기는 단자 전압이 저하하면 여자 전류도 감소하기 때문에 타여자 발전기보다는 전압 강하가 조금 크게 된다.

19 전기자 저항이 0.3[Ω]인 분권 발전기가 단자 전압 550[V]에서 부하 전류가 100[A]일 때 발생하는 유도 기전력[V]은? (단, 계자 전류는 무시한다.) [18년 2회 산업]

① 260 ② 420
③ 580 ④ 750

해설 직류 발전기의 유도 기전력

$E = V + I_a R_a = 550 + 100 \times 0.3 = 580[\mathrm{V}]$

20 직류기의 정류 작용에 관한 설명으로 틀린 것은? [14년 2회 기사]

① 리액턴스 전압을 상쇄시키기 위해 보극을 둔다.
② 정류 작용은 직선 정류가 되도록 한다.
③ 보상 권선은 정류 작용에 큰 도움이 된다.
④ 보상 권선이 있으면 보극은 필요없다.

해설 보상 권선을 설치하여도 평균 리액턴스 전압을 상쇄시키기 위해서는 보극이 필요하다.

기출 핵심 NOTE

17 정류 곡선

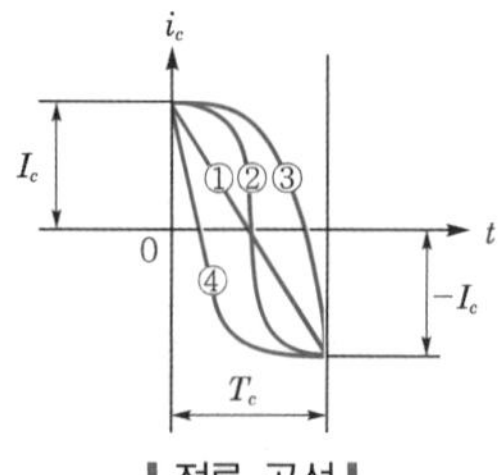

❙ 정류 곡선 ❙

- 직선 정류, 정현파 정류] 양호한 정류 곡선
- 부족 정류 : 정류 말기 불꽃 발생
- 과정류 : 정류 초기 불꽃 발생

※ 평균 리액턴스 전압

$$e = -L\frac{di}{dt} = L\frac{2I_c}{T_c}[\mathrm{V}]$$

20 정류 개선책

㉠ 평균 리액턴스 전압을 작게 한다.
- 인덕턴스(L) 작을 것
- 정류 주기(T_c) 클 것
- 주변 속도(v_c) 느릴 것

㉡ 보극을 설치 : 평균 리액턴스 전압 상쇄 → 전압 정류
㉢ 브러시의 접촉 저항을 크게 한다. → 저항 정류 : 고전압, 소전류의 경우 탄소질 브러시(접촉 저항 크게) 사용
㉣ 보상 권선을 설치한다.

정답 17. ① 18. ② 19. ③ 20. ④

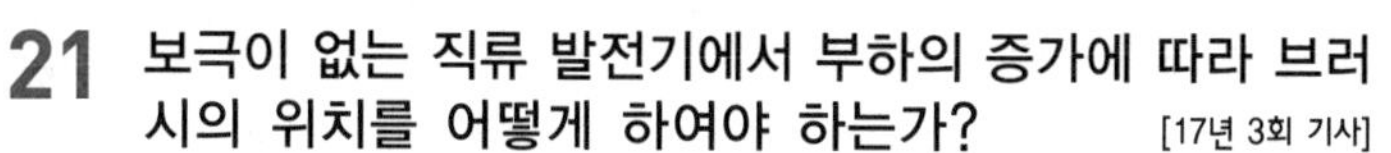

기출 핵심 NOTE

21 보극이 없는 직류 발전기에서 부하의 증가에 따라 브러시의 위치를 어떻게 하여야 하는가? [17년 3회 기사]

① 그대로 둔다.
② 계자극의 중간에 놓는다.
③ 발전기의 회전 방향으로 이동시킨다.
④ 발전기의 회전 방향과 반대로 이동시킨다.

해설 보극이 없는 발전기는 부하의 증가에 따라서 중성축의 위치가 전기자 반작용 때문에 회전 방향으로 이동하므로, 그 위치에 브러시를 이동시켜야 한다. 즉, 발전기의 경우는 회전 방향으로 브러시를 이동시킨다.

22 직류기에 탄소 브러시를 사용하는 주된 이유는? [91년 기사]

① 고유 저항이 작다.
② 접촉 저항이 작다.
③ 접촉 저항이 크다.
④ 고유 저항이 크다.

해설 정류 작용상 불꽃이 발생하지 않으려면 브러시의 접촉 저항이 큰 것이 좋기 때문에 고전압, 소전류의 작용 브러시에는 탄소 브러시를 사용하고, 저전압, 대전류의 브러시에는 금속 함유량이 큰 금속 흑연질 브러시를 사용한다.

23 정격 전압 220[V], 무부하 단자 전압 230[V], 정격 출력이 40[kW]인 직류 분권 발전기의 계자 저항이 22[Ω], 전기자 반작용에 의한 전압 강하가 5[V]라면 전기자 회로의 저항[Ω]은 약 얼마인가? [19년 2회 기사]

① 0.026
② 0.028
③ 0.035
④ 0.042

해설 부하 전류 $I=\dfrac{P}{V}=\dfrac{40\times10^3}{220}=181.18[\text{A}]$

계자 전류 $I_f=\dfrac{V}{r_f}=\dfrac{220}{22}=10[\text{A}]$

전기자 전류 $I_a=I+I_f=181.18+10=191.18[\text{V}]$

단자 전압 $V=E-I_aR_a-e_a$

$I_aR_a=E-V-e_a$

전기자 저항 $R_a=\dfrac{E-V-e_a}{I_a}=\dfrac{230-220-5}{191.18}=0.026[\Omega]$

23 직류 분권 발전기

- 유기 기전력 $E[\text{V}]$
  $E=\dfrac{Z}{a}p\phi\dfrac{N}{60}=V+I_aR_a+e_a$
- 전기자 전류 $I_a[\text{A}]$
  $I_a=I+I_f$
- 단자 전압 $V[\text{V}]$
  $V=I_fr_f$
- 출력 $P[\text{W}]$
  $P=VI$

정답 21. ③ 22. ③ 23. ①

24 직류 분권 발전기를 서서히 단락 상태로 하면 어떤 상태로 되는가? [15년 3회 기사]

① 과전류로 소손된다. ② 과전압이 된다.
③ 소전류가 흐른다. ④ 운전이 정지된다.

해설 분권 발전기의 부하 전류가 증가하면 전기자 저항 강하와 전기자 반작용에 의한 감자 현상으로 단자 전압이 떨어지고, 단락 상태로 되면 계자 전류(I_f)가 0이 되어 잔류 전압에 의한 단락 전류가 되므로 소전류가 흐른다.

25 분권 발전기의 회전 방향을 반대로 하면 일어나는 현상은? [17·09년 1회 기사 / 11·87년 산업]

① 전압이 유기된다.
② 발전기가 소손된다.
③ 잔류 자기가 소멸된다.
④ 높은 전압이 발생한다.

해설 직류 분권 발전기의 회전 방향이 반대로 되면 전기자의 유기 기전력 극성이 반대로 되고, 분권 회로의 여자 전류가 반대로 흘러서 잔류 자기를 소멸시키기 때문에 전압이 유기되지 않으므로 발전되지 않는다.

26 50[Ω]의 계자 저항을 갖는 직류 분권 발전기가 있다. 이 발전기의 출력이 5.4[kW]일 때 단자 전압은 100[V], 유기 기전력은 115[V]이다. 이 발전기의 출력이 2[kW]일 때 단자 전압이 125[V]라면 유기 기전력은 약 몇 [V]인가? [18년 3회 기사]

① 130 ② 145
③ 152 ④ 159

해설
$$P=VI,\ I=\frac{P}{V}=\frac{5{,}400}{100}=54[\mathrm{A}]$$
$$I_f=\frac{V}{r_f}=\frac{100}{50}=2[\mathrm{A}],\ \ I_a=I+I_f=54+2=56[\mathrm{A}]$$
$$R_a=\frac{E-V}{I_a}=\frac{115-100}{56}=0.267[\Omega]$$
$$I'=\frac{P}{V}=\frac{2{,}000}{125}=16[\mathrm{A}]$$
$$I_f'=\frac{125}{50}=2.5[\mathrm{A}]$$
$$I_a'=I'+I_f'=16+2.5=18.5[\mathrm{A}]$$
$$E'=V'+I_a'R_a=125+18.5\times0.267=129.9=130[\mathrm{V}]$$

기출 핵심 NOTE

25 직류 분권 발전기의 회전 방향을 반대로 하면 잔류 자기가 소멸하여 발전되지 않는다.

26 직류 발전기의 종류

㉠ 타여자 발전기
독립된 직류 전원에 의해 여자하는 발전기
- 유기 기전력(E[V])
  $E=\frac{Z}{a}p\phi\frac{N}{60}$[V]
- 단자 전압(V[V])
  $V=E-I_aR_a$[V]
- 전기자 전류(I_a[A])
  $I_a=I$(부하 전류)
- 출력(P[W])
  $P=VI$[W]

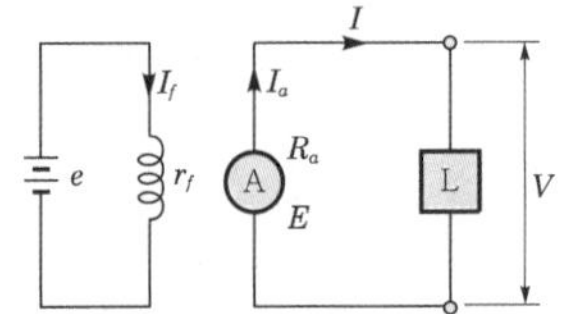

▌타여자 발전기▐

㉡ 자여자 발전기
자신이 만든 직류 기전력에 의해 여자하는 발전기
※ 여자(excite) : 계자 권선에 전류를 흘려주어 자화하는 것
- 분권 발전기 : 계자 권선과 전기자 병렬 접속
  $E=\frac{Z}{a}p\phi\frac{N}{60}$
  $I_a=I+I_f\fallingdotseq I$
  $V=E-I_aR_a=I_fr_f$

▌분권 발전기▐

- 직권 발전기 : 계자 권선과 전기자 직렬 접속
  $I_a=I=I_f$
  $V=E-I_a(R_a+r_f)$

정답 24. ③ 25. ③ 26. ①

27 100[V], 10[A], 1,500[rpm]인 직류 분권 발전기의 정격 시 계자 전류는 2[A]이다. 이때 계자 회로에는 10[Ω]의 외부 저항이 삽입되어 있다. 계자 권선의 저항[Ω]은? [19년 2회 기사]

① 20 ② 40
③ 80 ④ 100

해설 계자 전류 $I_f = \dfrac{V}{r_f + RF}$

계자 권선 저항 $r_f = \dfrac{V}{I_f} - RF = \dfrac{100}{2} - 10 = 40[\Omega]$

기출 핵심 NOTE

27 단자 전압(V)

$V = I_f(r_f + RF)$

$r_f = \dfrac{V}{I_f} - RF[\Omega]$

28 정격이 5[kW], 100[V], 50[A], 1,800[rpm]인 타여자 직류 발전기가 있다. 무부하 시의 단자 전압[V]은 얼마인가? (단, 계자 전압은 50[V], 계자 전류 5[A], 전기자 저항은 0.2[Ω]이고, 브러시의 전압 강하는 2[V]이다.) [12년 1회 기사]

① 100 ② 112
③ 115 ④ 120

해설

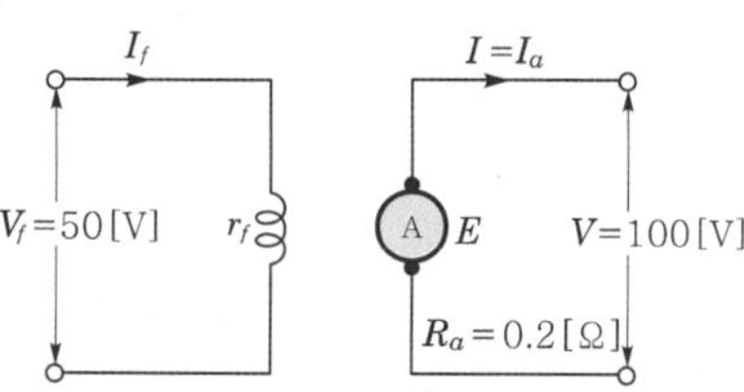

$P = 5[kW]$, $V = 100[V]$, $I_a = 50[A]$, $V_f = 50[V]$, $I_f = 5[A]$, $R_a = 0.2[\Omega]$, $e_b = 2[V]$이므로

$r_f = \dfrac{V_f}{I_f} = \dfrac{50}{5} = 10[\Omega]$

$I = I_a = \dfrac{P}{V} = \dfrac{5 \times 10^3}{100} = 50[A]$

$\therefore\ V_0 = E = V + I_a R_a + e_b = 100 + 50 \times 0.2 + 2 = 112[V]$

29 직류 발전기 중 무부하일 때보다 부하가 증가한 경우에 단자 전압이 상승하는 발전기는? [16년 1회 산업]

① 직권 발전기 ② 분권 발전기
③ 과복권 발전기 ④ 자동 복권 발전기

해설 단자 전압 $V = E - I_a(R_a + r_s)$

부하가 증가하면 과복권 발전기는 기전력(E)의 증가폭이 전압강하 $I_a(R_a + r_s)$보다 크게 되어 단자 전압이 상승한다.

정답 27. ② 28. ② 29. ③

30 그림은 복권 발전기의 외부 특성 곡선이다. 이 중 과복권을 나타내는 곡선은? [19년 2회 산업]

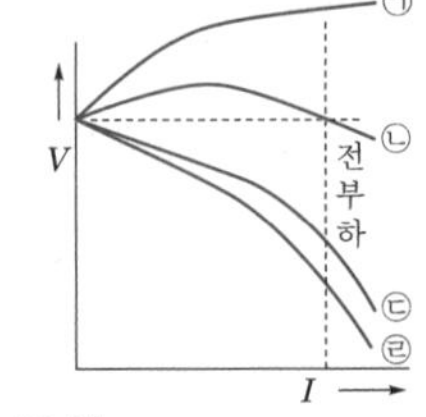

① ㉠
② ㉡
③ ㉢
④ ㉣

해설 복권 발전기의 외부 특성 곡선
㉠ 과복권 발전기
㉡ 평복권 발전기
㉢ 부족 복권 발전기
㉣ 차동 복권 발전기

31 직류기에서 기계각의 극수가 P인 경우 전기각과의 관계는 어떻게 되는가? [18년 2회 기사]

① 전기각$\times 2P$ ② 전기각$\times 3P$
③ 전기각$\times \frac{2}{P}$ ④ 전기각$\times \frac{3}{P}$

해설 직류기에서 전기각 $\alpha = \frac{P}{2} \times$기계각
예 4극의 경우 360°(기계각), 회전 시 전기각은 720°이다.
기계각 θ=전기각$\times \frac{2}{P}$

32 직류기에서 전압 변동률이 (+)값으로 표시되는 발전기는? [00년 산업]

① 과복권 발전기 ② 직권 발전기
③ 평복권 발전기 ④ 분권 발전기

해설 타여자, 분권 및 복권 발전기에서는 전압 변동률이 (+)이고, 과복권 발전기에는 (−)가 된다.

33 직류 분권 발전기의 정격 전압 200[V], 정격 출력 10[kW], 이때의 계자 전류는 2[A], 전압 변동률은 4[%]라 한다. 발전기의 무부하 전압[V]은? [89년 기사]

① 208 ② 210
③ 220 ④ 228

해설 $V_n = 200$[V], $\varepsilon = 4$[%]이므로 $\varepsilon = \frac{V_0 - V_n}{V_n} \times 100$

$\therefore V_0 = V_n\left(1 + \frac{\varepsilon}{100}\right) = 200 \times \left(1 + \frac{4}{100}\right) = 208$[V]

기출 핵심 NOTE

30 복권 발전기의 외부 특성 곡선

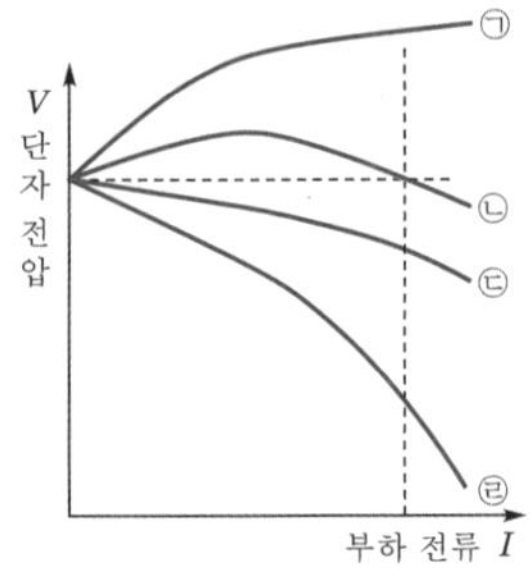

㉠ 과복권 발전기
㉡ 평복권 발전기
㉢ 부족 복권 발전기
㉣ 차동 복권 발전기

31
- 전기각 $\alpha = \frac{P}{2} \times$기계각 θ
(2극의 경우 전기각=기계각)
- 기계각 θ=전기각 $\alpha \times \frac{2}{P}$[°]

32 전압 변동률 ε[%]

$$\varepsilon = \frac{V_0 - V_n}{V_n} \times 100[\%]$$

정답 30. ① 31. ③ 32. ④ 33. ①

기출 핵심 NOTE

CHAPTER 1

34 무부하에서 자기 여자로 전압을 확립하지 못하는 직류 발전기는?
[03년 기사/16년 산업]

① 타여자 발전기 ② 직권 발전기
③ 분권 발전기 ④ 차동 복권 발전기

해설 직권 발전기는 계자 권선과 전기자 권선이 직렬로 접속되어 있는 부하 전류에 의하여 여자되므로, 무부하일 때에는 잔류 자기에 의해 아주 작은 유기 기전력이 발생되기 때문에 자기 여자에 의한 전압의 확립은 이루어지지 않는다.

35 2대의 직류 발전기를 병렬 운전할 때, 필요한 조건 중 틀린 것은?
[12년 기사]

① 전압의 크기가 같을 것 ② 극성이 일치할 것
③ 주파수가 같을 것 ④ 외부 특성이 수하 특성일 것

해설 **직류 발전기의 병렬 운전 조건**
- 극성이 일치할 것
- 정격 전압이 같을 것
- 백분율 외부 특성 곡선이 일치하고, 수하 특성일 것
- 직권 계자 권선이 있는 직류 발전기는 부하 분담을 균등히 하여 안정 운전을 위해 균압선을 설치할 것

35 직류 발전기의 병렬 운전 조건
- 극성이 일치할 것
- 정격 전압이 같을 것
- 외부 특성 곡선이 일치하고, 약간 수하 특성을 가질 것

* 균압선
직권 계자 권선이 있는 직류 발전기는 안정된 병렬 운전을 위해 균압선을 설치한다.

36 직류 발전기의 병렬 운전에서 부하 분담의 방법은?
[18년 3회 기사]

① 계자 전류와 무관하다.
② 계자 전류를 증가하면 부하 분담은 감소한다.
③ 계자 전류를 증가하면 부하 분담은 증가한다.
④ 계자 전류를 감소하면 부하 분담은 증가한다.

해설 직류 발전기의 병렬 운전 시 부하 분담은 계자 전류를 증가시키면 유기 기전력이 커지고 일정 전원을 유지하기 위해 부하 분담 전류가 증가하므로 부하 분담이 증가한다.

$V=E_a-I_aR_a=E_b-I_bR_b$[V]

$I=I_a+I_b$[A]

36 직류 발전기의 병렬 운전
2대 이상의 발전기를 병렬로 연결하여 부하에 전원을 공급한다.

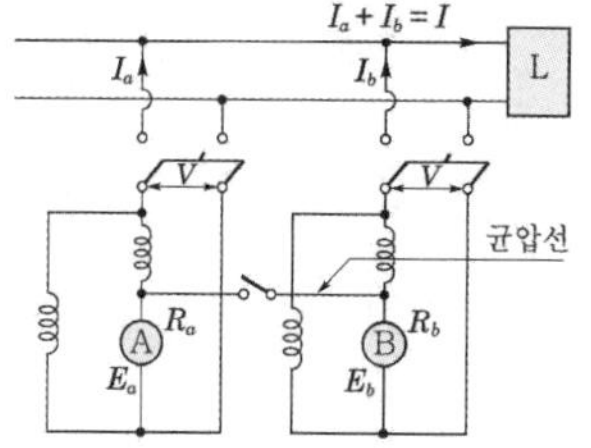

❙직류 발전기의 병렬 운전❙

- 부하 전류 $I=I_a+I_b$
- 단자 전압 $V=E_a-I_aR_a$ $=E_b-I_bR_b$

37 직류 복권 발전기의 병렬 운전에 있어 균압선을 붙이는 목적은 무엇인가?
[18년 3회 기사]

① 손실을 경감한다.
② 운전을 안정하게 한다.
③ 고조파의 발생을 방지한다.
④ 직권 계자 간의 전류 증가를 방지한다.

37 균압선
직권 계자 권선이 있는 발전기에서 안정된 병렬 운전을 하기 위하여 반드시 설치한다.

정답 34. ② 35. ③ 36. ③ 37. ②

해설 직류 발전기의 병렬 운전 시 직권 계자 권선이 있는 발전기(직권 발전기, 복권 발전기)의 안정된(한쪽 발전기로 부하가 집중되는 현상을 방지) 병렬 운전을 하기 위해 균압선을 설치한다.

38 **전기자 저항이 각각 $R_A=0.1[\Omega]$과 $R_B=0.2[\Omega]$인 100[V], 10[kW]의 두 분권 발전기의 유기 기전력을 같게 해서 병렬 운전하여, 정격 전압으로 135[A]의 부하 전류를 공급할 때 각 기기의 분담 전류는 몇 [A]인가?**

[18년 1회 산업]

① $I_A=80,\ I_B=55$ ② $I_A=90,\ I_B=45$
③ $I_A=100,\ I_B=35$ ④ $I_A=110,\ I_B=25$

해설 직류 발전기의 병렬 운전에서
단자 전압 $V=E_A-I_AR_A=E_B-I_BR_B$
$I=I_A+I_B=135[\text{A}]$
$E_A=E_B$이면 $I_AR_A=I_B\cdot R_B$
$0.1I_A=0.2I_B=0.2\times(135-I_A)=29-0.2I_A$
$0.3I_A=27$
$\therefore\ I_A=90[\text{A}]$
$I_B=135-90=45[\text{A}]$

39 **직류 전동기의 회전 속도를 나타내는 것 중 틀린 것은?**

① 공급 전압이 감소하면 회전 속도도 감소한다.
② 자속이 감소하면 회전 속도는 증가한다.
③ 전기자 저항이 증가하면 회전 속도는 감소한다.
④ 계자 전류가 증가하면 회전 속도는 증가한다.

해설 $N=K\dfrac{V-I_aR_a}{\phi}$[rpm]이므로 계자 전류가 증가하면 자속이 증가하므로 회전 속도는 감소한다.

40 **직류 분권 전동기를 무부하로 운전 중 계자 회로에 단선이 생긴 경우 발생하는 현상으로 옳은 것은?** [01년 기사]

① 역전한다.
② 즉시 정지한다.
③ 과속도로 되어 위험하다.
④ 무부하이므로 서서히 정지한다.

해설 $N=K\dfrac{V-I_aR_a}{\phi}$
분권 전동기를 무부하(경부하)로 운전 중 계자 권선이 단선되면 자속 ϕ가 0에 근접하게 되어 위험 속도에 도달한다.

기출 핵심 NOTE

38 • 부하 전류 $I=I_A+I_B[\text{A}]$
• 단자 전압 $V=E_A-I_AR_A$
$=E_B-I_BR_B[\text{V}]$

40 직류 전동기의 회전 속도
공급 전압(V), 계자 저항(r_f), 일정 상태에서 부하 전류(I)와 회전 속도(N)의 관계 곡선
$N=K\dfrac{V-I_aR_a}{\phi}$
• 분권 전동기
경부하 운전 중 계자 권선이 단선될 때 위험 속도에 도달한다.
• 직권 전동기
운전 중 무부하 상태로 되면 무구속 속도(위험 속도)에 도달한다.
• 복권 전동기(가동 복권)
운전 중 계자 권선 단선, 무부하 상태로 되어도 위험 속도에 도달하지 않는다.

정답 38. ② 39. ④ 40. ③

CHAPTER 1

41 직권 전동기에서 위험 속도가 되는 경우는?

[12년 기사 / 99년 산업]

① 저전압, 과여자
② 정격 전압, 무부하
③ 정격 전압, 과부하
④ 전기자에 저저항 접속

해설 직류 직권 전동기는 부하가 변화하면 속도가 현저하게 변하는 특성(직권 특성)을 가지므로 무부하에 가까워지면 속도가 매우 상승하여 원심력으로 파괴될 우려가 있다.

42 직류 직권 전동기의 운전상 위험 속도를 방지하는 방법 중 가장 적합한 것은?

[18년 2회 산업]

① 무부하 운전한다.
② 경부하 운전한다.
③ 무여자 운전한다.
④ 부하와 기어를 연결한다.

해설 직류 직권 전동기는 운전 중 무부하 상태로 되면 위험 속도에 도달하므로 부하를 전동기에 접속하는 경우 직결 또는 기어(gear)로 연결하여야 한다.

43 직류 전동기에서 극수를 p, 전기자의 전 도체수를 Z, 전기자 병렬 회로수 a, 1극당의 자속 Φ[Wb], 전기자 전류가 I_a[A]라고 할 때, 토크[N·m]를 나타내는 것은?

[92년 기사 / 91년 산업]

① $\dfrac{pZ}{2\pi a}\Phi I_a$ ② $\dfrac{pZ}{a}\Phi I_a$
③ $\dfrac{pZ}{2\pi}\dfrac{a\Phi}{I_a}$ ④ $\dfrac{2\pi a}{pZ}\Phi I_a$

해설 $\tau = \dfrac{P}{\omega} = \dfrac{EI_a}{2\pi n} = \dfrac{pZ}{2\pi a}\Phi I_a = k\Phi I_a$ [N·m]
$\left(\because k = \dfrac{pZ}{2\pi a}\right)$

44 다음 중 4극, 중권 직류 전동기의 전기자 전 도체수 160, 1극당 자속수 0.01[Wb], 부하 전류 100[A]일 때 발생 토크[N·m]는?

[14년 3회 기사]

① 36.2 ② 34.8
③ 25.5 ④ 23.4

기출 핵심 NOTE

41 직류 분권 전동기는 경부하 운전 중 계자 권선 단선 시 위험 속도에 도달한다.

42 직류 직권 전동기는 무부하 상태가 되면 위험 속도에 도달한다.

43 직류 전동기의 토크
(Torque : 회전력)
$T = F \cdot r$[N·m]
$T = \dfrac{P(\text{출력})}{\omega(\text{각속도})}$
$= \dfrac{P}{2\pi\dfrac{N}{60}}$[N·m]
$\tau = \dfrac{T}{9.8} = 0.975\dfrac{P}{N}$[kg·m]
(1[kg]=9.8[N])
$P(\text{출력}) = E \cdot I_a$[W]

44 토크
$T = \dfrac{EI_a}{2\pi\dfrac{N}{60}} = \dfrac{pZ}{2\pi a}\phi I_a$[N·m]

정답 41. ② 42. ④ 43. ① 44. ③

기출 핵심 NOTE

해설 토크

$$T=\frac{P}{2\pi\frac{N}{60}}=\frac{EI_a}{2\pi\frac{N}{60}}=\frac{\frac{Z}{a}p\phi\frac{N}{60}I_a}{2\pi\frac{N}{60}}$$

$$=\frac{Zp}{2\pi a}\phi I_a=\frac{160\times4}{2\pi\times4}\times0.01\times100$$

$$\fallingdotseq 25.47[\text{N}\cdot\text{m}]$$

45 다음 직류 전동기의 역기전력이 220[V], 분당 회전수가 1,200[rpm]일 때, 토크가 15[kg·m]가 발생한다면 전기자 전류는 약 몇 [A]인가? [15년 2회 기사]

① 54　② 67
③ 84　④ 96

해설

$$T=0.975\frac{E\cdot I_a}{N}[\text{kg}\cdot\text{m}]$$

$$\therefore I_a=\frac{T\cdot N}{0.975E}=\frac{15\times1{,}200}{0.975\times220}=83.9[\text{A}]$$

46 200[V], 10[kW]의 직류 분권 전동기가 있다. 전기자 저항은 0.2[Ω], 계자 저항은 40[Ω]이고 정격 전압에서 전류가 15[A]인 경우 5[kg·m]의 토크를 발생한다. 부하가 증가하여 전류가 25[A]로 되는 경우 발생 토크[kg·m]는? [18년 3회 기사]

① 2.5　② 5
③ 7.5　④ 10

해설

계자 전류 $I_f=\frac{V}{r_f}=\frac{200}{40}=5[\text{A}]$

전기자 전류 $I_a=I-I_f=15-5=10[\text{A}]$

부하 전류 25[A]일 때

전기자 전류 $I_a=25-5=20[\text{A}]$

분권 전동기의 토크 $T=\frac{P}{\omega}=\frac{ZP\phi}{2\pi a}I_a\propto I_a$

$$\therefore \tau'=5\times\frac{20}{10}=10[\text{kg}\cdot\text{m}]$$

47 1[kg·m]의 회전력으로 매분 1,000회전하는 직류 전동기의 출력[kW]은 다음의 어느 것에 가장 가까운가? [92년 기사 / 80년 산업]

① 0.1　② 1
③ 2　④ 5

47 • 토크

$$\tau=0.975\frac{P}{N}[\text{kg}\cdot\text{m}]$$

• 출력

$$P=\tau\cdot\frac{N}{0.975}[\text{W}]$$

정답 45. ③ 46. ④ 47. ②

해설 $N=1{,}000$[rpm], $\tau=1$[kg·m]이므로

$$\therefore\ P=9.8\omega\tau=9.8\times2\pi\times\frac{N}{60}\times\tau\fallingdotseq1.026N\tau\,[\mathrm{W}]$$
$$=1.026\times1{,}000\times1=1{,}026\,[\mathrm{W}]$$
$$=1.026\,[\mathrm{kW}]\fallingdotseq1\,[\mathrm{kW}]$$

48 어느 분권 전동기의 정격 회전수가 1,500[rpm]이다. 속도 변동률이 5[%]라 하면 공급 전압과 계자 저항의 값을 변화시키지 않고 이것을 무부하로 하였을 때의 회전수[rpm]는? [96년 기사 / 11년 산업]

① 1,265　② 1,365
③ 1,436　④ 1,575

해설 $\varepsilon=5$[%], $N=1{,}500$[rpm]이므로

$$\varepsilon=\frac{N_0-N_n}{N_n}\times100$$

$$\therefore\ N_0=N_n\left(1+\frac{\varepsilon}{100}\right)=1{,}500\times\left(1+\frac{5}{100}\right)=1{,}575\,[\mathrm{rpm}]$$

49 전기 철도에 가장 적합한 직류 전동기는? [15년 3회 기사]

① 분권 전동기　② 직권 전동기
③ 복권 전동기　④ 자여자 분권 전동기

해설 직류 직권 전동기의 속도-토크 특성은 저속도일 때 큰 토크가 발생하고 속도가 상승하면 토크가 작게 된다. 전차의 주행 특성은 이것과 유사하여 기동 시에는 큰 토크를 필요로 하고 주행 시의 토크는 작아도 된다.

50 그림은 여러 직류 전동기의 속도 특성 곡선을 나타낸 것이다. ㉠부터 ㉣까지 차례로 옳은 것은? [19년 3회 기사]

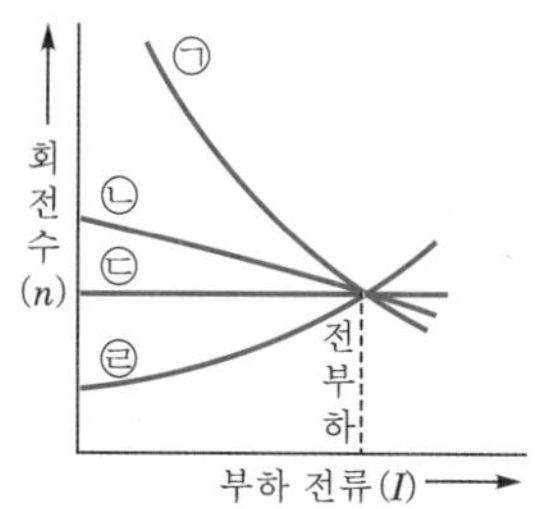

① 차동 복권, 분권, 가동 복권, 직권
② 직권, 가동 복권, 분권, 차동 복권
③ 가동 복권, 차동 복권, 직권, 분권
④ 분권, 직권, 가동 복권, 차동 복권

기출 핵심 NOTE

48 • 속도 변동률 ε[%]

$$\varepsilon=\frac{N_0-N_n}{N_n}\times100\,[\%]$$

• 무부하 속도 N_0

$$N_0=N_n\left(1+\frac{\varepsilon}{100}\right)$$

49 직권 전동기

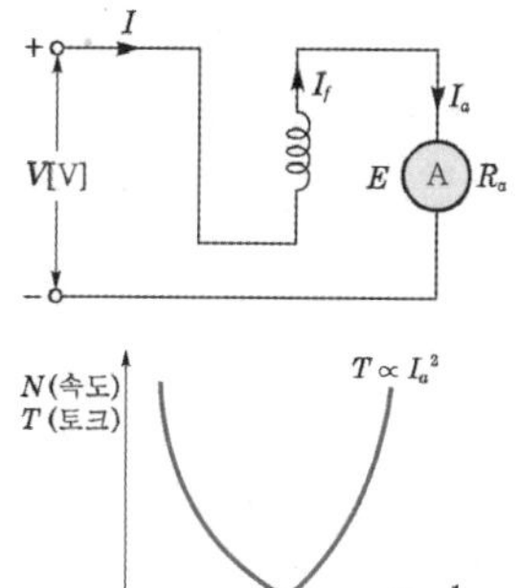

▮직권 전동기▮

• 속도 변동이 매우 크다. $\left(N\propto\frac{1}{I_a}\right)$
• 기동 토크가 매우 크다. $(T\propto I_a^2)$
• 운전 중 무부하 상태로 되면 무구속 속도(위험 속도)에 도달한다.

정답 48. ④ 49. ② 50. ②

해설 속도 특성 곡선은 ㉠ 직권, ㉡ 가동 복권, ㉢ 분권, ㉣ 차동 복권 순이다.

51 직류 분권 전동기의 정격 전압이 300[V], 전부하 전기자 전류 50[A], 전기자 저항 0.2[Ω]이다. 이 전동기의 기동 전류를 전부하 전류의 120[%]로 제한시키기 위한 기동 저항값은 몇 [Ω]인가? [11·99년 기사/16·12·02년 산업]

① 3.5 ② 4.8
③ 5.0 ④ 5.5

해설 $V=300[\text{V}]$, $I_a=50[\text{A}]$, $R_a=0.2[\Omega]$이므로

$V=E+I_aR_a\,[\text{V}]$

$$R=\frac{V-E}{I_a}=\frac{300-0}{50\times1.2}=5[\Omega]$$

$\therefore R_{st}=R-R_a=5-0.2=4.8[\Omega]$

52 직류 전동기의 속도 제어법에서 정출력 제어에 속하는 것은? [13년 2회 기사/10년 2회 산업]

① 전압 제어법 ② 계자 제어법
③ 워드 레오나드 제어법 ④ 전기자 저항 제어법

해설 전동기 출력 P와 토크 τ, 회전수 N과의 사이에는 $P\propto\tau N$의 관계에 있고, Φ가 변화할 경우 토크 τ는 Φ에 비례하나 회전수 N은 Φ에 반비례하므로, 계자 제어법은 정출력 제어로 된다. 또 전압 제어법에서는 계자 자속은 거의 일정하고 전기자 공급 전압만을 변화시키므로 정토크 제어법이 된다.

53 직류 전동기의 속도 제어 방법이 아닌 것은? [17년 3회 기사]

① 계자 제어법 ② 전압 제어법
③ 주파수 제어법 ④ 직렬 저항 제어법

해설 **직류 전동기의 속도 제어법**

- 계자 제어
- 저항 제어
- 전압 제어
- 직·병렬 제어

54 직류 전동기의 속도 제어 방법 중 광범위한 속도 제어가 가능하며 운전 효율이 높은 방법은? [17년 3회 산업]

① 계자 제어 ② 전압 제어
③ 직렬 저항 제어 ④ 병렬 저항 제어

기출 핵심 NOTE

51 직류 전동기의 기동법

- 기동 전류를 제한하기 위해 기동 저항 R_s는 최대
- 기동 토크를 크게 하기 위해 계자 저항 RF는 '0'으로 한다.

53 직류 전동기의 속도 제어법

㉠ 계자 제어법 : 정출력 제어
㉡ 전압 제어법 : 정토크 제어
  - 워드 레오나드 방식
  - 일그너 방식
㉢ 직렬 저항법 : 손실이 크다.
㉣ 직·병렬 제어 : 전기 철도

정답 51. ② 52. ② 53. ③ 54. ②

해설 전압 제어는 직류 타여자 전동기의 공급 전압을 변화하여 가장 광범위로 원활한 속도 제어를 할 수 있으며 운전 효율도 높지만, 구조가 복잡하고 설치비가 고가인 단점이 있다.

55 **직류 전동기의 회전수를 $\frac{1}{2}$로 하자면 계자 자속을 어떻게 해야 하는가?** [18년 1회 기사]

① $\frac{1}{4}$로 감소시킨다.

② $\frac{1}{2}$로 감소시킨다.

③ 2배로 증가시킨다.

④ 4배로 증가시킨다.

해설 **직류 전동기의 회전 속도**

$N = K\frac{V - I_a R_a}{\phi}$ 이므로 계자 자속(ϕ)을 2배로 증가시키면 속도는 $\frac{1}{2}$로 감소한다.

56 **직류 분권 전동기의 공급 전압의 극성을 반대로 하면 회전 방향은 어떻게 되는가?** [17년 2회 산업]

① 반대로 된다. ② 변하지 않는다.
③ 발전기로 된다. ④ 회전하지 않는다.

해설 직류 분권 전동기는 전기자 권선과 계자 권선이 병렬로 접속되어 있으므로 공급 전압의 극성을 반대로 하면 전기자 전류와 계자 전류의 방향이 함께 바뀌므로 회전 방향은 변하지 않는다.

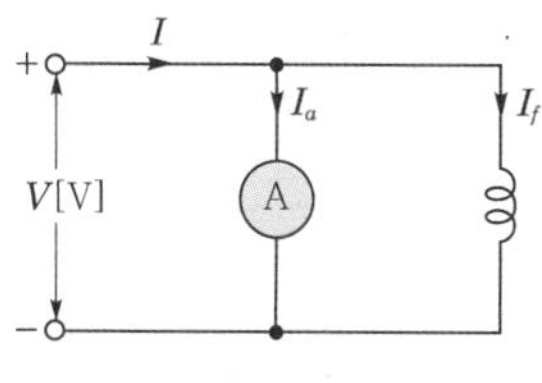

57 **다음 중 직류 전동기의 전기 제동법이 아닌 것은?** [09년 산업]

① 플러깅(plugging) ② 회생 제동
③ 발전 제동 ④ 직류 제동

해설 직류 전동기의 제동법은 전기자 전류의 방향을 바꾸는 방법에 따라 다음과 같이 분류한다.

- 발전 제동
- 회생 제동
- 역상 제동(plugging)

기출 핵심 NOTE

CHAPTER 1

55 회전 속도 N[rpm]

$N = K\frac{V - I_a R_a}{\phi} \propto \frac{1}{\phi}$

56 직류 분권 전동기와 직권 전동기는 공급 전압의 극성을 반대로 하면 전기자 전류와 계자 전류의 방향이 함께 바뀌므로 회전 방향은 변하지 않는다.

57 **직류 전동기 제동법**

전기적 제동은 전기자 권선의 전류 방향을 바꾸어 제동하는 방법으로 다음과 같이 분류한다.

- 발전 제동
  전기적 에너지를 저항에서 열로 소비하여 제동하는 방법
- 회생(回生) 제동
  전동기의 역기전력을 공급 전압보다 높게 하여 전기적 에너지를 전원측에 환원하여 제동하는 방법
- 역상 제동
  전기자 권선의 결선을 바꾸어 역회전력에 의해 급제동하는 방법

정답 55. ③ 56. ② 57. ④

58 전기 기기에 있어 와전류손(eddy current loss)을 감소시키기 위한 방법은? [16년 3회 산업]

① 냉각 압연 ② 보상 권선 설치
③ 교류 전원을 사용 ④ 규소 강판을 성층하여 사용

해설 자기 회로인 철심에서 시간적으로 자속이 변화할 때 맴돌이 전류에 의한 와전류손을 감소하기 위해 얇은 강판을 절연(바니시 등)하여 성층 철심한다.

59 직류기의 손실 중 기계손에 속하는 것은? [17·96·86년 2회 산업]

① 풍손 ② 와전류손
③ 히스테리시스손 ④ 브러시의 전기손

해설 에너지 변환 과정에서 일부 에너지는 열(heat)로 바뀌어서 없어지는데 이것을 손실(loss)이라 하며 직류기의 손실은 다음과 같다.
- 기계손 : 베어링 마찰손, 브러시 마찰손, 풍손
- 철손 : 히스테리시스손, 와전류손
- 동손 : 계자 권선 동손, 전기자 권선 동손, 브러시의 전기손
- 표유 부하손

60 직류 전동기의 규약 효율을 나타낸 식으로 옳은 것은? [17·10·03년 2회 기사 / 05·95년 산업]

① $\frac{출력}{입력}\times 100[\%]$ ② $\frac{입력}{입력+손실}\times 100[\%]$
③ $\frac{출력}{출력+손실}\times 100[\%]$ ④ $\frac{입력-손실}{입력}\times 100[\%]$

해설 규약 효율 η는
- $\eta=\frac{입력-손실}{입력}\times 100[\%]$(전동기)
- $\eta=\frac{출력}{출력+손실}\times 100[\%]$(발전기)

61 200[V], 10[kW]인 직류 분권 발전기가 있다. 이 기계가 전부하에서 운전하고 있을 때, 전손실이 500[W]이다. 이때의 규약 효율[%]은? [97년 기사]

① 97.0 ② 95.2
③ 94.3 ④ 92.1

기출 핵심 NOTE

59 손실(loss) : P_l[W]
㉠ 무부하손(고정손)
- 철손 : $P_i=P_h+P_e$[W]
  - 히스테리시스손 : P_h
    $P_h=\sigma_h f B_m^{1.6}$[W/m^3]
  - 와류손 : P_e
    $P_e=\sigma_e K(tfB_m)^2$[W/m^3]
- 기계손
  - 마찰손 : 베어링, 브러시의 마찰손
  - 풍손

㉡ 부하손(가변손)
- 동손 : $P_c=I^2R$[W]
- 표유 부하손 : 전기자 반작용, 유전체, 누설 자속 등에 의한 손실

60 규약 효율
- 발전기
  $\eta=\frac{출력}{출력+손실}\times 100[\%]$
- 전동기
  $\eta=\frac{입력-손실}{입력}\times 100[\%]$

61 효율 η
- 실측 효율 $\eta=\frac{출력}{입력}\times 100[\%]$
- 규약 효율
  $\eta=\frac{출력}{출력+손실}\times 100[\%]$
  $=\frac{입력-손실}{입력}\times 100[\%]$

정답 58. ④ 59. ① 60. ④ 61. ②

해설 규약 효율

$$\eta = \frac{출력}{출력 + 손실} \times 100 = \frac{10}{10+0.5} \times 100 \fallingdotseq 95.2[\%]$$

62 직류 발전기가 90[%] 부하에서 최대 효율이 된다면 이 발전기의 전부하에 있어서 고정손과 부하손의 비는? [18년 1회 기사]

① 1.1 ② 1.0
③ 0.9 ④ 0.81

해설 직류 발전기의 $\frac{1}{m}$ 부하 시 최대 효율 조건

$P_i = \left(\frac{1}{m}\right)^2 P_c$이므로 $\frac{P_i}{P_c} = \left(\frac{1}{m}\right)^2 = 0.9^2 = 0.81$

63 전기자 저항이 0.04[Ω]인 직류 분권 발전기가 있다. 단자 전압 100[V], 회전 속도 1,000[rpm]일 때 전기자 전류는 50[A]라 한다. 이 발전기를 전동기로 사용할 때 전동기의 회전 속도는 약 몇 [rpm]인가? (단, 전기자 반작용은 무시한다.) [16년 3회 산업]

① 759 ② 883
③ 894 ④ 961

해설 $R_a = 0.04[\Omega]$, $V = 100[V]$, $I_a = 50[A]$이므로
1,000[rpm]에서 50[A]일 때 발전기의 기전력 E는
$E = V + I_a R_a = 100 + 50 \times 0.04 = 102[V]$
전동기로서의 역기전력 E'는
$E' = V - I_a R_a = 100 - 50 \times 0.04 = 98[V]$
단자 전압이 일정하므로 자속 ϕ도 일정하고, 회전수 N은
$N = \frac{V - I_a R_a}{K\phi} = \frac{E}{K\phi}$이므로 $N \propto E$이다.
$\frac{N'}{N} = \frac{E'}{E}$
$\therefore N' = N \times \frac{E'}{E} = 1{,}000 \times \frac{98}{102} \fallingdotseq 961[rpm]$

64 직류기의 온도상승시험 방법 중 반환 부하법의 종류가 아닌 것은? [18년 3회 기사]

① 카프법 ② 홉킨슨법
③ 스코트법 ④ 블론델법

기출 핵심 NOTE

62 $\frac{1}{m}$ 부하 시 효율 $\eta_{\frac{1}{m}}$[%]

$$\eta_{\frac{1}{m}} = \frac{\frac{1}{m}P}{\frac{1}{m}P + P_i + \left(\frac{1}{m}\right)^2 P_c} \times 100$$

- 최대 효율의 조건
  무부하손=부하손
  $P_i = \left(\frac{1}{m}\right)^2 P_c$
- 발전기의 기전력 E_G
  $E_G = \frac{Z}{a} p\phi \frac{N_G}{60} = V + I_a R_a[V]$
- 전동기의 역기전력 E_M
  $E_M = \frac{Z}{a} p\phi \frac{N_M}{60} = V - I_a R_a[V]$

정답 62. ④ 63. ④ 64. ③

해설 온도상승시험에서 반환 부하법의 종류는 다음과 같다.
- 카프(Kapp)법
- 홉킨슨(Hopkinson)법
- 블론델(Blondel)법

③ 스코트 결선은 3상에서 2상 전원 변환 결선 방법이다.

65 **대형 직류 전동기의 토크를 측정하는 데 가장 적당한 방법은?** [05년 기사 / 92년 산업]

① 와전류 제동기
② 프로니 브레이크법
③ 전기 동력계
④ 반환 부하법

해설 와전류 제동기와 프로니 브레이크법은 소형의 전동기 토크를 측정하는 데 적합하고, 반환 부하법은 온도 시험을 하는 방법이다.

66 **정격 출력 3[kW], 정격 전압 100[V]인 직류 분권 전동기를 전기 동력계로 측정하였더니 3.5[kg]을 나타내었다. 이때의 전동기 출력[kW] 및 토크[kg·m]는 약 얼마나 되는가? (단, 전기 동력계의 암 길이는 0.5[m], 전동기의 회전수는 1,500[rpm]으로 한다.)** [94년 산업]

① $P=2.7$, $\tau=1.75$
② $P=1.75$, $\tau=2.7$
③ $P=5.4$, $\tau=3.5$
④ $P=3.5$, $\tau=5.4$

해설 전기 동력계의 저울추 지시 : $W=3.5$[kg]
암(arm)의 길이 : $L=0.5$[m]
전동기의 토크 : $\tau=0.975\frac{P}{N}=W\cdot L$[kg·m]
출력 : $P=\frac{W\cdot L\cdot N}{0.975}$[W]
전동기의 토크 $\tau=WL$[kg·m]에 의해서
$\therefore\ \tau=3.5\times0.5=1.75$[kg·m]
전동기의 출력 P는
$P=9.8\omega\tau=9.8\times2\pi\times\frac{N}{60}\times\tau\fallingdotseq1{,}026N\tau[\mathrm{W}]=\frac{1}{975}NWL$
[kW]에 의해서
$\therefore\ P=\frac{1}{975}\times1{,}500\times3.5\times0.5\fallingdotseq2.7$[kW]

기출 핵심 NOTE

65 토크 및 출력 측정

㉠ 소형 전동기
- 프로니(prony) 브레이크법
- 와전류 제동기

㉡ 대형 전동기
- 전기 동력계법

$\tau=0.975\frac{P}{N}=W\cdot L$[kg·m]

여기서,
W : 저울의 지시값[kg]
L : 암(arm)의 길이[m]

정답 65. ③ 66. ①

CHAPTER

02 동기기

출제비율

기 사 20

산업기사 20

%

기출개념 01 동기 발전기의 원리와 구조

[1] 동기 발전기의 원리

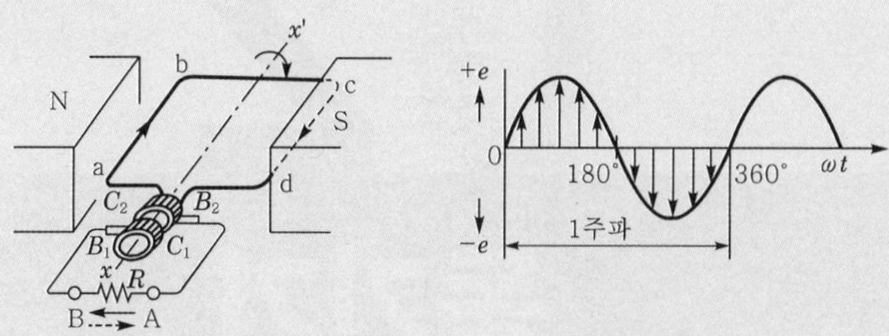

▌동기 발전기의 원리▐ ▌교류 기전력▐

동기 발전기의 원리는 N, S 자극 사이에 직사형 코일을 놓고 시계 방향으로 회전을 시키면 도체가 자속을 끊으므로 플레밍의 오른손 법칙(Fleming's right hand rule) $e = v\beta l\sin\theta$에 의하여 교류 기전력이 유도된다.

(1) 주파수 $f = \dfrac{P}{2}n_s$[Hz] (주파수는 1초 동안 사이클(cycle)수이다)

(2) 동기 속도 $n_s = \dfrac{2f}{P}$[rps]

$$N_s = \frac{120f}{P}\text{[rpm]}$$

[2] 동기 발전기의 구조

(1) 고정자(stator) : 전기자

교류 기전력을 발생하는 부분이다.

① **전기자 철심** : 규소 강판을 성층 철심하여 사용한다.
- 규소 함유량 : 2~4[%]
- 강판 두께 : 0.35~0.5[mm]

② **전기자 권선** : 평각 동선 절연하여 전기자 철심의 홈(slot)에 배열한다.

(2) 회전자(rator) : 계자

전자석으로 자속을 만들어 주는 부분이다.

① **계자 철심** : 1.6~3.2[mm]의 연강판을 성층 철심한다.

② **계자 권선** : 연동선을 절연하여 계자 철심에 감는다.

(3) 여자기(excitor)

계자 권선에 직류 전원을 공급하는 장치로 타여자식은 직류 발전기(분권, 복권, 타여자 발전기)를 여자기로 사용한다.

① **타여자 방식** : 독립된 직류 전원(직류 발전기)으로 여자한다.

② **자여자 방식** : 자신이 만든 교류 전원을 정류하여 여자한다.

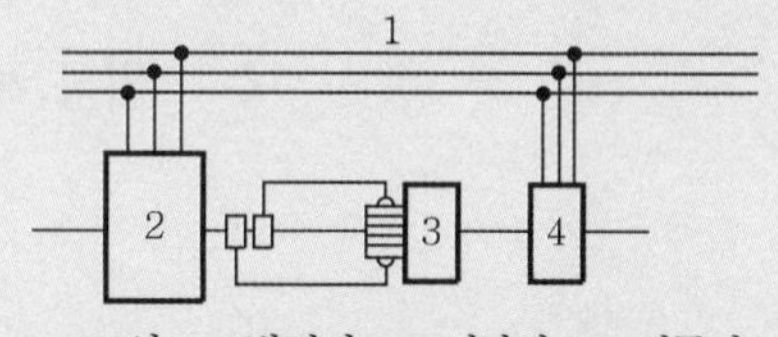

1 : 모선, 2 : 발전기, 3 : 여자기, 4 : 전동기

▌여자기의 구동방식▐

③ **속응여자 방식** : 부하 급변 시 신속하게 여자를 강화하여 안정도를 향상시킨다.

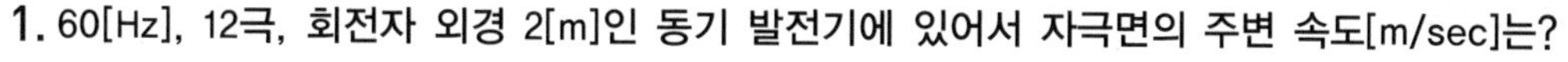

기·출·개·념 **문제**

1. 60[Hz], 12극, 회전자 외경 2[m]인 동기 발전기에 있어서 자극면의 주변 속도[m/sec]는?

12·04·03 산업

① 30
② 40
③ 50
④ 62

해설 동기 속도 $N_s = \dfrac{120f}{P}$

$= \dfrac{120 \times 60}{12} = 600[\text{rpm}]$

자극면의 주변 속도 v는

$\therefore\ v = \pi D n = \pi D \cdot \dfrac{N_s}{60}$

$= \pi \times 2 \times \dfrac{600}{60} \fallingdotseq 62.8[\text{m/sec}]$

답 ④

2. 그림은 동기 발전기의 구동 개념도이다. 그림에서 ㉡을 발전기라 할 때 ㉢의 명칭으로 적합한 것은?

15 기사

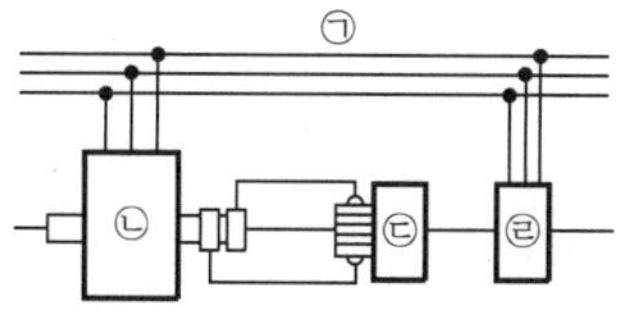

① 전동기
② 여자기
③ 원동기
④ 제동기

해설 **동기 발전기의 구동 개념도**

㉠ : 모선
㉡ : 동기 발전기
㉢ : 여자기
㉣ : 교류 전동기

답 ②

3. 극수 6, 회전수 1,200[rpm]인 교류 발전기와 병렬 운전하는 극수 8인 교류 발전기의 회전수는 몇 [rpm]이 되는가?

97·95 기사/14·05·97·93 산업

① 800
② 900
③ 1,050
④ 1,100

해설 동기 속도 $N_s = \dfrac{120f}{P}$[rpm]에서

주파수 $f = N_s \cdot \dfrac{P}{120} = 1{,}200 \times \dfrac{6}{120} = 60[\text{Hz}]$

병렬 운전하는 발전기의 주파수는 동일하여야 하므로

8극 발전기의 회전 속도 $N_s = \dfrac{120 \times 60}{8} = 900[\text{rpm}]$

답 ②

기출개념 02 동기 발전기의 분류와 냉각 방식

[1] 회전자에 따른 분류

(1) **회전 계자형** : 일반 동기기는 회전 계자형을 사용한다.
전기자 고정, 계자 회전
* 회전 계자형을 사용하는 이유
- 전기자 권선은 고전압, 대전류가 발생하므로 회전을 하면 절연이 어렵고, 결선이 복잡하여 대전력의 인출이 곤란하다.
- 계자 권선은 직류 저전압, 소전류로 소요 전력이 작다.
- 계자극은 튼튼하게 제작하는 데 용이하다.

(2) **회전 전기자형** : 극히 소형인 경우에 한한다.
계자 고정, 전기자 회전

(3) **회전 유도자형** : 수백~20,000[Hz] 고주파 발전기이다.
전기자, 계자 고정하고, 유도자(철심)를 회전시킨다.

[2] 회전자 형태에 따른 분류

(1) **철극기** : 6극 이상, 저속기, 수차 발전기, 엔진 발전기

(2) **비(非)철극기(원통극)** : 2~4극, 고속기, 터빈 발전기

[3] 원동기에 의한 분류

(1) **수차 발전기** : 수력 발전소
극수 $P=6\sim48$극 저속기

(2) **터빈 발전기** : 화력, 원자력 발전소
극수 $P=2\sim4$극 고속기

(3) **엔진(engine) 발전기**
예비 발전기 내연기관으로 운전하는 발전기이다.
극수 $P=6\sim60$극 저속기

[4] 수소(水素) 냉각 방식

냉각 매체를 공기 대신 수소를 사용하는 냉각 방식이다.

① 수소의 비중이 공기의 약 7[%]이므로, 풍손은 약 $\frac{1}{10}$로 감소한다.
② 수소의 열전도율이 약 7배, 비열은 공기의 14배이므로 냉각 효과가 크다.
③ 동일 치수에서 출력은 약 25[%] 증가한다.
④ 불활성으로 절연 수명이 길고, 소음이 작으며(전폐형) 코로나 임계 전압이 높다.
⑤ 방폭(폭발 방지) 구조를 위한 부속 설비가 필요하다.

기·출·개·념 **문제**

1. 보통 회전 계자형으로 하는 전기 기계는? 13·04·99·93 산업

① 직류 발전기 ② 회전 변류기
③ 동기 발전기 ④ 유도 발전기

(해설) 직류 발전기와 회전 변류기는 회전 전기자형이다. 답 ③

2. 동기 발전기에 회전 계자형을 사용하는 경우가 많다. 그 이유에 적합하지 않은 것은? 14 기사/03·00·91 산업

① 전기자가 고정자이므로 고압 대전류용에 좋고, 절연하기 쉽다.
② 계자가 회전자이지만 저압 소용량의 직류이므로 구조가 간단하다.
③ 전기자보다 계자극을 회전자로 하는 것이 기계적으로 튼튼하다.
④ 기전력의 파형을 개선한다.

(해설) **동기 발전기의 회전 계자형을 사용하는 이유**
- 전기자에서 발생하는 대전력 인출에 용이하다.
- 기계적으로 튼튼하다.
- 구조가 간결하다.
- 계자 권선은 직류 저전압으로 소요 전력이 작다.

답 ④

3. 터빈 발전기(turbine generator)는 주로 2극의 원통형 회전자를 가지는 고속 발전기로서 발전기를 전폐형으로 하며, 냉각 매체로서 수소 가스를 기내에서 순환시키고 있다. 공기 냉각인 경우와 비교해서 다음과 같은 이점이 있다. 옳지 않은 것은? 96 기사

① 풍손이 공기 냉각 시의 10[%]로 격감한다.
② 열전도율이 좋고 가스 냉각기의 크기가 작아진다.
③ 절연물의 산화 작용이 없으므로 절연 열화가 작아서 수명이 길다.
④ 운전 중 소음이 매우 크다.

(해설) **수소 냉각 방식의 장단점**

㉠ 장점
- 비중이 공기의 약 7[%]이며, 풍손이 약 $\frac{1}{10}$로 감소한다.
- 비열이 공기의 약 14배이며, 열전도율은 약 7배이다.
- 동일 치수의 경우 공기 냉각식 발전기보다 출력이 약 25[%] 증가한다.
- 코로나 임계 전압이 높고, 가스 냉각기는 적어도 된다.
- 연소하지 않으므로 절연재 수명이 길어지고, 소음이 현저하게 감소한다.

㉡ 단점
- 공기와 혼합하면 폭발의 위험이 있다.
- 방폭(폭발 방지)을 위한 부속 설비가 필요하고, 설비 비용이 증가한다.

답 ④

기출개념 03 전기자 권선법과 결선

(1) 중권, 파권, 쇄권

전기자 권선을 감는 방법에 따라서 분류하면 중권(lap winding), 파권(wave winding), 쇄권(chain winding)의 3종류가 있는데 일반적으로 중권을 사용한다.

(2) 단층권, 2층권

1개의 홈(slot)에 코일변 1개를 넣는 것을 단층권, 2개를 포개 넣는 것을 2층권이라 하며 2층권을 사용한다.

(3) 집중권과 분포권

- 집중권 : 1극 1상의 슬롯수가 1개인 경우의 권선법
- 분포권 : 1극 1상의 슬롯수가 2개 이상인 경우의 권선법

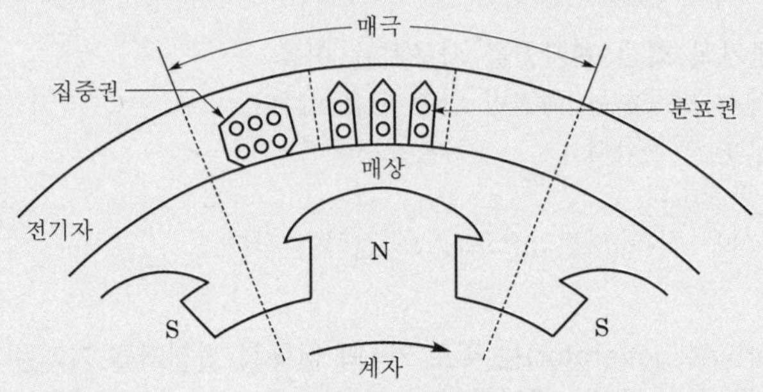

▌집중권과 분포권▐

① 분포권의 장점
- 기전력의 파형을 개선한다.
- 누설 리액턴스는 감소한다.
- 과열을 방지한다.

② 분포권의 단점

집중권에 비하여 기전력이 감소한다.

$$* \text{분포 계수 : } K_d = \frac{\text{분포권}}{\text{집중권}} = \frac{\sin\frac{\pi}{2m}}{q\sin\frac{\pi}{2mq}} \text{(기본파)}$$

$$K_{dn} = \frac{\text{분포권}}{\text{집중권}} = \frac{\sin\frac{n\pi}{2m}}{q\sin\frac{n\pi}{2mq}} \text{(}n\text{차 고조파)}$$

여기서, q : 매극 매상의 홈수, m : 상의 수

(4) 전절권과 단절권

- 전절권 : 코일 간격과 극 간격이 같은 경우의 권선법
- 단절권 : 코일 간격이 극 간격보다 짧은 경우의 권선법

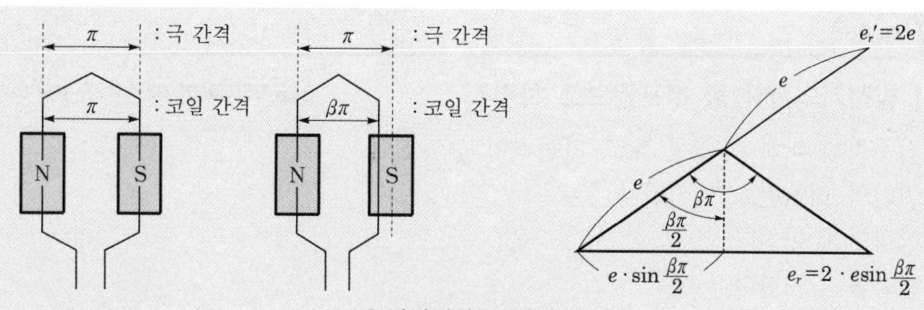

▌전절권과 단절권▌

① 단절권의 장점

- 고조파를 제거하여 기전력의 파형을 개선한다.
- 동선량이 감소하고, 기계적 치수도 경감된다.

② 단절권의 단점

기전력이 감소한다.

$$* \text{ 단절 계수} : K_p = \frac{e_r(\text{단절권})}{e_r{}'(\text{전절권})} = \frac{2 \cdot e\sin\frac{\beta\pi}{2}}{2} = \sin\frac{\beta\pi}{2}(\text{기본파})$$

$$K_{pn} = \sin\frac{n\beta\pi}{2}(n\text{차 고조파})\left(\text{여기서, } \beta = \frac{\text{코일 간격}}{\text{극 간격}}\right)$$

(5) 상(phase)의 수

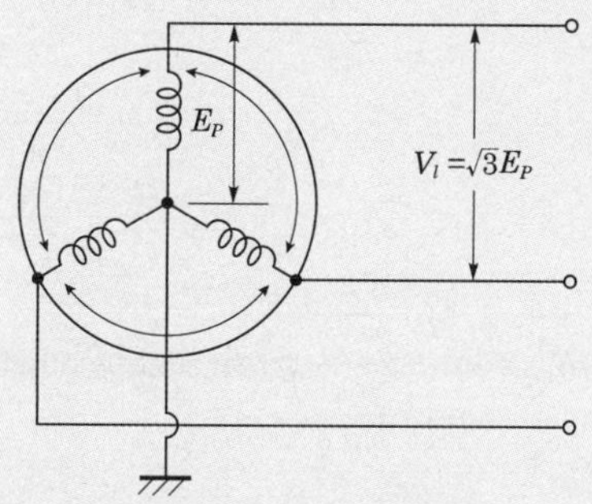

▌전기자 권선 – Y결선▌

① 단상(×)

② 다상(○) : 3상 동기 발전기

(6) 전기자 권선의 결선

① Δ 결선(×)

② Y결선(○)

* Y결선의 장점

- 선간 전압이 상전압보다 $\sqrt{3}$ 배 증가한다.
- 중성점을 접지할 수 있고, 보호계전기 동작이 확실하다.
- 각 상의 제3고조파 전압이 선간에는 나타나지 않는다.
- 전기자 권선의 절연 레벨을 낮출 수 있다.

기·출·개·념 **문제**

1. 동기 발전기의 권선을 분포권으로 하면? 09·05·04·01·95·94·91 기사/13·11·96·91 산업

① 집중권에 비하여 합성 유도 기전력이 높아진다.
② 권선의 리액턴스가 커진다.
③ 파형이 좋아진다.
④ 난조를 방지한다.

(해설) **분포권을 사용하는 이유**

㉠ 장점
- 기전력의 고조파가 감소하여 파형이 좋아진다.
- 권선의 누설 리액턴스가 감소한다.
- 전기자 권선에 의한 열을 고르게 분포시켜 과열을 방지하고 코일 배치가 균일하게 되어 통풍 효과를 높인다.

㉡ 단점
분포권은 집중권에 비하여 합성 유기 기전력이 감소한다.

답 ③

2. 3상 동기 발전기의 매극, 매상 슬롯수를 3이라 할 때 분포권 계수를 구하면?
13·09·05·01·99·94·93 기사/11·03·01·00·94 산업

① $6\sin\frac{\pi}{18}$ ② $3\sin\frac{\pi}{9}$
③ $\dfrac{1}{6\sin\frac{\pi}{18}}$ ④ $\dfrac{1}{3\sin\frac{\pi}{18}}$

(해설) 분포권 계수 K_{dn}은 $K_{dn}=\dfrac{\sin\frac{n\pi}{2m}}{q\sin\frac{n\pi}{2mq}}$ (n차 고조파)의 식에서 $n=1$, $m=3$, $q=3$이므로

$$\therefore K_{d1}=\frac{\sin\frac{\pi}{2\times3}}{3\sin\frac{\pi}{2\times3\times3}}$$

$$=\frac{\frac{1}{2}}{3\sin\frac{\pi}{18}}=\frac{1}{6\sin\frac{\pi}{18}}$$

답 ③

3. 교류 발전기에서 권선을 절약할 뿐 아니라 특정 고조파분이 없는 권선은? 91 기사

① 전절권 ② 집중권
③ 단절권 ④ 분포권

(해설) 전절권에 비해 단절권은 기전력은 감소하나 고조파를 제거하여 기전력의 파형을 개선하며, 코일단부 축소와 동량을 절약한다.

답 ③

기출개념 04 동기 발전기의 유기 기전력 : E[V]

동기 발전기의 유기 기전력은 전기자 권선에서의 계자 자속이 $\phi = \phi_m \cos\omega t$ 일 때 전자 유도(Faraday's law)에서

$$e = -N\frac{d\phi}{dt} = \omega N\phi \sin\omega t = E_m \sin\omega t$$

실효값

$$E = \frac{E_m}{\sqrt{2}} = \frac{2\pi}{\sqrt{2}} fN\phi = 4.44fN\Phi \,[\text{V}]$$

유기 기전력 $E = 4.44fN\phi K_w$[V]

여기서, f : 주파수[Hz]
N : 1상의 권수
ϕ : 극당 평균 자속[Wb]
K_w : 권선 계수($K_w = K_d \cdot K_p$)=0.9~1

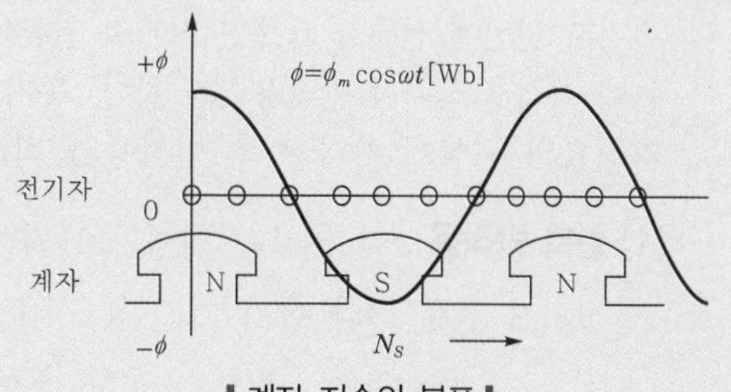

▌계자 자속의 분포▐

기·출·개·념 문제

1. 동기 발전기에서 극수 4, 1극의 자속수 0.062[Wb], 1분간의 회전 속도를 1,800, 코일의 권수를 100이라 하면, 이때 코일의 유기 기전력의 실효값[V]은? (단, 권선 계수는 1.0이라 한다.) 13·00·94 산업

① 526 ② 1,488 ③ 1,652 ④ 2,336

(해설) 동기 속도 $N_s = \frac{120f}{P}$

주파수 $f = \frac{N_s P}{120} = \frac{1,800 \times 4}{120} = 60\,[\text{Hz}]$

유기 기전력 $E = 4.44fN\phi K_w = 4.44 \times 60 \times 100 \times 0.062 \times 1.0 = 1651.68\,[\text{V}]$

답 ③

2. 12극, 600[rpm]인 3상 동기 발전기가 있다. 전 슬롯수 180, 2층권 각 코일의 권수 4, 전기자 권선은 성형으로 단자 전압 6,600[V]인 경우 1극의 자속[Wb]은 얼마인가? (단, 권선 계수는 0.9라 한다.) 96 기사/04·99·93 산업

① 0.0375 ② 0.3751 ③ 0.0662 ④ 0.6621

(해설) $E = \frac{V}{\sqrt{3}} = \frac{6,600}{\sqrt{3}} ≒ 3810.6 = 4.44fN\phi K_w\,[\text{V}]$

$f = \frac{PN_s}{120} = \frac{12 \times 600}{120} = 60\,[\text{Hz}]$

1상의 권수 $N = \frac{180 \times 2 \times 4}{2 \times 3} = 240$회

∴ 자속 $\phi = \frac{E}{4.44fNK_w} = \frac{3,810}{4.44 \times 60 \times 240 \times 0.9} ≒ 0.0662\,[\text{Wb}]$

답 ③

기출개념 05 전기자 반작용

전기자 권선에 전류가 흐르면 전기자 전류에 의한 자속이 계자 자속의 분포에 영향을 미치는데 이것을 전기자 반작용이라 한다. 동기 발전기의 전기자 반작용은 전기자 전류와 유기 기전력의 위상에 따라 횡축 반작용과 직축 반작용으로 분류된다.

[1] 횡축 반작용 : 계자 자속 왜형파로 되며, 약간 감소한다.

전기자 전류(I)와 유기 기전력(E)이 동상일 때($\cos\theta = 1$) : R만의 부하

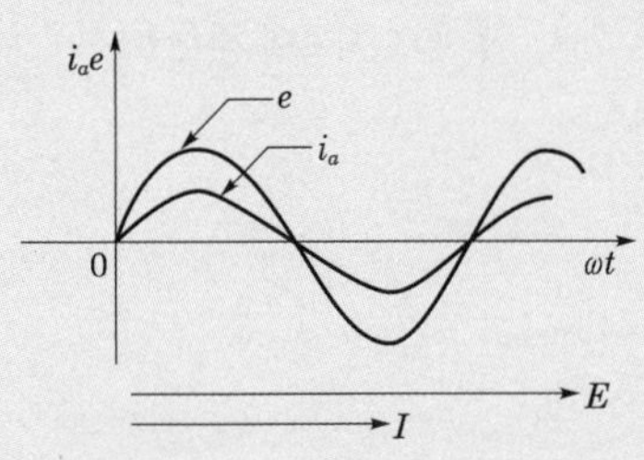

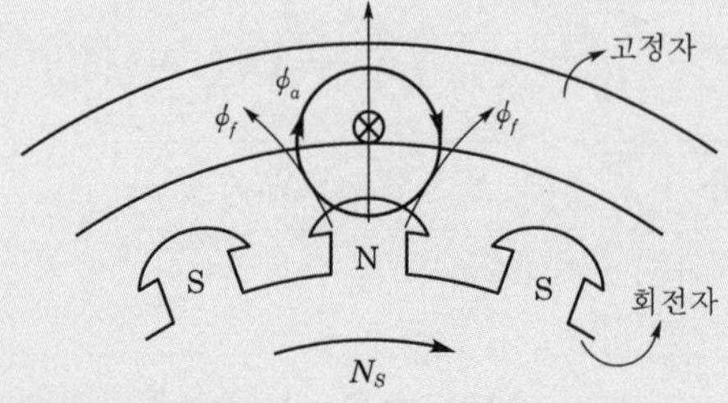

▌횡축 반작용▐

[2] 직축 반작용

(1) 감자 작용 : 계자 자속이 감소한다.

I_a가 E보다 위상이 90° 뒤질 때($\cos\theta = 0$, 뒤진 역률) : L만의 부하

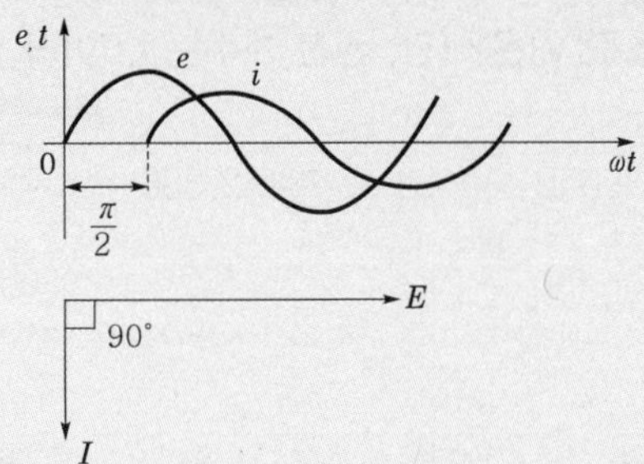

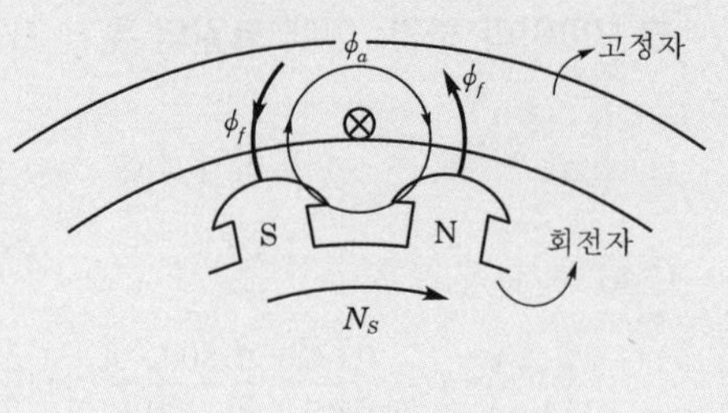

▌감자 작용▐

(2) 증자 작용 : 계자 자속이 증가한다.

I_a가 E보다 위상이 90° 앞설 때($\cos\theta = 0$, 앞선 역률) : C만의 부하

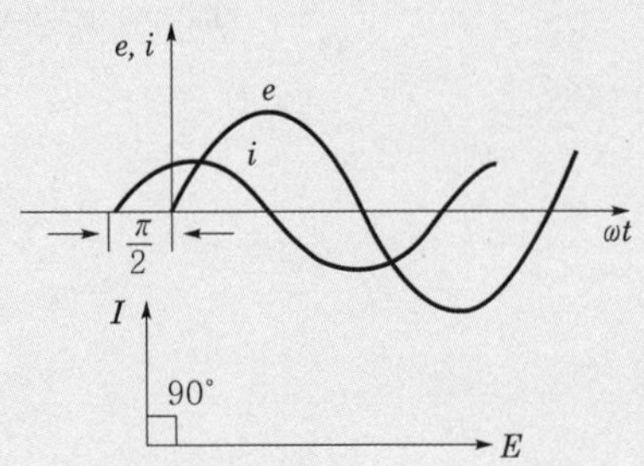

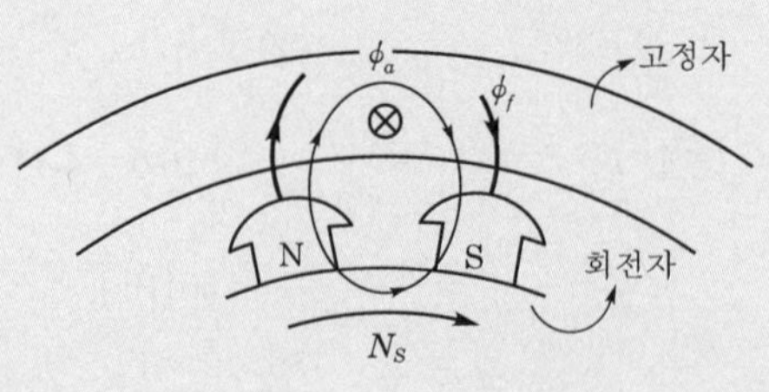

▌증자 작용▐

기·출·개·념 **문제**

1. 3상 동기 발전기에 무부하 전압보다 90° 뒤진 전기자 전류가 흐를 때, 전기자 반작용은?

03·97 기사/11·05·92 산업

① 교차 자화 작용을 한다.
② 증자 작용을 한다.
③ 감자 작용을 한다.
④ 자기 여자 작용을 한다.

(해설) 유기 기전력(무부하 단자 전압)보다 90° 뒤진 전기자 전류가 흐르면 주자속을 감소시키는 감자 작용을 한다.

답 ③

2. 동기 발전기에서 앞선 전류가 흐를 때, 다음 중 어느 것이 옳은가?

03 기사/99·90 산업

① 감자 작용을 받는다.
② 증자 작용을 받는다.
③ 속도가 상승한다.
④ 효율이 좋아진다.

(해설) 전기자 전류가 유기 기전력보다 앞선 위상일 경우 주자속을 증가하는 증자 작용을 한다.

 ②

3. 동기 발전기에서 전기자 전류를 I, 유기 기전력과 전기 전류와의 위상각을 θ라 하면 횡축 반작용을 하는 성분은?

05·95·90 기사/04·03·96 산업

① $I\cot\theta$
② $I\tan\theta$
③ $I\sin\theta$
④ $I\cos\theta$

(해설) 전기자 전류(I)와 유기 기전력(E)이 동상일 때 횡축 반작용을 한다.
I와 E가 위상차 θ일 때 벡터도

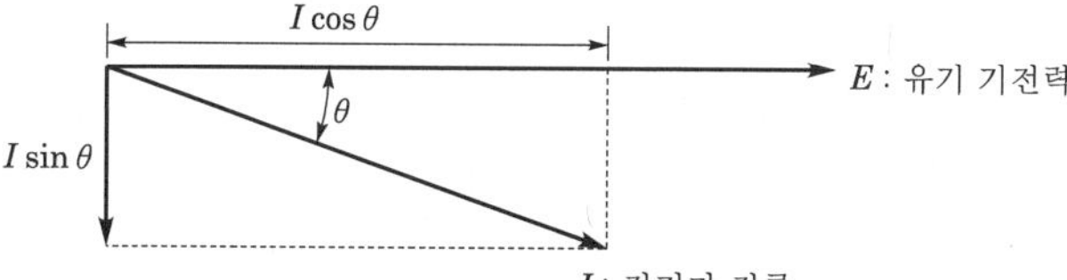

- $I\cdot\cos\theta$ 성분은 E와 동상이므로 횡축 반작용을 한다.
- $I\cdot\sin\theta$ 성분은 E와 위상차 $90°\left(\frac{\pi}{2}\right)$이므로 직축 반작용을 한다(감자 작용).

답 ④

기출개념 06 동기 임피던스와 벡터도

(1) 동기 임피던스(Z_s[Ω]) : 전기자와 권선의 저항과 리액턴스

① 전기자 저항 : $r = \rho \dfrac{l}{A}$[Ω]

② 동기 리액턴스 : $x_s = x_a + x_l$[Ω]
여기서, x_a : 반작용 리액턴스, x_l : 누설 리액턴스

③ 동기 임피던스 : $\dot{Z}_s = r + jx_s \fallingdotseq x_s$[Ω] $(r \ll x_s)$

(2) 임피던스 벡터도와 부하각

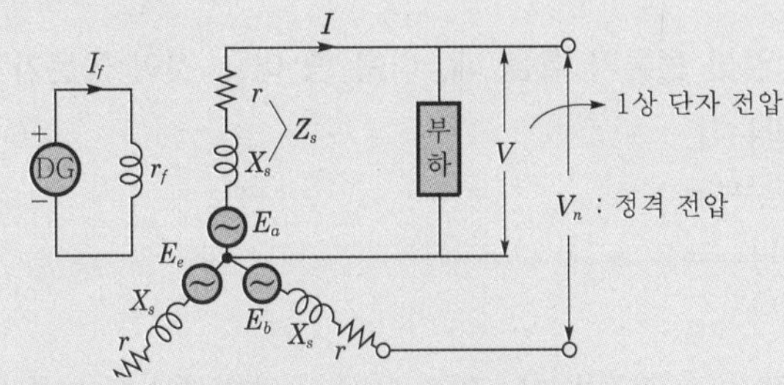

▌동기 발전기의 등가 회로▌

① 동기 발전기의 유기 기전력 : $E = V + IZ_s$

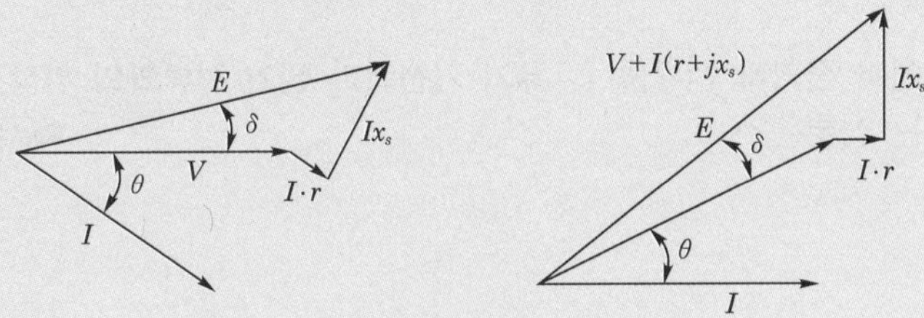

▌벡터도▌

② 부하각(power angle) : δ
유기 기전력 E와 단자 전압 V의 위상차

기·출·개·념 문제

동기기의 전기자 저항을 r_a, 반작용 리액턴스를 x_a, 누설 리액턴스를 x_l이라고 할 때 동기 임피던스[Ω]는? 12·10·98·96 산업

① $\sqrt{{r_a}^2 + \left(\dfrac{x_a}{x_l}\right)^2}$　② $\sqrt{{r_a}^2 + {x_l}^2}$

③ $\sqrt{{r_a}^2 + {x_a}^2}$　④ $\sqrt{{r_a}^2 + (x_a + x_l)^2}$

해설 전기자 권선의 저항 : r_a[Ω]
동기 리액턴스 : $x_s = x_a + x_l$[Ω]
동기 임피던스 : $Z_s = r_a + jx_s = r_a + j(x_a + x_l)$[Ω]
$\therefore |Z_s| = \sqrt{{r_a}^2 + (x_a + x_l)^2}$[Ω]

답 ④

기출개념 07 동기 발전기의 출력

(1) 비철극기의 출력

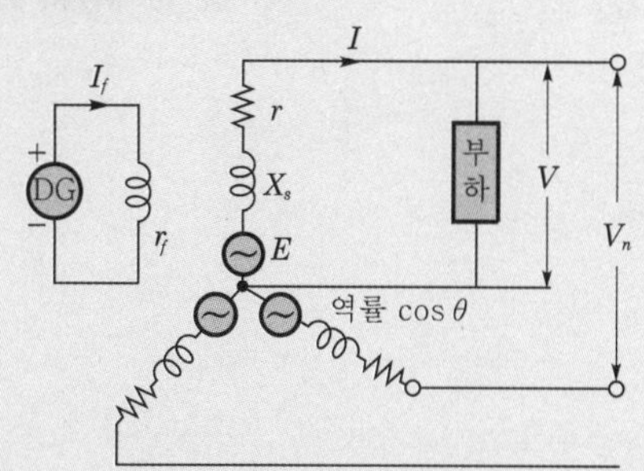

▌동기 발전기 등가 회로▌

▌1상 벡터도▌

동기 임피던스 $Z_s = r + jx_s[\Omega]$에서 전기자 저항 r은 동기 리액턴스 x_s에 비하여 대단히 작으므로 전기자 저항 r을 무시하면 유기 기전력 $\dot{E} = \dot{V} + \dot{Z}_s I \fallingdotseq \dot{V} + jx_s I[\mathrm{V}]$가 된다. 그러므로 벡터도에서 $I \cdot x_s \cos\theta = E\sin\delta$로 되어 $I\cos\theta = \dfrac{E}{x_s}\sin\delta$

- 1상의 출력 : $P_1 = VI\cos\theta = \dfrac{EV}{x_s}\sin\delta[\mathrm{W}]$
- 3상의 출력 : $P_3 = 3 \cdot P_1 = 3 \cdot \dfrac{E \cdot V}{x_s}\sin\delta = \sqrt{3} \cdot \dfrac{E \cdot V_n}{x_s}\sin\delta[\mathrm{W}]\left(V = \dfrac{V_n}{\sqrt{3}}\right)$

  여기서, E : 1상의 기전력
  V : 1상의 단자 전압
  V_n : 정격 전압(= $\sqrt{3}$ [V])
  x_s : 동기 리액턴스
  δ : 부하각(power angle)
- 최대 출력(P_m)은 부하각 $\delta = 90°$에서 발생한다.

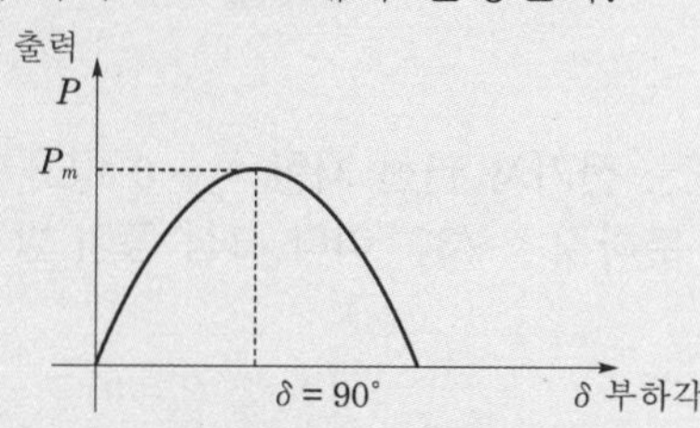

▌비철극기 출력▌

(2) 철극기(원통극)의 출력 : P[W]

$$P = \frac{E \cdot V}{x_d}\sin\delta + \frac{V^2(x_d - x_q)}{2x_d \cdot x_q}\sin 2\delta[\mathrm{W}]$$

여기서, x_d : 직축 리액턴스
x_q : 횡축 리액턴스

* 철극기의 최대 출력은 부하각 $\delta = 60°$에서 발생한다.

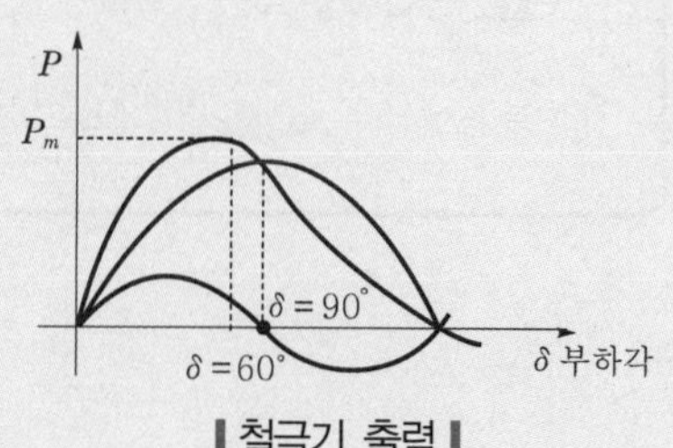

▌철극기 출력▌

기·출·개·념 **문제**

1. 비돌극형 동기 발전기의 단자 전압(1상)을 V, 유도 기전력(1상)을 E, 동기 리액턴스를 x_s, 부하각을 δ라고 하면 1상의 출력[W]은 얼마인가? 98·96 기사/10·95·91 산업

① $\dfrac{E^2 V}{x_s}\sin\delta$

② $\dfrac{EV^2}{x_s}\sin\delta$

③ $\dfrac{EV}{x_s}\sin\delta$

④ $\dfrac{EV}{x_s}\cos\delta$

(해설) 비돌극기의 출력 P는 다음과 같다.

$$P = \frac{EV}{Z_s}\sin(\alpha+\delta) - \frac{V^2}{Z_s}\sin\alpha\,[\mathrm{W}]$$

전기자 저항 r_a는 매우 작으므로 이것을 무시하고 $Z_s \fallingdotseq x_s$, $\alpha \fallingdotseq 0$이라 하면

$$\therefore\ P \fallingdotseq \frac{EV}{x_s}\sin\delta\,[\mathrm{W}]$$

동기 임피던스 : $Z_s = r_a + jx_s \fallingdotseq V + jx_s\,[\Omega]$

1상 유도 기전력 : $E = V + Z_s I \fallingdotseq V + jx_s I\,[\mathrm{V}]$

$y = x_s I\cos\theta = E\cdot\sin\delta$

$$\therefore\ I\cdot\cos\theta = \frac{E}{x_s}\sin\delta$$

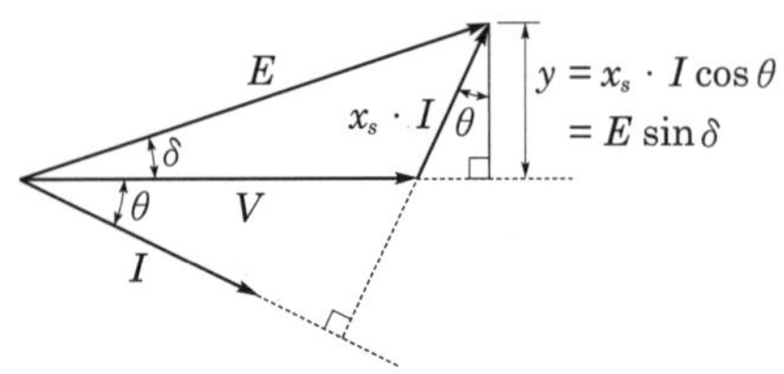

동기 발전기의 1상 출력 : $P_1\,[\mathrm{W}]$

$$P_1 = VI\cos\theta = \frac{EV}{x_s}\sin\delta\,[\mathrm{W}]$$

답 ③

2. 동기 리액턴스 x_s=10[Ω], 전기자 권선 저항 r_a=0.1[Ω], 유도 기전력 E=6,400[V], 단자 전압 V=4,000[V], 부하각 δ=30°이다. 3상 동기 발전기의 출력[kW]은? (단, 1상값이다.) 13·93 기사/92 산업

① 1,280 ② 3,840

③ 5,560 ④ 6,650

(해설) 출력 $P_3 = 3\dfrac{EV}{x_s}\sin\delta$

$$= 3\times\frac{6{,}400\times4{,}000}{10}\times\frac{1}{2}\times10^{-3} = 3{,}840\,[\mathrm{kW}]$$

답 ②

퍼센트 동기 임피던스 : $\%Z_s$[%]

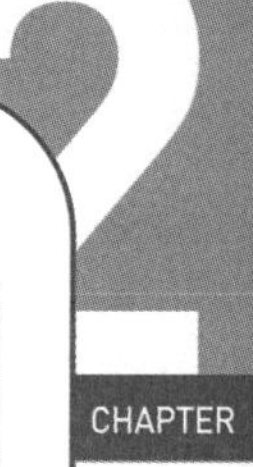

전부하 시 동기 임피던스에 의한 전압 강하를 백분율로 나타낸 것을 퍼센트 동기 임피던스라 한다.

$$\%Z_s = \frac{I \cdot Z_s}{E} \times 100 = \frac{I_n}{I_s} \times 100 = \frac{P_n[\text{kVA}] \cdot Z_s}{10 \cdot V^2[\text{kV}]}[\%]$$

* **단위법 동기 임피던스** $Z_s'[\text{p} \cdot \text{u}]$

$$Z_s' = \frac{\%Z_s}{100} = \frac{I_n}{I_s} = \frac{P_n Z_s}{10^3 V^2}[\text{p} \cdot \text{u}]$$

① 정격 전압 : $V = \sqrt{3}\,E[\text{V}]$

② 정격 출력 : $P_n = \sqrt{3}\,VI_n[\text{VA}]$

③ 단락 전류 : $I_s = \dfrac{E}{Z_s}[\text{A}]$

기·출·개·념 **문제**

1. 정격 전압 6,000[V], 정격 출력 5,000[kVA]인 3상 교류 발전기의 여자 전류가 200[A]일 때 무부하 단자 전압이 6,000[V]이고 또 그 여자 전류에 있어서의 3상 단락 전류가 600[A]라고 한다. 이 발전기의 % 동기 임피던스[%]는? 09 기사/12 산업

① 80 ② 84 ③ 88 ④ 92

(해설) 퍼센트 동기 임피던스 $\%Z_s$[%]

$$\%Z_s = \frac{I \cdot Z_s}{E} \times 100 = \frac{I_n}{I_s} \times 100 = \frac{\dfrac{P_n}{\sqrt{3} \cdot V_n}}{I_s} \times 100 = \frac{\dfrac{5,000 \times 10^3}{\sqrt{3} \times 6,000}}{600} \times 100 \fallingdotseq 80[\%]$$

답 ①

2. 8,000[kVA], 6,000[V]인 3상 교류 발전기의 % 동기 임피던스가 80[%]이다. 이 발전기의 동기 임피던스는 몇 [Ω]인가? 04 산업

① 3.6 ② 3.2 ③ 3.0 ④ 2.4

(해설) $\%Z_s = \dfrac{I \cdot Z_s}{E} \times 100 = \dfrac{P_n Z_s}{10 V^2}$

$$Z_s = \%Z_s \cdot \frac{10 V^2}{P_n}$$

- 퍼센트 동기 임피던스 $\%Z_s = \dfrac{I \cdot Z_s}{E} \times 100 = \dfrac{\sqrt{3}\,V \cdot IZ_s}{\sqrt{3} \cdot VE} \times 100 = \dfrac{P_n Z_s}{V^2} \times 100$

$$= \frac{P_n[\text{kVA}] \cdot Z_s}{10 V^2[\text{kV}]}[\%]$$

- 동기 임피던스 $Z_s = \%Z_s \dfrac{10 \cdot V^2[\text{kV}]}{P_n[\text{kVA}]} = 80 \times \dfrac{10 \times 6^2}{8,000} = 3.6[\Omega]$

답 ①

기출개념 09 단락비 : K_s(short circuit ratio)

(1) 단락비

$$K_s = \frac{I_{fo}}{I_{fs}} = \frac{\text{무부하 정격 전압을 유기하는 데 필요한 계자 전류}}{\text{3상 단락 정격 전류를 흘리는 데 필요한 계자 전류}}$$

$$= \frac{I_s}{I_n} = \frac{1}{Z_s'} \propto \frac{1}{Z_s}$$

(2) 단락비 산출 시 필요한 시험

① 무부하 포화 시험

② 3상 단락 시험

(3) 단락비(K_s)가 큰 기계의 특성

① 동기 임피던스가 작다.

$$K_s \propto \frac{1}{Z_s}$$

② 전압 변동률이 작다.

③ 전기자 반작용이 작다.

④ 출력이 증가한다.

⑤ 과부하 내량이 크고, 안정도가 높다.

⑥ 송전 선로의 충전 용량이 크고, 자기 여자 현상이 작다.

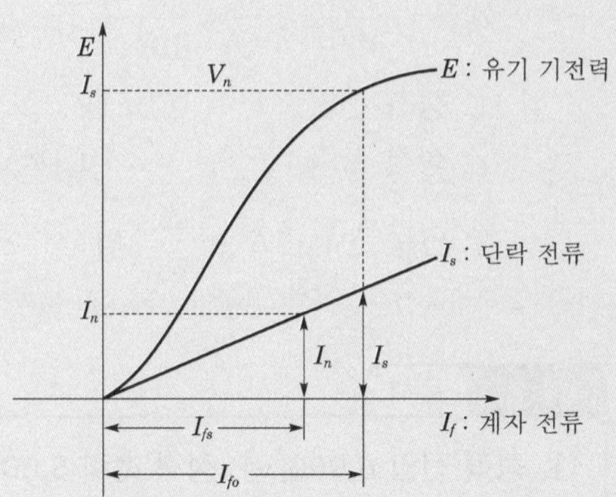

▌무부하 특성 곡선과 3상 단락 곡선▐

* 단락비가 큰 기계는 철기계로 계자 철심, 계자 기자력이 크고, 극수가 많으며 공극이 크기 때문에 기계 치수가 커 고가이다.
  철손의 증가로 효율이 감소하며 터빈 발전기는 0.6~1.0, 수차 발전기는 0.9~1.2 정도로 1.0 부근이 되는 것이 많다.

기·출·개·념 문제

1. 3상 동기 발전기의 단락비를 산출하는 데 필요한 시험은? 05·02·94 기사/14·04 산업

① 외부 특성 시험과 3상 단락 시험

② 돌발 단락 시험과 부하 시험

③ 무부하 포화 시험과 3상 단락 시험

④ 대칭분의 리액턴스 측정 시험

해설 동기 발전기의 단락비를 산출하는 데 필요한 시험은 다음과 같다.

- 무부하 포화 특성 시험
- 3상 단락 시험

∴ 단락비 $K_s = \dfrac{I_{fo}}{I_{fs}}$

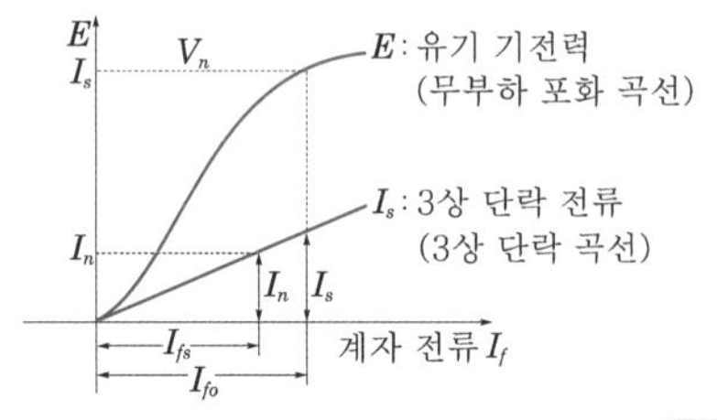

답 ③

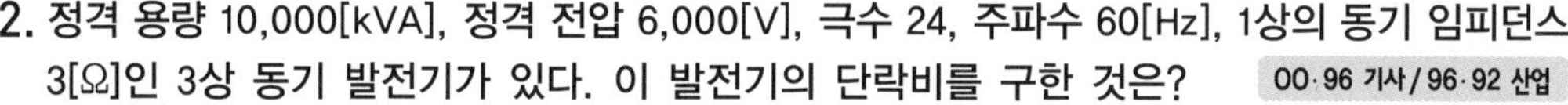

2. 정격 용량 10,000[kVA], 정격 전압 6,000[V], 극수 24, 주파수 60[Hz], 1상의 동기 임피던스 3[Ω]인 3상 동기 발전기가 있다. 이 발전기의 단락비를 구한 것은? 00·96 기사/96·92 산업

① 1 ② 1.1
③ 1.2 ④ 1.3

(해설) $P_n = \sqrt{3}\,VI \times 10^{-3}[\text{kVA}]$

$V_n = \sqrt{3}\,E$

$$\%Z_s = \frac{IZ_s}{E} \times 100[\%]$$

$$Z_s' = \frac{\%Z_s}{100} = \frac{I_n Z_s}{E} = \frac{\sqrt{3}\,VI \cdot Z_s}{\sqrt{3} \cdot V \cdot E} = \frac{P_n Z_s}{V^2}$$

$$\therefore K_s = \frac{1}{Z_s'} = \frac{V^2}{P_n \cdot Z_s} = \frac{6{,}000^2}{10{,}000 \times 10^3 \times 3} = 1.2$$

답 ③

3. 동기 발전기의 단락비는 기계의 특성을 단적으로 잘 나타내는 수치로서, 동일 정격에 대하여 단락비가 큰 기계의 특성 중에서 옳지 않은 것은? 10·98·96·90 기사

① 동기 임피던스가 작아져 전압 변동률이 좋으며, 송전선 충전 용량이 크다.
② 기계의 형태, 중량이 커지며 철손, 기계 철손이 증가하고 가격도 비싸다.
③ 과부하 내량이 크고, 안정도가 좋다.
④ 극수가 적고, 고속기가 된다.

(해설) 단락비가 큰 기계는 계자 기자력이 커야 하므로 극수가 많고, 회전자가 커지며 저속기가 된다.

답 ④

4. 전압 변동률이 작은 동기 발전기는? 12·03·99·94 기사/12·00·94 산업

① 동기 리액턴스가 크다. ② 전기자 반작용이 크다.
③ 단락비가 크다. ④ 값이 싸진다.

(해설) 전압 변동률은 작을수록 좋으며, 전압 변동률이 작은 발전기는 동기 리액턴스가 작다. 즉, 전기자 반작용이 작고, 단락비가 큰 기계가 되어 값이 비싸다.

답 ③

5. 정격 전압 6,000[V], 용량 5,000[kVA]인 Y결선 3상 동기 발전기가 있다. 여자 전류 200[A]에서의 무부하 단자 전압이 6,000[V], 단락 전류 600[A]일 때, 이 발전기의 단락비는? 98·97 기사/98·96·95·94·90 산업

① 0.25 ② 1 ③ 1.25 ④ 1.5

(해설) 단락비 $K_s = \dfrac{I_s}{I_n}$

$$\therefore K_s = \frac{I_s}{I_n} = \frac{I_s}{\dfrac{P_n}{\sqrt{3} \cdot V_n}} = \frac{600}{\dfrac{5{,}000 \times 10^3}{\sqrt{3} \times 6{,}000}} = 1.247 \fallingdotseq 1.25$$

답 ③

기출 개념 10 자기 여자 현상

동기 발전기에 콘덴서와 같은 용량 부하를 연결하면 역률이 0인 진상 전류가 전기자 권선에 흐른다. 이러한 진상 전류에 의한 전기자 반작용은 증자 작용이 되므로 발전기를 여자하지 않은 경우에도 잔류 자기에 의해 전기자 권선에 기전력이 유도된다.

이와 같이 무여자 동기 발전기를 무부하 장거리 송전 선로에 접속한 경우 진상 전류가 흘러 무부하 단자 전압이 발전기의 정격 전압보다 훨씬 높아지는데 이것을 자기 여자 현상이라 한다.

* 자기 여자 현상 방지책
  ① 2대 이상의 동기 발전기를 모선에 접속할 것
  ② 수전단에 리액터를 병렬로 접속할 것
  ③ 수전단에 여러 대의 변압기를 접속할 것
  ④ 동기 조상기를 접속하고 부족 여자로 운전할 것
  ⑤ 단락비가 클 것

기·출·개·념 문제

동기 발전기의 자기 여자 현상 방지법이 아닌 것은? 13·09·05 기사/11·10·97 산업

① 수전단에 리액턴스를 병렬로 접속한다.
② 발전기 2대 또는 3대를 병렬로 모선에 접속한다.
③ 송전 선로의 수전단에 변압기를 접속한다.
④ 단락비가 작은 발전기로 충전한다.

(해설) ㉠ 자기 여자 현상은 진상 전류에 의해 무부하 단자 전압이 상승하는 작용이므로, 방지법은 진상 전류를 제한하는 것이다.
㉡ 자기 여자 현상의 방지책
- 발전기 2대 또는 3대를 병렬로 모선에 접속한다.
- 수전단에 동기 조상기를 접속하고 이것을 부족 여자로 운전한다.
- 송전 선로의 수전단에 변압기를 접속한다.
- 수전단에 리액턴스를 병렬로 접속한다.
- 전기자 반작용은 적고, 단락비를 크게 한다.

답 ④

기출개념 11 동기 발전기의 병렬 운전

2대 이상의 동기 발전기를 병렬로 접속하여 부하에 전원을 공급하는 방식으로 발전기와 원동기 모두 각각 구비해야 할 조건이 있다.

[1] 발전기의 병렬 운전 조건

- 기전력의 크기가 같을 것
- 기전력의 위상이 같을 것
- 기전력의 주파수가 같을 것
- 기전력의 파형이 같을 것

(1) 기전력의 크기가 같지 않을 경우

무효 순환 전류(I_c)가 흐른다.

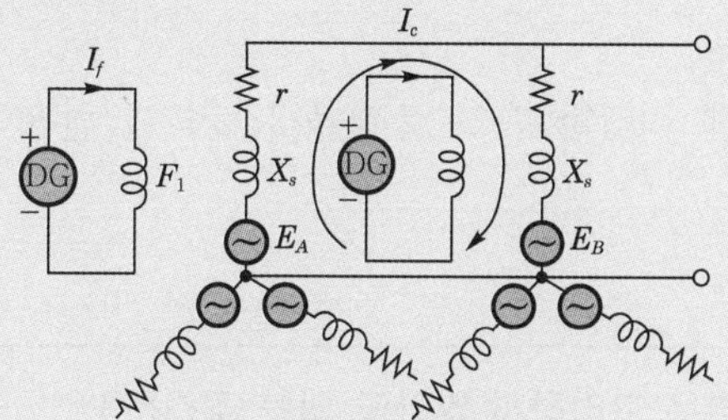

▌병렬 운전 등가 회로▌

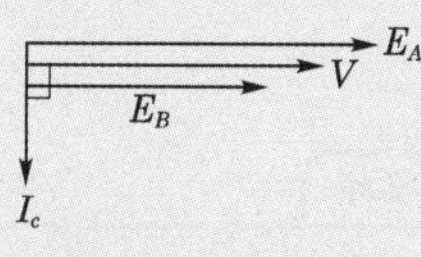

▌무효 순환 전류 벡터도▌

무효 순환 전류 $I_c = \dfrac{E_A - E_B}{2Z_s}$[A]

(2) 기전력의 위상이 다른 경우

동기화 전류(유효 횡류 I_s)가 흐른다.

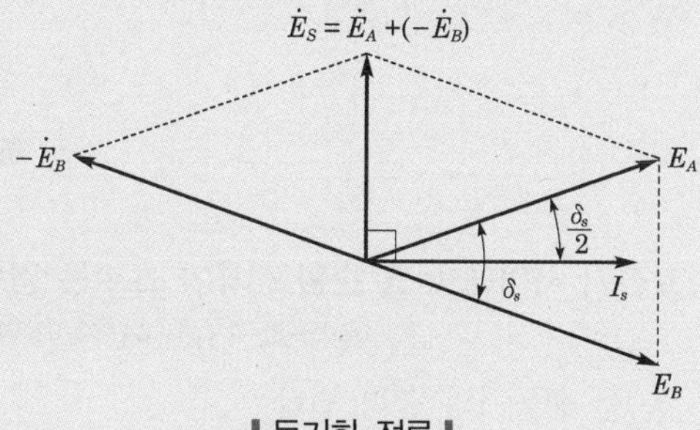

▌동기화 전류▌

$$E_s = \dot{E}_A - \dot{E}_B = 2E_A \sin\frac{\delta_s}{2}$$

$$\text{동기화 전류 } I_s = \frac{\dot{E}_A - \dot{E}_B}{2Z_s} = \frac{2E_A}{2Z_s}\sin\frac{\delta_s}{2}\text{[A]}$$

$(E_A = E_B)$

① 동기화 전류 : $I_s = \dfrac{E_s}{2Z_s} = \dfrac{2E_A}{2Z_s}\sin\dfrac{\delta_s}{2}$[A]

($E_A = E_B$ 크기는 같다)

② 수수 전력 : P[W]

위상이 앞선 발전기가 위상이 뒤진 발전기에 주고 받는 전력을 수수 전력이라 한다.

$$P = E_A I_s \cos\frac{\delta_s}{2} = \frac{{E_A}^2}{2Z_s} 2\sin\frac{\delta_s}{2} \cdot \cos\frac{\delta_s}{2} = \frac{{E_A}^2}{2Z_s} \sin\delta_s [\mathrm{W}]$$

(가법의 정리에서 $2\sin\frac{\delta_s}{2} \cdot \cos\frac{\delta_s}{2} = \sin\delta_s$)

③ 동기화력 : $P_s[\mathrm{W}]$
(A발전기 기전력과 B발전기 기전력의 위상을 같게 하는 전력)

$$P_s = \frac{dP}{d\delta_s} = \frac{{E_a}^2}{2Z_s} \cos\delta_s [\mathrm{W}]$$

(3) 기전력의 주파수가 같지 않은 경우 : 고조파 순환 전류가 흐른다.

(4) 기전력의 파형이 같지 않은 경우 : 고조파 무효 순환 전류가 흐른다.

[2] 원동기의 병렬 운전 조건

① 균일한 각속도를 가질 것
② 적당한 속도 조정률을 가질 것
부하 분담을 원활히 하기 위해 적당한 속도 조정률(3~5%)이 필요하다.

기·출·개·념 **문제**

1. 3상 동기 발전기를 병렬 운전시키는 경우 고려하지 않아도 되는 조건은?
11·10·02·99 기사 / 92·90 산업

① 발생 전압이 같을 것
② 전압 파형이 같을 것
③ 회전수가 같을 것
④ 상회전이 같을 것

(해설) **동기 발전기의 병렬 운전 조건**
- 기전력의 크기가 같을 것
- 기전력의 위상이 같을 것
- 기전력의 주파수가 같을 것
- 기전력의 파형이 같을 것
- 상회전 방향이 같을 것

답 ③

2. 병렬 운전을 하고 있는 두 대의 3상 동기 발전기 사이에 무효 순환 전류가 흐르는 경우는?
03·95·83 기사 / 11·04·00·92·90 산업

① 여자 전류의 변화
② 원동기의 출력 변화
③ 부하의 증가
④ 부하의 감소

(해설) 동기 발전기의 병렬 운전 시에 기전력의 크기가 같지 않으면 무효 순환 전류를 발생하여 기전력의 차를 0으로 하는 작용을 한다. 또한 병렬 운전 중 한쪽의 여자 전류를 증가시켜, 즉 유기 기전력을 증가시켜도 단지 무효 순환 전류가 흘러서 여자를 강하게 한 발전기의 역률은 낮아지고 다른 발전기의 역률은 높게 되어 두 발전기의 역률만 변할 뿐 유효 전력의 분담은 바꿀 수 없다.

답 ①

기출 개념 12 동기 발전기의 난조와 안정도

[1] 난조(hunting)

동기 발전기의 운전 중에 부하가 갑자기 변화하면 부하각(δ)과 동기 속도(N_s)가 진동을 하는데 이것을 난조라 하며, 난조가 증폭되면 동기 속도를 이탈하게 되는데 이를 탈조라 한다.

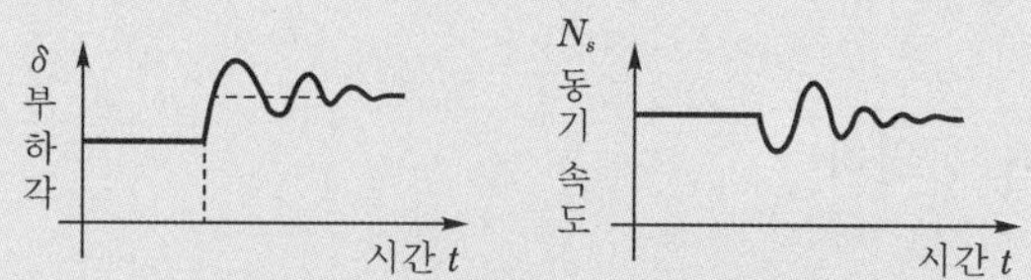

▌부하 급변에 따른 부하각과 동기 속도▐

(1) 난조의 원인

① 원동기의 조속기 감도가 너무 예민한 경우
② 원동기의 토크에 고조파 토크가 포함되어 있는 경우
③ 전기자 회로의 저항이 매우 큰 경우

(2) 난조의 방지책

제동 권선(damper widing)을 설치한다.

[2] 안정도

부하 변동 시 탈조하지 않고 정상 운전을 지속할 수 있는 능력을 안정도라 하며, 안정도 향상책으로는 다음과 같은 방법이 있다.

① 단락비가 클 것
② 동기 임피던스가 작을 것(정상 리액턴스는 작고, 역상·영상 리액턴스는 클 것)
③ 조속기 동작을 신속하게 할 것
④ 관성 모멘트가 클 것(fly wheel 설치)
⑤ 속응 여자 방식을 채택한다.

기·출·개·념 문제

다음 중 동기기의 제동 권선(damper winding)의 효용이 아닌 것은?

04·93·91 기사 / 14·07·05·03·97·90 산업

① 난조 방지 ② 불평형 부하 시의 전류 전압 파형 개선
③ 과부하 내량의 증대 ④ 송전선의 불평형 단락 시에 이상 전압의 방지

해설 ㉠ 제동 권선은 자극면에 설치한 단락환과 동봉으로 난조 방지와 불평형 전류 개선, 이상 전압 억제 및 기동 토크를 발생한다.

㉡ 제동 권선의 효용
- 난조 방지
- 기동하는 경우 유도 전동기의 농형 권선으로서 기동 토크를 발생
- 불평형 부하 시의 전류 전압 파형의 개선
- 송전선의 불평형 단락 시에 이상 전압의 방지

답 ③

기출개념 13 동기 전동기의 원리와 구조 및 회전 속도와 토크

[1] 원리와 구조

(1) 원리

고정자(전기자)에 3상 교류 전원을 공급하면 회전 자계가 발생하고 회전자(계자)가 회전 자계의 진행 방향으로 회전을 한다.

(2) 구조

동기 발전기와 동일하다.

① 고정자(전기자)
② 회전자(계자)
③ 여자기(직류 전원 공급 장치)

[2] 회전 속도와 토크

(1) 회전 속도

$$N_s = \frac{120 \cdot f}{P}[\text{rpm}]$$

(2) 토크(Torque)

$$T = \frac{P}{\omega} = \frac{1}{\omega}\frac{VE}{x_s}\sin\delta[\text{N}\cdot\text{m}] \ (\text{출력 } P = \frac{VE}{x_s}\sin\delta[\text{W}])$$

(3) 동기 전동기의 장단점(유도 전동기와 비교)

장 점	단 점
① 회전 속도가 일정하다. → 정속도 특성 ② 역률을 항상 1로 운전할 수 있다. ③ 효율이 양호하다.	① 기동 토크가 없다. • 자기동법 : 제동 권선을 설치한다. • 타기동법 : 유도 전동기에 의한 기동법 ② 속도 제어가 어렵다. ③ 여자용 직류 전원이 필요하다. ④ 구조가 복잡하고 난조가 발생한다.

기·출·개·념 문제

동기 전동기는 유도 전동기에 비하여 어떤 장점이 있는가? 93 기사

① 기동 특성이 양호하다.
② 전부하 효율이 양호하다.
③ 속도를 자유롭게 제어할 수 있다.
④ 구조가 간단하다.

(해설) 동기 전동기의 장단점

장 점	단 점
• 속도가 일정하다. • 항상 역률 1로 운전할 수 있다. • 저속도의 것으로 일반적으로 유도 전동기에 비하여 효율이 좋다.	• 보통 구조의 것은 기동 토크가 작다. • 난조를 일으킬 염려가 있다. • 직류 전원을 필요로 한다. • 구조가 복잡하다. • 속도 제어가 곤란하다.

답 ②

기출개념 14 위상 특성 곡선(V곡선)과 동기 조상기

CHAPTER 2

(1) 위상 특성 곡선(V곡선)

공급 전압(V)과 출력(P)이 일정한 상태에서 계자 전류(I_f)를 조정하면 전기자 전류(I)의 크기와 위상(역률)이 변화하는데 계자 전류와 전기자 전류의 관계를 위상 특성 곡선이라 한다.

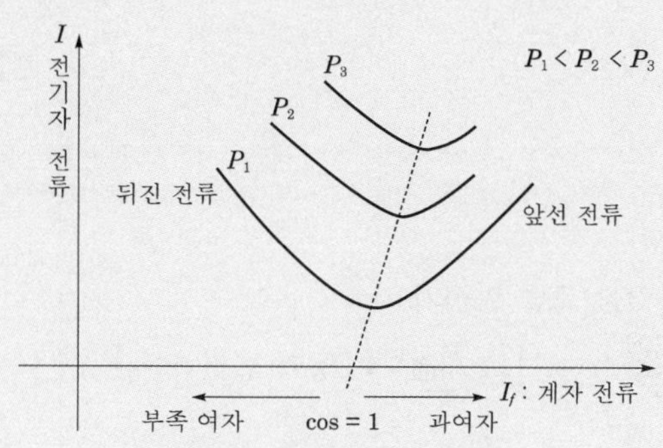

▌위상 특성 곡선(V곡선)▐

$$\text{출력 } P_3 = \sqrt{3}\,VI\cos\theta = \sqrt{3}\,\frac{VE}{x_s}\sin\delta[\text{W}]$$

① **부족 여자** : 계자 전류 감소

전기자 전류가 공급 전압보다 위상이 뒤지므로 리액터 작용을 한다.

② **과여자** : 계자 전류가 역률 1 상태보다 증가

전기자 전류가 공급 전압보다 위상이 앞서므로 콘덴서 작용을 한다.

(2) 동기 조상기

동기 전동기를 무부하 상태에서 계자 전류를 변화하면 역률이 1인 전기자 전류를 취할 수 있다. 이러한 특성을 이용하여 전력 계통의 전압 조정과 역률을 개선하기 위하여 송전 선로에 접속한 동기 전동기를 동기 조상기라 한다.

기·출·개·념 문제

동기 전동기의 위상 특성이란? (단, P를 출력, I_f를 계자 전류, I를 전기자 전류, $\cos\theta$를 역률이라 한다.) 14·95 기사

① $I_f - I$ 곡선, $\cos\theta$는 일정
② $P - I$ 곡선, I_f는 일정
③ $P - I_f$ 곡선, I는 일정
④ $I_f - I$ 곡선, P는 일정

(해설) 전압, 주파수, 출력이 일정할 때 계자 전류 I_f와 전기자 전류 I의 관계를 나타내는 곡선(V곡선)을 위상 특성 곡선이라 한다.

답 ④

CHAPTER 02
동기기

이런 문제가 시험에 나온다!

단원 최근 빈출문제

01 **우리나라 발전소에 설치되어 3상 교류를 발생하는 발전기는?** [14년 1회 기사]

① 동기 발전기
② 분권 발전기
③ 직권 발전기
④ 복권 발전기

해설 우리나라 발전소의 3상 교류 발전기
동기 속도$\left(N_s = \dfrac{120f}{P}[\text{rpm}]\right)$로 회전하는 동기 발전기이다.

02 **동기 발전기에서 동기 속도와 극수와의 관계를 표시한 것은? (단, N : 동기 속도, P : 극수이다.)** [15년 3회 기사]

①

②
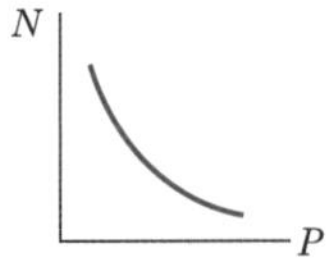

③
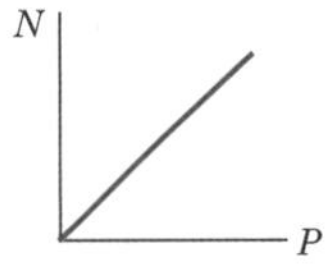

④
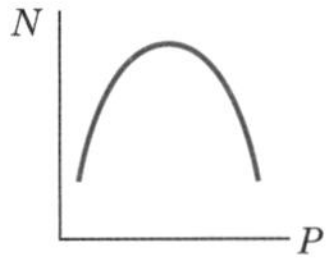

해설 $N_s = \dfrac{120f}{P}[\text{rpm}] \propto \dfrac{1}{P}$
동기 속도 N_s는 극수 P에 반비례하므로 반비례 곡선이 된다.

03 **12극의 3상 동기 발전기가 있다. 기계각 15°에 대응하는 전기각은?** [16년 1회 기사]

① 30° ② 45°
③ 60° ④ 90°

해설 1극당 전기각은 180°이므로
12극의 전기각은 12×180°=2,160°
따라서, 기계각 15°의 전기각 $\alpha = \dfrac{2{,}160°}{360°} \times 15° = 90°$

기출 핵심 NOTE

01 우리나라의 수력, 화력 및 원자력 발전소에 설치되어 있는 발전기는 3상 교류 동기 발전기이다.

02 동기 발전기는 회전 계자가 동기 속도 $N_s = \dfrac{120f}{P}[\text{rpm}]$으로 회전한다.

03 전기각 α =기계각$\times \dfrac{P}{2}$

정답 01. ① 02. ② 03. ④

04 유도자형 동기 발전기의 설명으로 옳은 것은?

[18년 3회 기사]

① 전기자만 고정되어 있다.
② 계자극만 고정되어 있다.
③ 회전자가 없는 특수 발전기이다.
④ 계자극과 전기자가 고정되어 있다.

해설 회전 유도자형 동기 발전기는 계자극과 전기자를 고정하고 유도자(철심)를 회전하는 고주파 교류 특수 발전기이다.

05 동기 발전기에서 전기자 권선과 계자 권선이 모두 고정되고 유도자가 회전하는 것은?

[15년 3회 기사]

① 수차 발전기 ② 고주파 발전기
③ 터빈 발전기 ④ 엔진 발전기

해설 유도자형 발전기는 계자와 전기자를 고정자로 하고 유도자를 회전자로 사용하는 발전기로 고주파 발전기에서 많이 사용되고 있다.

06 터빈 발전기(turbine generator)는 주로 2극의 원통형 회전자를 가지는 고속 발전기로서 발전기를 전폐형으로 하며, 냉각 매체로서 수소 가스를 기내에서 순환시키고 있다. 공기 냉각인 경우와 비교해서 다음과 같은 이점이 있다. 옳지 않은 것은?

[96년 기사]

① 풍손이 공기 냉각 시의 10[%]로 격감한다.
② 열전도율이 좋고 가스 냉각기의 크기가 작아진다.
③ 절연물의 산화 작용이 없으므로 절연 열화가 작아서 수명이 길다.
④ 운전 중 소음이 매우 크다.

해설 **수소 냉각 방식의 장단점**

㉠ 장점

- 비중이 공기의 약 7[%]이며, 풍손이 약 $\frac{1}{10}$로 감소한다.
- 비열이 공기의 약 14배이며, 열전도율은 약 7배이다.
- 동일 치수의 경우 공기 냉각식 발전기보다 출력이 약 25[%] 증가한다.
- 코로나 임계 전압이 높고, 가스 냉각기는 적어도 된다.
- 연소하지 않으므로 절연재 수명이 길어지고, 소음이 현저하게 감소한다.

㉡ 단점

- 공기와 혼합하면 폭발의 위험이 있다.
- 방폭(폭발 방지)을 위한 부속 설비가 필요하고, 설비 비용이 증가한다.

기출 핵심 NOTE

04 고주파 발전기

계자극과 전기자 모두 정지시키고 유도자를 회전하여 수백~수만[Hz]의 고주파 기전력을 유도하는 특수 발전기이다.

06 터빈 발전기의 수소 냉각 방식은 전폐형으로 하기 때문에 소음이 현저하게 감소한다.

정답 04. ④ 05. ② 06. ④

07 **동기 발전기의 전기자 권선법 중 집중권인 경우 매극 매상의 홈(slot)수는?** [19년 1회 기사]

① 1개 ② 2개
③ 3개 ④ 4개

해설 전기자 권선법의 집중권은 매극 매상의 홈수가 1인 경우이고, 분포권은 2 이상인 경우이며, 기전력의 파형을 개선하기 위해 분포권을 사용한다.

08 **슬롯수 36의 고정자 철심이 있다. 여기에 3상 4극의 2층권으로 권선할 때 매극 매상의 슬롯수와 코일수는?** [16년 3회 기사]

① 3과 18 ② 9와 36
③ 3과 36 ④ 8과 18

해설 S : 슬롯수, m : 상수, p : 극수, q : 매극 매상의 슬롯수라 하면

$q=\dfrac{S}{pm}=\dfrac{36}{4\times3}=3$

∴ 2층권이므로 총 코일수는 전 슬롯수와 동일

09 **동기 발전기의 전기자 권선은 기전력의 파형을 개선하는 방법으로 분포권과 단절권을 쓴다. 분포권 계수를 나타내는 식은? (단, q는 매극 매상당의 슬롯수, m은 상수, α는 슬롯의 간격)** [15년 2회 기사]

① $\dfrac{\sin q\alpha}{q\sin\dfrac{\alpha}{2}}$ ② $\dfrac{\sin\dfrac{\pi}{2m}}{q\sin\dfrac{\pi}{2mq}}$

③ $\dfrac{\cos\dfrac{\pi}{2mq}}{q\cos\dfrac{\pi}{2mq}}$ ④ $\dfrac{\cos q\alpha}{q\cos\dfrac{\alpha}{2}}$

해설

분포권의 분포 계수$(K_d)=\dfrac{\sin\dfrac{\pi}{2m}}{q\sin\dfrac{\pi}{2mq}}$

여기서, q : 매극 매상당의 슬롯수, m : 상수

10 **동기기의 전기자 권선이 매극 매상당 슬롯수가 4, 상수가 3인 권선의 분포 계수는? (단, sin 7.5°=0.1305, sin 15°=0.2588, sin 22.5°=0.3827, sin 30°=0.5)** [15년 1회 기사]

① 0.487 ② 0.844
③ 0.866 ④ 0.958

기출 핵심 NOTE

07
- 집중권 : 매극 매상의 홈수가 1인 경우
- 분포권 : 매극 매상의 홈수가 2 이상인 경우

08
- 매극 매상 홈수 $q=\dfrac{S}{p\times m}$
- 코일수=슬롯(홈)수

09 분포권

㉠ 분포권 계수
- K_d(기본파)$=\dfrac{\sin\dfrac{\pi}{2m}}{q\sin\dfrac{\pi}{2mq}}$
- K_{dn}(n차 고조파)$=\dfrac{\sin\dfrac{n\pi}{2m}}{q\sin\dfrac{n\pi}{2mq}}$

여기서, q : 매극 매상당 슬롯수
m : 상수

㉡ 분포권의 특징
- 기전력의 고조파가 감소하여 파형이 좋아진다.
- 권선의 누설 리액턴스가 감소한다.
- 전기자 권선에 의한 열을 고르게 분포시켜 과열을 방지할 수 있다.
- 기전력이 감소한다.

정답 07. ① 08. ③ 09. ② 10. ④

분포 계수$(K_d)=\dfrac{\sin\dfrac{\pi}{2m}}{q\sin\dfrac{\pi}{2mq}}$

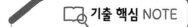

$=\dfrac{\sin\dfrac{\pi}{2\times3}}{4\sin\dfrac{\pi}{2\times3\times4}}=0.958$

11 상수 m, 매극 매상당 슬롯수 q인 동기 발전기에서 n차 고조파분에 대한 분포 계수는? [16년 3회 기사]

① $\dfrac{q\sin\dfrac{n\pi}{mq}}{\sin\dfrac{n\pi}{m}}$ ② $\dfrac{\sin\dfrac{n\pi}{m}}{q\sin\dfrac{n\pi}{mq}}$

③ $\dfrac{\sin\dfrac{\pi}{2m}}{q\sin\dfrac{n\pi}{2mq}}$ ④ $\dfrac{\sin\dfrac{n\pi}{2m}}{q\sin\dfrac{n\pi}{2mq}}$

해설

$K_d=\dfrac{\sin\dfrac{\pi}{2m}}{q\sin\dfrac{\pi}{2mq}}$ (기본파)

$K_{dn}=\dfrac{\sin\dfrac{n\pi}{2m}}{q\sin\dfrac{n\pi}{2mq}}$ (n차 고조파)

12 교류기에서 유기 기전력의 특정 고조파분을 제거하고 또 권선을 절약하기 위하여 자주 사용되는 권선법은? [16년 1회 기사]

① 전절권 ② 분포권
③ 집중권 ④ 단절권

해설 전절권에 비해 단절권은 기전력은 감소하나 고조파를 제거하여 기전력의 파형을 개선하며, 코일단부 축소와 동량을 절약한다.

13 3상 동기 발전기에서 권선 피치와 자극 피치의 비를 $\dfrac{13}{15}$인 단절권으로 하였을 때의 단절권 계수는 얼마인가? [00년 기사/11년 산업]

① $\sin\dfrac{13}{15}\pi$ ② $\sin\dfrac{15}{26}\pi$
③ $\sin\dfrac{13}{30}\pi$ ④ $\sin\dfrac{15}{13}\pi$

기출 핵심 NOTE

12 ㉠ 단절권의 장점
- 고조파를 제거하여 기전력의 파형을 개선
- 동량의 감소, 기계적 치수 경감

㉡ 단절권의 단점 : 기전력 감소

㉢ 단절 계수
- $K_p=\dfrac{e_r(\text{단절권})}{e_r'(\text{전절권})}$

$=\sin\dfrac{\beta\pi}{2}$(기본파)
- $K_{pn}=\sin\dfrac{n\beta\pi}{2}$($n$차 고조파)

여기서, $\beta=\dfrac{\text{코일 간격}}{\text{극 간격}}$

정답 11. ④ 12. ④ 13. ③

기출 핵심 NOTE

해설 $\beta = \frac{\text{권선 피치}}{\text{자극 피치}} = \frac{13}{15}$ 이므로 단절권 계수 K_p는

$$K_p = \sin\frac{\beta\pi}{2} = \sin\left(\frac{\frac{13}{15}\pi}{2}\right) = \sin\frac{13}{30}\pi$$

14 4극, 3상 유도 전동기가 있다. 총 슬롯수는 48이고 매극 매상 슬롯에 분포하며 코일 간격은 극 간격의 75[%]인 단절권으로 하면 권선 계수는 얼마인가? [13년 3회 기사]

① 약 0.986 ② 약 0.960
③ 약 0.924 ④ 약 0.884

해설 매극 매상 홈수 $q = \frac{S}{p \times m} = \frac{48}{4 \times 3} = 4$

분포 계수 $K_d = \frac{\sin\frac{\pi}{2m}}{q\sin\frac{\pi}{2mq}} = \frac{\frac{1}{2}}{4 \cdot \sin 7.5} = 0.957$

단절 계수 $K_p = \sin\frac{\beta\pi}{2} = \sin\frac{0.75 \times 180°}{2} = 0.9238$

권선 계수 $K_w = K_d \cdot K_p = 0.957 \times 0.9238 = 0.8840$

14
- $q = \frac{S}{p \times m}$
- $K_d = \frac{\sin\frac{\pi}{2m}}{q\sin\frac{\pi}{2mq}}$
- $K_p = \sin\frac{\beta\pi}{2}$
- $K_w = K_d \cdot K_p$

15 3상 동기 발전기의 전기자 권선을 Y결선으로 하는 이유로서 적당하지 않은 것은? [00년 산업]

① 고조파 순환 전류가 흐르지 않는다.
② 이상 전압 방지의 대책이 용이하다.
③ 전기자 반작용이 감소한다.
④ 코일의 코로나, 열화 등이 감소된다.

해설 **전기자 권선을 Y결선으로 하는 이유(장점)**
- 중성점을 접지할 수 있고, 계전기 동작이 확실하며 이상 전압 발생이 없다.
- 선간 전압은 $\sqrt{3}$ 배로 증가하며 역으로 상전압이 $\frac{1}{\sqrt{3}}$ 로 낮아지므로 전기자 권선의 절연 레벨을 낮출 수 있다.
- 상전압의 제3고조파가 선간 전압에는 나타나지 않는다.

15 Y결선의 장점
- 중성점 접지를 할 수 있고, 이상 전압 발생을 억제한다.
- 고조파 순환 전류가 흐르지 않는다.
- 코일의 절연이 쉽고 코로나손은 경감된다.

16 동기기의 기전력의 파형 개선책이 아닌 것은? [18년 3회 기사]

① 단절권 ② 집중권
③ 공극 조정 ④ 자극 모양

정답 14. ④ 15. ③ 16. ②

기출 핵심 NOTE

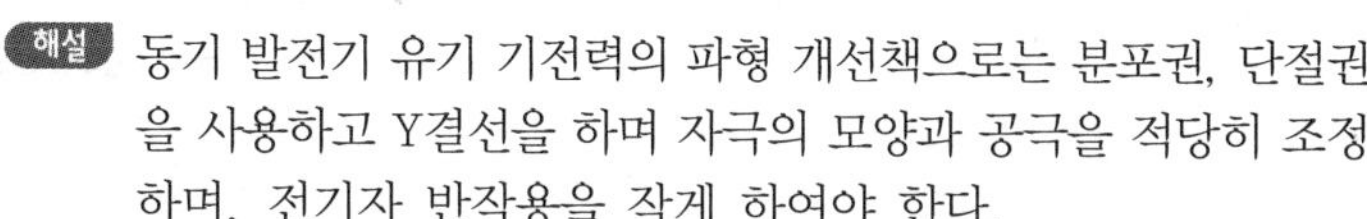
해설 동기 발전기 유기 기전력의 파형 개선책으로는 분포권, 단절권을 사용하고 Y결선을 하며 자극의 모양과 공극을 적당히 조정하며, 전기자 반작용을 작게 하여야 한다.

17 **6극 60[Hz], Y결선, 3상 동기 발전기의 극당 자속이 0.16[Wb], 회전수 1,200[rpm], 1상의 권수 186, 권선계수 0.96이면 단자 전압[V]은?** [00년 기사 / 98년 산업]

① 13,183　　② 12,254
③ 26,366　　④ 27,456

해설 1상의 유기 기전력(상전압) $E=4.44fN\phi K_w$
Y결선 시 단자 전압(선간 전압)

$$V=\sqrt{3}\times 4.44fN\phi K_w$$
$$=\sqrt{3}\times 4.44\times 60\times 186\times 0.16\times 0.96$$
$$=13{,}183[\text{V}]$$

17 • 동기 발전기의 유기 기전력
$E=4.44fN\phi K_w[\text{V}]$
• 선간 전압
$V=\sqrt{3}\,E[\text{V}]$

18 **3상 동기 발전기에 3상 전류(평형)가 흐를 때 전기자 반작용은 이 전류가 기전력에 대하여 A일 때 감자 작용이 되고, B일 때 자화 작용이 된다. A, B의 적당한 것은?** [03년 산업]

① A : 90° 뒤질 때, B : 90° 앞설 때
② A : 90° 앞설 때, B : 90° 뒤질 때
③ A : 90° 뒤질 때, B : 동상일 때
④ A : 동상일 때, B : 90° 앞설 때

해설 **동기 발전기의 전기자 반작용**
- 전기자 전류가 유기 기전력과 동상($\cos\theta=1$)일 때는 주자속을 편협시켜 일그러뜨리는 횡축 반작용을 한다.
- 전기자 전류가 유기 기전력보다 위상 $\frac{\pi}{2}$ 뒤진($\cos\theta=0$ 뒤진) 경우에는 주자속을 감소시키는 직축 감자 작용을 한다.
- 전기자 전류가 유기 기전력보다 위상이 $\frac{\pi}{2}$ 앞선($\cos\theta=0$ 앞선) 경우에는 주자속을 증가시키는 직축 증자 작용을 한다.

18 **동기 발전기의 전기자 반작용**
전기자 전류에 의한 자속이 계자 자속에 영향을 미치는 현상이다.
㉠ 횡축 반작용
- 계자 자속 왜형파로 되며, 약간 감소한다.
- 전기자 전류(I_a)와 유기 기전력(E)이 동상일 때 ($\cos\theta=1$)

㉡ 직축 반작용
- 감자 작용 : 계자 자속 감소 I_a가 E보다 위상이 90° 뒤질 때($\cos\theta=0$, 뒤진 역률)
- 증자 작용 : 계자 자속 증가 I_a가 E보다 위상이 90° 앞설 때($\cos\theta=0$, 앞선 역률)

19 **정격 출력 10,000[kVA], 정격 전압 6,600[V], 정격 역률 0.6인 3상 동기 발전기가 있다. 동기 리액턴스 0.6[p.u]인 경우의 전압 변동률[%]은?** [16년 2회 기사]

① 21　　② 31
③ 40　　④ 52

19 **전압 변동률**

$$\varepsilon=\frac{V_0-V_n}{V_n}\times 100[\%]$$

정답 17. ① 18. ① 19. ④

기출 핵심 NOTE

해설 단위법으로 산출한 기전력 e

$e=\sqrt{0.6^2+(0.6+0.8)^2}=1.52$[p.u]

전압 변동률

$\varepsilon=\dfrac{V_0-V_n}{V_n}\times 100=\dfrac{e-v}{v}\times 100$

$=\dfrac{1.52-1}{1}\times 100=52$[%]

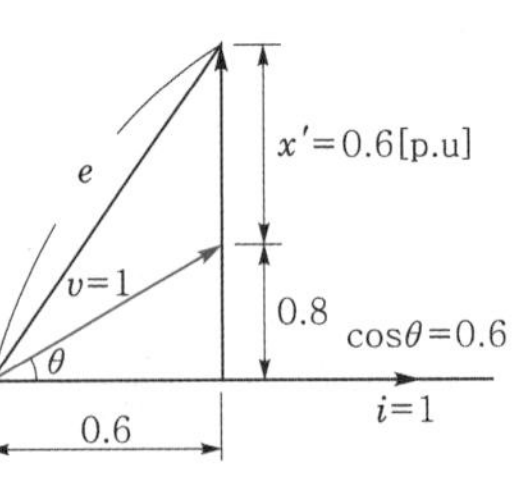

20 3상 동기기에서 단자 전압 V, 내부 유기 전압 E, 부하각이 δ일 때, 한 상의 출력은 어떻게 표시하는가? (단, 전기자 저항은 무시하며, 누설 리액턴스는 x_s 이다.)

[12년 기사 / 95년 산업]

① $\dfrac{EV}{{x_s}^2}\sin\delta$ ② $\dfrac{EV}{x_s}\cos\delta$

③ $\dfrac{EV}{x_s}\sin\delta$ ④ $\dfrac{EV^2}{x_s}\cos\delta$

해설

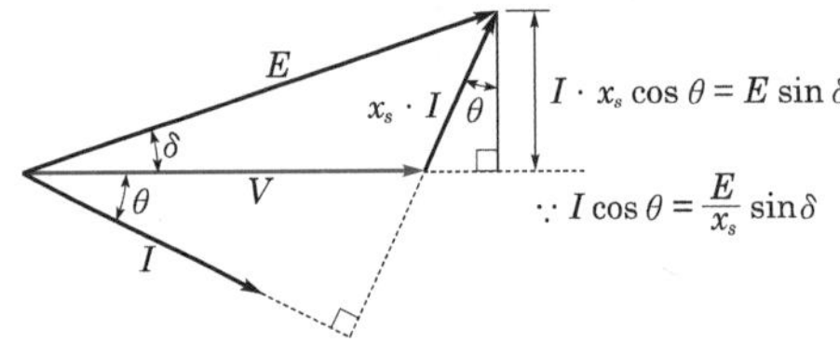

1상 출력 $p_1=VI\cos\theta=\dfrac{EV}{x_s}\sin\delta$ [W]

20 비철극기 1상 출력

$p=\dfrac{EV}{x_s}\sin\delta$[W]

21 비돌극형 동기 발전기 한 상의 단자 전압을 V, 유기 기전력을 E, 동기 리액턴스를 X_s, 부하각이 δ이고 전기자 저항을 무시할 때 한 상의 최대 출력[W]은? [17년 3회 기사]

① $\dfrac{EV}{X_s}$ ② $\dfrac{3EV}{X_s}$

③ $\dfrac{E^2V}{X_s}\sin\delta$ ④ $\dfrac{EV^2}{X_s}\sin\delta$

해설 동기 발전기 P상 출력

$P_1=VI\cos\theta=\dfrac{EV}{X_s}\sin\delta$[W]

부하각 $\delta=90°$일 때 출력이 최대이므로

$P_m=\dfrac{EV}{X_s}$[W]

정답 20. ③ 21. ①

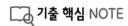

기출 핵심 NOTE

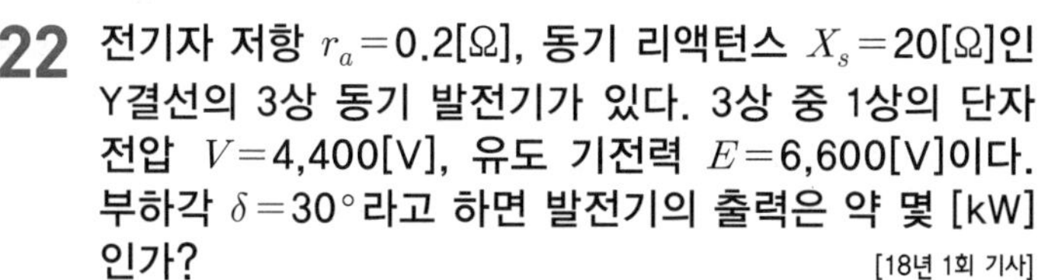

22 전기자 저항 $r_a=0.2[\Omega]$, 동기 리액턴스 $X_s=20[\Omega]$인 Y결선의 3상 동기 발전기가 있다. 3상 중 1상의 단자 전압 $V=4{,}400[\text{V}]$, 유도 기전력 $E=6{,}600[\text{V}]$이다. 부하각 $\delta=30°$라고 하면 발전기의 출력은 약 몇 [kW]인가? [18년 1회 기사]

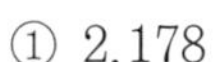

① 2,178　　② 3,251
③ 4,253　　④ 5,532

해설 3상 동기 발전기의 출력

$$P=3\frac{EV}{X_s}\sin\delta=3\times\frac{6{,}600\times4{,}400}{20}\times\frac{1}{2}\times10^{-3}=2{,}178[\text{kW}]$$

23 동기 발전기의 돌발 단락 시 발생되는 현상으로 틀린 것은? [19년 3회 기사]

① 큰 과도 전류가 흘러 권선 소손
② 단락 전류는 전기자 저항으로 제한
③ 코일 상호 간 큰 전자력에 의한 코일 파손
④ 큰 단락 전류 후 점차 감소하여 지속 단락 전류 유지

해설

- 돌발 단락 전류 $I_s=\dfrac{E}{x_l}$
- 영구 단락 전류 $I_s=\dfrac{E}{x_a+x_l}=\dfrac{E}{x_s}\ (x_s=x_a+x_l)$
- 돌발 단락 시 초기에는 단락 전류를 제한하는 것이 누설 리액턴스(x_l)뿐이므로 큰 단락 전류가 흐르다가 수초 후 반작용 리액턴스(x_a)가 발생되어 작은 영구(지속) 단락 전류가 흐른다.

24 동기기의 단락 전류를 제한하는 요소는? [18년 2회 산업]

① 단락비　　② 정격 전류
③ 동기 임피던스　　④ 자기 여자 작용

해설 동기 발전기의 단락 전류

$I_s=\dfrac{E}{r+ix_s}=\dfrac{E}{Z_s}[\text{A}]$이므로 단락 전류는 동기 임피던스($Z_s$)에 의해 제한된다.

25 3상 동기 발전기의 단락 곡선이 직선으로 되는 이유는? [17년 2회 기사]

① 전기자 반작용으로　　② 무부하 상태이므로
③ 자기 포화가 있으므로　　④ 누설 리액턴스가 크므로

23
- 돌발 단락 전류

$$I_s=\frac{E}{x_l}[\text{A}]$$

- 영구 단락 전류

$$I_s=\frac{E}{x_a+x_l}=\frac{E}{x_s}[\text{A}]$$

여기서, x_l : 누설 리액턴스
x_s : 동기 리액턴스

정답 22. ① 23. ② 24. ③ 25. ①

해설 단락 시 전기자 회로는 $r_a \ll x_s$이므로 전류는 전압보다 위상이 90° 뒤진 전류가 흐르고 전기자 반작용은 감자 작용이기 때문에 실제로 존재하는 자속은 대단히 적고 불포화 상태이다. 때문에 단락 곡선은 거의 직선이다.

26 **3상 동기 발전기가 그림과 같이 1선 지락이 발생하였을 경우 단락 전류 I_0를 구하는 식은? (단, E_a는 무부하 유기 기전력의 상전압, Z_0, Z_1, Z_2는 영상, 정상, 역상 임피던스이다.)** [18년 2회 산업]

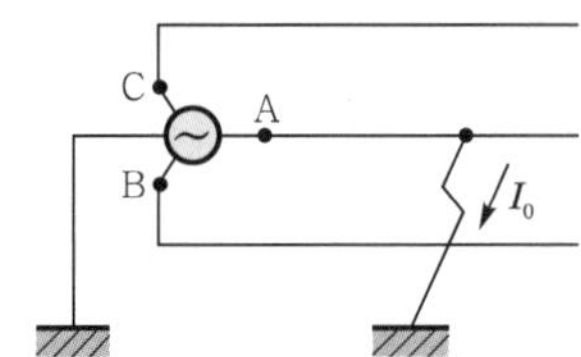

① $\dot{I}_0 = \dfrac{3\dot{E}_a}{\dot{Z}_0 \times \dot{Z}_1 \times \dot{Z}_2}$　② $\dot{I}_0 = \dfrac{\dot{E}_a}{\dot{Z}_0 \times \dot{Z}_1 \times \dot{Z}_2}$

③ $\dot{I}_0 = \dfrac{3\dot{E}_a}{\dot{Z}_0 + \dot{Z}_1 + \dot{Z}_2}$　④ $\dot{I}_0 = \dfrac{3\dot{E}_a}{\dot{Z}_0 + \dot{Z}_1^{\,2} + \dot{Z}_2^{\,3}}$

해설 3상 동기 발전기에서 1선(A상) 지락이 발생하면 대칭 좌표법에 의해 $I_0 = I_1 = I_2$(여기서, I_0, I_1, I_2 : 영상, 정상 및 역상 전류)

$I_0 = \dfrac{E_a}{Z_0 + Z_1 + Z_2}$ [A]

A상 지락 전류 $I_a = I_0 + I_1 + I_2 = 3I_0 = \dfrac{3E_a}{Z_0 + Z_1 + Z_2}$ [A]

26 지락 전류

$I_0 = \dfrac{3E_a}{Z_0 + Z_1 + Z_2}$ [A]

27 **동기 발전기의 단락비나 동기 임피던스를 산출하는 데 필요한 특성 곡선은?** [18년 3회 산업]

① 부하 포화 곡선과 3상 단락 곡선
② 단상 단락 곡선과 3상 단락 곡선
③ 무부하 포화 곡선과 3상 단락 곡선
④ 무부하 포화 곡선과 외부 특성 곡선

해설 **동기 발전기의 단락비**

$K_s = \dfrac{I_{f_0}}{I_{f_s}} = \dfrac{\text{무부하 정격 전압을 유기하는 데 필요한 계자 전류}}{\text{3상 단락 정격 전류를 흘리는 데 필요한 계자 전류}}$

에서 단락비와 동기 임피던스를 산출하는 데 필요한 특성 곡선은 무부하 포화 곡선과 3상 단락 곡선이다.

27 동기 발전기의 단락비 산출 시 필요한 시험

- 무부하 포화 시험
- 3상 단락 시험

정답 26. ③ 27. ③

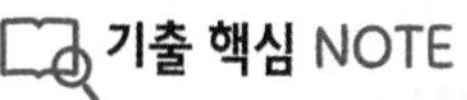

28 단락비가 큰 동기기의 특징으로 옳은 것은? [17년 1회 기사]

① 안정도가 떨어진다.
② 전압 변동률이 크다.
③ 선로 충전 용량이 크다.
④ 단자 단락 시 단락 전류가 적게 흐른다.

해설 단락비가 큰 동기기는 동기 임피던스, 전압 변동률, 전기자 반작용이 작고, 출력·과부하 내량이 크고 안정도가 높으며 송전 선로의 충전 용량이 크다. 또한 계자 기자력은 크고, 전기자 기자력은 작으며 철손이 증가하여 효율은 조금 나빠진다.

28 단락비가 큰 기계

- 동기 임피던스가 작아져 전압 변동률이 작으며 송전 용량, 충전 용량이 증가한다.
- 기계의 형태·중량이 커지며 철손, 기계손이 증가하고 가격도 비싸다.
- 과부하 내량이 크고 안정도도 좋다.
- 철기계라 불린다.
- 단락비를 구하는 시험은 3상 단락 시험과 무부하 포화 시험이다.

29 동기 발전기의 단락비가 작을 때의 설명으로 옳은 것은? [19년 1회 기사]

① 동기 임피던스가 크고, 전기자 반작용이 작다.
② 동기 임피던스가 크고, 전기자 반작용이 크다.
③ 동기 임피던스가 작고, 전기자 반작용이 작다.
④ 동기 임피던스가 작고, 전기자 반작용이 크다.

해설 동기 발전기의 단락비가 작을 경우 동기 임피던스, 전기자 반작용, 전압 변동률이 커진다.

30 정격 전압 6,000[V], 용량 5,000[kVA]의 Y결선 3상 동기 발전기가 있다. 여자 전류 200[A]에서의 무부하 단자 전압 6,000[V], 단락 전류 600[A]일 때, 이 발전기의 단락비는 약 얼마인가? [19년 3회 산업]

① 0.25 ② 1
③ 1.25 ④ 1.5

해설 단락비 $K_s = \dfrac{I_{f_0}}{I_{f_s}} = \dfrac{I_s}{I_n} = \dfrac{600}{\dfrac{5,000}{\sqrt{3}\times 6}} = 1.247[A]$

30 단락비

$$K_s = \frac{I_{f_0}}{I_{f_s}} = \frac{I_s}{I_n}$$

31 동기 발전기의 단락비가 1.2이면 이 발전기의 % 동기 임피던스[p.u]는? [17년 3회 기사]

① 0.12 ② 0.25
③ 0.52 ④ 0.83

해설 단락비 $K_s = \dfrac{1}{Z_s'}$ (단위법 퍼센트 동기 임피던스)

단위법 $Z_s' = \dfrac{1}{K_s} = \dfrac{1}{1.2} = 0.83[p.u]$

31 단위법 동기 임피던스 Z_s'[p.u]

$$Z_s' = \frac{\%Z_s}{100} = \frac{I_n}{I_s} = \frac{1}{K_s}$$

정답 28. ③ 29. ② 30. ③ 31. ④

32 동기 발전기의 자기 여자 작용은 부하 전류의 위상이 어떤 경우에 일어나는가? [14년 기사]

① 역률이 1인 때
② 느린 역률인 때
③ 빠른 역률인 때
④ 역률과 무관하다.

해설 자기 여자 현상은 동기 발전기의 무여자, 무부하 상태에서의 위상이 90° 앞선 진상 전류가 흐르는 경우 증자 작용에 의해 단자 전압이 상승하는 현상이다.

33 무부하의 장거리 송전 선로에 동기 발전기를 접속하는 경우, 송전 선로의 자기 여자 현상을 방지하기 위해서 동기 조상기를 사용하였다. 이때 동기 조상기의 계자 전류를 어떻게 하여야 하는가? [13년 1회 기사]

① 계자 전류를 0으로 한다.
② 부족 여자로 한다.
③ 과여자로 한다.
④ 역률이 1인 상태에서 일정하게 한다.

해설 동기 발전기의 자기 여자 현상은 진상(충전) 전류에 의해 무부하 단자 전압이 상승하는 작용으로 동기 조상기가 리액터 작용을 할 수 있도록 부족 여자로 운전하여야 한다.

34 동기 발전기의 병렬 운전에 필요한 조건이 아닌 것은? [14년 3회 기사]

① 기전력의 크기가 같을 것
② 기전력의 위상이 같을 것
③ 기전력의 주파수가 같을 것
④ 기전력의 용량이 같을 것

해설 **동기 발전기의 병렬 운전 조건**
- 기전력의 크기가 같을 것
- 기전력의 위상이 같을 것
- 기전력의 주파수가 같을 것
- 기전력의 파형이 같을 것
- 기전력의 상회전 방향이 같을 것

35 병렬 운전을 하고 있는 두 대의 3상 동기 발전기 사이에 무효 순환 전류가 흐르는 경우는? [15년 1회 기사]

① 여자 전류의 변화 ② 부하의 증가
③ 부하의 감소 ④ 원동기 출력 변화

기출 핵심 NOTE

32 자기 여자 작용은 90° 앞선 전류가 흐르는 진상(빠른) 역률에서 발생한다.

33 자기 여자 현상을 방지하기 위해서 동기 조상기를 사용하는 경우 부족 여자(리액턴스 작용)로 운전하여야 한다.

34 동기 발전기의 병렬 운전

㉠ 병렬 운전 조건
- 기전력의 크기가 같을 것
- 기전력의 위상이 같을 것
- 기전력의 주파수가 같을 것
- 기전력의 파형이 같을 것
- 기전력의 상회전 방향이 같을 것

㉡ 기전력의 크기가 다를 때 무효 순환 전류(I_c)가 흐른다.

$$I_c = \frac{E_a - E_b}{2Z_s}\ [\mathrm{A}]$$

㉢ 기전력의 위상차(δ_s)가 있을 때 동기화 전류(I_s)가 흐른다.

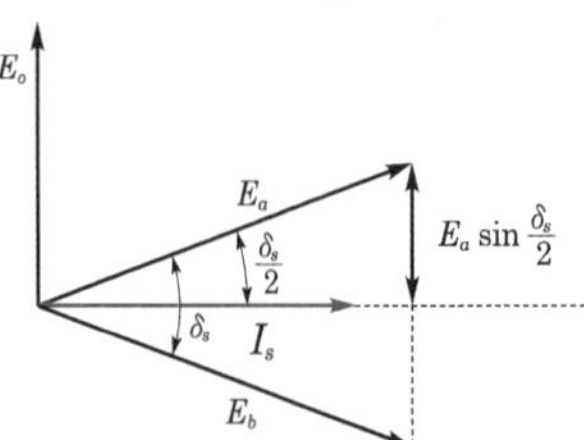

▌동기화 전류 벡터도▐

$$E_o = \dot{E_a} - \dot{E_b} = 2 \cdot E_a \sin\frac{\delta_s}{2}$$

$$\therefore\ I_s = \frac{\dot{E_a} - \dot{E_b}}{2Z_s} = \frac{2 \cdot E_a}{2 \cdot Z_s}\sin\frac{\delta_s}{2}\ [\mathrm{A}]$$

정답 32. ③ 33. ② 34. ④ 35. ①

해설 동기 발전기의 병렬 운전 시에 기전력의 크기가 같지 않으면 무효 순환 전류를 발생하여 기전력의 차를 0으로 하는 작용을 한다. 또한 병렬 운전 중 한쪽의 여자 전류를 증가시켜, 즉 유기 기전력을 증가시켜도 단지 무효 순환 전류가 흘러서 여자를 강하게 한 발전기의 역률은 낮아지고 다른 발전기의 역률은 높게 되어 두 발전기의 역률만 변할 뿐 유효 전력의 분담은 바꿀 수 없다.

36 **정전압 계통에 접속된 동기 발전기의 여자를 약하게 하면 어떻게 되는가?** [16년 1회 기사]

① 출력이 감소한다.
② 전압이 강하한다.
③ 앞선 무효 전류가 증가한다.
④ 뒤진 무효 전류가 증가한다.

해설 여자 전류를 약하게 하면 앞선 무효 전류가 흐르고, 증자 작용에 의하여 유도 기전력은 높아진다.

37 **3,000[V], 1,500[kVA], 동기 임피던스 3[Ω]인 동일 정격의 두 동기 발전기를 병렬 운전하던 중 한쪽 계자 전류가 증가해서 각 상 유도 기전력 사이에 300[V]의 전압차가 발생했다면 두 발전기 사이에 흐르는 무효 횡류는 몇 [A]인가?** [11년 기사]

① 20 ② 30
③ 40 ④ 50

해설 $Z_s = 3[\Omega]$, $E_s = E_A - E_B = 300[\text{V}]$이므로

$$\therefore I_c = \frac{E_A - E_B}{2Z_s} = \frac{E_s}{2Z_s} = \frac{300}{2\times 3} = 50[\text{A}]$$

38 **2대의 동기 발전기가 병렬 운전하고 있을 때, 동기화 전류가 흐르는 경우는?** [15년 2회 기사]

① 기전력의 크기에 차가 있을 때
② 기전력의 위상에 차가 있을 때
③ 기전력의 파형에 차가 있을 때
④ 부하 분담에 차가 있을 때

해설 병렬 운전 중 기전력의 위상차가 생기면 동기화 전류(유효 순환 전류)가 흘러 수수 전력(授受電力)과 동기화력(同期化力)이 발생하여 동일한 위상이 되도록 작용한다.

기출 핵심 NOTE

※ 동기화 전류가 흐르면 수수 전력과 동기화력 발생

- 수수 전력 : $P[\text{W}]$

$$P = E_a I_s \cos\frac{\delta_s}{2} = \frac{{E_a}^2}{2Z_s}\sin\delta_s[\text{W}]$$

- 동기(同期)화력 : $P_s[\text{W}]$

$$P_s = \frac{dP}{d\delta_s} = \frac{{E_a}^2}{2Z_s}\cos\delta_s[\text{W}]$$

37 무효 순환 전류 I_c

$$I_c = \frac{E_A - E_B}{2Z_s}[\text{A}]$$

38 동기화 전류 I_s

$$I_s = \frac{2E}{2Z_s}\sin\frac{\delta_s}{2}[\text{A}]$$

기전력의 위상차가 있을 때 동기화 전류가 흐른다.

정답 36. ③ 37. ④ 38. ②

기출 핵심 NOTE

39 두 동기 발전기의 유도 기전력이 2,000[V], 위상차는 60°, 동기 리액턴스는 100[Ω]이다. 유효 순환 전류[A]는? [96년 기사]

① 5 ② 10
③ 20 ④ 30

해설 위상차가 생기면 동기화 전류가 흐른다.

동기화 전류 $I_s = \frac{2E}{2Z_s}\sin\frac{\theta}{2} = \frac{2\times 2{,}000}{2\times 100}\sin\frac{60}{2} = 10[\text{A}]$

40 동일 정격의 3상 동기 발전기 2대를 무부하로 병렬 운전하고 있을 때, 두 발전기의 기전력 사이에 30°의 위상차가 있으면 한 발전기에서 다른 발전기에 공급되는 유효 전력은 몇 [kW]인가? (단, 각 발전기(1상)의 기전력은 1,000[V], 동기 리액턴스는 4[Ω]이고, 전기자 저항은 무시한다.) [19년 3회 산업]

① 62.5 ② $62.5\times\sqrt{3}$
③ 125.5 ④ $125.5\times\sqrt{3}$

해설 수수 전력 $P = \frac{E^2}{2Z_s}\sin\delta_s = \frac{1{,}000^2}{2\times 4}\times\frac{1}{2}\times 10^{-3} = 62.5[\text{kW}]$

40 수수 전력(P)

$$P = \frac{E^2}{2Z_s}\sin\delta_s[\text{W}]$$

41 병렬 운전 중인 A, B 두 동기 발전기 중 A발전기의 여자를 B발전기보다 증가시키면 A발전기는? [18년 2회 산업]

① 동기화 전류가 흐른다. ② 부하 전류가 증가한다.
③ 90° 진상 전류가 흐른다. ④ 90° 지상 전류가 흐른다.

해설 동기 발전기의 병렬 운전 중 A발전기의 여자 전류를 증가하면 유기 기전력이 증가하여 A발전기는 90° 지상 전류가 흐르고, B발전기는 90° 진상 전류가 순환하게 된다.

42 부하 급변 시 부하각과 부하 속도가 진동하는 난조 현상을 일으키는 원인이 아닌 것은? [18년 1회 기사]

① 전기자 회로의 저항이 너무 큰 경우
② 원동기의 토크에 고조파가 포함된 경우
③ 원동기의 조속기 감도가 너무 예민한 경우
④ 자속의 분포가 기울어져 자속의 크기가 감소한 경우

해설 **동기 발전기의 부하 급변 시 난조의 원인**
- 전기자 회로의 저항이 너무 큰 경우
- 원동기 토크에 고조파가 포함된 경우
- 원동기의 조속기 감도가 너무 예민한 경우

42 난조(hunting)

부하 급변 시 부하각과 동기 속도가 진동하는 현상이다.

㉠ 난조의 원인
- 조속기 감도가 너무 예민한 경우
- 원동기 토크에 고조파가 포함된 경우
- 전기자 회로의 저항이 너무 큰 경우

㉡ 난조의 방지책 : 제동 권선을 설치한다.

정답 39. ② 40. ① 41. ④ 42. ④

43 3상 동기기에서 제동 권선의 주목적은? [18년 2회 산업]

① 출력 개선　　② 효율 개선
③ 역률 개선　　④ 난조 방지

해설 동기기의 제동 권선은 회전자 표면에 도체봉과 단락환으로 연결된 권선으로 회전 속도가 변동하면 자속을 끊게 되어 기전력이 유도되고, 제동 토크를 발생시켜 줌으로써 난조 방지에 가장 유효한 권선이다.

44 동기 전동기에 설치된 제동 권선의 효과는? [14년 1회 기사]

① 정지 시간의 단축　　② 출력 전압의 증가
③ 기동 토크의 발생　　④ 과부하 내량의 증가

해설 **동기기에서 제동 권선의 효능**
- 난조 방지
- 불평형 전압 전류 파형 개선
- 이상 전압 발생 억제
- 기동 토크 발생

45 동기 발전기의 안정도를 증진시키기 위한 대책이 아닌 것은? [17년 3회 기사]

① 속응 여자 방식을 사용한다.
② 정상 임피던스를 작게 한다.
③ 역상·영상 임피던스를 작게 한다.
④ 회전자의 플라이휠 효과를 크게 한다.

해설 **동기기의 안정도를 증진시키는 방법**
- 정상 리액턴스를 작게 하고, 단락비를 크게 할 것
- 영상 및 역상 리액턴스를 크게 할 것
- 회전자의 플라이휠 효과를 크게 할 것
- 자동 전압 조정기(AVR)의 속응도를 크게 할 것. 즉, 속응 여자 방식을 채용할 것
- 발전기의 조속기 동작을 신속히 할 것
- 동기 탈조 계전기를 사용할 것

46 전압 변동률이 작은 동기 발전기는? [12년 기사/12년 산업]

① 동기 리액턴스가 크다.　　② 전기자 반작용이 크다.
③ 단락비가 크다.　　④ 값이 싸진다.

해설 전압 변동률은 작을수록 좋으며, 전압 변동률이 작은 발전기는 동기 리액턴스가 작다. 즉, 전기자 반작용이 작고 단락비가 큰 기계가 되어 값이 비싸다.

기출 핵심 NOTE

43 제동 권선의 역할
- 난조 방지
- 전압 전류 파형 개선
- 이상 전압 발생 억제
- 기동 토크 발생

45 동기기의 안정도 향상책
- 단락비가 클 것
- 정상 리액턴스가 작고, 역상·영상 리액턴스가 클 것
- 조속기 동작이 신속할 것
- 플라이휠(관성 모멘트) 효과가 클 것
- 속응 여자 방식을 채택할 것

정답 43. ④ 44. ③ 45. ③ 46. ③

기출 핵심 NOTE

47 동기 전동기에 관한 설명 중 틀린 것은? [15년 2회 기사]

① 기동 토크가 작다.
② 유도 전동기에 비해 효율이 양호하다.
③ 여자기가 필요하다.
④ 역률을 조정할 수 없다.

해설 **동기 전동기의 장단점**

㉠ 장점
- 속도가 일정하다.
- 항상 역률 1로 운전할 수 있다.
- 저속도의 것으로 일반적으로 유도 전동기에 비하여 효율이 좋다.

㉡ 단점
- 보통 구조의 것은 기동 토크가 작다.
- 난조를 일으킬 염려가 있다.
- 직류 전원을 필요로 한다.
- 구조가 복잡하다.
- 속도 제어가 곤란하다.

47 동기 전동기는 계자 전류를 변화하여 항상 역률 1로 운전할 수 있다.

48 동기 전동기가 무부하 운전 중에 부하가 걸리면 동기 전동기의 속도는? [18년 2회 기사]

① 정지한다.
② 동기 속도와 같다.
③ 동기 속도보다 빨라진다.
④ 동기 속도 이하로 떨어진다.

해설 동기 전동기는 정속도 전동기로 부하의 크기와 관계없이 항상 동기 속도로 회전한다.

49 60[Hz], 600[rpm]인 동기 전동기를 기동하기 위한 직결 유도 전동기의 극수로서 적당한 것은? [94년 기사 / 10년 산업]

① 8　　② 10
③ 12　　④ 14

해설 $N_s = \frac{120f}{P}$ [rpm]

$\therefore P = \frac{120f}{N_s} = \frac{120 \times 60}{600} = 12$극

기동용 유도 전동기의 극수는 이것보다 2극이 적으므로 10극이 된다.

49 **유도 전동기의 회전 속도**

$$N = N_s(1-s) = \frac{120f}{P}(1-s)$$

동기 속도보다 슬립 s만큼 늦으므로 2극 적은 유도 전동기로 기동한다.

정답 47. ③ 48. ② 49. ②

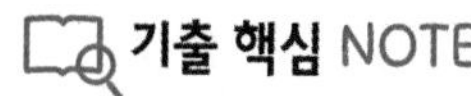

50 **전압이 일정한 모선에 접속되어 역률 100[%]로 운전하고 있는 동기 전동기의 여자 전류를 증가시키면 역률과 전기자 전류는 어떻게 되는가?** [15년 2회 기사]

① 뒤진 역률이 되고, 전기자 전류는 증가한다.
② 뒤진 역률이 되고, 전기자 전류는 감소한다.
③ 앞선 역률이 되고, 전기자 전류는 증가한다.
④ 앞선 역률이 되고, 전기자 전류는 감소한다.

해설 동기 전동기 운전 중 여자 전류를 증가시키면 앞선 전류가 흘러 역률이 앞서고, 전기자 전류는 증가한다.

51 **동기 전동기에서 출력이 100[%]일 때 역률이 1이 되도록 계자 전류를 조정한 다음에 공급 전압 V 및 계자 전류 I_f를 일정하게 하고, 전부하 이하에서 운전하면 동기 전동기의 역률은?** [18년 2회 기사]

① 뒤진 역률이 되고, 부하가 감소할수록 역률은 낮아진다.
② 뒤진 역률이 되고, 부하가 감소할수록 역률은 좋아진다.
③ 앞선 역률이 되고, 부하가 감소할수록 역률은 낮아진다.
④ 앞선 역률이 되고, 부하가 감소할수록 역률은 좋아진다.

해설 동기 전동기의 공급 전압과 여자 전류가 일정하고 역률이 1인 상태에서 전부하 이하로 운전하면 과여자로 앞선 역률이 되며 부하가 낮을수록 역률이 낮아지고, 전부하 이상으로 운전하면 부족 여자로 늦은 역률이 되며 부하가 커짐에 따라 역률은 낮아진다.

52 **동기 전동기의 전기자 전류가 최소일 때 역률은?** [09년 기사]

① 0 ② 0.707
③ 0.866 ④ 1

해설 $P=\sqrt{3}\,VI\cos\theta$
출력과 전압이 일정한 상태에서 전류는 역률이 1일 때 최소가 된다.

53 **동기 전동기의 전기자 반작용에서 전기자 전류가 앞서는 경우 어떤 작용이 일어나는가?** [19년 3회 산업]

① 증자 작용 ② 감자 작용
③ 횡축 반작용 ④ 교차 자화 작용

해설 **동기 전동기의 전기자 반작용**
㉠ 횡축 반작용(교차 자화 작용) : 전기자 전류와 전압이 동상일 때
㉡ 직축 반작용
- 감자 작용 : 전기자 전류가 전압보다 앞설 때
- 증자 작용 : 전기자 전류가 전압보다 뒤질 때

52 • 출력 $P=\sqrt{3}\,VI\cos\theta$
• 역률 $\cos\theta=1$일 때
• 전류 I : 최소

정답 50. ③ 51. ③ 52. ④ 53. ②

기출 핵심 NOTE

54 다음 중 일반적인 동기 전동기의 난조 방지에 가장 유효한 방법은? [17년 1회 산업]

① 자극수를 적게 한다.
② 회전자의 관성을 크게 한다.
③ 자극면에 제동 권선을 설치한다.
④ 동기 리액턴스 x_s를 작게 하고 동기화력을 크게 한다.

해설 회전자의 관성을 크게 하면 난조의 발생 방지에는 유효하지만 난조가 일어난 후에는 오히려 그 정지를 저해할 우려가 있다. 동기화력도 이와 같다. 자극수의 감소도 효과가 있으나 이것은 원동기 조건으로 정해지는 것으로 이 목적에는 맞지 않는다.

54 난조 방지책
제동 권선을 설치한다.

55 동기 조상기의 계자를 과여자로 해서 운전할 경우 틀린 것은? [14년 1회 기사]

① 콘덴서로 작용한다.
② 위상이 뒤진 전류가 흐른다.
③ 송전선의 역률을 좋게 한다.
④ 송전선의 전압 강하를 감소시킨다.

해설 동기 조상기를 송전 선로에 연결하고 계자 전류를 증가하여 과여자로 운전하면 진상 전류가 흘러 콘덴서 작용을 하며, 선로의 역률 개선 및 전압 강하를 경감시킨다.

55 동기 조상기
- 부족 여자 : 뒤진 전류
- 과여자 : 앞선 전류

56 동기 조상기의 구조상 특이점이 아닌 것은? [16년 2회 기사]

① 고정자는 수차 발전기와 같다.
② 계자 코일이나 자극이 대단히 크다.
③ 안정 운전용 제동 권선이 설치된다.
④ 전동기축은 동력을 전달하는 관계로 비교적 굵다.

해설 동기 조상기는 동기 전동기를 무부하 상태에서 계자 전류를 조정함에 따라 진상 또는 지상 전류를 공급하여 송전 계통의 역률 개선과 전압 조정을 하는 기기이므로 회전자축을 특별히 굵게 할 필요가 없다.

57 역률 0.85의 부하 350[kW]에 50[kW]를 소비하는 동기 전동기를 병렬로 접속하여 합성 부하의 역률을 0.95로 개선하려면 전동기의 진상 무효 전력은 약 몇 [kVar]인가? [17년 2회 기사]

① 68　② 72
③ 80　④ 85

57 진상 무효 전력

$$Q = P_l\frac{\sqrt{1-\cos^2\theta_1}}{\cos\theta_1} - (P_l+P_m)\frac{\sqrt{1-\cos^2\theta_2}}{\cos\theta_2}\,[\mathrm{kVar}]$$

정답 54. ③ 55. ② 56. ④ 57. ④

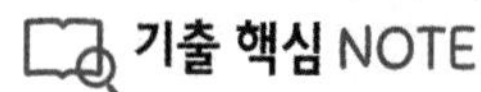

해설 진상 무효 전력 Q[kVar]

$$Q=\frac{P_l}{\cos\theta_1}\cdot\sqrt{1-\cos^2\theta_1}-\frac{(P_l+P_m)}{\cos\theta_2}\cdot\sqrt{1-\cos^2\theta_2}$$

$$=\frac{350}{0.85}\times\sqrt{1-0.85^2}-\frac{(350+50)}{0.95}\times\sqrt{1-0.95^2}$$

$$=85.4\,[\text{kVar}]$$

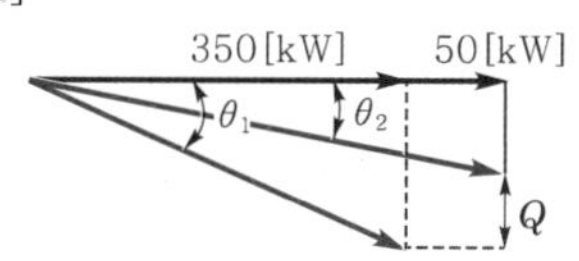

58 3상 3,300[V], 100[kVA]의 동기 발전기의 정격 전류는 약 몇 [A]인가?

[16년 1회 기사]

① 17.5 ② 25
③ 30.3 ④ 33.3

해설 정격 전류 $I_m=\frac{P\times10^3}{\sqrt{3}\,V_m}=\frac{100\times10^3}{\sqrt{3}\times3{,}300}=17.5\,[\text{A}]$

59 발전기 권선의 층간 단락 보호에 가장 적합한 계전기는?

[12년 기사 / 98년 산업]

① 과부하 계전기 ② 온도 계전기
③ 접지 계전기 ④ 차동 계전기

해설 ① 과부하 계전기 : 선로의 과부하 및 단락 검출용에 사용된다.
② 온도 계전기 : 절연유 및 권선의 온도 상승 검출용에 사용된다.
③ 접지 계전기 : 선로의 접지 검출용에 사용된다.
④ 차동 계전기 : 발전기 및 변압기의 층간 단락 등 내부 고장 검출용에 사용된다.

60 450[kVA], 역률 0.85, 효율 0.9인 동기 발전기의 운전용 원동기의 입력은 500[kW]이다. 이 원동기의 효율은?

[17년 1회 산업]

① 0.75 ② 0.80
③ 0.85 ④ 0.90

해설 발전기 입력 $P_G=\frac{\text{발전기 출력}\times\cos\theta}{\eta_G}$

$$=\frac{450\times0.85}{0.9}=425\,[\text{kW}]$$

원동기의 출력과 발전기 입력이 같으므로

원동기 효율 $\eta=\frac{\text{원동기 출력}}{\text{원동기 입력}}\times100=\frac{425}{500}\times100=85\,[\%]$

60 • 원동기 출력=발전기 입력

• 발전기 입력 $P_G=\frac{\text{발전기 출력}}{\text{효율}}$

• 원동기 효율

$\eta=\frac{\text{원동기 출력}}{\text{원동기 입력}}\times100[\%]$

정답 58. ① 59. ④ 60. ③

"언제나 길은 있다. 나는 어디에도 존재한 적 없는 나의 길을 간다."

- O. 윈프리 -

CHAPTER

03

변압기

출제비율

기 사 25

산업기사 25

%

기출개념 01 변압기의 원리와 구조

[1] 변압기의 원리 : 전자 유도 작용(Faraday's law)

코일에서 쇄교 자속이 시간적으로 변화하면 자속의 변화를 방해하는 방향으로 기전력이 유도되는 현상

유기 기전력 $e = -N\dfrac{d\phi}{dt}$ [V]

환상 철심에 2개의 권선을 감고 한 쪽 권선에 교류 전원을 연결하면 같은 주파수의 크기가 다른 e_1과 e_2의 교류 기전력이 유도된다.

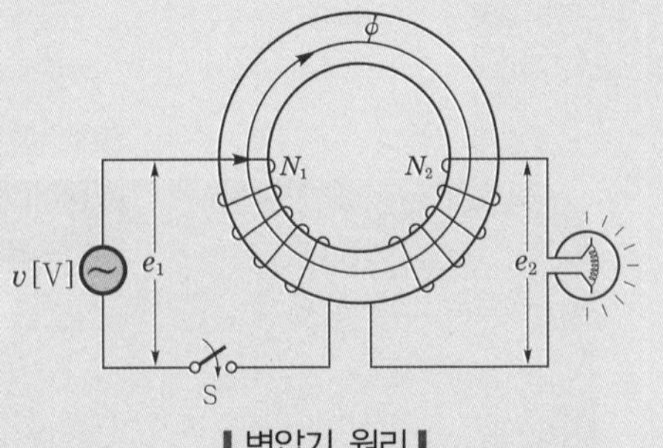

▌변압기 원리▐

[2] 변압기의 구조

(1) **환상 철심** : 자속(ϕ)의 통로로서 규소 강판을 성층 철심하여 사용한다.

(2) **1차, 2차 권선** : 전기 회로

① 1차 권선(P권선) : 전원을 공급받는 측의 권선

② 2차 권선(S권선) : 부하에 전원 공급하는 측의 권선

- 체승 변압기(승압용)

  $V_1 < V_2$

- 체강 변압기(강압용)

  $V_1 > V_2$

③ 1차 유기 기전력

$$e_1 = -N_1\frac{d\phi}{dt}\text{ [V]}$$

④ 2차 유기 기전력

$$e_2 = -N_2\frac{d\phi}{dt}\text{ [V]}$$

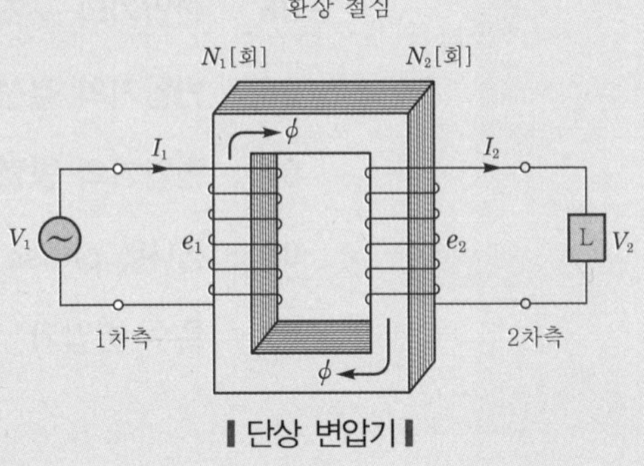

▌단상 변압기▐

* 이상 변압기(ideal transformer)

- 자속(ϕ)은 철심 내부에만 통하며 누설 자속이 없다.
- 권선의 저항이 0이며 동손이 없다.
- 철심 내부에서 발생하는 철손이 없는 변압기를 이상 변압기라 한다.
- 이상 변압기의 권수비

$$a = \frac{e_1}{e_2} = \frac{N_1}{N_2} = \frac{v_1}{v_2} = \frac{i_2}{i_1}$$

$$e_1 = v_1,\ e_2 = v_2,\ P_1 = v_1 i_1,\ P_2 = v_2 i_2,\ P_1 = P_2 (v_1 i_1 = v_2 i_2)$$

- 실제 변압기의 권수비 $a = \dfrac{E_1}{E_2} = \dfrac{N_1}{N_2} \fallingdotseq \dfrac{V_1}{V_2} \fallingdotseq \dfrac{I_2}{I_1}$

기·출·개·념 **문제**

1. 변압기 철심으로 갖추어야 할 성질로 맞지 않는 것은? 97 기사

① 투자율이 클 것
② 전기 저항이 작을 것
③ 히스테리시스 계수가 작을 것
④ 성층 철심으로 할 것

(해설) 철심은 전기 저항은 크고, 자기 저항은 작아야 한다.

답 ②

2. 변압기 철심의 규소 함유량은 약 몇 [%]인가? 12·98 기사

① 2
② 3
③ 4
④ 7

(해설)
- 변압기의 철심은 히스테리시스손과 와류손을 줄이기 위하여 얇은 규소 강판을 성층하여 철심을 조립한다.
- 규소의 함유량은 4~4.5[%] 정도이고, 두께가 0.35[mm]인 강판을 절연하여 사용한다.

답 ③

3. 이상적인 변압기의 무부하에서 위상 관계로 옳은 것은? 19 기사

① 자속과 여자 전류는 동위상이다.
② 자속은 인가 전압보다 90° 앞선다.
③ 인가 전압은 1차 유기 기전력보다 90° 앞선다.
④ 1차 유기 기전력과 2차 유기 기전력의 위상은 반대이다.

(해설) 이상 변압기는 철손이 없고, 철손 전류가 없으므로 여자 전류 I_0는 자속(ϕ)과 동위상이다.

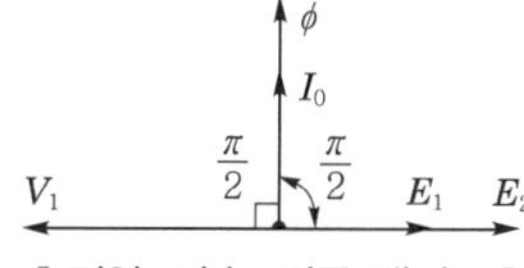

▌전압, 자속, 전류 벡터도▐

답 ①

기출개념 02 1·2차 유기 기전력과 여자 전류

[1] 유기 기전력 : E_1, E_2

1차 공급 전압 $v_1 = V_{1m}\sin\omega t$[V]

$$e_1 = -N_1\frac{d\phi}{dt} = -V_m\sin\omega t\,(e_1 = -v_1)$$

$$\phi = \int\frac{V_{1m}}{N_1}\sin\omega t\,dt = -\frac{V_{1m}}{\omega N_1}\cos\omega t = \varPhi_m\sin\left(\omega t - \frac{\pi}{2}\right)$$

$$\therefore\ V_{1m} = \omega N_1\phi_m$$

$$e_1 = -V_{1m}\sin\omega t = -\omega N_1 V_{1m}\varPhi_m\sin\omega t = E_{1m}\sin(\omega t - \pi)[\text{V}]$$

① 1차 유기 기전력 : $E_1 = \dfrac{E_{1m}}{\sqrt{2}} = 4.44fN_1\varPhi_m$[V]

② 2차 유기 기전력 : $E_2 = \dfrac{E_{2m}}{\sqrt{2}} = 4.44fN_2\varPhi_m$[V]

[2] 변압기의 여자 전류 : I_0[A]

변압기의 여자 전류는 부하 시나 무부하 시나 같고 항상 일정한 전류이므로 무부하 전류라고도 하며, 철손 전력을 발생하는 철손 전류와 자속(ϕ)을 만드는 데 소요되는 자화 전류의 합으로 제3고조파를 포함한 비정현파(첨두파) 전류이다.

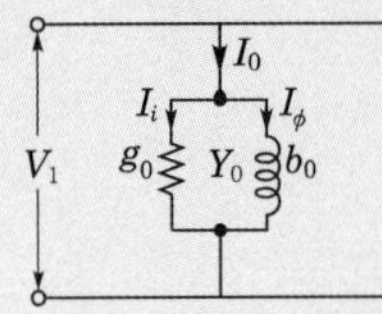

▌여자 전류 등가 회로▌

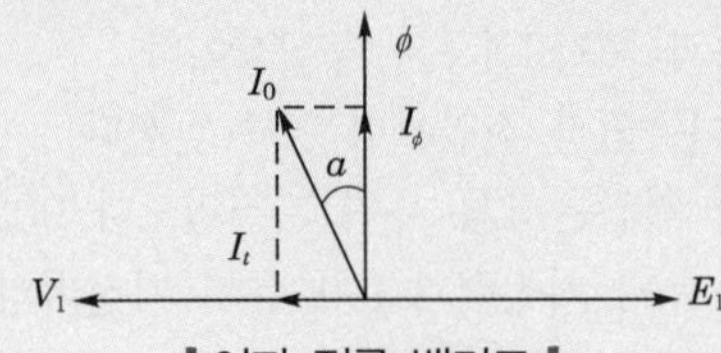

▌여자 전류 벡터도▌

(1) 여자 전류 : $\dot{I}_0 = \dot{Y}_0\dot{V}_1 = \dot{I}_i + \dot{I}_\phi = \sqrt{\dot{I}_i^{\,2} + \dot{I}_\phi^{\,2}}$[A]

(2) 여자 어드미턴스 : $Y_0 = \dfrac{I_0}{V_1} = g_0 - jb_0 = \sqrt{g_0^{\,2} + b_0^{\,2}}$[℧]

① 여자 컨덕턴스 : $g_0 = \dfrac{I_i}{V_1}$[℧]

② 여자 서셉턴스 : $b_0 = \dfrac{I_\phi}{V_1}$[℧]

(3) 철손 : $P_i = V_1 I_i = g_0 V_1^{\,2}$[W]

기·출·개·념 **문제**

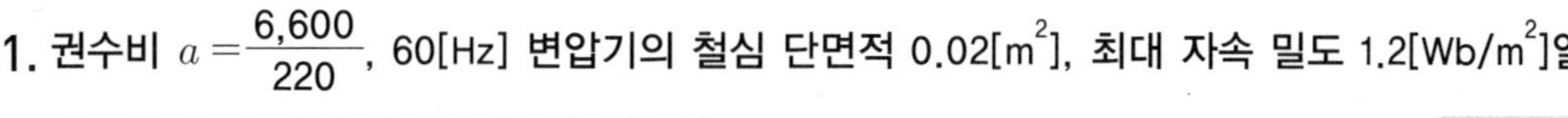

1. 권수비 $a=\dfrac{6,600}{220}$, 60[Hz] 변압기의 철심 단면적 0.02[m²], 최대 자속 밀도 1.2[Wb/m²]일 때 1차 유기 기전력[V]은 약 얼마인가? 13·93 기사

① 1,407　② 3,521
③ 42,198　④ 49,814

(해설) $E_1=4.44fN_1\Phi_m=4.44fN_1B_mA=4.44\times 60\times 6,600\times 1.2\times 0.02 \fallingdotseq 42,198[\text{V}]$ 답 ③

2. 1차 전압 6,600[V], 2차 전압 220[V], 주파수 60[Hz], 1차 권수 1,200회의 변압기가 있다. 최대 자속[Wb]은? 02·94 기사

① 0.36　② 0.63
③ 0.0112　④ 0.0206

(해설) $E_1=4.44fN_1\Phi_m[\text{V}]$

$\therefore \Phi_m=\dfrac{E_1}{4.44fN_1}=\dfrac{6,600}{4.44\times 60\times 1,200}\fallingdotseq 0.0206[\text{Wb}]$ 답 ④

3. 1차 전압이 2,200[V], 무부하 전류가 0.088[A], 철손이 110[W]인 단상 변압기의 자화 전류[A]는? 12·95·90 기사 / 05·98 산업

① 0.05　② 0.038
③ 0.072　④ 0.088

(해설) $I_\omega=\dfrac{p_i}{V_1}=\dfrac{110}{2,200}=\dfrac{1}{20}=0.05[\text{A}]$

$I_0=\sqrt{I_\mu^{\ 2}-I_\omega^{\ 2}}\ [\text{A}]$

$\therefore I_\mu=\sqrt{0.088^2-0.05^2}\fallingdotseq 0.0724[\text{A}]$ 답 ③

4. 1차 전압 6,600[V], 권수비 30인 단상 변압기로부터 전등 부하에 20[A]를 공급할 때의 입력[kW]은? (단, 변압기의 손실은 무시한다.) 12·11·02·00·98·91·90 기사

① 4.4　② 5.5
③ 6.6　④ 7.7

(해설) 변압기의 전류비는 $\dfrac{I_1}{I_2}=\dfrac{N_2}{N_1}=\dfrac{1}{a}$ 이므로

$\therefore I_1=\dfrac{1}{a}I_2=\dfrac{1}{30}\times 20=\dfrac{2}{3}[\text{A}]$

전등 부하에서는 역률 $\cos\theta=1$이므로 입력 P_1은

$\therefore P_1=V_1I_1\cos\theta=6,600\times\dfrac{2}{3}\times 1=4,400[\text{W}]=4.4[\text{kW}]$ 답 ①

기출개념 03 변압기의 등가 회로

변압기의 등가 회로는 실제 변압기와 동일한 특성을 갖고 있으나 세부 구성을 다르게 표현한 것을 등가 회로라 한다.

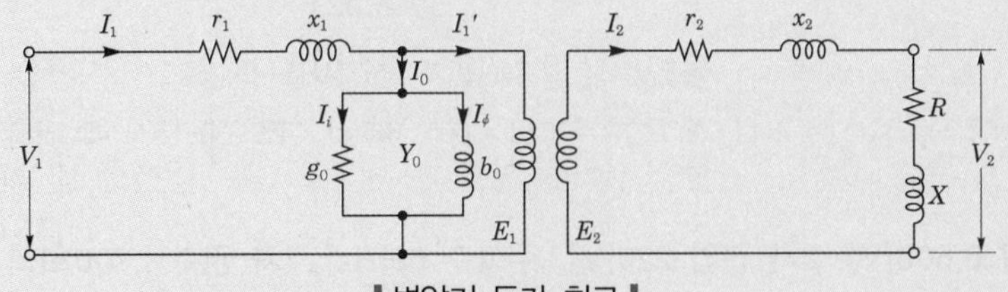

▌변압기 등가 회로▐

(1) 등가 회로 작성 시 필요한 시험

① 무부하 시험 : I_0, Y_0, P_i

② 단락 시험 : I_s, V_s, $P_c(W_s)$

③ 권선 저항 측정 : r_1, $r_2[\Omega]$

$$I_1' = -\frac{N_2}{N_1} \cdot I_2[\text{A}]$$

$$I_1 = I_1' + I_0 \fallingdotseq I_1'[\text{A}]$$

여기서, I_1' : 정자속 보존의 원리에 의한 1차 보상 전류

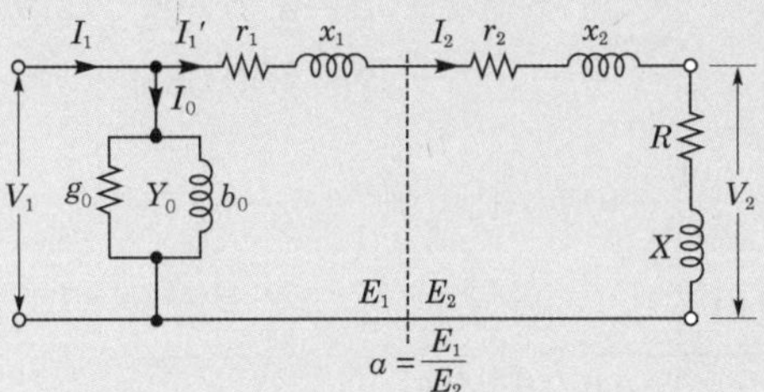

▌변압기의 간이 등가 회로▐

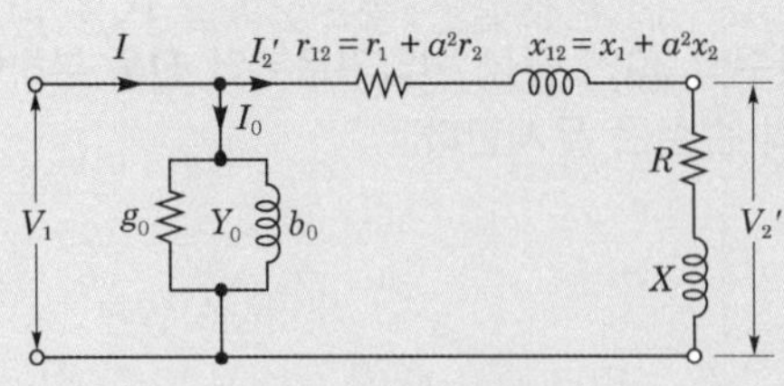

▌2차 → 1차로 환산 간이 등가 회로▐

(2) 2차를 1차로 환산한 전압, 전류 및 임피던스

$V_2' = aV_2$(2차 전압 1차로 환산)

$I_2' = \frac{I_2}{a}$(2차 전류 1차로 환산)

$r_2' = a^2 r_2$, $x_2' = a^2 x_2$, $R' = a^2 R$, $X' = a^2 X[\Omega]$(2차 임피던스 1차로 환산)

기·출·개·념 **문제**

1. 변압기의 등가 회로 작성에 필요 없는 시험은? 02·94·91·90 기사/13·95·94·90 산업

① 단락 시험 ② 반환 부하법
③ 무부하 시험 ④ 저항 측정 시험

(해설) 등가 회로 작성에는 권선의 저항을 알아야 하고, 철손을 측정하는 무부하 시험, 동손을 측정하는 단락 시험이 필요하다.
반환 부하법은 변압기의 온도 상승 시험을 하는 데 필요한 시험법이다. 답 ②

2. 변압기의 여자 어드미턴스를 구하는 시험법은? 09 기사

① 단락 시험 ② 무부하 시험
③ 부하 시험 ④ 충격 전압 시험

(해설) **무부하 시험에서 구하는 것**
- 무부하 전류(여자 전류)
- 무부하손(철손)
- 여자 어드미턴스

답 ②

3. 권선비 20의 10[kVA] 변압기가 있다. 1차 저항이 3[Ω]이라면 2차로 환산한 저항[Ω]은? 85 산업

① 0.0058 ② 0.0075
③ 0.749 ④ 0.38

(해설) $a=20$, $R_1=3[\Omega]$이므로

$$\therefore\ R_{12}=\frac{1}{a^2}R_1=\frac{1}{20^2}\times 3=0.0075[\Omega]$$

답 ②

4. 그림과 같은 정합 변압기(matching transformer)가 있다. R_2에 주어지는 전력이 최대가 되는 권선비 a는? 98 기사

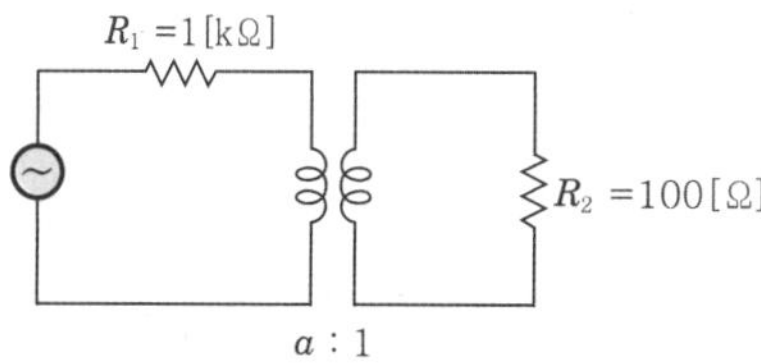

① 약 2 ② 약 1.16
③ 약 2.16 ④ 약 3.16

(해설) $R_1=a^2R_2[\Omega]$

$$\therefore\ a=\sqrt{\frac{R_1}{R_2}}=\sqrt{\frac{1,000}{100}}=\sqrt{10}\fallingdotseq 3.16$$

답 ④

기출 개념 04 변압기의 특성

[1] 전압 변동률 : ε[%]

$$\varepsilon = \frac{V_{20} - V_{2n}}{V_{2n}} \times 100 = \frac{V_1 - V_2'}{V_2'} \times 100[\%]$$

여기서, V_{20} : 2차 무부하 전압, V_1 : 1차 정격 전압

V_{2n} : 2차 정격 전압, V_2' : 2차의 1차 환산 전압

(1) 퍼센트 전압 강하 : 정격 전류에 의한 전압 강하를 백분율로 나타낸 것

① 퍼센트 저항 강하 : $p = \frac{I \cdot r}{V} \times 100 = \frac{I^2 \cdot r}{VI} \times 100 = \frac{P_c(Ws)}{P_n} \times 100[\%]$

② 퍼센트 리액턴스 강하 : $q = \frac{I \cdot x}{V} \times 100 = \sqrt{\%Z^2 - p^2}$ [%]

③ 퍼센트 임피던스 강하 : $\%Z = \frac{I \cdot Z}{V} \times 100$

$$= \frac{I_n}{I_s} \times 100 = \frac{V_s}{V_n} \times 100 = \sqrt{p^2 + q^2} \ [\%]$$

(2) 임피던스 전압과 임피던스 와트

① 임피던스 전압 : V_s[V]

변압기 2차측을 단락하고 1차 전압을 낮은 전압에서 증가하여 단락 전류가 정격 전류와 같게 되었을 때 1차 전압, 즉 정격 전류에 의한 변압기 내의 전압 강하를 임피던스 전압이라 한다.

$$\boxed{V_s = I_n \cdot Z[\text{V}]}$$

② 임피던스 와트 : $W_s(P_c)$[W]

변압기에 임피던스 전압을 공급할 때의 입력을 임피던스 와트라고 하며 동손과 같다.

$$\boxed{W_s = I^2 \cdot r(P_c)[\text{W}]}$$

(3) 퍼센트 강하의 전압 변동률(ε)

$\varepsilon = p\cos\theta \pm q\sin\theta$ (+ : 뒤진 역률, − : 앞선 역률)

$$= \sqrt{p^2+q^2} \cdot \left(\underset{[\cos\alpha]}{\frac{p}{\sqrt{p^2+q^2}}} \cdot \cos\theta + \underset{[\sin\alpha]}{\frac{q}{\sqrt{p^2+q^2}}} \cdot \sin\theta \right)$$

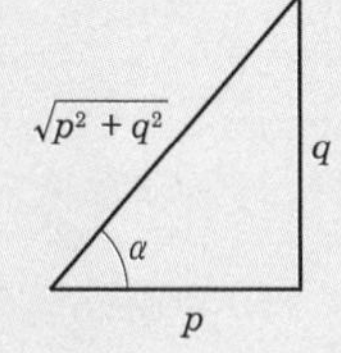

$$= \sqrt{p^2+q^2} \cos(\alpha - \theta)$$

∴ $\theta = \alpha$일 때 전압 변동률은 최대로 된다.

(여기서, θ : 부하 역률각)

$$\boxed{\varepsilon_{\max} = \sqrt{p^2+q^2} \ [\%]}$$

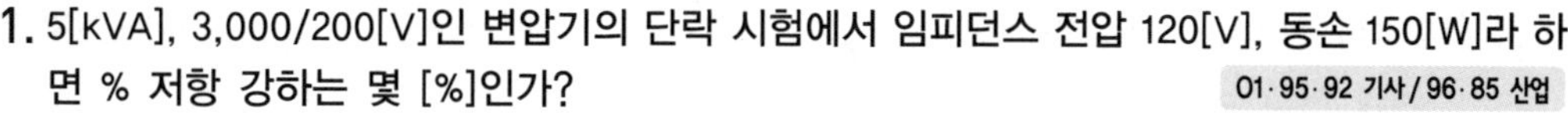

기·출·개·념 **문제**

1. 5[kVA], 3,000/200[V]인 변압기의 단락 시험에서 임피던스 전압 120[V], 동손 150[W]라 하면 % 저항 강하는 몇 [%]인가? 01·95·92 기사/96·85 산업

① 2 ② 3 ③ 4 ④ 5

(해설) 정격 용량 $P = VI \times 10^{-3}$[kVA]

동손 $P_c = I^2 r$[W]

퍼센트 저항 강하 $P = \dfrac{I \cdot r}{V} \times 100 = \dfrac{I^2 \cdot r}{VI} \times 100 = \dfrac{P_c}{P} \times 100$

$P = \dfrac{I_{1n} r}{V_{1n}} \times 100 = \dfrac{{I_{1n}}^2 r}{V_{1n} I_{1n}} \times 100 = \dfrac{150}{5{,}000} \times 100 = 3[\%]$

답 ②

2. 10[kVA], 2,000/100[V] 변압기에서 1차에 환산한 등가 임피던스는 $6.2 + j7[\Omega]$이다. 이 변압기의 % 리액턴스 강하[%]는? 13·04·94 기사/14·09·04·00 산업

① 3.5 ② 1.75
③ 0.35 ④ 0.175

(해설) 1차 전류 $I_1 = \dfrac{P}{V_1}$[A]

퍼센트 리액턴스 강하 $q = \dfrac{I_1 x}{V_1} \times 100$

$I_1 = \dfrac{P}{V_1} = \dfrac{10 \times 10^3}{2{,}000} = 5[\text{A}]$

$\therefore\ q = \dfrac{I_1 \cdot x}{V_1} \times 100 = \dfrac{5 \times 7}{2{,}000} \times 100 = 1.75[\%]$

답 ②

3. 변압기 내부의 저항과 누설 리액턴스의 % 강하는 3[%], 4[%]이다. 부하의 역률이 지상 60[%]일 때 이 변압기의 전압 변동률[%]은? 11·10·96·94·90 기사

① 4.8 ② 4
③ 5 ④ 1.4

(해설) $\varepsilon = p\cos\phi + q\sin\phi = 3 \times 0.6 + 4 \times 0.8 = 5[\%]$

답 ③

4. 임피던스 전압 강하 5[%]인 변압기가 운전 중 단락되었을 때, 단락 전류는 정격 전류의 몇 배인가? 92·90 기사/05·04·00·98·91·90 산업

① 15배 ② 20배
③ 25배 ④ 30배

(해설) $\dfrac{I_{1s}}{I_{1n}} = \dfrac{100}{z}$

$\therefore\ I_{1s} = \dfrac{100}{5} I_{1n} = \dfrac{100}{5} \times I_{1n} = 20 I_{1n}$

답 ②

기·출·개·념 **문제**

5. 변압기의 임피던스 전압이란? 11·09·04·95 기사

① 정격 전류 시 2차측 단자 전압
② 변압기의 1차를 단락, 1차에 1차 정격 전류와 같은 전류를 흐르게 하는 데 필요한 1차 전압
③ 변압기 누설 임피던스와 정격 전류와의 곱인 내부 전압 강하
④ 변압기의 2차를 단락, 2차에 2차 정격 전류와 같은 전류를 흐르게 하는 데 필요한 2차 전압

(해설)

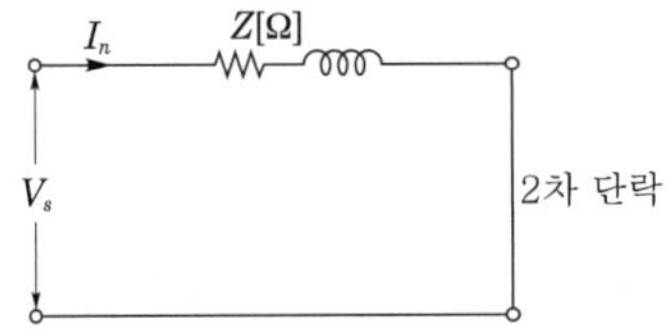

변압기 2차측을 단락하고, 정격 전류가 흐를 때 1차측에 인가한 전압을 임피던스 전압(V_s)이라 한다.

$V_s = I_n \cdot Z\,[\mathrm{V}]$

따라서, 임피던스 전압이란 정격 전류에 의한 변압기 내의 전압 강하이다. 답 ③

6. 권수비가 60인 단상 변압기의 전부하 2차 전압 200[V], 전압 변동률 3[%]일 때, 1차 단자 전압[V]은? 98·94·93·92 기사/97·92·90 산업

① 12,360　② 12,720
③ 13,625　④ 18,765

(해설) $V_{10} = V_{1n}\left(1+\dfrac{\varepsilon}{100}\right) = aV_{2n}\left(1+\dfrac{\varepsilon}{100}\right) = 60 \times 200 \times \left(1+\dfrac{3}{100}\right) = 12{,}360\,[\mathrm{V}]$ 답 ①

[2] 손실과 효율

(1) 손실(loss) : $P_l\,[\mathrm{W}]$

① 무부하손(고정손) : 철손

$P_i = P_h + P_e$

- 히스테리시스손 : $P_h = \sigma_h \cdot f \cdot B_m^{1.6}\,[\mathrm{W/m^3}]$
- 와류손 : $P_e = \sigma_e K(tfB_m)^2\,[\mathrm{W/m^3}]$

② 부하손(가변손) : 동손

$P_c = I^2 \cdot r\,[\mathrm{W}]$

- 표유 부하손(stray load loss)

(2) 효율(efficiency) : $\eta\,[\%]$

$$\eta = \frac{출력}{입력} \times 100 = \frac{출력}{출력+손실} \times 100\,[\%]$$

① 전부하 효율 : η

$$\eta = \frac{VI \cdot \cos\theta}{VI\cos\theta + P_i + P_c(I^2 r)} \times 100[\%]$$

* 최대 효율 조건 : $P_i = P_c(I^2 r)$

② $\frac{1}{m}$인 부하 시 효율 : $\eta_{\frac{1}{m}}$

$$\eta_{\frac{1}{m}} = \frac{\frac{1}{m} \cdot VI \cdot \cos\theta}{\frac{1}{m} \cdot VI \cdot \cos\theta + P_i + \left(\frac{1}{m}\right)^2 \cdot P_c} \times 100[\%]$$

* 최대 효율 조건 : $P_i = \left(\frac{1}{m}\right)^2 \cdot P_c$

③ 전일 효율 : η_d(1일 동안 효율)

$$\eta_d = \frac{\sum h \cdot VI \cdot \cos\theta}{\sum h \cdot VI \cdot \cos\theta + 24 \cdot P_i + \sum h \cdot I^2 \cdot r} \times 100[\%]$$

* 최대 효율 조건 : $24P_i = \sum h I^2 \cdot r$

여기서, $\sum h$: 1일 동안 총 부하 시간

기·출·개·념 **문제**

1. 변압기의 철손이 P_i[kW], 전부하 동손이 P_c[kW]인 때 정격 출력의 $\frac{1}{m}$인 부하를 걸었을 때, 전손실[kW]은 얼마인가? 14·99·91 기사 / 04·98·92 산업

① $(P_i + P_c)\left(\frac{1}{m}\right)^2$ ② $P_i\left(\frac{1}{m}\right)^2 + P_c$ ③ $P_i + P_c\left(\frac{1}{m}\right)^2$ ④ $P_i + P_c\left(\frac{1}{m}\right)$

해설 철손(P_i)은 고정손이므로 일정하고, 동손(P_c)은 전류의 제곱에 비례하므로

손실 $P_l = P_i + \left(\frac{1}{m}\right)^2 P_c$[kW]

답 ③

2. 150[kVA]인 단상 변압기의 철손이 1[kW], 전부하 동손이 4[kW]이다. 이 변압기의 최대 효율은 몇 [kVA]의 부하에서 나타나는가? 92 기사 / 14·85 산업

① 25 ② 75 ③ 100 ④ 132

해설 변압기의 효율은 $m^2 P_c = P_i$일 때 최대 효율이므로 $m = \sqrt{\frac{P_i}{P_c}} = \sqrt{\frac{1}{4}} = \frac{1}{2}$

따라서, 최대 효율의 부하는 $\frac{1}{2}$ 부하 시에 나타난다.

$P = 150 \times \frac{1}{2} = 75$[kVA]

답 ②

기출개념 05 변압기의 구조

(1) 철심(core)

변압기의 철심은 투자율과 저항률이 크고, 히스테리시스손이 작은 규소 강판을 성층하여 사용한다.

① 규소 함유량 : 4~4.5[%]

② 강판의 두께 : 0.35[mm]

* 철심과 권선의 조합 방식에 따라 다음과 같이 분류하고, 철심의 점적률은 91~92[%] 정도이다.
  - 내철형 변압기
  - 외철형 변압기
  - 권철심형 변압기

(2) 권선

연동선을 절연(면사, 종이테이프, 유리섬유 등)하여 사용한다.

① 직권 : 철심을 절연하고, 그 위에 권선을 직접 감는다.

② 형권 : 철심 모양의 형틀에 권선을 감고, 절연하여 조립한다.

* 누설 자속을 최소화하기 위해 권선을 분할·조립한다.

(3) 외함과 부싱(bushing : 투관)

① 외함 : 주철제 또는 강판을 용접하여 사용한다.

② 부싱(bushing) : 변압기 권선의 단자를 외함 밖으로 인출하기 위한 절연 재료
  - 단일 부싱
  - 혼합물 부싱
  - 유입 부싱
  - 콘덴서 부싱

(4) 변압기유(oil)

냉각 효과와 절연 내력 증대

① 구비 조건
  - 절연 내력이 클 것
  - 점도가 낮을 것
  - 인화점은 높고, 응고점은 낮을 것
  - 화학 작용과 침전물이 없을 것

② 열화 방지책 : 콘서베이터(conservator)를 설치한다.

(5) 냉각 방식

① 건식 자냉식(공냉식)

② 건식 풍냉식

③ 유입 자냉식

④ 유입 풍냉식

⑤ 유입 수냉식

⑥ 유입 송유식

기·출·개·념 **문제**

1. 변압기에서 사용되는 변압기유의 구비 조건으로 틀린 것은?

13·05·04·99·96 기사/13·11·00·96·92·91·90 산업

① 점도가 높을 것
② 응고점이 낮을 것
③ 인화점이 높을 것
④ 절연 내력이 클 것

해설 **변압기유(oil)** : 냉각 효과와 절연 내력이 증대된다.

㉠ **구비 조건**
- 절연 내력이 클 것
- 점도가 낮을 것
- 인화점이 높고, 응고점이 낮을 것
- 화학 작용과 침전물이 없을 것

㉡ **열화 방지책** : 콘서베이터(conservator)를 설치한다.

답 ①

2. 유입식 변압기에 콘서베이터(conservator)를 설치하는 목적으로 옳은 것은?

03·00·98·90·88 기사/77 산업

① 충격 방지
② 열화 방지
③ 통용 장치
④ 코로나 방지

해설 콘서베이터는 변압기 본체 상부에 설치하고 호흡 작용에 의한 절연유(oil)의 열화를 방지하기 위한 설비이다.

답 ②

3. 몰드 변압기의 특징으로 틀린 것은? 19 기사

① 자기 소화성이 우수하다.
② 소형 경량화가 가능하다.
③ 건식 변압기에 비해 소음이 적다.
④ 유입 변압기에 비해 절연 레벨이 낮다.

해설 몰드 변압기는 철심에 감겨진 권선에 절연 특성이 좋은 에폭시 수지를 고진공에서 몰딩하여 만든 변압기로서 건식 변압기의 단점을 보완하고, 유입 변압기의 장점을 갖고 있으며 유입 변압기에 비해 절연 레벨이 높다.

답 ④

기출개념 06 변압기의 결선법

변압기의 결선은 3상 변압을 위해 극성이 같은 단상 변압기를 연결하는 방법이다.
* 변압기의 극성(polarity)은 임의의 순간 1차, 2차에 나타나는 유도 기전력의 상대적 방향으로 감극성과 가극성이 있다(표준 극성은 감극성이다).

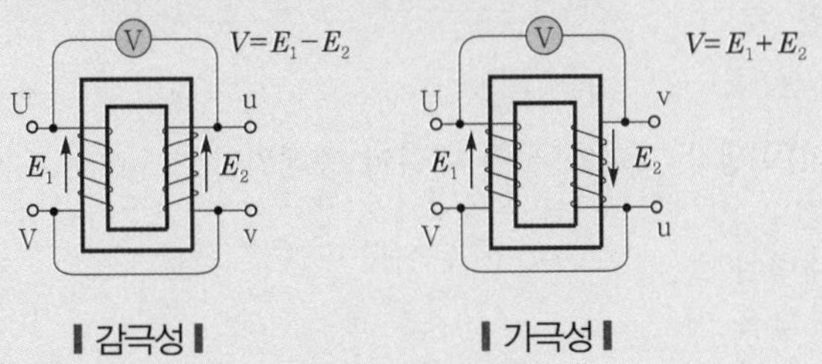

▌감극성▌　▌가극성▌

[1] △-△ 결선(delta-delta connection)

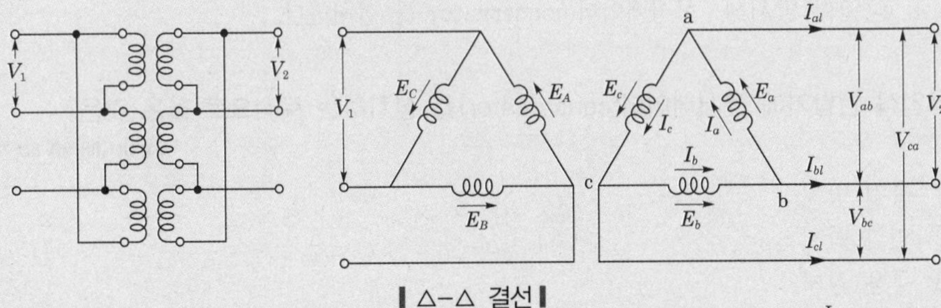

▌△-△ 결선▌

(1) 선간 전압 = 상전압

$V_l = E_p$

(2) 선전류 = $\sqrt{3}$ 상전류

$$I_l = \sqrt{3}\, I_p \angle -30°$$

(3) 3상 출력 : P_3[W]

$P_1 = E_p I_p \cos\theta$

$P_3 = 3P_1 = 3E_p I_p \cos\theta$

$= 3 \cdot V_l \cdot \dfrac{I_l}{\sqrt{3}} \cdot \cos\theta$

$= \sqrt{3}\, V_l\, I_l \cdot \cos\theta$[W]

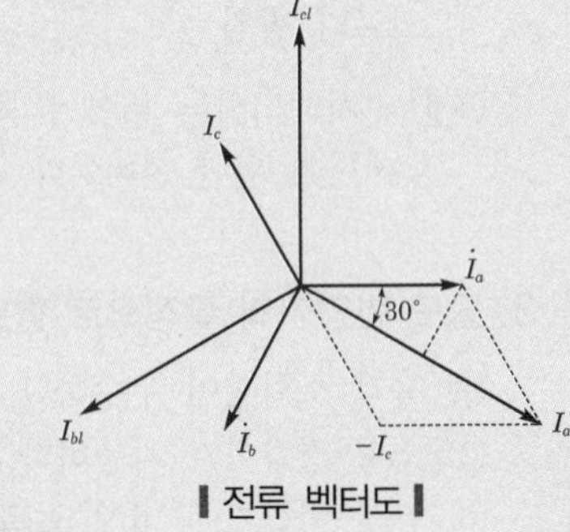

▌전류 벡터도▌

$I_{al} = \dot{I}_a - \dot{I}_c = I_a + (-I_c)$

$= 2 \cdot I_a \cdot \cos 30°$

$= 2 \cdot I_a \cdot \dfrac{\sqrt{3}}{2}$

$= \sqrt{3}\, I_a \angle -30$

(4) △-△ 결선의 특성

① 장점

- 운전 중 1대 고장 시 V-V 결선으로 운전을 계속할 수 있다.
- △결선 내 제3고조파 전류가 순환하므로 정현파 기전력을 유도하여 통신 유도 장해가 없다.
- 상전류가 선전류의 $\dfrac{1}{\sqrt{3}}$ 배이므로 대전류 계층의 변압기 결선에 유효하다.

② 단점

- 중성점을 접지할 수 없으므로 지락 사고 시 이상 전압이 발생할 수 있고, 보호 계전기 동작이 불확실하다.
- 각 상의 임피던스가 다를 경우 3상 부하가 평형이 되어도 부하 전류는 불평형이 된다.
- 상전압과 선간 전압이 같으므로 권선의 절연 레벨이 높아진다.

[2] Y-Y 결선(Star-Star connection)

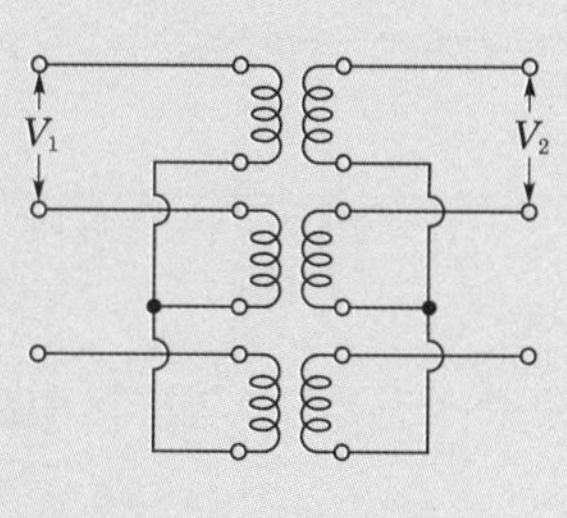

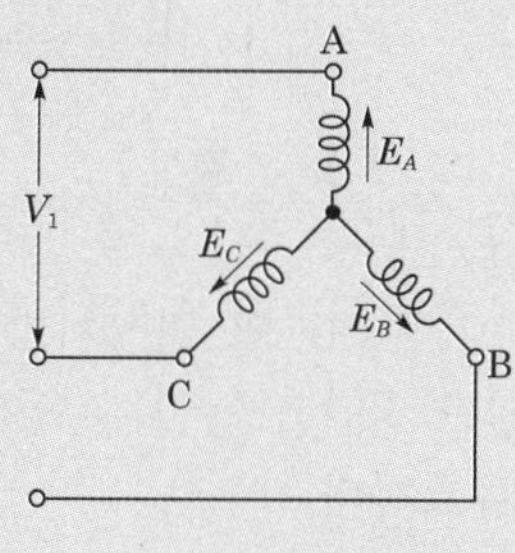

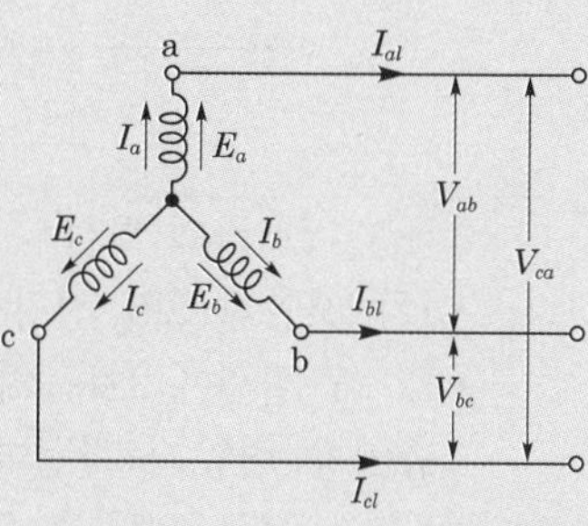

▌Y-Y 결선▌

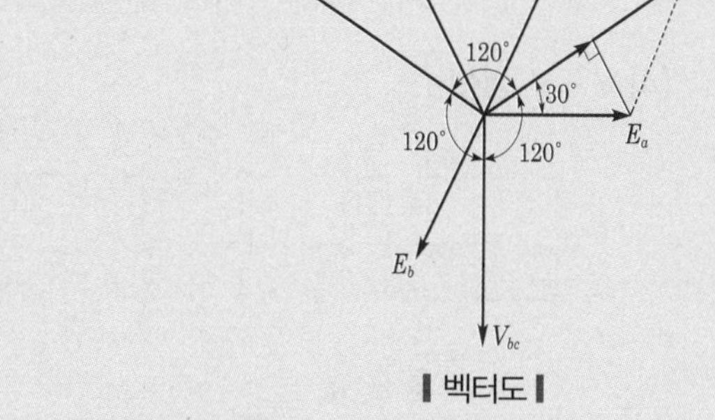

▌벡터도▌

(1) 선간 전압 = $\sqrt{3}$ 전압

$$V_l = \sqrt{3}\,E_p \angle 30°$$

(2) 선전류 = 상전류

$$I_l = I_p$$

(3) 출력

$$P_1 = E_p I_p \cos\theta$$

$$P_Y = 3P_1 = 3E_p I_p \cos\theta = 3 \cdot \frac{V_l}{\sqrt{3}} \cdot I_l \cdot \cos\theta = \sqrt{3} \cdot V_l I_l \cdot \cos\theta \,[\mathrm{W}]$$

$$V_{ab} = \dot{E}_a - \dot{E}_b = \dot{E}_a + (-\dot{E}_b) = 2E_a \cdot \cos 30 = 2E_a \frac{\sqrt{3}}{2} = \sqrt{3}\,E_a \angle 30° = 2E_a \cdot \cos 30 = 2E_a \frac{\sqrt{3}}{2}$$

(4) Y-Y 결선의 특성

① 장점

- 중성점을 접지할 수 있으며 보호 계전기 동작이 확실하고, 이상 전압 발생이 없다.
- 선간 전압이 상전압의 $\sqrt{3}$ 배이므로 고전압 계통의 송전용 변압기 결선에 유효하다.

② 단점

- 제3고조파 전류의 통로가 없으므로 기전력이 왜형파가 된다.
- 중성점을 접지하면 대지를 귀로로 하여 고조파 순환 전류가 흘러 통신 유도 장해를 발생시킨다. 그러므로 송전 계통에서 Y-Y 결선 대신 3권선 변압기로 Y-Y-△ 결선을 사용한다.

[3] Δ－Y, Y－Δ 결선

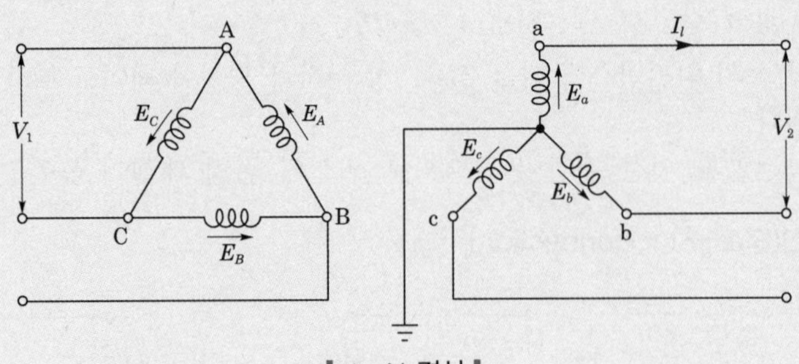

▍Δ－Y 결선▍

* Δ－Y, Y－Δ의 특성

- 1차 전압과 2차 전압 사이에 30°의 위상차가 생긴다.
- Δ－Y 결선은 2차측의 선간 전압을 높일 수 있고, 중성점을 접지할 수 있으므로, 승압용 변압기 결선에 유효하다.
- Y－Δ 결선은 2차측 상전류에 제3고조파 전류가 순환할 수 있어 기전력이 정현파에 가까워지며, 강압용 변압기 결선에 유효하다.

[4] V－V 결선

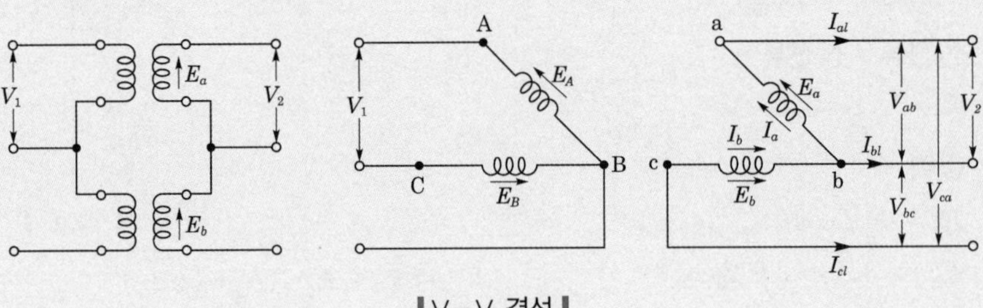

▍V－V 결선▍

(1) V결선은 가까운 장래에 부하 증설 예정 시 또는 Δ－Δ 결선 운전 중 변압기 1대 고장 시 2대의 단상 변압기로 3상 부하에 전력을 공급하는 결선법이다.

(2) V결선 출력 P_V

$$P_V = \sqrt{3}\, V_l I_l \cos\theta = \sqrt{3}\, E_p\, I_p \cos\theta = \sqrt{3}\, P_1$$

① 선간 전압＝상전압($V_l = V_p$)

② 선전류＝상전류($I_l = I_p$)

③ 1대 출력 $P_1 = E_P I_P \cdot \cos\theta$

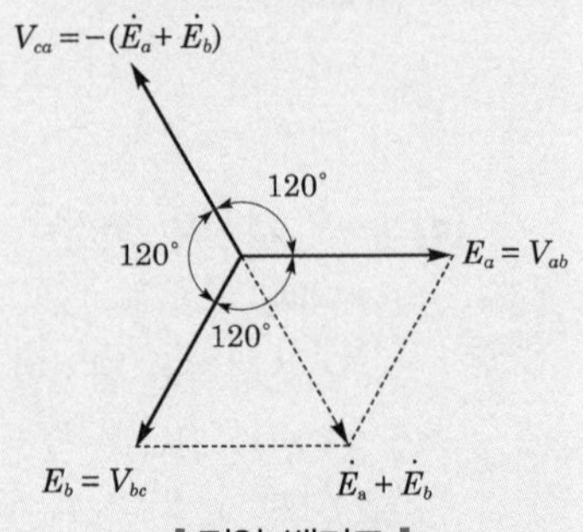

▍전압 벡터도▍

(3) V결선의 이용률과 출력비

① 이용률 : $\dfrac{\sqrt{3}\,P_1}{2P_1} = \dfrac{\sqrt{3}}{2} = 0.866 \rightarrow 86.6[\%]$

② 출력비 : $\dfrac{P_V}{P_\triangle} = \dfrac{\sqrt{3}\,P_1}{3P_1} = \dfrac{1}{\sqrt{3}} = 0.577 \rightarrow 57.7[\%]$

CHAPTER 3

[5] 3상 변압기

뱅크(bank) 변압기로 3상 변압하는 변압기

① 장점

- 철심 및 모든 재료가 감소한다.
- 효율이 좋다.
- 설치 면적이 감소한다.

② 단점

- 1상 고장 시 전체 사용 불가하며 보수가 곤란하다.
- 예비기 설치 시 설치 비용이 증가한다.
- 대용량의 경우 운반이 곤란하다.

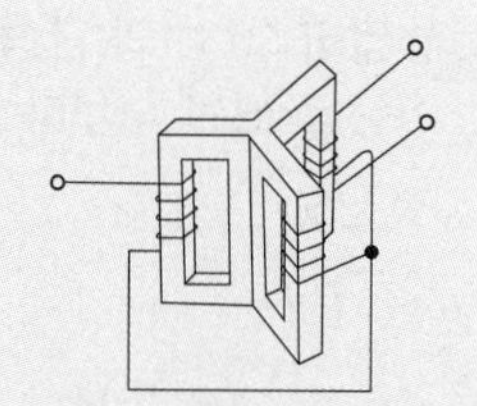

▍내철형 3상 변압기 1차 권선▍

기·출·개·념 문제

1. 210/105[V]의 변압기를 그림과 같이 결선하고 고압측에 200[V]의 전압을 가하면 전압계의 지시는 몇 [V]인가? (단, 변압기는 가극성이다.) 20 기사

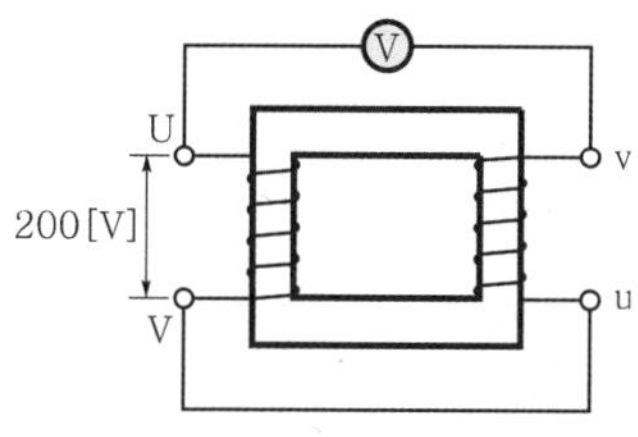

① 100 ② 200
③ 300 ④ 400

해설 권수비 $a = \dfrac{E_1}{E_2} = \dfrac{V_1}{V_2} = \dfrac{210}{105} = 2$

$E_1 = V_1 = 200[\text{V}]$, $E_2 = \dfrac{E_1}{a} = \dfrac{200}{2} = 100[\text{V}]$

- 감극성 : $V = E_1 - E_2 = 200 - 100 = 100[\text{V}]$
- 가극성 : $V = E_1 + E_2 = 200 + 100 = 300[\text{V}]$

답 ③

2. 변압기를 $\triangle - \mathrm{Y}$로 결선했을 때, 1차, 2차의 전압 위상차는? 13 기사 / 09 산업

① 0° ② 30°
③ 60° ④ 90°

해설 Y 결선에서 선간 전압은 상전압보다 $\sqrt{3}$ 배 크고, 위상은 30° 앞선다.

$V_l = \sqrt{3}\, V_p \angle 30°[\text{V}]$

2차 전압이 1차 전압보다 위상이 30° 앞선다.

답 ②

기·출·개·념 문제

3. 변압비 30 : 1의 단상 변압기 3대를 1차 △, 2차 Y로 결선하고 1차에 선간 전압 3,300[V]를 가했을 때의 무부하 2차 선간 전압[V]은? 13 기사/99·92 산업

① 250 ② 220
③ 210 ④ 190

해설 $a=\dfrac{E_1}{E_2}=\dfrac{N_1}{N_2}$에 의해서

$$a=\frac{3{,}300}{E_2}=30$$

$$\therefore\ E_2=\frac{3{,}300}{30}=110[\text{V}]$$

$$\therefore\ \text{선간 전압}=\sqrt{3}\,E_2$$

$$=\sqrt{3}\times 110 \fallingdotseq 190.52[\text{V}]$$

답 ④

4. 변압기 결선에서 부하 단자에 제3고조파 전압이 발생하는 것은? 05 기사/92 산업

① △－△
② △－Y
③ Y－Y
④ Y－△

해설 Y－Y 결선은 제3고조파의 여자 전류 통로가 없으므로 유기 기전력에 제3고조파가 포함되어 중성점이 접지되어 있을 경우에는 선로에 제3고조파를 주로 하는 충전 전류가 흘러서 통신 장해를 일으킨다. 따라서 이 결선은 거의 사용하지 않으나 3차 권선을 설치한 Y－Y－△의 3권선 변압기는 송전용으로 널리 사용된다.

답 ③

5. 2대의 변압기로 V결선하여 3상 변압하는 경우 변압기 이용률[%]은? 12·96·95·90 기사/10 산업

① 57.8 ② 66.6
③ 86.6 ④ 100

해설 단상 변압기 2대를 사용하면 1대 출력의 2배인 $2P_1$이어야 하는데 V결선 시 출력 $P_V=\sqrt{3}\,P_1$이므로

$$\therefore\ \text{이용률}\ U=\frac{\sqrt{3}\,P_1}{2P_1}$$

$$=\frac{\sqrt{3}}{2}=0.866 \fallingdotseq 86.6[\%]$$

답 ③

기출개념 07 변압기의 병렬 운전

2대 이상의 변압기를 병렬로 접속하여 부하에 전력을 공급하는 방식

(1) 병렬 운전 조건

① 극성이 같을 것
② 1차, 2차 정격 전압과 권수비가 같을 것
③ 퍼센트 임피던스 강하가 같을 것
④ 변압기의 저항과 리액턴스비가 같을 것
⑤ 상회전 방향 및 각 변위가 같을 것(3상 변압기의 경우)

(2) 부하 분담비

$V = I_a Z_a = I_b Z_b$

$$\frac{I_a}{I_b} = \frac{Z_b}{Z_a} = \frac{\frac{I_B Z_b}{V} \times 100 \times V \cdot I_A}{\frac{I_A Z_a}{V} \times 100 \times V \cdot I_B}$$

$$= \frac{\% Z_b}{\% Z_a} \cdot \frac{P_A}{P_B}$$

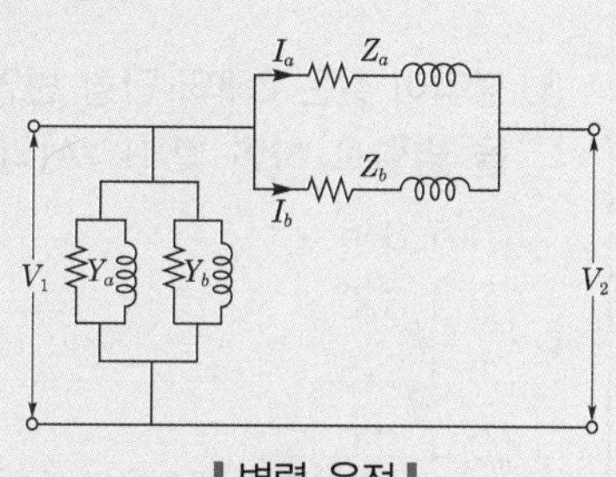

▌병렬 운전▐

∴ 부하 분담비는 누설 임피던스에 역비례하고, 용량에 비례한다.

(3) 3상 변압기 병렬운전 결선 조합

병렬 운전 가능		병렬 운전 불가능	
Δ－Δ	Δ－Δ	Δ－Δ	Δ－Y
Y－Y	Y－Y	Δ－Y	Y－Y
Δ－Y	Δ－Y		
Y－Δ	Y－Δ		
Δ－Δ	Y－Y		
Δ－Y	Y－Δ		

기·출·개·념 문제

1. 변압기의 병렬 운전 조건이 아닌 것은? 05 기사 / 05·90 산업

① 상회전 방향과 각 변위가 같을 것
② % 저항 강하 및 리액턴스 강하가 같을 것
③ 각 군의 임피던스가 용량에 비례할 것
④ 정격 전압, 권수비가 같을 것

(해설) **변압기의 병렬 운전 조건**

- 각 변압기의 극성이 같을 것
- 각 변압기의 정격 전압과 권수비가 같을 것
- 각 변압기의 퍼센트 임피던스가 같을 것
- 각 변압기의 저항과 리액턴스비가 같을 것
- 상회전 방향과 각 변위가 같을 것(3상 변압기의 경우)

답 ③

기·출·개·념 문제

2. 단상 변압기를 병렬 운전하는 경우, 부하 전류의 분담은 어떻게 되는가? 92 산업

① 용량에 비례하고, 누설 임피던스에 비례한다.
② 용량에 비례하고, 누설 임피던스에 역비례한다.
③ 용량에 역비례하고, 누설 임피던스에 비례한다.
④ 용량에 역비례하고, 누설 임피던스에 역비례한다.

해설 $\frac{I_a}{I_b}=\frac{Z_b}{Z_a}=\frac{\%Z_b}{\%Z_a}\cdot\frac{P_{na}}{P_{nb}}$

부하 분담 전류의 비는 누설 임피던스에 역비례하고, 정격 용량에 비례한다. 답 ②

3. 정격이 같은 2대의 단상 변압기 1,000[kVA]가 임피던스 전압은 각각 8[%]와 7[%]이다. 이것을 병렬로 하면 몇 [kVA]의 부하를 걸 수가 있는가? 12 기사

① 1,865
② 1,870
③ 1,875
④ 1,880

해설 큰 부하를 분담하는 변압기가 정격 용량이 될 때까지 부하를 걸 수 있다.
각 변압기의 분담 부하를 P_a[kVA], P_b[kVA], 전부하를 P[kVA]라고 하면

$\frac{P_a}{z_a}=\frac{P_b}{z_b}=\frac{P_a+P_b}{z_a+z_b}$이므로 $\frac{P_a}{7}=\frac{P_b}{8}=\frac{P}{15}$

임피던스가 작은 변압기, 즉 P_b가 큰 부하를 분담하므로 이것이 1,000[kVA]가 될 때까지 부하를 걸 수 있다.

$$\therefore\ P=P_b\times\frac{15}{8}$$
$$=1{,}000\times\frac{15}{8}=1{,}875[\text{kVA}]$$

답 ③

4. 변압기를 병렬 운전하는 경우에 불가능한 조합은? 05·00·98 기사/12·05·97 산업

① Δ－Δ와 Y－Y
② Δ－Y와 Y－Δ
③ Δ－Y와 Δ－Y
④ Δ－Y와 Δ－Δ

해설 3상 변압기의 병렬 운전을 할 경우에는 각 변위가 같아야 한다. 홀수(Δ, Y)는 각 변위가 다르므로 병렬 운전이 불가능하다. 답 ④

기출개념 08 상(相, phase)수 변환

(1) 3상 → 2상 변환 : 대용량 단상 부하에 전력을 공급하는 경우

① 스코트(Scott) 결선(T결선)

② 메이어(Meyer) 결선

③ 우드 브리지(Wood bridge) 결선

* 2차 전압 V_a와 V_b의 크기를 같게 하려면 T좌 변압기 권수비

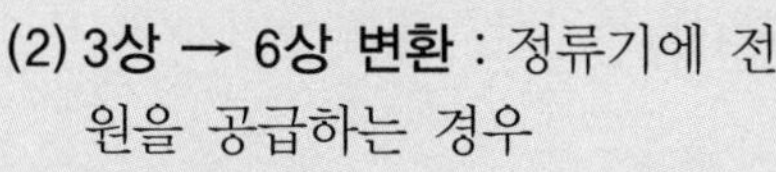

$a_T = \frac{\sqrt{3}}{2} a_{주}$로 하여야 한다.

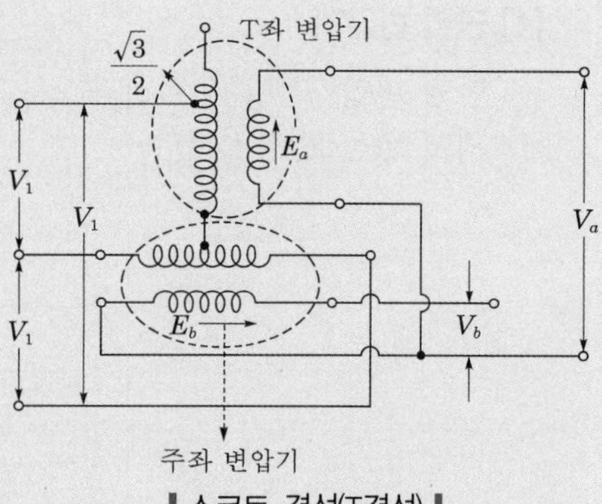

▍스코트 결선(T결선)▍

(2) 3상 → 6상 변환 : 정류기에 전원을 공급하는 경우

① 2중 Y결선(성형 결선, Star)

② 2중 △결선

③ 환상 결선

④ 대각 결선

⑤ 포크(fork) 결선

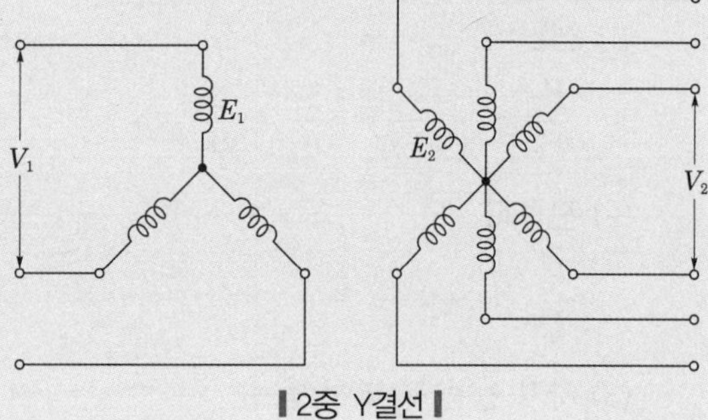

▍2중 Y결선▍

기·출·개·념 문제

1. 3상 전원을 이용하여 2상 전압을 얻고자 할 때 사용할 결선 방법은? 15·11·04·00·98 기사 / 13·10 산업

① Scott 결선　　② Fork 결선
③ 환상 결선　　④ 2중 3각 결선

(해설) Scott 결선, Wood bridge 결선, Meyer 결선은 3상에서 2상을 얻는 결선이다. 답 ①

2. 3상 전원에서 6상 전압을 얻을 수 없는 변압기의 결선 방법은? 12·97 기사

① 스코트 결선　　② 2중 3각 결선
③ 2중 성형 결선　　④ 포크 결선

(해설) 스코트(T) 결선은 3상에서 2상을 얻는 결선이다. 3상에서 6상 전압을 얻는 방법에는 환상 결선, 2중 Y결선, 2중 △결선, 대각 결선, 포크 결선 등이 있다. 답 ④

기출개념 09 특수 변압기

[1] 단권 변압기

단권 변압기는 1차 권선과 2차 권선이 절연되어 있지 않고 권선의 일부가 공통으로 되어 있는 변압기이다.

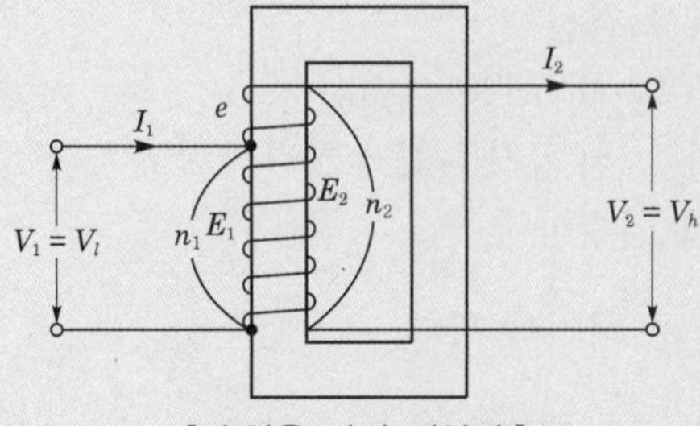

▌승압용 단권 변압기▐

(1) 전압비

$$\frac{V_1}{V_2} = \frac{E_1}{E_1+e} = \frac{E}{E_2} = \frac{n_1}{n_2} = a$$

(2) 전류비

$$\frac{I_1}{I_2} = \frac{n_2}{n_1} = \frac{1}{a}$$

(3) 자기 용량과 부하 용량

① 자기 용량(등가 용량) $P = eI_2 = (V_2 - V_1)I_2$

② 부하 용량 $W = V_1I_1 = V_2I_2$

③ $\dfrac{\text{자기 용량}(P)}{\text{부하 용량}(W)} = \dfrac{(V_2 - V_1)I_2}{V_2I_2} = \dfrac{V_h - V_l}{V_h}$

(4) 단권 변압기의 3상 결선

결선 방식	Y결선	△결선	V결선
$\dfrac{\text{자기 용량}}{\text{부하 용량}}$	$1-\dfrac{V_l}{V_h}$	$\dfrac{V_1^2-V_2^2}{\sqrt{3}\,V_1V_2}$	$\dfrac{1}{\frac{\sqrt{3}}{2}}\left(1-\dfrac{V_l}{V_h}\right)$

[2] 계기용 변성기

(1) 계기용 변압기(PT)

전력 선로의 전압을 측정하기 위해 고전압을 저전압($V_2 = 110$[V])으로 변성하여 계측기에 공급하는 소형 변압기이다.

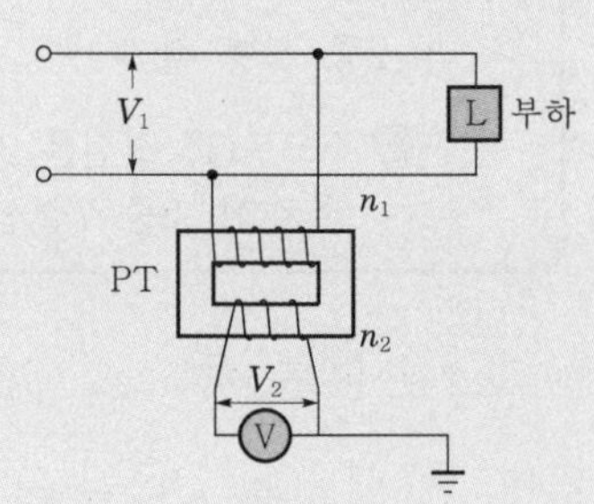

- PT비 : $\dfrac{V_1}{V_2} = \dfrac{n_1}{n_2}$
- $V_1 = \dfrac{n_1}{n_2}V_2$(전압계 지시값)

(2) 변류기(CT)

전력 선로의 전류를 측정하기 위해 대전류를 소전류($I_2 = 5$[A])로 변성하여 계측기에 공급하는 소형 변압기이다.

- CT비 : $\dfrac{I_1}{I_2} = \dfrac{n_2}{n_1}$
- $I_1 = \dfrac{n_2}{n_1} I_2$(전류계 지시값)

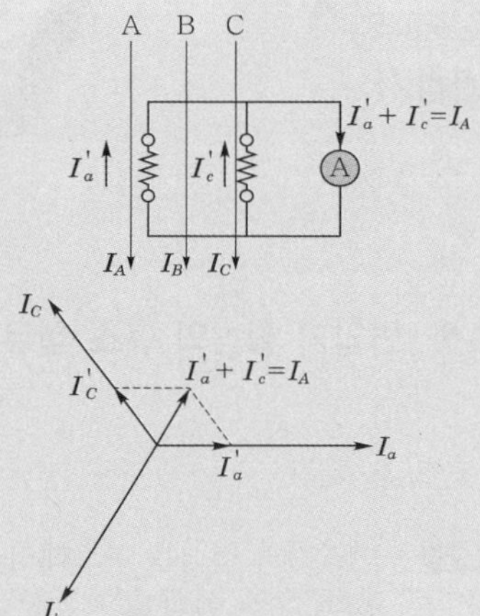

기·출·개·념 **문제**

1. 용량 10[kVA]의 단권 변압기를 그림과 같이 접속하면 역률 80[%]의 부하에 몇 [kW]의 전력을 공급할 수 있는가? 94 기사/09 기사 유사/05·82·81 산업

① 55
② 66
③ 77
④ 88

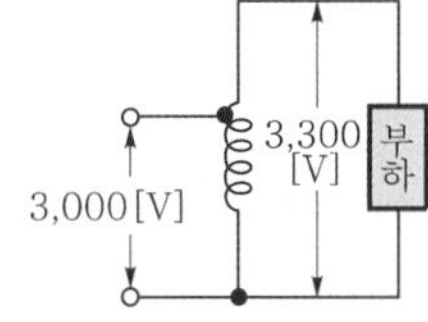

해설 $\dfrac{\text{자기 용량}}{\text{부하 용량}} = \dfrac{V_h - V_l}{V_h}$

$\text{부하 용량} = \text{자기 용량} \times \left(\dfrac{V_h}{V_h - V_l}\right) = 10 \times \dfrac{3,300}{3,300 - 3,000} = 110[\text{kVA}]$

$\cos\phi = 0.8$이므로 공급되는 부하 전력 P는

$\therefore\ P = 110 \times 0.8 = 88[\text{kW}]$

답 ④

2. 평형 3상 회로의 전류를 측정하기 위해서 변류비 200 : 5의 변류기를 그림과 같이 접속하였더니 전류계의 지시가 1.5[A]이다. 1차 전류[A]는? 02·97 기사/00 산업

① 60
② $60\sqrt{3}$
③ 30
④ $30\sqrt{3}$

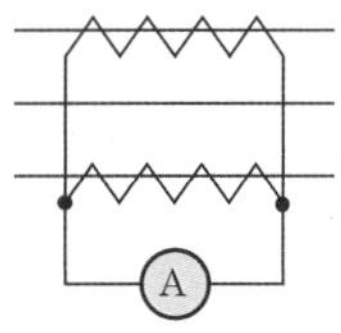

해설 전류계의 지시값은 변류기 2차 전류와 같으므로

변류비 : $\dfrac{200}{5} = \dfrac{I_1}{I_2}$에서 1차 전류 $I_1 = \dfrac{200}{5} \times 1.5 = 60[\text{A}]$

답 ①

이런 문제가 시험에 나온다!

단원 최근 빈출문제

01 변압기 철심의 규소 함유량은 약 몇 [%]인가? [12년 기사]

① 2　　② 3
③ 4　　④ 7

해설 • 변압기의 철심은 히스테리시스손과 와류손을 줄이기 위하여 얇은 규소 강판을 성층하여 철심을 조립한다.
• 규소의 함유량은 4~4.5[%] 정도이고, 두께가 0.35[mm]인 강판을 절연하여 사용한다.

02 60[Hz]의 변압기에 50[Hz]의 동일 전압을 가했을 때의 자속 밀도는 60[Hz]일 때와 비교하였을 경우 어떻게 되는가? [19년 2회 기사]

① $\frac{5}{6}$로 감소　　② $\frac{6}{5}$으로 증가
③ $\left(\frac{5}{6}\right)^{1.6}$으로 감소　　④ $\left(\frac{6}{5}\right)^{2}$으로 증가

해설 1차 전압 $V_1 = 4.44fN_1B_mS$

자속 밀도 $B_m = \frac{V_1}{4.44fN_1S} \propto \frac{1}{f}$ 이므로 $\frac{6}{5}$배로 증가한다.

03 변압기에서 권수가 2배가 되면 유기 기전력은 몇 배가 되는가? [18년 1회 산업]

① 1　　② 2
③ 4　　④ 8

해설 **변압기의 유기 기전력**
$E = 4.44fN_1\phi_m$[V]에서 기전력은 권수에 비례하므로 권수를 2배로 하면 기전력은 2배가 된다.

04 단상 변압기에 정현파 유기 기전력을 유기하기 위한 여자 전류의 파형은? [16년 1회 기사]

① 정현파　　② 삼각파
③ 왜형파　　④ 구형파

기출 핵심 NOTE

01 변압기의 철심
• 규소 함유량 : 4~4.5[%]
• 강판 두께 : $t = 0.35$[mm]

02 • $V_1 \fallingdotseq E_1 = 4.44fN_1\phi_m$
$= 4.44fN_1B_mS$[V]
• $B_m = \frac{V_1}{4.44fN_1S} \propto \frac{1}{f}$

04 변압기의 여자 전류
제3고조파가 포함된 첨두파

정답 01. ③ 02. ② 03. ② 04. ③

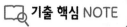

기출 핵심 NOTE

해설 전압을 유기하는 자속은 정현파이지만 자속을 만드는 여자 전류는 자로를 구성하는 철심의 포화와 히스테리시스 현상 때문에 일그러져 첨두파(=왜형파)가 된다.

05 2[kVA], 3,000/100[V] 단상 변압기의 철손이 200[W]이면 1차에 환산한 여자 컨덕턴스[℧]는? [14년 3회 기사]

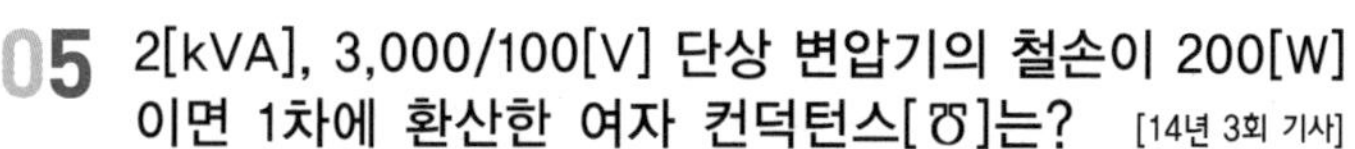

① 66.6×10^{-3}　② 22.2×10^{-6}
③ 22×10^{-2}　④ 2×10^{-6}

해설 철손 $P_i = V_1 I_i = g_0 V_1^{\,2}$[W]

여자 컨덕턴스 $g_0 = \dfrac{P_i}{V_1^{\,2}} = \dfrac{200}{3{,}000^2} = 22.2\times10^{-6}$[℧]

05 • 철손 전류

$I_i = \dfrac{V_1}{r_0} = g_0 V_1$[A]

• 철손

$P_i = V_1 I_i = g_0 V_1^{\,2}$[W]

06 1차 전압 3,450[V], 권수비 30인 단상 변압기가 전등 부하에 15[A]를 공급할 때의 입력[kW]은 얼마인가? (단, $\cos\theta=1$이다.) [14년 기사 / 16년 산업]

① 1.5　② 1.7
③ 2.2　④ 5.2

해설

$I_1 = \dfrac{I_2}{a} = \dfrac{15}{30} = \dfrac{1}{2}$[A]

$\cos\theta = 1$(전등 부하)이므로 입력 P_1은

$\therefore P_1 = V_1 I_1 \cos\theta = 3{,}450\times\dfrac{1}{2}\times1 = 1{,}725$[W] $= 1.725$[kW]

06 입력 $P_1 = V_1 I_1 \cos\theta$[W]

07 변압기의 권수를 N이라고 할 때 누설 리액턴스는? [18년 3회 기사]

① N에 비례한다.　② N^2에 비례한다.
③ N에 반비례한다.　④ N^2에 반비례한다.

해설

변압기의 누설 인덕턴스 $L = \dfrac{\mu N^2 S}{l}$[H]

누설 리액턴스 $x = \omega L = 2\pi f \dfrac{\mu N^2 S}{l} \propto N^2$

07 • 누설 인덕턴스

$L = \dfrac{\mu N^2 S}{l}$[H]

• 리액턴스

$x = \omega L = 2\pi f \dfrac{\mu N^2 S}{l}$[Ω]

08 변압기에서 철손을 구할 수 있는 시험은? [16년 3회 기사]

① 유도 시험　② 단락 시험
③ 부하 시험　④ 무부하 시험

해설 무부하 시험은 무부하 전류와 전력을 측정하여 여자 어드미턴스와 철손을 알아낸다.

08 • 철손 : 무부하 시험
• 동손 : 단락 시험

정답 05. ② 06. ② 07. ② 08. ④

기출 핵심 NOTE

09 변압기 여자 회로의 어드미턴스 Y_0[℧]를 구하면? (단, I_0는 여자 전류, I_i는 철손 전류, I_ϕ는 자화 전류, g_0는 컨덕턴스, V_1는 인가 전압이다.) [15년 1회 기사]

① $\frac{I_0}{V_1}$ ② $\frac{I_i}{V_1}$
③ $\frac{I_\phi}{V_1}$ ④ $\frac{g_0}{V_1}$

해설 여자 어드미턴스 $Y_0 = g_0 - jb_0 = \frac{I_0}{V_1}$[℧]

09
- 여자 어드미턴스
$Y_0 = g_0 - jb_0$[℧]
- 여자 전류
$I_0 = Y_0 V_1$[A]

10 변압기의 무부하 시험, 단락 시험에서 구할 수 없는 것은? [17년 2회 기사]

① 철손 ② 동손
③ 절연 내력 ④ 전압 변동률

해설 변압기의 무부하 시험에서 무부하 전류(여자 전류), 무부하손(철손), 여자 어드미턴스를 구하고, 단락 시험에서 동손과 전압 변동률을 구할 수 있다.

10 ㉠ 무부하 시험
- 여자 어드미턴스(Y_0)
- 여자 전류(I_0)
- 철손(P_i)

㉡ 단락 시험
- 임피던스 전압
- 임피던스 와트(동손)
- 전압 변동률

11 변압기 온도 시험을 하는 데 가장 좋은 방법은? [16년 3회 산업]

① 실부하법 ② 반환 부하법
③ 단락 시험법 ④ 내전압 시험법

해설 변압기의 온도 시험 측정법에는 실부하법과 반환 부하법이 있다. 실부하법은 소용량의 경우에 이용되지만 전력 손실이 크기 때문에 별로 허용되지 않는다. 반환 부하법은 동일 정격의 변압기가 2대 이상 있을 경우에 채용되며, 전력 소비가 적고 철손과 동손을 따로따로 공급하는 것이다.

12 1차측 권수가 1,500인 변압기의 2차측에 접속한 저항 16[Ω]을 1차측으로 환산했을 때 8[kΩ]으로 되어 있다면 2차측 권수는 약 얼마인가? [17년 1회 산업]

① 75 ② 70
③ 67 ④ 64

해설 변압기 2차측의 저항을 1차로 환산하면

$r_2' = a^2 \cdot r_2$에서 권수비 $a = \frac{N_1}{N_2} = \sqrt{\frac{r_2'}{r_2}} = \sqrt{\frac{8 \times 10^3}{16}} = 22.36$

$N_2 = \frac{N_1}{a} = \frac{1,500}{22.36} = 67.0$회

12
- 2차측 임피던스 1차로 환산
$Z_2' = a^2 Z_2$[Ω]
- 1차측 임피던스 2차로 환산
$Z_1' = \frac{1}{a^2} Z_1$[Ω]

정답 09. ① 10. ③ 11. ② 12. ③

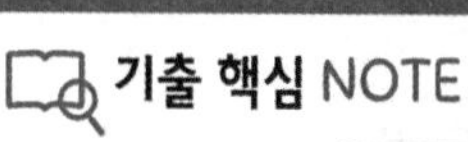

13 그림과 같은 변압기 회로에서 부하 R_2에 공급되는 전력이 최대로 되는 변압기의 권수비 a는? [19년 3회 기사]

① $\sqrt{5}$
② $\sqrt{10}$
③ 5
④ 10

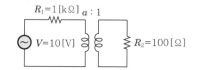

해설 최대 전력 발생 조건은 내부 저항(R_1)과 1차로 환산한 부하 저항(a^2R_2)이 같을 때이다. 즉, $R_1=a^2R_2$이다.

권수비 $a=\sqrt{\dfrac{R_1}{R_2}}=\sqrt{\dfrac{10^3}{100}}=\sqrt{10}$

13 최대 전력의 조건

$R_1=R_2'=a^2R_2$

14 단상 변압기의 1차 전압 E_1, 1차 저항 r_1, 2차 저항 r_2, 1차 누설 리액턴스 x_1, 2차 누설 리액턴스 x_2, 권수비 a라 하면 2차 권선을 단락했을 때의 1차 단락 전류는? [15년 3회 기사]

① $I_{1s}=\dfrac{E_1}{\sqrt{(r_1+a^2r_2)^2+(x_1+a^2x_2)^2}}$

② $I_{1s}=\dfrac{E_1}{a\sqrt{(r_1+a^2r_2)^2+(x_1+a^2x_2)^2}}$

③ $I_{1s}=\dfrac{E_1}{\sqrt{\left(\dfrac{r_1+r_2}{a^2}\right)^2+\left(\dfrac{x_1}{a^2+x_2}\right)^2}}$

④ $I_{1s}=\dfrac{aE_1}{\sqrt{\left(\dfrac{r_1}{a^2+r_2}\right)^2+\left(\dfrac{x_1}{a^2+x_2}\right)^2}}$

해설 1차 단락 전류

$I_{1s}=\dfrac{E_1}{Z_1+a^2Z_2}=\dfrac{E_1}{\sqrt{(r_1+a^2r_2)^2+(x_1+a^2x_2)^2}}[\text{A}]$

2차 단락 전류 $I_{2s}=aI_{1s}[\text{A}]$

14 1차 단락 전류

- $I_{1s}=\dfrac{E_1}{Z_1+Z_2'}=\dfrac{E_1}{Z_1+a^2Z_2}$
- $Z_1+a^2Z_2$
  $=\sqrt{(r_1+a^2r_2)^2+(x_1+a^2x_2)^2}$

15 단상 변압기의 2차측(105[V] 단자)에 1[Ω]의 저항을 접속하고 1차측에 1[A]의 전류가 흘렀을 때, 1차 단자 전압이 900[V]이었다. 1차측 탭전압[V]과 2차 전류[A]는 얼마인가? (단, 변압기는 이상 변압기, V_T는 1차 탭전압, I_2는 2차 전류이다.) [93년 기사 / 11년 2회 산업]

① $V_T=3{,}150$, $I_2=30$　② $V_T=900$, $I_2=30$
③ $V_T=900$, $I_2=1$　④ $V_T=3{,}150$, $I_2=1$

15
- 1차 전류
  $I_1=\dfrac{V}{R'}=\dfrac{V}{a^2R}$
- 권수비
  $a=\sqrt{\dfrac{V}{I_1\cdot R}}=\sqrt{\dfrac{900}{1\times1}}=30$
  $a\fallingdotseq\dfrac{V_1}{V_2}\fallingdotseq\dfrac{I_2}{I_1}$
  $V_1=V_T=aV_2,\ I_2=aI_1$

정답 13. ② 14. ① 15. ①

기출 핵심 NOTE

해설 이상 변압기이므로 변압기의 임피던스 및 손실은 없다고 본다.
$V_2=105$[V], $R_2=1$[Ω], $I_1=1$[A], $V_1=900$[V]이므로

$$V_1I_1=V_2I_2=\frac{V_2^2}{R_2},\ 900\times 1=\frac{V_2^2}{1}$$

$$\therefore V_2=\sqrt{900}=30[\text{V}]$$

따라서, 권수비 a는 $a=\frac{V_1}{V_2}=\frac{900}{30}=30$

1차측의 탭전압 V_T는

$$\therefore V_T=aV_2=30\times 105=3{,}150[\text{V}]$$

2차측 전류 I_2는

$$\therefore I_2=aI_1=30\times 1=30[\text{A}]$$

16 10[kVA], 2,000/100[V] 변압기에서 1차에 환산한 등가 임피던스는 $6.2+j7$[Ω]이다. 이 변압기의 퍼센트 리액턴스 강하는? [15년 1회 기사]

① 3.5 ② 0.175
③ 0.35 ④ 1.75

해설 퍼센트 리액턴스 강하(q)

$$q=\frac{I_{1n}\cdot x_{12}}{V_{1n}}\times 100=\frac{\frac{10\times 10^3}{2{,}000}\times 7}{2{,}000}\times 100=1.75[\%]$$

17 15[kVA], 3,000/200[V] 변압기의 1차측 환산 등가 임피던스가 $5.4+j6$[Ω]일 때, %저항 강하 p와 %리액턴스 강하 q는 각각 약 몇 [%]인가? [18년 3회 기사]

① $p=0.9,\ q=1$ ② $p=0.7,\ q=1.2$
③ $p=1.2,\ q=1$ ④ $p=1.3,\ q=0.9$

해설 1차 전류 $I_1=\frac{P_n}{V_1}=\frac{15\times 10^3}{3{,}000}=5[\text{A}]$

퍼센트 저항 강하 $p=\frac{I\cdot r}{V}\times 100=\frac{5\times 5.4}{3{,}000}\times 100=0.9[\%]$

퍼센트 리액턴스 강하 $q=\frac{I\cdot x}{V}\times 100=\frac{5\times 6}{3{,}000}\times 100=1[\%]$

17 • 1차 전류

$$I_1=\frac{P_n}{V_1}[\text{A}]$$

• 퍼센트 저항 강하

$$p=\frac{I\cdot r}{V}\times 100$$

• 퍼센트 리액턴스 강하

$$q=\frac{I\cdot x}{V}\times 100[\%]$$

18 6,300/210[V], 20[kVA] 단상 변압기 1차 저항과 리액턴스가 각각 15.2[Ω]과 21.6[Ω], 2차 저항과 리액턴스가 각각 0.019[Ω]과 0.028[Ω]이다. 백분율 임피던스는 약 몇 [%]인가? [17년 2회 산업]

① 1.86 ② 2.86
③ 3.86 ④ 4.86

18 퍼센트 임피던스 강하($\%Z$)

$$\%Z=\frac{I_1Z_{12}}{V_1}\times 100=\sqrt{p^2+q^2}[\%]$$

정답 16. ④ 17. ① 18. ②

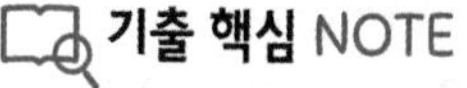

해설 2차측 저항과 리액턴스 1차측으로 환산하면

$r_2{}' = a^2 r_2 = 17.1[\Omega]$

$x_2{}' = a^2 x_2 = 25.2[\Omega]$

$\dot{Z}_{12} = 32.3 + j46.8$

$Z_{12} = \sqrt{32.3^2 + 46.8^2} = 56.86[\Omega]$

$I_1 = \dfrac{P_n}{V_1} = \dfrac{20,000}{6,300} = 3.175[\text{A}]$

$\therefore \%Z = \dfrac{I_1 Z_{12}}{V_1} \times 100 = \dfrac{3.175 \times 56.86}{6,300} \times 100 = 2.865[\%]$

19 3,300/200[V], 10[kVA] 단상 변압기의 2차를 단락하여 1차측에 300[V]를 가하니 2차에 120[A]의 전류가 흘렀다. 이 변압기의 임피던스 전압 및 %임피던스 강하는 약 얼마인가? [16년 2회 기사]

① 125[V], 3.8[%] ② 125[V], 3.5[%]
③ 200[V], 4.0[%] ④ 200[V], 4.2[%]

해설

2차 정격 전류 $I_{2n} = \dfrac{P}{V_2} = \dfrac{10 \times 10^3}{200} = 50[\text{A}]$

$V_s : V_1{}' = 50 : 120$에서

임피던스 전압 $V_s = \dfrac{50}{120} V_1{}' = \dfrac{50}{120} \times 300 = 125[\text{V}]$

%임피던스 강하 $\%Z = \dfrac{V_s}{V_1} \times 100 = \dfrac{125}{3,300} \times 100 = 3.78[\%]$

19 • 퍼센트 임피던스 강하($\%Z$)

$\%Z = \dfrac{IZ}{V} \times 100 = \dfrac{V_s}{V_n} \times 100$

$= \dfrac{I_n}{I_s} \times 100[\%]$

• 임피던스 전압(V_s)

$V_s = I_n Z[\text{V}]$

20 부하의 역률이 0.6일 때 전압 변동률이 최대로 되는 변압기가 있다. 역률 1.0일 때의 전압 변동률이 3[%]라고 하면 역률 0.8에서의 전압 변동률은 몇 [%]인가? [14년 2회 기사]

① 4.4 ② 4.6
③ 4.8 ④ 5.0

해설 부하 역률 100[%]일 때 $\varepsilon_{100} = p = 3[\%]$

최대 전압 변동률 $\varepsilon_{\max}$은 부하 역률 $\cos\phi_m$일 때이므로

$\cos\phi_m = \dfrac{p}{\sqrt{p^2+q^2}} = 0.6$

$\dfrac{3}{\sqrt{3^2+q^2}} = 0.6$

$\therefore q = 4[\%]$

부하 역률이 80[%]일 때

$\therefore \varepsilon_{80} = p\cos\phi + q\sin\phi = 3 \times 0.8 + 4 \times 0.6 = 4.8[\%]$

또한 최대 전압 변동률($\varepsilon_{\max}$)

$\therefore \varepsilon_{\max} = \sqrt{p^2+q^2} = \sqrt{3^2+4^2} = 5[\%]$

20 최대 전압 변동률과 조건

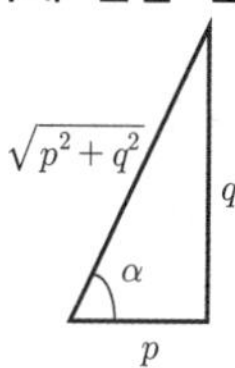

$\varepsilon = p\cos\theta + q\sin\theta$

$= \sqrt{p^2+q^2}\cos(\alpha - \theta)$

$\therefore \alpha = \theta$일 때 전압 변동률이 최대로 된다.

$\varepsilon_{\max} = \sqrt{p^2+q^2}[\%]$

• $\cos\theta = 1$일 때

$\varepsilon = p\cos\theta + q\sin\theta = p$

정답 19. ① 20. ③

기출 핵심 NOTE

21 역률 100[%]일 때의 전압 변동률 ε은 어떻게 표시되는가? [18년 3회 기사]

① %저항 강하 ② %리액턴스 강하
③ %서셉턴스 강하 ④ %임피던스 강하

해설 전압 변동률 $\varepsilon = p\cos\theta + q\sin\theta$
$\cos\theta = 1$, $\sin\theta = 0$이므로
$\varepsilon = p$: %저항 강하

22 정격 부하에서 역률 0.8(뒤짐)로 운전될 때, 전압 변동률이 12[%]인 변압기가 있다. 이 변압기에 역률 100[%]의 정격 부하를 걸고 운전할 때의 전압 변동률은 약 몇 [%]인가? (단, %저항 강하는 %리액턴스 강하의 $\frac{1}{12}$이라고 한다.) [18년 1회 기사]

① 0.909 ② 1.5
③ 6.85 ④ 16.18

해설 퍼센트 저항 강하 $p = \frac{1}{12}q$
전압 변동률 $\varepsilon = p\cos\theta + q\sin\theta$
$12 = p \times 0.8 + 12p \times 0.6 = 8p$
퍼센트 저항 $p = \frac{12}{8} = 1.5[\%]$
퍼센트 리액턴스 강하 $q = 12 \times 1.5 = 18[\%]$
역률 $\cos\theta = 1$일 때 전압 변동률
$\varepsilon = 1.5 \times 1 + 18 \times 0 = 1.5[\%]$

23 변압기의 임피던스 전압이란? [11년 1회 기사]

① 여자 전류가 흐를 때의 변압기 내부 전압 강하
② 여자 전류가 흐를 때의 2차측 단자 전압
③ 정격 전류가 흐를 때의 2차측 단자 전압
④ 정격 전류가 흐를 때의 변압기 내부 전압 강하

해설 변압기의 임피던스 전압이란 변압기 2차측을 단락하고 단락하였을 때의 전류가 정격 전류와 같은 값이 될 때 1차측의 인가 전압으로 정격 전류에 의한 변압기 내의 전압 강하와 같다.

24 30[kVA], 3,300/200[V], 60[Hz]의 3상 변압기 2차측에 3상 단락이 생겼을 경우 단락 전류는 약 몇 [A]인가? (단, %임피던스 전압은 3[%]이다.) [14년 3회 기사]

① 2,250 ② 2,620
③ 2,730 ④ 2,886

21 • 전압 변동률(ε)
$\varepsilon = p\cos\theta + q\sin\theta$
• $\cos\theta = 1 (\sin\theta = 0)$
$\varepsilon = p$(퍼센트 저항 강하)

23 • 임피던스 전압(V_s[V])
2차 단락 전류가 정격 전류와 같은 값을 가질 때 1차 인가 전압. 즉 정격 전류에 의한 변압기 내 전압 강하
$V_s = I_n \cdot Z$[V]
• 임피던스 와트(W_s[W])
임피던스 전압 인가 시 입력 (임피던스 와트=동손)
$W_s = I_n^2 \cdot r = P_c$[W]

정답 21. ① 22. ② 23. ④ 24. ④

퍼센트 임피던스 강하 $\%Z = \dfrac{I_{1n}}{I_{1s}} \times 100 = \dfrac{I_{2n}}{I_{2s}} \times 100$

단락 2차 전류 $I_{2s} = \dfrac{100}{\%Z} \cdot I_{2n} = \dfrac{100}{3} \times \dfrac{30 \times 10^3}{\sqrt{3} \times 200}$

$= 2886.8[\mathrm{A}]$

25 단상 변압기에서 전부하의 2차 전압은 100[V]이고, 전압 변동률은 4[%]이다. 1차 단자 전압[V]은? (단, 1차와 2차 권선비는 20 : 1이다.) [15년 1회 기사]

① 1,920　② 2,080
③ 2,160　④ 2,260

해설 $V_1 = aV_{20} = aV_{2n}(1+\varepsilon') = 20 \times 100 \times (1+0.04) = 2{,}080[\mathrm{V}]$

26 변압기에 사용하는 절연유가 갖추어야 할 성질이 아닌 것은? [13년 1회 기사]

① 절연 내력이 클 것
② 인화점이 높을 것
③ 유동성이 풍부하고 비열이 커서 냉각 효과가 클 것
④ 응고점이 높을 것

해설 **변압기 절연유(oil)의 구비 조건**
- 절연 내력이 클 것
- 점도가 작고 냉각 효과가 클 것
- 인화점이 높고, 응고점은 낮을 것
- 화학 작용 및 침전물이 없을 것

27 변압기에서 콘서베이터의 용도는? [15년 3회 기사]

① 통풍 장치
② 변압유의 열화 방지
③ 강제 순환
④ 코로나 방지

해설 콘서베이터는 변압기의 기름이 공기와 접촉되면 불용성 침전물이 생기는 것을 방지하기 위해서 변압기의 상부에 설치된 원통형의 유조(기름통)로서, 그 속에는 $\dfrac{1}{2}$ 정도의 기름이 들어 있고 주변압기 외함 내의 기름과는 가는 파이프로 연결되어 있다. 변압기 부하의 변화에 따르는 호흡 작용에 의한 변압기 기름의 팽창, 수축이 콘서베이터의 상부에서 행하여지게 되므로 높은 온도의 기름이 직접 공기와 접촉하는 것을 방지하여 기름의 열화를 방지하는 것이다.

기출 핵심 NOTE

25 • 전압 변동률(ε')

$\varepsilon' = \dfrac{V_{20} - V_{2n}}{V_{2n}}$

- $V_{20} = V_{2n}(1+\varepsilon')$
- 권수비

$a = \dfrac{V_1}{V_{20}}$

- $V_1 = aV_{20} = aV_{2n}(1+\varepsilon')$

$\left(\varepsilon' = \dfrac{\varepsilon}{100}\right)$

27 콘서베이터(conservator)
변압기 절연유의 열화 방지를 위해 변압기 본체 상부에 설치한 기름 탱크이다.

정답 25. ② 26. ④ 27. ②

기출 핵심 NOTE

28 몰드 변압기의 특징으로 틀린 것은? [19년 3회 기사]

① 자기 소화성이 우수하다.
② 소형 경량화가 가능하다.
③ 건식 변압기에 비해 소음이 적다.
④ 유입 변압기에 비해 절연 레벨이 낮다.

해설 몰드 변압기는 철심에 감겨진 권선에 절연 특성이 좋은 에폭시 수지를 고진공에서 몰딩하여 만든 변압기로서 건식 변압기의 단점을 보완하고, 유입 변압기의 장점을 갖고 있으며 유입 변압기에 비해 절연 레벨이 높다.

29 변압기의 정격을 정의한 것 중 옳은 것은? [16년 3회 산업]

① 전부하의 경우 1차 단자 전압을 정격 1차 전압이라 한다.
② 정격 2차 전압은 명판에 기재되어 있는 2차 권선의 단자 전압이다.
③ 정격 2차 전압을 2차 권선의 저항으로 나눈 것이 정격 2차 전류이다.
④ 2차 단자 간에서 얻을 수 있는 유효 전력을 [kW]로 표시한 것이 정격 출력이다.

해설 변압기의 정격 출력은 [kVA]로 표시하며, 정격 2차 전압은 명판에 기재되어 있는 2차 권선의 단자 전압이다.

29 변압기의 정격
- 정격 : 보장된 사용 한도
- 정격 용량 : $P_n = V_2 I_2 \times 10^{-3}$[kV
- 정격 2차 전압 : 변압기 명판에 록된 2차 권선 단자 전압

30 변압기의 보호 방식 중 비율 차동 계전기를 사용하는 경우는? [17년 3회 기사]

① 고조파 발생을 억제하기 위하여
② 과여자 전류를 억제하기 위하여
③ 과전압 발생을 억제하기 위하여
④ 변압기 상간 단락 보호를 위하여

해설 비율 차동 계전기는 입력 전류와 출력 전류 관계비에 의해 동작하는 계전기로서 변압기의 내부 고장(상간 단락, 권선 지락 등)으로부터 보호를 위해 사용한다.

30 변압기 보호 계전기
- 과전류 계전기
- 비율 차동 계전기
- 부흐홀츠 계전기
- 충격 압력 계전기

31 변압기의 보호에 사용되지 않는 것은? [19년 2회 기사]

① 온도 계전기 ② 과전류 계전기
③ 임피던스 계전기 ④ 비율 차동 계전기

해설 임피던스 계전기는 전압과 전류$\left(\frac{V}{I}\right)$비가 일정 값 이하가 되었을 때 동작하는 거리 계전의 한 분야로 송전 선로 보호용으로 사용한다.

정답 28. ④ 29. ② 30. ④ 31. ③

기출 핵심 NOTE

CHAPTER 3

32 부흐홀츠 계전기에 대한 설명으로 틀린 것은? [17년 2회 기사]

① 오동작의 가능성이 많다.
② 전기적 신호로 동작한다.
③ 변압기의 보호에 사용된다.
④ 변압기의 주탱크와 콘서베이터를 연결하는 관 중에 설치한다.

해설 부흐홀츠 계전기는 변압기 내부 고장 시 발생하는 기름의 분해 가스에 의해 계전기의 접점을 닫는 것으로 오동작 가능성이 있으며, 변압기 주탱크와 콘서베이터를 연결하는 배관에 설치한다.

33 탭전환 변압기 1차측에 몇 개의 탭이 있는 이유는? [17년 3회 산업]

① 예비용 단자
② 부하 전류를 조정하기 위하여
③ 수전점의 전압을 조정하기 위하여
④ 변압기의 여자 전류를 조정하기 위하여

해설 전원 전압이 변동이나 부하에 의해 변압기 2차측에 생긴 전압 변동을 보상하고 수전단의 전압을 조정하기 위하여 변압기 1차측에 몇 개(5개)의 탭을 설치한다.

33 탭전환 변압기
부하 변동에 따른 수전단의 전압을 조정하기 위하여 탭전환기가 설치되어 있는 변압기

34 변압기의 내부 고장에 대한 보호용으로 사용되는 계전기는 어느 것이 적당한가? [18년 3회 산업]

① 방향 계전기 ② 온도 계전기
③ 접지 계전기 ④ 비율 차동 계전기

해설 변압기의 내부 고장(상간 단락 사고, 권선 지락 사고 등)에 대한 보호용으로 비율 차동 계전기를 사용한다.

35 변압기의 냉각 방식 중 유입 자냉식의 표시 기호는? [17년 3회 산업]

① ANAN ② ONAN
③ ONAF ④ OFAF

해설 ① ANAN : 건식 밀폐 자냉식
② ONAN : 유입 자냉식(Oil Natural Air Natural)
③ ONAF : 유입 풍냉식
④ OFAF : 송유 풍냉식

정답 32. ② 33. ③ 34. ④ 35. ②

36 변압기의 절연 내력 시험 방법이 아닌 것은? [17년 1회 기사]

① 가압 시험 ② 유도 시험
③ 무부하 시험 ④ 충격 전압 시험

해설 변압기의 절연 내력 시험은 충전 부분과 대지 사이 또는 충전 부분 상호 간의 절연 강도를 보증하기 위한 시험으로 가압 시험, 유도 시험, 충격 전압 시험 등 세 가지 종류로 구별한다.

37 와전류 손실을 패러데이 법칙으로 설명한 과정 중 틀린 것은? [17년 2회 기사]

① 와전류가 철심으로 흘러 발열
② 유기 전압 발생으로 철심에 와전류가 흐름
③ 시변 자속으로 강자성체 철심에 유기 전압 발생
④ 와전류 에너지 손실량은 전류 경로 크기에 반비례

해설 와전류(eddy current)는 철심에서 자속의 시간적 변화에 의해 발생하는 유도 전압에 의한 맴돌이 전류이며, 와전류 에너지 손실량은 전류 크기의 제곱에 비례한다.

38 와류손이 200[W]인 3,300/210[V], 60[Hz]용 단상 변압기를 50[Hz], 3,000[V]의 전원에 사용하면 이 변압기의 와류손은 약 몇 [W]로 되는가? [15년 2회 기사]

① 85.4 ② 124.2
③ 165.3 ④ 248.5

해설 와류손(P_e) $\propto E^2$(주파수(f)는 무관계) $\frac{P_e'}{P_e}=\left(\frac{E'}{E}\right)^2$

$\therefore P_e'=200\times\left(\frac{3,000}{3,300}\right)^2=165.28 ≒ 165.3[W]$

39 정격 전압, 정격 주파수가 6,600/220[V], 60[Hz], 와류손이 720[W]인 단상 변압기가 있다. 이 변압기를 3,300[V], 50[Hz]의 전원에 사용하는 경우 와류손은 약 몇 [W]인가? [17년 3회 기사]

① 120 ② 150
③ 180 ④ 200

해설 $V_1=4.44fN_1\phi_m$에서 자속 밀도 $B_m\propto\frac{V_1}{f}$ 한다($B_m\propto\phi_m$).

와전류손 $P_e=\sigma_e(tk_f\cdot fB_m)^2\propto\left(f\cdot\frac{V_1}{f}\right)^2\propto V_1^2$

$\therefore P_e'=720\times\left(\frac{3,300}{6,600}\right)^2=180[W]$

기출 핵심 NOTE

36 변압기의 절연 내력 시험
- 가압 시험
- 유도 시험
- 충격 전압 시험

37 와전류손(P_e)

$P_e=\sigma_e k(tfB_m)^2\propto I_e^2[W/m^3]$

여기서, σ_e : 와전류 상수
k : 도전율[℧/m]
t : 철판 두께[m]
f : 주파수[Hz]
B_m : 최대 자속 밀도[Wb/m^2]
I_e : 와전류[A]

38 와전류손 P_e[W/m^3]

$P_e=\sigma_e k(tfB_m)^2\propto V_1^2$

정답 36. ③ 37. ④ 38. ③ 39. ③

40 주파수가 정격보다 3[%] 감소하고 동시에 전압이 정격보다 3[%] 상승된 전원에서 운전되는 변압기가 있다. 철손이 fB_m^2에 비례한다면 이 변압기 철손은 정격 상태에 비하여 어떻게 달라지는가? (단, f : 주파수, B_m : 자속 밀도 최대치이다.) [17년 2회 기사]

① 약 8.7[%] 증가　② 약 8.7[%] 감소
③ 약 9.4[%] 증가　④ 약 9.4[%] 감소

해설 변압기 전원 전압 $V_1 = 4.44fN_1\phi_m \propto fB_m$

$$B_m \propto \frac{V_1}{f}$$

$$P_i \propto fB_m^{\ 2} = f\left(\frac{V_1}{f}\right)^2 \propto \frac{V_1^{\ 2}}{f} = \frac{1.03^2}{0.97} = 1.0937$$

∴ 철손은 약 9.4[%] 증가한다.

41 부하 전류가 2배로 증가하면 변압기의 2차측 동손은 어떻게 되는가? [18년 2회 기사]

① $\frac{1}{4}$로 감소한다.　② $\frac{1}{2}$로 감소한다.
③ 2배로 증가한다.　④ 4배로 증가한다.

해설 변압기의 동손은($P_c = I^2r$[W]) 전류의 제곱에 비례하므로 부하 전류가 2배로 증가하면 동손은 4배로 증가한다.

42 일반적인 변압기의 손실 중에서 온도 상승에 관계가 가장 적은 요소는? [18년 3회 기사]

① 철손　② 동손
③ 와류손　④ 유전체손

해설 변압기 권선의 절연물에 의한 손실을 유전체손이라 하는데 그 크기가 매우 작으므로 온도 상승에 미치는 영향이 현저하게 작다.

43 200[kVA]의 단상 변압기가 있다. 철손이 1.6[kW]이고 전부하 동손이 2.5[kW]이다. 이 변압기의 역률이 0.8일 때 전부하 시의 효율은 약 몇 [%]인가? [16년 1회 산업]

① 96.5　② 97.0
③ 97.5　④ 98.0

해설

$$\eta_{0.8} = \frac{P\cos\theta}{P\cos\theta + P_i + P_c} \times 100 = \frac{200 \times 0.8}{200 \times 0.8 + 1.6 + 2.5} \times 100 = 97.5[\%]$$

기출 핵심 NOTE

40 • 철손

$P_i = P_h + P_e \fallingdotseq P_h$[W/m^3]

• 히스테리시스손 P_h[W/m^3]

$$P_h = \sigma_h f B_m^{\ 2} \propto \frac{V_1^{\ 2}}{f}$$

41 동손

$P_c = I^2 r$[W]

43 변압기의 전부하 시 효율 η[%]

$$\eta = \frac{P\cos\theta}{P\cos\theta + P_i + P_c} \times 100[\%]$$

정답 40. ③ 41. ④ 42. ④ 43. ③

44 철손 1.6[kW], 전부하 동손 2.4[kW]인 변압기에는 약 몇 [%] 부하에서 효율이 최대로 되는가? [16년 1회 기사]

① 82 ② 95
③ 97 ④ 100

해설 변압기의 효율은 $m^2 P_c = P_i$ 일 때 최고 효율이 되므로

$$\therefore m = \sqrt{\frac{P_i}{P_c}} = \sqrt{\frac{1.6}{2.4}} \fallingdotseq 0.8164 = 81.64 \fallingdotseq 82[\%]$$

45 150[kVA]의 변압기의 철손이 1[kW], 전부하 동손이 2.5[kW]이다. 역률 80[%]에 있어서의 최대 효율은 약 몇 [%]인가? [18년 1회 기사]

① 95 ② 96
③ 97.4 ④ 98.5

해설 변압기의 최대 효율 조건에서 $\frac{1}{m} = \sqrt{\frac{P_i}{P_c}} = \frac{1}{\sqrt{2.5}} = 0.632$

최대 효율 $\eta_m = \dfrac{\frac{1}{m}P \cdot \cos\theta}{\frac{1}{m}P \cdot \cos\theta + P_i + \left(\frac{1}{m}\right)^2 P_c} \times 100$

$$= \frac{0.632 \times 150 \times 0.8}{0.632 \times 150 \times 0.8 + 1 + 1} \times 100 = 97.4[\%]$$

46 변압기의 규약 효율 산출에 필요한 기본 요건이 아닌 것은? [17년 1회 기사]

① 파형은 정현파를 기준으로 한다.
② 별도의 지정이 없는 경우 역률은 100[%] 기준이다.
③ 부하손은 40[℃]를 기준으로 보정한 값을 사용한다.
④ 손실은 각 권선에 대한 부하손의 합과 무부하손의 합이다.

해설 변압기의 손실이란 각 권선에 대한 부하손의 합과 무부하손의 합계를 말한다. 지정이 없을 때는 역률은 100[%], 파형은 정현파를 기준으로 하고 부하손은 75[℃]로 보정한 값을 사용한다.

47 정격 용량 100[kVA]인 단상 변압기 3대를 △-△ 결선하여 300[kVA]의 3상 출력을 얻고 있다. 한 상에 고장이 발생하여 결선을 V결선으로 하는 경우 ㉠ 뱅크 용량[kVA], ㉡ 각 변압기의 출력[kVA]은? [16년 2회 기사]

① ㉠ 253, ㉡ 126.5 ② ㉠ 200, ㉡ 100
③ ㉠ 173, ㉡ 86.6 ④ ㉠ 152, ㉡ 75.6

기출 핵심 NOTE

44
- 변압기의 $\frac{1}{m}$ 부하 시 효율

$$\eta_{\frac{1}{m}} = \frac{\frac{1}{m}P \cdot \cos\theta}{\frac{1}{m}P \cdot \cos\theta + P_i + \left(\frac{1}{m}\right)^2 P_c} \times 100$$

- 최대 효율 조건

$$P_i = \left(\frac{1}{m}\right)^2 P_c$$

46 부하손(전부하 동손)

$P_c = I_1^{\,2} r_{21}$[W]

부하손은 온도에 따라 변화하기 때문에 75[℃]의 기준 온도로 보정한 값을 사용한다.

47 V결선의 특성
- 출력 : $P_V = \sqrt{3}P_1$
- 이용률 : $\frac{\sqrt{3}P_1}{2P_1} = 0.866$
- 출력비 : $\frac{P_V}{P_\triangle} = \frac{\sqrt{3}P_1}{3P_1} = 0.577$

정답 44. ① 45. ③ 46. ③ 47. ③

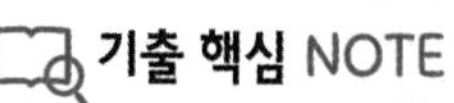

해설
- 뱅크 용량(V결선 출력)
  $P_V = \sqrt{3}\,P_1 = \sqrt{3} \times 100 = 173[\text{kVA}]$
- 각 변압기 출력(이용률 86.6[%]이므로)
  $P = 0.866P_1 = 0.866 \times 100 = 86.6[\text{kVA}]$

48 3대의 단상 변압기를 $\triangle - Y$로 결선하고 1차 단자 전압 V_1, 1차 전류 I_1이라 하면 2차 단자 전압 V_2와 2차 전류 I_2의 값은? (단, 권수비는 a이고, 저항, 리액턴스, 여자 전류는 무시한다.) [15년 2회 기사]

① $V_2 = \sqrt{3}\,\dfrac{V_1}{a}$, $I_2 = \sqrt{3}\,aI_1$

② $V_2 = V_1$, $I_2 = \dfrac{a}{\sqrt{3}}I_1$

③ $V_2 = \sqrt{3}\,\dfrac{V_1}{a}$, $I_2 = \dfrac{a}{\sqrt{3}}I_1$

④ $V_2 = \dfrac{V_1}{a}$, $I_2 = I_1$

해설
- 2차 단자 전압(선간 전압) $V_2 = \sqrt{3}\,V_{2p} = \sqrt{3}\,\dfrac{V_1}{a}$
- 2차 전류 $I_2 = aI_{1p} = a\dfrac{I_1}{\sqrt{3}}$

48 △-Y 결선
- 권수비 $a = \dfrac{E_1}{E_2} = \dfrac{I_{p2}}{I_{p1}}$
- $V_2 = \sqrt{3}\,E_2 = \sqrt{3}\,\dfrac{V_1}{a}$
- $I_2 = aI_{p1} = a\dfrac{I_1}{\sqrt{3}}$

49 단상 변압기 3대를 이용하여 3상 △-Y 결선을 했을 때 1차와 2차 전압의 각 변위(위상차)는? [18년 1회 기사]

① 0° ② 60°
③ 150° ④ 180°

해설 변압기에서 각 변위는 1차, 2차 유기 전압 벡터의 각각의 중성점과 동일 부호(U, u)를 연결한 두 직선 사이의 각도이며 △-Y 결선의 경우 330°와 150° 두 경우가 있다.

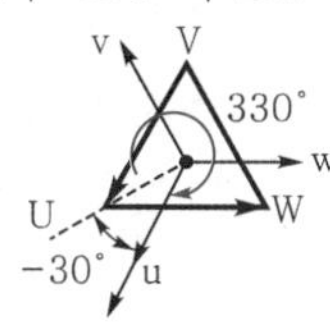

▌330°(-30°)▐

▌150°▐

49 • △-Y 결선
각 변위 : 330°(-30°), 150°
- 각 변위 : 1차와 2차가 대응하는 유도 전압 사이의 위상차

50 2대의 변압기로 V결선하여 3상 변압하는 경우 변압기 이용률은 약 몇 [%]인가? [19년 2회 기사]

① 57.8 ② 66.6
③ 86.6 ④ 100

정답 48. ③ 49. ③ 50. ③

해설 V결선 출력 $P_V = \sqrt{3}P_1$

이용률$=\dfrac{\sqrt{3}P_1}{2P_1}=0.866=86.6[\%]$

51 **변압기의 결선 방식에 대한 설명으로 틀린 것은?** [14년 3회 기사]

① Δ－Δ 결선에서 1상분의 고장이 나면 나머지 2대로써 V 결선 운전이 가능하다.
② Y－Y 결선에서 1차, 2차 모두 중성점을 접지할 수 있으며, 고압의 경우 이상 전압을 감소시킬 수 있다.
③ Y－Y 결선에서 중성점을 접지하면 제5고조파 전류가 흘러 통신선에 유도 장해를 일으킨다.
④ Y－Δ 결선에서 1상에 고장이 생기면 전원 공급이 불가능해진다.

해설 변압기의 결선에서 Y－Y 결선을 하면 제3고조파의 통로가 없어 기전력이 왜형파가 되며 중성점을 접지하면 대지를 귀로로 하여 제3고조파 순환 전류가 흘러 통신 유도 장해를 일으킨다.

52 **60[Hz], 1,328/230[V]의 단상 변압기가 있다. 무부하 전류 $I=3\sin\omega t+1.1\sin(3\omega t+\alpha_3)$[A]이다. 지금 위와 똑같은 변압기 3대로 Y－Δ 결선하여 1차에 2,300[V]의 평형 전압을 걸고 2차를 무부하로 하면 Δ회로를 순환하는 전류(실효치)는 약 몇 [A]인가?** [17년 3회 기사]

① 0.77　　② 1.10
③ 4.48　　④ 6.35

해설 권수비 $\dfrac{1,328}{230}$[V] 단상 변압기 3대를 Y－Δ 결선하여 1차에 2,300[V]의 전압을 공급하면

1차 상전압 $E_{1p}=\dfrac{2,000}{\sqrt{3}}=1,328$[V]이므로

2차 상전압 $E_{2p}=230$[V]이다.

따라서 2차 Δ회로에는 제3고조파 전류가 순환하므로

실효값 $I_3=\dfrac{I_{m3}}{\sqrt{2}}\times\dfrac{1,328}{230}=\dfrac{1.1}{\sqrt{2}}\times\dfrac{1,328}{230}\fallingdotseq 4.48[A]$

53 **단상 변압기의 병렬 운전 시 요구 사항으로 틀린 것은?** [19년 1회 기사]

① 극성이 같을 것
② 정격 출력이 같을 것
③ 정격 전압과 권수비가 같을 것
④ 저항과 리액턴스의 비가 같을 것

기출 핵심 NOTE

51 • Y－Y 결선
• 대지를 귀로로 제3고조파 순환 전류가 흘러 통신 유도 장해가 발생하므로 3권선 변압기를 사용하여 Y－Y－Δ 결선을 한다.

53 변압기의 병렬 운전
㉠ 병렬 운전 조건
• 각 변압기의 극성이 같을 것
• 각 변압기의 권수비가 같고, 1차와 2차의 정격 전압이 같을 것
• 각 변압기의 %임피던스 강하가 같을 것
※ 3상식에서는 위의 조건 이외에 각 변압기의 상회전 방향 및 각변위가 같을 것
㉡ 부하 분담비

$\dfrac{P_a}{P_b}=\dfrac{\%Z_b}{\%Z_a}\cdot\dfrac{P_A}{P_B}$

정답 51. ③ 52. ③ 53. ②

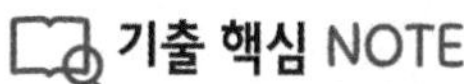

해설 **단상 변압기 병렬 운전 조건**
- 극성이 같을 것
- 1·2차 정격 전압과 권수비가 같을 것
- 퍼센트 임피던스가 같을 것
- 저항과 리액턴스의 비가 같을 것

54 **$\frac{3}{4}$ 부하에서 효율이 최대인 주상 변압기의 전부하 시 철손과 동손의 비는?** [19년 1회 기사]

① 8 : 4　　② 4 : 8
③ 9 : 16　　④ 16 : 9

해설 **최대 효율의 조건**

$P_i = \left(\frac{1}{m}\right)^2 P_c$이므로 손실이 $\frac{P_i}{P_c} = \left(\frac{1}{m}\right)^2 = \left(\frac{3}{4}\right)^2 = \frac{9}{16}$

$\therefore\ P_i : P_c = 9 : 16$

55 **단권 변압기의 설명으로 틀린 것은?** [14년 1회 기사]

① 1차 권선과 2차 권선의 일부가 공통으로 사용된다.
② 분로 권선과 직렬 권선으로 구분된다.
③ 누설 자속이 없기 때문에 전압 변동률이 작다.
④ 3상에는 사용할 수 없고, 단상으로만 사용한다.

해설 단권 변압기는 1, 2차 권선이 하나(분포, 직렬 권선)로 되어 있어 누설 자속, 전압 변동률 및 동손이 작고 매우 경제적이며 단상과 3상, 강압 및 승압용 변압기로 다양하게 사용된다.

56 **200[V]의 배전선 전압을 220[V]로 승압하여 30[kVA]의 부하에 전력을 공급하는 단권 변압기가 있다. 이 단권 변압기의 자기 용량은 약 몇 [kVA]인가?** [19년 2회 산업]

① 2.73　　② 3.55
③ 4.26　　④ 5.25

해설 단권 변압기에서 $\frac{\text{자기 용량}(P)}{\text{부하 용량}(W)} = \frac{V_h - V_l}{V_h}$이므로

자기 용량 $P = \frac{V_h - V_l}{V_h} W = \frac{220-200}{220} \times 30 = 2.73[\text{kVA}]$

57 **단권 변압기 2대를 V결선하여 선로 전압 3,000[V]를 3,300[V]로 승압하여 300[kVA]의 부하에 전력을 공급하려고 한다. 단권 변압기 1대의 자기 용량은 약 몇 [kVA]인가?** [16년 2회 기사]

① 9.09　　② 15.72
③ 21.72　　④ 31.50

54 최대 효율의 조건

$P_i = \left(\frac{1}{m}\right)^2 P_c$

56 단권 변압기

$\frac{\text{자기 용량}(P)}{\text{부하 용량}(W)} = \frac{V_h - V_l}{V_h}$

57 단권 변압기 2대 V결선

$\frac{P}{W} = \frac{1}{\frac{\sqrt{3}}{2}}\left(\frac{V_2 - V_1}{V_2}\right)$

정답 54. ③ 55. ④ 56. ① 57. ②

해설 단권 변압기 2대를 V결선하여 전력을 공급할 때

$\dfrac{\text{단권 변압기 용량}}{\text{부하 용량}}$: $\dfrac{P}{W}=\dfrac{1}{\frac{\sqrt{3}}{2}}\left(\dfrac{V_2-V_1}{V_2}\right)$이므로

단권 변압기 용량 $P=W\cdot\dfrac{2}{\sqrt{3}}\left(\dfrac{V_1-V_2}{V_1}\right)$

$=300\times\dfrac{2}{\sqrt{3}}\times\dfrac{3{,}300-3{,}000}{3{,}300}$

$=31.49[\text{kVA}]$

단권 변압기 1대 용량 $P_1=\dfrac{P}{2}=\dfrac{31.49}{2}=15.74[\text{kVA}]$

기출 핵심 NOTE

58 1차 전압 V_1, 2차 전압 V_2인 단권 변압기를 Y결선했을 때, 등가 용량과 부하 용량의 비는? (단, $V_1 > V_2$이다.)

[19년 3회 기사]

① $\dfrac{V_1-V_2}{\sqrt{3}\,V_1}$ ② $\dfrac{V_1-V_2}{V_1}$

③ $\dfrac{V_1^2-V_2^2}{\sqrt{3}\,V_1V_2}$ ④ $\dfrac{\sqrt{3}(V_1-V_2)}{2V_1}$

해설 단권 변압기를 Y결선했을 때 부하 용량(W)에 대한 등가 용량(P)의 비는 다음과 같다.

$\dfrac{P(\text{등가 용량})}{W(\text{부하 용량})}=\dfrac{V_h-V_l}{V_h}=\dfrac{V_1-V_2}{V_1}$

58 단권 변압기의 Y결선

$\dfrac{P}{W}=\dfrac{V_h-V_l}{V_h}$

59 누설 변압기에 필요한 특성은 무엇인가?

[19년 2회 산업]

① 수하 특성 ② 정전압 특성

③ 고저항 특성 ④ 고임피던스 특성

해설 누설 변압기는 누설 자속의 통로를 설치하여 2차 전류가 증가하면 2차 유도 전압이 크게 감소하는 수하 특성을 갖는 변압기로 아크 방전등, 아크 용접기 등에 사용된다.

59 누설 변압기(아크 용접기용)

수하 특성(정전류 특성)

60 변류기 개방 시 2차측을 단락하는 이유는?

[16년 1회 기사]

① 2차측 절연 보호 ② 2차측 과전류 보호

③ 측정 오차 방지 ④ 1차측 과전류 방지

해설 운전 중 변류기 2차측이 개방되면 부하 전류가 모두 여자 전류가 되어 2차 권선에 대단히 높은 전압이 인가하여 2차측 절연이 파괴된다. 그러므로 2차측에 전류계 등 기구가 연결되지 않을 때에는 단락을 하여야 한다.

60 변류기 2차측 단락

변류기 2차 개방 시 고전압 $\left(e=-n_2\dfrac{d\phi}{dt}\right)$이 유도되어 절연 파괴의 위험이 있으므로 변류기 2차측 단락하고 전류계 등을 교체한다.

정답 58. ② 59. ① 60. ①

CHAPTER

04 유도기

출제비율

기 사 25

산업기사 25

%

기출개념 01 유도 전동기의 원리와 구조

유도기
- 유도 전동기
  - 3상 유도 전동기
  - 단상 유도 전동기
- 유도 전압 조정기
- 유도 발전기, 유도 주파수 변환장치

[1] 유도 전동기의 원리

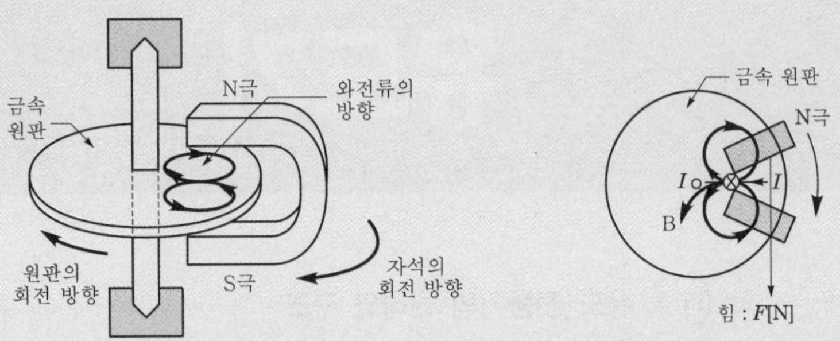

유도 전동기의 원리는 아라고(Arago) 원판의 회전 원리를 이해하면 보다 쉽게 이해할 수 있다. 아라고 원판의 회전 원리는 비자성체인 구리 또는 알루미늄으로 제작된 원판을 회전할 수 있도록 지지하고 말굽 모양의 영구자석을 원판 주위를 따라 시계 방향으로 회전하면 전자 유도에 의해 원판에서 맴돌이 전류가 흐르고 여기에 플레밍의 왼손 법칙을 적용하면 원판에서 자석의 회전 방향으로 힘이 발생하여 영구자석보다 조금 늦은 속도로 원판이 회전하는데 이것을 아라고 원판의 회전 원리라 한다.

유도 전동기는 영구자석을 회전시키는 대신 고정자 권선에 3상 교류를 공급하면 회전 자계가 발생하여 원통 모양의 회전자가 회전을 한다.

(1) 회전 자계의 발생 과정

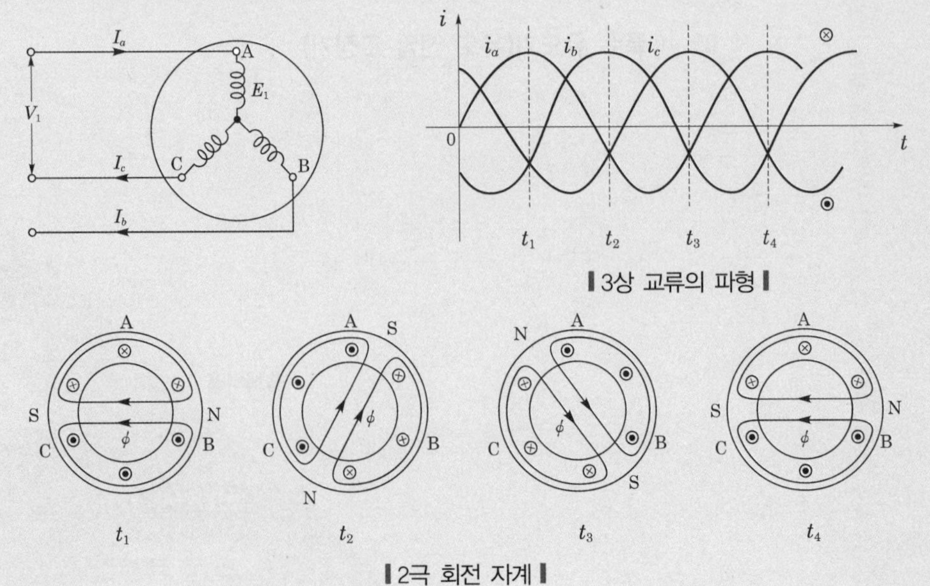

▌3상 교류의 파형▐

▌2극 회전 자계▐

(2) **회전 자계의 회전 속도**

$$n_s = \frac{2f}{P}[\text{rps}]$$

$$N_s = \frac{120 \cdot f}{P}[\text{rpm}]$$ 동기 속도로 회전한다.

[2] 유도 전동기의 구조

(1) 고정자(1차)

3상 교류 전원을 공급받아 회전 자계를 발생하는 부분으로 고정자 철심과 고정자 권선으로 구성된다.

① 고정자 철심 : 규소 강판을 성층 철심하여 사용한다.

② 고정자 권선 : 연동선 절연하여 3상 권선을 고정자 철심의 홈(slot)에 배열한다.

(2) 회전자(2차)

고정자에서 발생하는 회전 자계와 같은 방향으로 회전하는 부분이며 회전자의 형태에 따라 권선형과 농형으로 분류된다.

① 권선형 유도 전동기
- 회전자 철심에 3상 권선을 배열한다.
- 기동 특성이 양호하다(비례추이 할 수 있다).

② 농형 유도 전동기
- 회전자 철심에 도체봉과 단락환을 배열한다.
- 구조가 간결하고 튼튼하다.

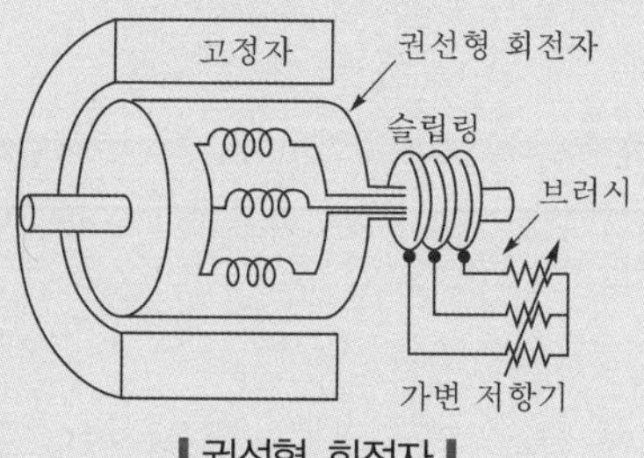

▌권선형 회전자▐

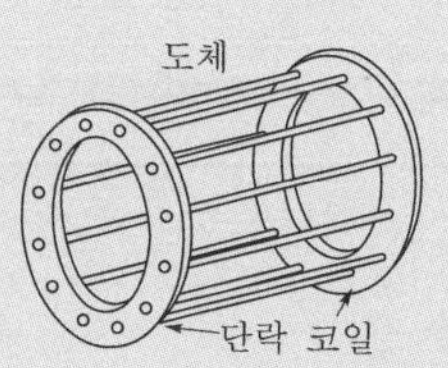

▌농형 회전자▐

기·출·개·념 **문제**

3상 유도 전동기의 회전 방향은 이 전동기에서 발생되는 회전 자계의 회전 방향과 어떤 관계에 있는가? 12·04·01·95 기사

① 아무 관계도 아니다.
② 회전 자계의 회전 방향으로 회전한다.
③ 회전 자계의 반대 방향으로 회전한다.
④ 부하 조건에 따라 정해진다.

해설 3상 유도 전동기의 고정자에 교류 전원을 공급하면 회전 자계가 발생하고, 전동기의 회전 방향, 회전 자계의 진행 방향으로 회전한다.

답 ②

기출개념 02 유도 전동기의 특성

[1] 동기 속도와 슬립

(1) 동기 속도 N_s[rpm]

고정자에서 발생하는 회전 자계의 회전 속도는 동기 속도로 회전한다.

$$N_s = \frac{120 \cdot f}{P}[\mathrm{rpm}]$$

(2) 슬립(slip) s

동기 속도에 대한 상대 속도의 비를 슬립이라 한다.

$$s = \frac{N_s - N}{N_s} = \frac{N_s - N}{N_s} \times 100[\%]$$

① 유도 전동기의 슬립 : $1 > s > 0$

- 기동 시 : $N = 0$, $s = 1$
- 무부하 시 : $N_0 \fallingdotseq N_s$, $s = 0$

②

제동기	유도 전동기	유도 발전기
$s > 1$	$s = 1$ $1 > s > 0$ $s = 0$	$s < 0$

[2] 1·2차 유기 기전력 및 권수비

(1) 1차 유기 기전력

$E_1 = 4.44 f_1 N_1 \phi_m K_{w_1}[\mathrm{V}]$

(2) 2차 유기 기전력

$E_2 = 4.44 f_2 N_2 \phi_m K_{w_2}[\mathrm{V}]$ (정지 시 : $f_1 = f_2$)

(3) 권수비

$$a = \frac{E_1}{E_2} = \frac{N_1 K_{w_1}}{N_2 K_{w_2}} = \frac{I_2}{I_1}$$

(4) 전동기가 슬립 s로 회전 시

① 1차 주파수 : $f_1 = \dfrac{P}{120} N_s \left(N_s = \dfrac{120 f_1}{P}\right)$

② 2차 주파수 : $f_{2s} = \dfrac{P}{120}(N_s - N) = s f_1[\mathrm{Hz}]$

③ 2차 유기 기전력 : $E_{2s} = s E_2[\mathrm{V}]$

④ 2차 리액턴스 : $x_{2s} = s x_2[\Omega]$

[3] 2차 전류와 등가 회로

(1) 슬립 s로 회전 시 유도 전동기의 등가 회로

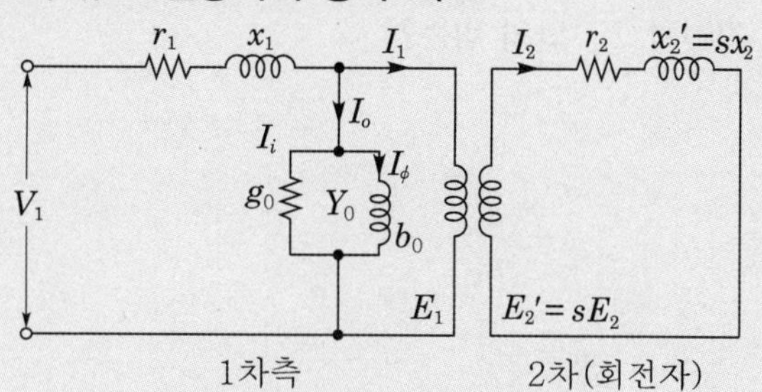

▌유도 전동기의 등가 회로▐

(2) 2차 전류 I_2[A]

$$I_2=\frac{sE_2}{r_2+jsx_2}=\frac{E_2}{\frac{r_2}{s}+jx_2}=\frac{E_2}{r_2+jx_2+\frac{r_2}{s}-r_2}$$

▌출력 정수가 있는 등가 회로▐

출력 정수 또는 등가 저항 R

$$R=\frac{r_2}{s}-r_2=\left(\frac{1}{s}-1\right)r_2=\frac{1-s}{s}r_2$$

기·출·개·념 **문제**

1. 유도 전동기의 슬립(slip) s의 범위는? 10·94·92 기사

① $1>s>0$ ② $0>s>-1$ ③ $0>s>1$ ④ $-1<s<1$

(해설) 유도 전동기의 슬립 $s=\frac{N_s-N}{N_s}$에서 기동 시($N=0$) : $s=1$

무부하 시($N_0 \fallingdotseq N_s$) : $s=0$

$\therefore\ 1>s>0$

답 ①

2. 3상 6극 50[Hz] 유도 전동기가 있다. 전부하에서 960[rpm]으로 회전할 때 슬립[%]과 2차 유기 기전력의 주파수[Hz]는? 14·05 기사

① 4, 2 ② 4, 4 ③ 6, 2 ④ 6, 4

(해설) $N_s=\frac{120\times 50}{6}=1{,}000$[rpm]

$s=\frac{N_s-N}{N_s}=\frac{1{,}000-960}{1{,}000}=0.04=4[\%]$

$\therefore\ f_2'=sf_1=0.04\times 50=2$[Hz]

답 ①

기·출·개·념 **문제**

3. 회전자가 슬립 s로 회전하고 있을 때 고정자, 회전자의 실효 권수비를 a라 하면 고정자 기전력 E_1과 회전자 기전력 E_{2s}와의 비는? 11·01·00·97 기사/12·88 산업

① $\dfrac{a}{s}$ ② sa ③ $(1-s)a$ ④ $\dfrac{a}{1-s}$

(해설) 정지 시 권수비 $a=\dfrac{E_1}{E_2}=\dfrac{N_1K_{w1}}{N_2K_{w2}}$

운전 시 권수비 $a'=\dfrac{E_1}{E_2'}=\dfrac{E_1}{sE_2}=\dfrac{1}{s}a$

답 ①

4. 슬립 4[%]인 유도 전동기의 정지 시 2차 1상 전압이 150[V]이면 운전 시 2차 1상 전압[V]은? 12·91 기사/98 산업

① 9 ② 8 ③ 7 ④ 6

(해설) $E_{2s}=sE_2=0.04\times150=6[\text{V}]$

답 ④

5. 권선형 유도 전동기의 슬립 s에 있어서의 2차 전류[A]는? (단, E_2, X_2는 전동기 정지 시의 2차 유기 전압과 2차 리액턴스로 하고, R_2는 2차 저항으로 한다.) 01 기사/03·97·94 산업

① $\dfrac{E_2}{\sqrt{\left(\dfrac{R_2}{s}\right)^2+X_2^{\,2}}}$ ② $\dfrac{sE^2}{\sqrt{R_2^{\,2}\dfrac{X_2^{\,2}}{s}}}$ ③ $\dfrac{E_2}{\left(\dfrac{R_2}{1-s}\right)^2+X_2}$ ④ $\dfrac{E_2}{\sqrt{(sR_2)^2+X_2^{\,2}}}$

(해설) 2차 기전력 $E_{2s}=sE_2[\text{V}]$

2차 임피던스 $Z_2=R_2+jsX_2[\Omega]$

2차 전류 $I_2=\dfrac{sE_2}{\sqrt{R_2^{\,2}+(sX_2)^2}}=\dfrac{E_2}{\sqrt{\left(\dfrac{R_2}{s}\right)^2+X_2^2}}[\text{A}]$

답 ①

6. 다상 유도 전동기의 등가 회로에서 기계적 출력을 나타내는 상수는? 92 산업

① $\dfrac{r_2'}{s}$ ② $(1-s)r_2'$ ③ $\dfrac{s-1}{s}r_2'$ ④ $\left(\dfrac{1}{s}-1\right)r_2'$

(해설) 기계적 출력 정수(등가 저항) R

$$I_2=\frac{sE_2}{r_2+jsx_2}=\frac{E_2}{\dfrac{r_2}{s}+jx_2}=\frac{E_2}{r_2+jx_2+\dfrac{r_2}{s}-r_2}$$

$$\therefore\ R=\frac{r_2}{s}-r_2=\left(\frac{1}{s}-1\right)r_2=\frac{1-s}{s}\cdot r_2$$

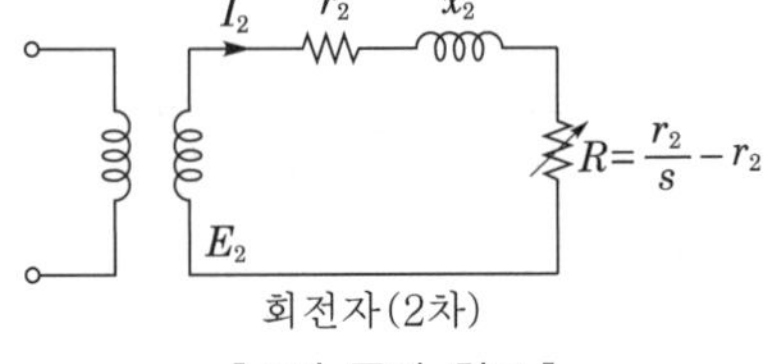

▌2차 등가 회로▐

답 ④

[4] 2차 입력, 기계적 출력 및 2차 동손의 관계

(1) 2차 입력(동기 와트) : P_2[W]

$$P_2 = I_2^{\,2}(R+r_2) = I_2^{\,2}\frac{r_2}{s}\,[\mathrm{W}]\text{(1상의 2차 입력)}$$

(2) 기계적 출력 : P_0[W](기계손이 포함된 출력)

$$P_0 = I_2^{\,2}R = I_2^{\,2}\frac{1-s}{s}r_2\,[\mathrm{W}]$$

(3) 2차 동손 : P_{2c}[W]

$$P_{2c} = I_2^{\,2}r_2\,[\mathrm{W}]$$

2차 입력 : 기계적 출력 : 2차 동손

$$P_2 \;:\; P_0 \;:\; P_{2c} = 1 : 1-s : s$$

[5] 유도 전동기의 회전 속도와 토크

(1) 회전 속도 : N[rpm]

슬립 $s = \dfrac{N_s - N}{N_s}$에서 $N = N_s(1-s) = \dfrac{120f}{P}(1-s)$[rpm]

(2) 유도 전동기의 토크(torque 회전력) : T[N·m]

$$T = \frac{P}{\omega} = \frac{P_0}{2\pi\dfrac{N}{60}} = \frac{P_2(1-s)}{2\pi\dfrac{N_s(1-s)}{60}} = \frac{P_2}{2\pi\dfrac{N_s}{60}}\,[\mathrm{N\cdot m}]$$

$$\tau = \frac{T}{9.8} = \frac{60}{9.8\times 2\pi}\cdot\frac{P_2}{N_s} = 0.975\frac{P_2}{N_s}\,[\mathrm{kg\cdot m}]$$

(3) 동기 와트로 표시한 토크 : T_s

$$T = \frac{0.975}{N_s}\cdot P_2\text{(}N_s\text{ 일정하므로)}$$

$T_s = P_2$(2차 입력 P_2를 동기 와트라 한다)

기·출·개·념 **문제**

1. 출력 3[kW], 회전수 1,500[rpm]인 전동기의 토크는 몇 [kg·m]인가? `09 기사`

① 1.95 ② 2.95

③ 4 ④ 5

해설 $\tau = \dfrac{P}{9.8\omega} = \dfrac{P}{9.8\times 2\pi n} = \dfrac{P}{9.8\times 2\pi\times\dfrac{N}{60}} = \dfrac{1}{9.8}\times\dfrac{60}{2\pi}\times\dfrac{P}{N} \fallingdotseq 0.975\dfrac{P}{N} = 0.975\times\dfrac{3\times 10^3}{1{,}500}$

$= 1.95$[kg·m]

답 ①

기·출·개·념 문제

2. 유도 전동기에 있어서 2차 입력 P_2, 출력 P_o, 슬립(slip) s 및 2차 동손 P_{c2}와의 관계를 선정하면? 11·83 기사

① $P_2 : P_o : P_{c2} = 1 : s : 1-s$

② $P_2 : P_o : P_{c2} = 1-s : 1 : s$

③ $P_2 : P_o : P_{c2} = 1 : \dfrac{1}{s} : 1-s$

④ $P_2 : P_o : P_{c2} = 1 : 1-s : s$

(해설) $P_2 : P_o : P_{c2} = 1 : 1-s : s$

2차 입력 $P_2 = I_2^{\,2}(r_2 + R) = I_2^{\,2} \cdot \dfrac{r_2}{s}$[W](1상당)

기계적 출력 $P_o = I_2^{\,2} \cdot R = I_2^{\,2} \cdot \dfrac{1-s}{s} r_2$

2차 동손 $P_{c2} = I_2^{\,2} \cdot r_2$

$P_2 : P_o : P_{c2} = 1 : 1-s : s$

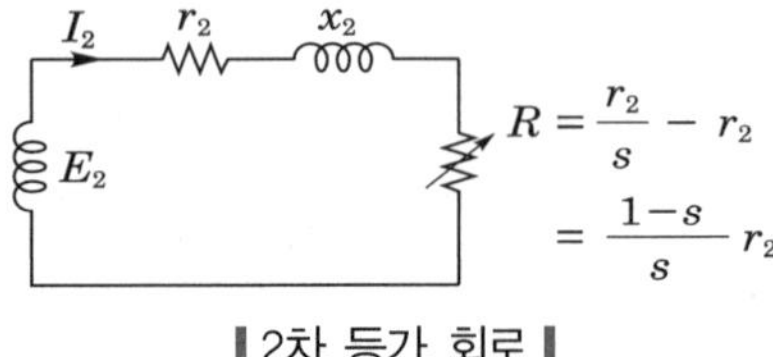

▌2차 등가 회로▐

답 ④

3. 3상 유도 전동기의 출력 15[kW], 60[Hz], 4극, 전부하 운전 시 슬립(slip)이 4[%]라면 이때의 2차(회전자)측 동손[kW] 및 2차 입력[kW]은? 03 기사/92 산업

① 0.4, 136

② 0.625, 15.6

③ 0.06, 156

④ 0.8, 13.6

(해설) 2차 입력 $P_2 = \dfrac{P}{1-s}$[kW], 2차 동손 $P_{2c} = sP_2$[kW]

$P_2 : P_o : P_{c2} = 1 : 1-s : s$에서 $P_o = (1-s)P_2$

$\therefore P_2 = \dfrac{P_o}{1-s} = \dfrac{15}{1-0.04} = 15.625$[kW] (기계적 출력 $P_o = P$(정격 출력)+기계손≒ P)

$\therefore P_{2c} = s \cdot P_2$

$= 0.04 \times 15.625 = 0.625$[kW]

답 ②

4. 60[Hz], 슬립 3[%], 회전수 1,164[rpm]인 유도 전동기의 극수는? 97 기사/13·96 산업

① 4

② 6

③ 8

④ 10

(해설) 회전수 $N = N_s(1-s)$

$\therefore N_s = \dfrac{N}{1-s}$

$= \dfrac{1{,}164}{1-0.03} = 1{,}200$[rpm]

극수 $P = \dfrac{120f}{N_s}$

$= \dfrac{120 \times 60}{1{,}200} = 6$극

답 ②

기출개념 03 토크 특성 곡선과 비례 추이

[1] 슬립 대 토크 특성 곡선

공급 전압(V_1) 일정 상태에서 슬립과 토크의 관계 곡선

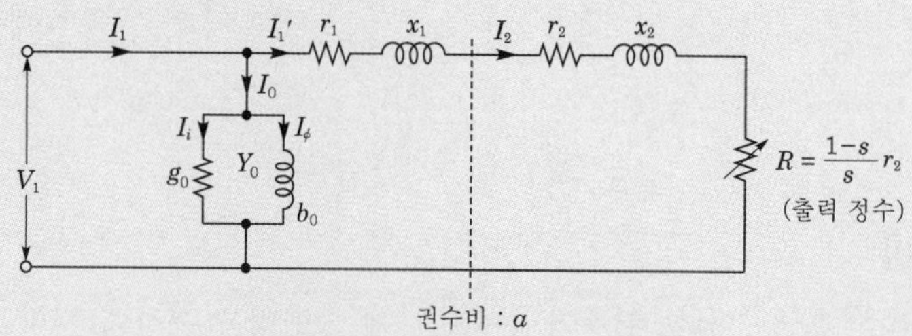

▌유도 전동기 간이 등가 회로▐

(1) 2차 → 1차로 환산한 저항과 리액턴스

$r_2{}' = a^2 \cdot r_2$, $x_2{}' = a^2 x_2$

(2) 1차 부하 전류 : I_1'

$$I_1' = \frac{V_1}{\sqrt{\left(r_1 + \frac{r_2'}{s}\right)^2 + (x_1 + x_2')^2}}$$

(3) 동기 와트로 표시한 토크

$$T_s = P_2 = I_2{}^2 \frac{r_2}{s} = I_1^{2'} \frac{r_2{}'}{s} \text{에서 } T_s = \frac{V_1{}^2 \frac{r_2{}'}{s}}{\left(r_1 + \frac{r_2{}'}{s}\right)^2 + (x_1 + x_2{}')^2} \propto V_1{}^2$$

(4) 기동(시동) 토크 : $T_{ss}(s=1)$

$$T_{ss} = \frac{V_1{}^2 r_2}{(r_1 + r_2{}')^2 + (x_1 + x_2{}')^2} \propto r_2$$

(5) 최대(정동) 토크 : $T_{sm}(s = s_t)$

① 최대 토크 발생 슬립 : s_t

$\frac{dT_s}{ds} = 0$에서 s_t를 구하면 $s_t = \frac{r_2{}'}{\sqrt{r_1{}^2 + (x_1 + x_2{}')^2}} \propto r_2$

② 최대 토크 : T_{sm}

$$T_{sm} = \frac{V_1{}^2}{2\left\{r_1 + \sqrt{r_1{}^2 + (x_1 + x_2{}')^2}\right\}} \neq r_2 \text{(최대 토크는 2차 저항과 무관하다)}$$

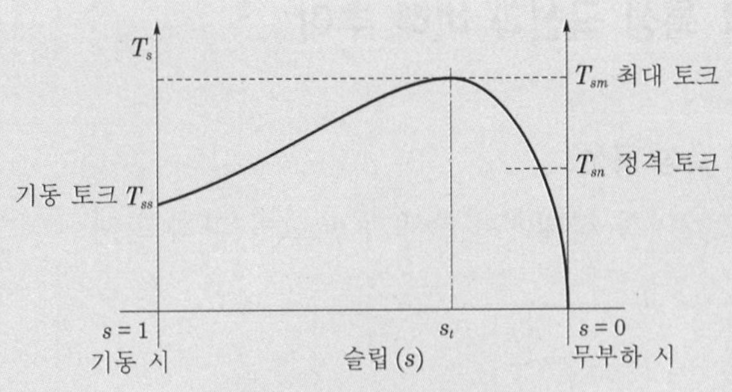

▌슬립 대 토크 특성 곡선▐

[2] 비례 추이

비례 추이는 3상 권선형 전동기의 회전자에 슬립링을 통하여 저항을 연결하고, 2차 합성 저항을 조정하면 토크, 전류 및 역률 등이 비례하여 변화하는데 이것을 비례 추이라 한다.

회전자(2차)에 저항을 접속하여 비례 추이를 하는 목적은 다음과 같다.

① 기동 토크 증대
② 기동 전류 제한
③ 속도 제어(최대 토크는 불변이다)

동기 와트로 표시한 토크 $T_s \propto \dfrac{r_2}{s}$의 함수이므로 $\dfrac{r_2}{s} = \dfrac{r_2+R}{s'} = \dfrac{kr_2}{ks}$이면, T_s는 동일하다.

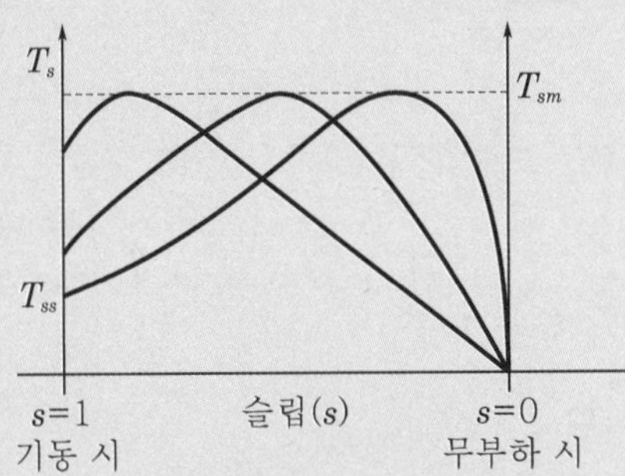

▌토크의 비례 추이 곡선▐

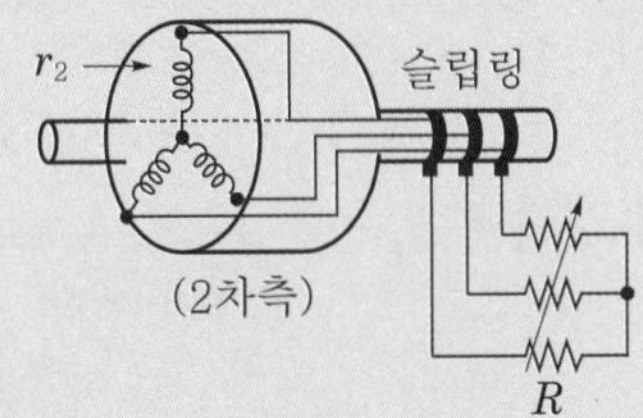

▌2차측 저항 연결▐

기·출·개·념 **문제**

1. 3상 권선형 유도 전동기의 2차 회로에 저항을 삽입하는 목적이 아닌 것은? 12·97·93·86 산업

① 속도는 줄어들지만 최대 토크를 크게 하기 위하여
② 속도 제어를 하기 위하여
③ 기동 토크를 크게 하기 위하여
④ 기동 전류를 줄이기 위하여

해설 **2차 회로(회전자)에 저항을 삽입하는 목적**

비례 추이 원리에 의하여

- 기동 토크 증대
- 기동 전류 감소
- 속도를 제어할 수 있다.

* 최대 토크는 일정하다.

최대 토크(정동 토크) $T_{sm} = \dfrac{V_1^2}{2\left\{r_1 + \sqrt{r_1^2 + (x_1 + x_2')^2}\right\}} \neq r_2$(무관하다)

답 ①

2. 3상 권선형 유도 전동기의 전부하 슬립이 5[%], 2차 1상의 저항 0.5[Ω]이다. 이 전동기의 기동 토크를 전부하 토크와 같도록 하려면 외부에서 2차에 삽입할 저항은 몇 [Ω]인가? 13·03 기사/13 산업

① 10
② 9.5
③ 9
④ 8.5

해설 $\dfrac{r_2}{s_m} = \dfrac{r_2 + R_s}{s_s}$

기동 시 $s_s = 1$이므로 $\dfrac{r_s}{s_m} = \dfrac{r_2 + R_s}{1}$

$\therefore\ R_s = \dfrac{r_2}{s_m} - r_2 = \left(\dfrac{1}{s_m} - 1\right) r_2 = \left(\dfrac{1 - s_m}{s_m}\right) r_2$

$= \left(\dfrac{1 - 0.05}{0.05}\right) \times 0.5 = 9.5[\Omega]$

답 ②

3. 유도 전동기에서 비례 추이하지 않는 것은? 12·87 기사/14·11·09·04 산업

① 1차 전류
② 동기 와트
③ 효율
④ 역률

해설 $\left(\dfrac{r_2}{s}\right)$가 들어 있는 함수(토크, 전류, 동기 와트, 역률)는 비례 추이를 할 수 있고, 출력, 효율 및 2차 동손은 비례 추이가 불가능하다.

답 ③

기출개념 04 유도 전동기의 손실과 효율

[1] 손실(loss) : P_l[W]

(1) 무부하손(고정손)

① 철손 : $P_i = P_h + P_e$

② 기계손=풍손+마찰손

(2) 부하손(가변손)

① 동손 : P_c=1차 동손+2차 동손

② 표유 부하손 : 표피 효과, 누설 자속 등 측정하기 곤란한 약간의 손실

[2] 효율(efficiency) : η[%]

(1) 1차 효율

$$\eta_1 = \frac{P}{P_1} \times 100 = \frac{P}{\sqrt{3} \cdot V \cdot I \cdot \cos\theta} \times 100[\%]$$

(2) 2차 효율

$$\eta_2 = \frac{P}{P_2} \times 100 = (1-s) \times 100 = \frac{N}{N_s} \times 100[\%]$$

(기계적 출력 P_o=출력 P+기계손 ≒ P)

기·출·개·념 **문제**

1. 3상 유도 전동기의 회전자 입력 P_2, 슬립 s이면 2차 동손은? 12·03·94 기사/12 산업

① $(1-s)P_2$ ② $\frac{P_2}{s}$

③ $\frac{(1-s)P_2}{s}$ ④ sP_2

(해설) $P_2 : P_{2c} = 1 : s$

$\therefore P_{2c} = sP_2$

답 ④

2. 슬립 6[%]인 유도 전동기의 2차측 효율[%]은? 14 기사/11·05·02 산업

① 94 ② 84

③ 90 ④ 88

(해설) $\eta_2 = \frac{P_0}{P_2} \times 100 = (1-s) \times 100 = (1-0.06) \times 100 = 94[\%]$

답 ①

기출 개념 05

하일랜드(Heyland) 원선도

유도 전동기의 실부하 시험을 하지 않고 전동기에 대한 간단한 시험의 결과로부터 전동기의 특성을 쉽게 구할 수 있도록 작성한 1차 전류의 벡터 궤적을 하일랜드 원선도라 한다.

(1) 원선도 작성 시 필요한 시험

① 무부하 시험

② 구속 시험

③ 권선 저항 측정

(2) 원선도 반원의 직경은 전동기의 저항이 0일 때 전류이므로 전압에 비례하고 리액턴스에 반비례한다.

* 원선도 반원의 직경 : $D \propto \dfrac{E}{x}$

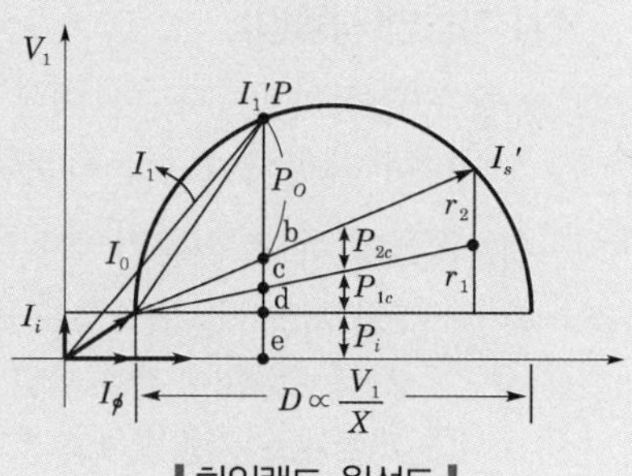

▌하일랜드 원선도▐

기·출·개·념 **문제**

1. 3상 유도 전동기의 원선도를 그리는 데 필요하지 않은 실험은? 05·00 기사/10 산업

① 정격 부하 시의 전동기 회전 속도 측정

② 구속 시험

③ 무부하 시험

④ 권선 저항 측정

(해설) 하일랜드(Heyland) 원선도를 그리는 데 필요한 시험은 다음과 같다.

- 무부하 시험 : $I_0 = I_i + I_\phi$, P_i
- 구속 시험(단락 시험)
- 1차, 2차 권선의 저항 측정

답 ①

2. 유도 전동기 원선도에서 원의 지름은? (단, E를 1차 전압, r은 1차로 환산한 저항, x를 1차로 환산한 누설 리액턴스라 한다.) 09·93 기사/01·93·90·84 산업

① rE에 비례

② rxE에 비례

③ $\dfrac{E}{r}$에 비례

④ $\dfrac{E}{x}$에 비례

(해설) 하일랜드 원선도의 지름(직경)은 저항 $R=0$일 때 전류의 크기이다.

따라서, $I = \dfrac{V_1}{R+jx} \propto \dfrac{E}{x}$

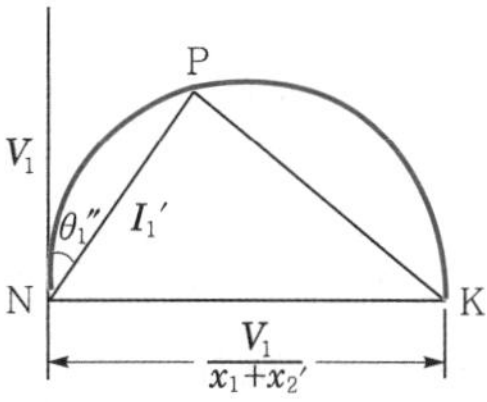

답 ④

기출개념 06 유도 전동기의 운전법

유도 전동기의 운전법
- 기동법
- 속도 제어
- 제동법

[1] 기동법(시동법)

유도 전동기의 기동 시 기동 전류는 정격 전류의 5~7배 정도 증가하므로 기동 전류를 적당히 제한하여 시동하는 방법을 기동법이라 한다.

(1) 권선형 유도 전동기

① 2차 저항 기동법 : 유도 전동기의 2차측에 저항을 접속하여 기동 토크는 증대하고, 기동 전류는 감소시킬 수 있는 기동법이다.

② 게르게스 기동법 : 회전자 권선의 결선을 바꾸어 기동하는 방법이다.

(2) 농형 유도 전동기

① 전전압 기동(직입 기동) : 정격 출력 $P = 5$[HP] 이하의 소용량 전동기의 경우 직접 정격 전압을 인가하여 기동하는 방법이다.

② Y-△ 기동법 : 고정자의 권선을 기동 시 Y결선하여 기동하고 운전 시에는 △결선으로 변경하는 기동 방법으로 출력 $P = 5 \sim 15$[kW] 정도의 중용량 전동기에 주로 사용한다.

- 기동 전류 $\frac{1}{3}$로 감소
- 기동 토크 $\frac{1}{3}$로 감소

③ 리액터 기동법 : 전동기의 1차측에 직렬로 리액터를 접속하고 전압 강하에 의해 기동 전류를 제한하여 기동하는 방법이다.

④ 기동 보상기 기동법 : 기동 시 1차측에 단권 변압기를 접속하고 기동 전압을 감소하므로 기동 전류를 제한하여 기동하는 방법이다.
출력 $P = 20$[kW] 이상 대용량 전동기의 기동법이다.

⑤ 콘도르퍼(Korndorfer) 기동법 : 기동 보상 기법과 리액터 기동을 병행하여 기동하는 방법으로 기동 보상기 기동법의 단점을 보완한 기동법이다.

[2] 유도 전동기의 속도 제어

회전 속도 $N = N_s(1-s) = \dfrac{120 \cdot f}{P}(1-s)$[rpm]

(1) 주파수 제어

공급 전압의 주파수를 변환하여 속도를 제어하는 방법으로 일정 자속(토크) 유지를 위해 공급 전압은 주파수에 비례하여 변화시킨다.

(2) 극수 변환 제어

고정자 권선의 결선을 바꿔서 극수 P를 변환하여 속도를 제어하는 방법이다.

(3) 1차 전압 제어

유도 전동기의 토크는 전압의 제곱에 비례하므로 1차 전압을 조정하여 슬립의 변화로 속도를 제어하는 방법이다.

(4) 2차 저항 제어

권선형 유도 전동기의 2차에 외부에서 저항을 접속하고 비례 추이 원리를 이용하여 속도를 제어하는 방법이다.

(5) 종속 접속 제어

2대의 권선형 전동기를 종속으로 접속하여 극수 변환에 의한 속도를 제어하는 방법이다.

① 직렬 종속 : $N=\dfrac{120f}{P_1+P_2}$[rpm]

② 차동 종속 : $N=\dfrac{120f}{P_1-P_2}$[rpm]

③ 병렬 종속 : $N=\dfrac{120f}{\dfrac{P_1+P_2}{2}}=\dfrac{2\times120f}{P_1+P_2}$[rpm]

(6) 2차 여자 제어

권선형 유도 전동기의 회전자에 2차 유기 기전력 sE_2의 주파수와 동일한 주파수의 슬립 주파수 전압(E_c)을 공급하여 슬립의 변화에 의해 속도를 제어하는 방법이다.

2차 전류 $I_2=\dfrac{sE_2\pm E_c}{r_2+jsx_2}\fallingdotseq\dfrac{sE_2\pm E_c}{r_2}$에서

(부하가 일정한 경우 I_2는 일정하다)

① E_c를 sE_2와 동일 방향 : 속도 상승

② E_c를 sE_2와 반대 방향 : 속도 하강

③ E_c를 sE_2보다 위상이 90° 앞선 방향 : 역률 개선

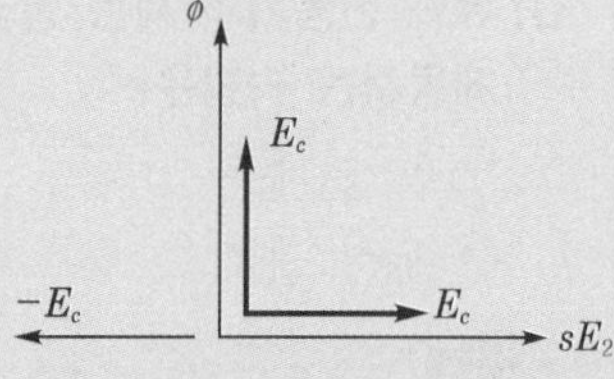

▍슬립 주파수 전압(E_c) 벡터도▍

[3] 제동법(전기적 제동)

(1) 단상 제동

유도 전동기의 1차에 단상 전원을 공급하고, 2차 저항을 증가하면 역토크가 발생하여 제동이 이루어진다.

(2) 직류 제동(발전 제동)

3상 교류 전원 대신 직류 전압을 공급하면 고정된 자극이 만들어져 발전기로 동작하는데 발생된 전력을 저항에서 열로 소비하여 제동하는 방법이다.

(3) 회생 제동

유도 전동기를 부하에 의해 유도 발전기로 동작시켜 전력을 전원측으로 환원하여 제동하는 방법이다.

(4) 역상 제동

전동기의 1차 권선 3선 중 2선의 결선을 반대로 바꾸면 역토크가 발생하여 급제동(plugging)이 이루어진다.

기·출·개·념 문제

1. 농형 유도 전동기의 기동에 있어 옳지 않은 방법은? 18·10·02·01·93 기사/04 산업

① Y−△ 기동
② 2차 저항에 의한 기동
③ 전전압 기동
④ 단권 변압기에 의한 기동

(해설) • 농형 유도 전동기의 기동법 : 전전압 기동법, Y−△ 기동법, 변연장 △결선법, 기동 보상 기법, 콘도르퍼법 등이 있다.
• 권선형 유도 전동기의 기동법 : 기동 저항 기법, 게르게스법 등이 있다.

답 ②

2. 8극과 4극인 2개의 유도 전동기를 종속법에 의한 직렬 종속법으로 속도 제어를 할 때, 주파수가 60[Hz]인 경우 무부하 속도[rpm]는? 02·01·98·93 산업

① 600　② 900
③ 1,200　④ 1,800

(해설) $P_1=8$, $P_2=4$, $f=60$[Hz]이므로

$$\therefore N=\frac{120f}{P_1+P_2}=\frac{120\times 60}{8+4}=600[\text{rpm}]$$

답 ①

3. 유도 전동기의 제동 방법 중 슬립의 범위를 1~2 사이로 하여 3선 중 2선의 접속을 바꾸어 제동하는 방법은? 80 기사

① 역상 제동　② 직류 제동
③ 단상 제동　④ 회생 제동

(해설)

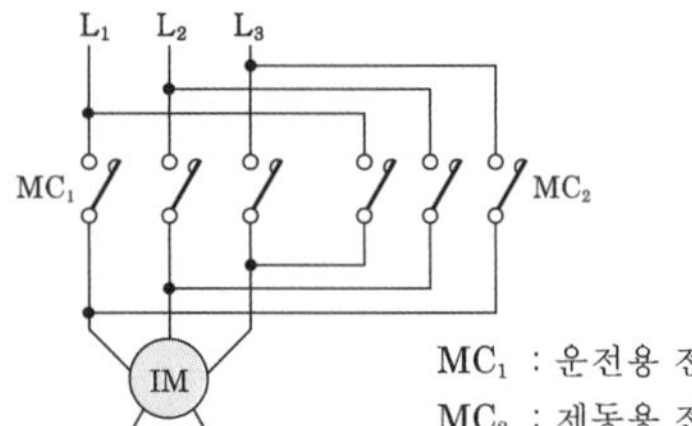

유도 전동기의 고장자 권선을 3선 중 2선의 접속을 바꾸어 제동하는 방법을 역상 제동이라 한다.
유도 전동기가 슬립 $s \fallingdotseq 0$에서 운전되고 있을 때 3선 중 2선을 바꾸어 접속하면 회전 자계의 방향은 역전하여 $s \fallingdotseq 2$로 되어 유도 제동기로서 큰 제동 토크가 발생한다. 이것을 역상 제동이라 한다.

답 ①

기출개념 07 특수 농형 유도 전동기

(1) 2중 농형 유도 전동기

회전자의 홈(slot)을 2중으로 설치한 농형 유도 전동기

① 외측 도체 : 저항이 크고, 리액턴스가 작은 도체 → 기동 전류가 흐른다.

② 내측 도체 : 저항이 작고, 리액턴스가 큰 도체 → 운전 전류가 흐른다.

③ 기동 토크가 크고, 기동 전류가 작으므로 기동 특성이 우수하다.

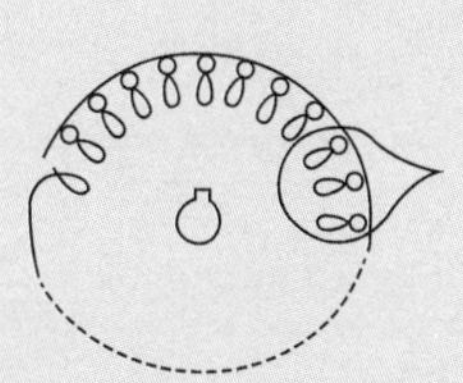

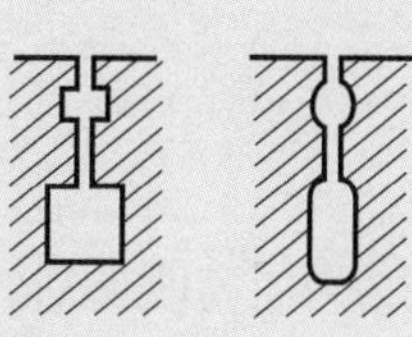

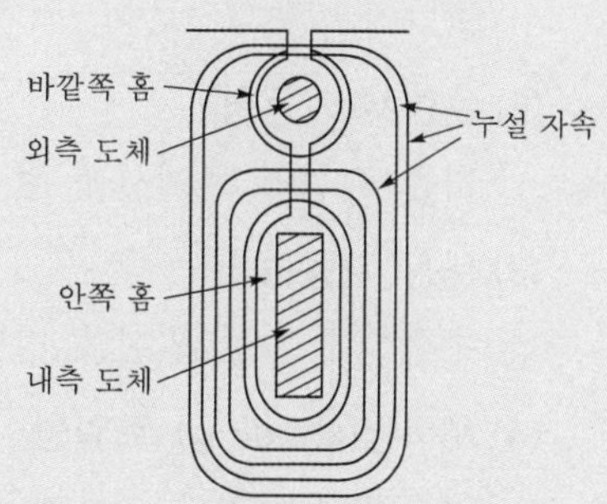

▌2중 농형 유도 전동기의 홈과 도체▐

(2) 디프 슬롯 농형 유도 전동기

회전자의 홈(slot)을 깊게 하고 홈에 도체를 넣으면 슬립의 변화에 의해 기동 전류는 도체 외측에서, 운전 시에는 전 도체에서 전류가 균일하게 흘러 기동 특성이 좋아진다.

(3) 이상 현상

① 크롤링(Crawling) 현상 : 농형 유도 전동기의 기동 시 회전자의 홈수 및 권선법이 적당하지 않은 경우 정격 속도보다 매우 낮은 속도(25[%] 정도)에서 속도가 상승하지 못하고 안정 운전이 되어버리는 현상이며, 방지책으로 경사 슬롯(skewed slot)을 채택한다.

② 게르게스(Görges) 현상 : 3상 권선형 유도 전동기가 운전 중 2차 회로의 1상이 단선되면 정격 속도의 50[%] 정도에서 안정 운전이 되는 현상이다.

기·출·개·념 문제

2중 농형 전동기가 보통 농형 전동기에 비해서 다른 점은? 11·02·95·90 기사/05·00·91 산업

① 기동 전류가 크고, 기동 토크도 크다.

② 기동 전류가 작고, 기동 토크도 작다.

③ 기동 전류가 작고, 기동 토크는 크다.

④ 기동 전류가 크고, 기동 토크는 작다.

해설 2중 농형 유도 전동기는 저항이 크고 리액턴스가 작은 기동용 농형 권선과 저항이 작고 리액턴스가 큰 운전용 농형 권선을 가진 것으로 보통 농형에 비하여 기동 전류가 작고, 기동 토크가 크다. 또한 운전 중의 등가 리액턴스는 보통 농형보다 약간 커지므로 역률, 최대 토크 등이 감소된다.

답 ③

기출개념 08 단상 유도 전동기

단상 유도 전동기는 회전 자계가 발생하지 않으므로 기동 토크가 없으며 기동 토크를 얻는 방법에 따라 다음과 같이 분류된다.

(1) 반발 기동형

회전자에 정류자와 브러시를 설치하여 반발 전동기로 기동하며 기동 토크가 가장 크다.

(2) 콘덴서 기동형

기동 권선에 콘덴서를 접속하여 기동한다.

(3) 분상 기동형

주권선에 기동 권선을 병렬로 접속하여 기동한다.

(4) 셰이딩(shading) 코일형

고정자 철심의 돌극부에 셰이딩 코일을 설치하여 기동 토크를 얻는다.

기·출·개·념 문제

1. 단상 유도 전동기의 기동 방법 중 기동 토크가 가장 큰 것은? 14·10·09·04·03 기사/12·03·01 산업

① 분상 기동형
② 반발 기동형
③ 반발 유도형
④ 콘덴서 기동형

(해설) 기동 토크가 큰 순서로 배열하면 ② → ③ → ④ → ① 이다. 답 ②

2. 단상 유도 전동기의 특성은 다음과 같다. 이 중 틀린 것은? 99·97 기사

① 무부하에서 완전히 동기 속도로 되지 않고 조금 슬립이 있다.
② 동기 속도에서 토크가 부(−)로 된다.
③ 슬립이 1일 때 토크가 영(0), 즉 기동 토크가 없다.
④ 2차 저항을 바꾸어도 최대 토크에는 변화가 없다.

(해설) 단상 유도 전동기의 2차 저항을 증가하면 최대 토크는 감소한다. 답 ④

특수 유도기(유도 전압 조정기)

유도 전압 조정기는 단상과 3상용이 있으며, 원리는 단권 변압기와 유사하고, 구조는 유도 전동기와 비슷한 1차 권선과 2차 권선으로 되어 있다.

[1] 단상 유도 전압 조정기

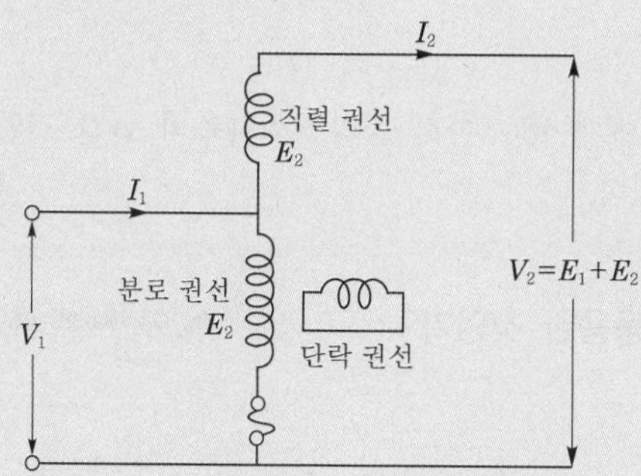

▌단상 유도 전압 조정기 구조▐

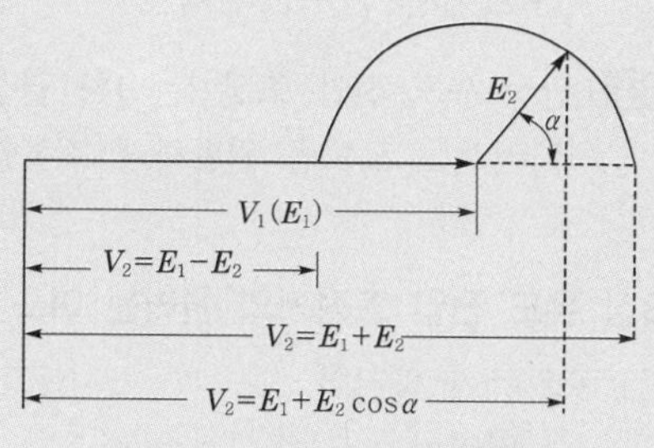

▌조정 전압▐

(1) **원리** : 교번 자계의 전자 유도 작용을 이용한다.

(2) **특성**

① 1차, 2차 전압의 위상차가 없다.

② 직렬 권선, 분포 권선 및 단락 권선으로 구성된다.

* 단락 권선 : 분포 권선과 직각으로 설치하여 직렬 권선의 누설 리액턴스에 의한 전압 강하를 방지한다.

③ 정격 용량 $P_1 = E_2 I_2 \times 10^{-3}$[kVA]

④ 부하 용량 $W = V_2 I_2 \times 10^{-3}$[kVA]

[2] 3상 유도 전압 조정기

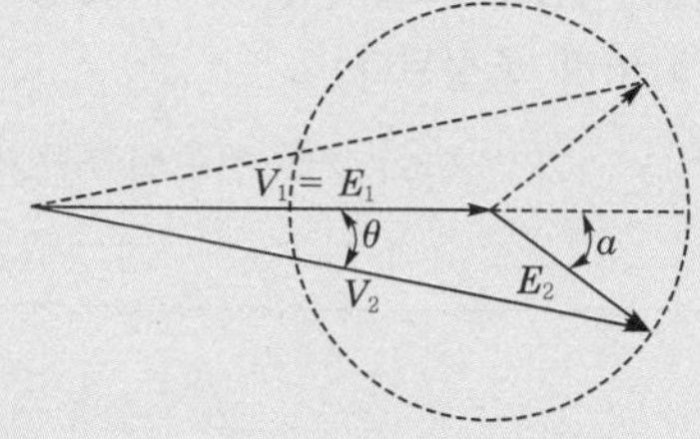

(1) **원리** : 3상 회전 자계의 전자 유도 작용을 이용한다.

(2) **특성**

① 1차 전압과 2차 전압은 위상차 θ가 생긴다.
(대각 유도 전압 조정기는 1차, 2차 전압에 위상차가 없다)

② 3상 권선형 유도 전동기의 회전자에 1차 권선을, 고정자에 2차 권선을 감는다.

③ 정격 용량 $P_3 = \sqrt{3}(\sqrt{3}E_2)I_2 \times 10^{-3} = 3E_2 I_2 \times 10^{-3}$[kVA]

④ 선로 용량 $W_3 = \sqrt{3}\,V_2 I_2 \times 10^{-3}$[kVA]

기·출·개·념 문제

1. 단상 유도 전압 조정기에서 1차 전원 전압을 V_1이라 하고 2차의 유도 전압을 E_2라고 할 때, 부하 단자 전압을 연속적으로 가변할 수 있는 조정 범위는? 13·02 기사/96·90 산업

① $0 \sim V_1$까지
② $V_1 + E_2$까지
③ $V_1 - E_2$까지
④ $V_1 + E_2$에서 $V_1 - E_2$까지

해설 단상 유도 전압 조정기는 1차 권선을 0°에서 180°까지 돌리면 2차측의 선간 전압 V_2는 $V_2 = V_1 \pm E_2$만큼 원활하게 조정할 수 있다.

답 ④

2. 3상 유도 전압 조정기의 원리는 어느 것을 응용한 것인가? 09·03·00·98·96·90 기사

① 3상 동기 발전기
② 3상 변압기
③ 3상 유도 전동기
④ 3상 정류자 전동기

해설 3상 유도 전압 조정기는 3상 권선형 유도 전동기와 거의 같은 구조로서 회전자 3상 권선 P를 1차, 고정자 권선 S를 2차로 하고 1차를 Y결선으로 하여 전원에 접속하고 2차 권선은 회로에 직렬로 접속하여 2차 전압의 위상 α를 변경시켜서 2차 전압을 조정하도록 되어 있다.

답 ③

3. 단상 유도 전압 조정기와 3상 유도 전압 조정기의 비교 설명으로 옳지 않은 것은? 01·00·96 기사/99·97 산업

① 모두 회전자와 고정자가 있으며 한편에 1차 권선을, 다른 편에 2차 권선을 둔다.
② 모두 입력 전압과 이에 대응한 출력 전압 사이에 위상차가 있다.
③ 단상 유도 전압 조정기에는 단락 코일이 필요하나 3상에서는 필요없다.
④ 모두 회전자의 회전각에 따라 조정된다.

해설 단상 유도 전압 조정기는 1차 전압과 2차 전압이 동상이며, 3상 유도 전압 조정기는 위상차가 있다.

답 ①

이런 문제가 시험에 나온다!

CHAPTER 04

유도기

단원 최근 빈출문제

01 3상 유도 전동기의 슬립이 $s<0$인 경우를 설명한 것으로 틀린 것은? [14년 1회 기사]

① 동기 속도 이상이다.
② 유도 발전기로 사용된다.
③ 유도 전동기 단독으로 동작이 가능하다.
④ 속도를 증가시키면 출력이 증가한다.

해설 슬립 $s=\frac{N_s-N}{N_s}$이므로 유도 전동기의 회전자 속도(N)가 동기 속도(N_s)보다 빠르면($s<0$) 유도 발전기가 되며 회전자를 회전시키기 위해서는 원동기가 필요하다.

02 주파수 60[Hz], 슬립 0.2인 경우 회전자 속도가 720[rpm]일 때 유도 전동기의 극수는? [16년 3회 기사]

① 4 ② 6
③ 8 ④ 12

해설 회전 속도 $N=N_s(1-s)$

동기 속도 $N_s=\frac{N}{1-s}=\frac{720}{1-0.2}=900[\text{rpm}]$

$N_s=\frac{120f}{P}$에서 극수 $P=\frac{120f}{N_s}=\frac{120\times 60}{900}=8$극

03 정격 출력이 7.5[kW]의 3상 유도 전동기가 전부하 운전에서 2차 저항손이 300[W]이다. 슬립은 약 몇 [%]인가? [16년 3회 기사]

① 3.85 ② 4.61
③ 7.51 ④ 9.42

해설 $P=7.5[\text{kW}]$, $P_{2c}=300[\text{W}]=0.3[\text{kW}]$이므로

$P_2=P+P_{2c}=7.5+0.3=7.8[\text{kW}]$

$\therefore\ s=\frac{P_{2c}}{P_2}=\frac{0.3}{7.8}\fallingdotseq 0.0385=3.85[\%]$

기출 핵심 NOTE

01 슬립(Slip) s

$s=\frac{N_s-N}{N_s}$

- 전동기 슬립 : $0<s<1$
- 제동기 슬립 : $s>1$
- 발전기 슬립 : $s<0$

02
- 회전 속도
  $N=N_s(1-s)$
- 동기 속도
  $N_s=\frac{N}{1-s}=\frac{120f}{P}$

03
- 2차 입력 $P_2=P+P_{2c}$
- 2차 동손 $P_{2c}=sP_2$
- 슬립 $s=\frac{P_{2c}}{P_2}$
- $P_2 : P_0 : P_{2c}=1 : 1-s : s$

정답 01. ③ 02. ③ 03. ①

기출 핵심 NOTE

04 60[Hz], 4극 유도 전동기의 슬립이 4[%]인 때의 회전수 [rpm]는? [16년 1회 산업]

① 1,728 ② 1,738
③ 1,748 ④ 1,758

해설 슬립 $s=\frac{N_s-N}{N_s}$에서

회전 속도 $N=N_s(1-s)=\frac{120f}{P}(1-s)$

$=\frac{120\times 60}{4}\times(1-0.04)$

$=1,728[\text{rpm}]$

05 유도 전동기 1극의 자속 및 2차 도체에 흐르는 전류와 토크와의 관계는? [16년 3회 기사]

① 토크는 1극의 자속과 2차 유효 전류의 곱에 비례한다.
② 토크는 1극의 자속과 2차 유효 전류의 제곱에 비례한다.
③ 토크는 1극의 자속과 2차 유효 전류의 곱에 반비례한다.
④ 토크는 1극의 자속과 2차 유효 전류의 제곱에 반비례한다.

해설 2차 유기 기전력 $E_2=4.44f_2N_2\phi_mK_w\propto\phi$

2차 입력 $P_2=sE_2I_2\propto\phi I_2$

토크 $T=\frac{P}{\omega}=\frac{P_2}{2\pi\frac{N_s}{60}}\propto P_2\propto\phi I_2$

따라서, 토크는 1극의 자속과 2차 유효 전류의 곱에 비례한다.

06 주파수가 일정한 3상 유도 전동기의 전원 전압이 80[%]로 감소하였다면 토크는? (단, 회전수는 일정하다고 가정한다.) [15년 2회 기사]

① 64[%]로 감소 ② 80[%]로 감소
③ 89[%]로 감소 ④ 변화 없음

해설 $T\propto V_1^{\,2}$이므로 $(0.8)^2=0.64$

즉, 64[%]로 감소한다.

07 4극, 60[Hz]의 유도 전동기가 슬립 5[%]로 전부하 운전하고 있을 때 2차 권선의 손실이 94.25[W]라고 하면 토크는 약 몇 [N·m]인가? [16년 1회 기사]

① 1.02 ② 2.04
③ 10.0 ④ 20.0

04 • 슬립

$s=\frac{N_s-N}{N_s}$

• 회전 속도

$N=N_s(1-s)$

$=\frac{120f}{P}(1-s)$

06 유도 전동기의 토크(T)

$T=\frac{P}{2\pi\frac{N}{60}}\propto V_1^{\,2}$

07 • 2차 동손 $P_{2c}=sP_2$

• 토크 $T=\frac{P}{2\pi\frac{N}{60}}$

$=\frac{P_2}{2\pi\frac{N_s}{60}}[\text{N}\cdot\text{m}]$

정답 04. ① 05. ① 06. ① 07. ③

$$N_s = \frac{120f}{P} = \frac{120 \times 60}{4} = 1{,}800[\text{rpm}]$$

$$P_2 = \frac{P_{2c}}{s} = \frac{94.25}{0.05} = 1{,}885[\text{W}]$$

$$\therefore\ T = \frac{P_2}{\omega_s} = \frac{P_2}{2\pi \times \frac{N_s}{60}} = \frac{1{,}885}{2\pi \times \frac{1{,}800}{60}} \fallingdotseq 10[\text{N} \cdot \text{m}]$$

기출 핵심 NOTE

CHAPTER

08 유도 전동기의 출력과 같은 것은? [18년 1회 산업]

① 출력= 입력 전압 − 철손
② 출력= 기계 출력 − 기계손
③ 출력= 2차 입력 − 2차 저항손
④ 출력= 입력 전압 − 1차 저항손

해설 유도 전동기의 출력(정격 출력)
- 기계적 출력 P_n =기계적 출력−기계손
- 전기적 출력 P_n =2차 입력−2차 저항손

단, 문제 조건에서 기계적·전기적을 구분하지 않고 유도 전동기의 출력만을 물었으므로 ②, ③번이 모두 답이다.

08 유도 전동기의 출력(P_n)
P_n =기계적 출력−기계손
=2차 입력−2차 동손

09 비례 추이와 관계있는 전동기로 옳은 것은? [19년 1회 기사]

① 동기 전동기 ② 농형 유도 전동기
③ 단상 정류자 전동기 ④ 권선형 유도 전동기

해설 3상 권선형 유도 전동기의 2차측에 외부에서 저항을 연결하고, 2차 합성 저항을 변화하면 토크, 전류, 역률 등이 2차 저항에 비례하여 이동하는 것을 비례 추이라고 한다.

09 비례 추이
2차 합성 저항에 비례하여 이동하는 현상
→ 3상 권선형 유도 전동기

10 권선형 유도 전동기에서 비례 추이에 대한 설명으로 틀린 것은? (단, s_m는 최대 토크 시 슬립이다.) [18년 1회 기사]

① r_2를 크게 하면 s_m는 커진다.
② r_2를 삽입하면 최대 토크가 변한다.
③ r_2를 크게 하면 기동 토크도 커진다.
④ r_2를 크게 하면 기동 전류는 감소한다.

해설 권선형 유도 전동기의 2차측에 슬립링을 통하여 저항을 연결하고 2차 합성 저항을 크게 하면
- 기동 토크 증가
- 기동 전류 감소
- 최대 토크 발생 슬립은 커지고, 최대 토크는 불변
- 회전 속도 감소

정답 08. ②,③ 09. ④ 10. ②

기출 핵심 NOTE

11 3상 권선형 유도 전동기의 토크 속도 곡선이 비례 추이 한다는 것은 그 곡선이 무엇에 비례해서 이동하는 것을 말하는가? [16년 2회 기사]

① 슬립
② 회전수
③ 2차 저항
④ 공급 전압의 크기

해설 토크의 비례 추이는 토크 특성 곡선이 2차 합성 저항(r_2+R)에 정비례하여 이동하는 것을 말한다.

12 권선형 유도 전동기 기동 시 2차측에 저항을 넣는 이유는? [16년 3회 기사]

① 회전수 감소
② 기동 전류 증대
③ 기동 토크 감소
④ 기동 전류 감소와 기동 토크 증대

해설 2차 회로 저항을 크게 하면 비례 추이의 원리에 의하여 기동 시에 큰 토크를 얻을 수 있고, 기동 전류를 억제할 수도 있다.

12 비례 추이 목적
2차측에 저항을 연결하는 이유
- 기동 토크 증대
- 기동 전류 감소
- 속도 제어

13 슬립 s_t에서 최대 토크를 발생하는 3상 유도 전동기에 2차측 한 상의 저항을 r_2라 하면 최대 토크로 기동하기 위한 2차측 한 상에 외부로부터 가해 주어야 할 저항[Ω]은? [17년 1회 기사]

① $\dfrac{1-s_t}{s_t}r_2$

② $\dfrac{1+s_t}{s_t}r_2$

③ $\dfrac{r_2}{1-s_t}$

④ $\dfrac{r_2}{s_t}$

해설 최대 토크를 발생할 때의 슬립과 2차 저항을 s_t, r_2

기동 시의 슬립과 외부 삽입 저항을 s', R라 하면 $\dfrac{r_2}{s_t}=\dfrac{r_2+R}{s'}$

기동 시 $s'=1$이므로 $\dfrac{r_2}{s_t}=\dfrac{r_2+R}{1}$

$$\therefore R=\frac{r_2}{s_t}-r_2=\left(\frac{1}{s_t}-1\right)r_2=\left(\frac{1-s_t}{s_t}\right)r_2\,[\Omega]$$

13 동일 토크의 조건
$\dfrac{r_2}{s}=\dfrac{r_2+R}{s'}$

정답 11. ③ 12. ④ 13. ①

14 3상 유도 전동기 원선도에서 역률[%]을 표시하는 것은?

[16년 3회 기사]

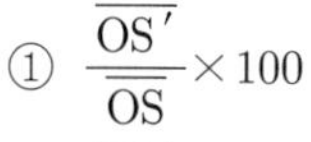

① $\dfrac{\overline{OS'}}{\overline{OS}} \times 100$

② $\dfrac{\overline{SS'}}{\overline{OS}} \times 100$

③ $\dfrac{\overline{OP'}}{\overline{OP}} \times 100$

④ $\dfrac{\overline{OS}}{\overline{OP}} \times 100$

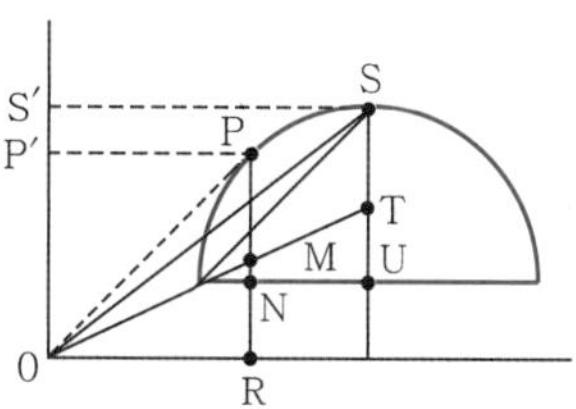

해설 원선도에서 선분 $\overline{OP'}$ 는 전압, 선분 $\overline{OP}$ 는 전류를 나타내므로

역률 $\cos\theta = \dfrac{\overline{OP'}}{\overline{OP}} \times 100[\%]$

기출 핵심 NOTE

14 유도 전동기의 원선도

1차 전류의 벡터 궤적

- $\overline{OP'}$: 전압
- $\overline{OP}$: 전류
- 역률 $\cos\theta = \dfrac{\overline{OP'}}{\overline{OP}} \times 100[\%]$

15 3상 유도 전동기의 기동법 중 전전압 기동에 대한 설명으로 틀린 것은?

[19년 1회 기사]

① 기동 시에 역률이 좋지 않다.
② 소용량으로 기동 시간이 길다.
③ 소용량 농형 전동기의 기동법이다.
④ 전동기 단자에 직접 정격 전압을 가한다.

해설 3상 유도 전동기의 기동법은 전전압 기동과 감전압 기동이 있으며, 전전압 기동법은 소용량 전동기의 기동법으로 기동 시간이 짧다.

15 3상 유도 전동기의 기동법

㉠ 농형
- 전전압 기동 $P=5$[HP] 이하
- Y−△ 기동 $P=5\sim15$[kW]
- 리액터 기동
- 기동 보상기 기동법 $P=20$[kW] 이상

㉡ 권선형
- 2차 저항 기동
- 게르게스(Gorges) 기동

16 3상 유도 전동기의 기동법 중 Y−△ 기동법으로 기동 시 1차 권선의 각 상에 가해지는 전압은 기동 시 및 운전 시 각각 정격 전압의 몇 배가 가해지는가?

[16년 2회 기사]

① $1, \dfrac{1}{\sqrt{3}}$　② $\dfrac{1}{\sqrt{3}}, 1$

③ $\sqrt{3}, \dfrac{1}{\sqrt{3}}$　④ $\dfrac{1}{\sqrt{3}}, \sqrt{3}$

해설 기동 시 고정자 권선의 결선이 Y결선이므로 상전압은 $\dfrac{1}{\sqrt{3}}V$ 이고, 운전 시 △결선이 되어 상전압과 선간 전압은 동일하다.

17 유도 전동기의 속도 제어 방식으로 틀린 것은?

[18년 2회 산업]

① 크레머 방식　② 일그너 방식
③ 2차 저항 제어 방식　④ 1차 주파수 제어 방식

17 유도 전동기의 속도 제어

㉠ 농형 유도 전동기
- 1차 전압 제어
- 1차 주파수 제어
- 극수 변환

㉡ 권선형 유도 전동기
- 2차 저항 제어
- 2차 여자 제어
  - 세르비우스 방식
  - 크레머 방식
- 종속법

정답 14. ③ 15. ② 16. ② 17. ②

기출 핵심 NOTE

해설 유도 전동기의 속도 제어법은 1차 전압 제어, 1차 주파수 제어, 2차 저항 제어, 2차 여자 제어(세르비우스 방식, 크레머 방식) 극수 변환 및 종속법이 있으며, 일그너 방식은 직류 전동기의 속도 제어법이다.

18 농형 유도 전동기의 속도 제어법이 아닌 것은?

[18년 1회 산업]

① 극수 변환
② 1차 저항 변환
③ 전원 전압 변환
④ 전원 주파수 변환

해설 ㉠ 유도 전동기의 회전 속도 $N = N_s(1-s) = \dfrac{120f}{P}(1-s)$

㉡ 농형 유도 전동기의 속도 제어법
- 극수 변환
- 1차 주파수 제어
- 전원 전압 제어(1차 전압 제어)

19 선박 추진용 및 전기 자동차용 구동 전동기의 속도 제어로 가장 적합한 것은?

[18년 1회 산업]

① 저항에 의한 제어
② 전압에 의한 제어
③ 극수 변환에 의한 제어
④ 전원 주파수에 의한 제어

해설 선박 추진용 및 전기 자동차용 구동용 전동기 또는 견인 공업의 포트 모터의 속도 제어는 공급 전원의 주파수 변환에 의한 속도 제어를 한다.

20 유도 전동기의 속도 제어를 인버터 방식으로 사용하는 경우 1차 주파수에 비례하여 1차 전압을 공급하는 이유는?

[19년 1회 기사]

① 역률을 제어하기 위해
② 슬립을 증가시키기 위해
③ 자속을 일정하게 하기 위해
④ 발생 토크를 증가시키기 위해

해설 1차 전압 $V_1 = 4.44 f_1 N \phi_m K_w$
유도 전동기의 토크는 자속에 비례하고 속도 제어 시 일정한 토크를 얻기 위해서는 자속이 일정하여야 한다. 그러므로 주파수 제어를 할 경우 자속을 일정하게 하기 위해서 1차 공급 전압을 주파수에 비례하여 변화한다.

20 회전 자계의 자속(ϕ)

$$\phi = \frac{V_1}{4.44 f_1 N_1 K_{w_1}} \propto \frac{V_1}{f_1}$$

정답 18. ② 19. ④ 20. ③

21 VVVF(Variable Voltage Variable Frequency)는 어떤 전동기의 속도 제어에 사용되는가? [16년 2회 기사]

① 동기 전동기 ② 유도 전동기
③ 직류 복권 전동기 ④ 직류 타여자 전동기

해설 VVVF(Variable Voltage Variable Frequency) 제어는 유도 전동기의 주파수 변환에 의한 속도 제어이다.

22 권선형 유도 전동기의 속도 제어 방법 중 저항 제어법의 특징으로 옳은 것은? [17년 2회 산업]

① 효율이 높고 역률이 좋다.
② 부하에 대한 속도 변동률이 작다.
③ 구조가 간단하고 제어 조작이 편리하다.
④ 전부하로 장시간 운전하여도 온도에 영향이 적다.

해설 **권선형 유도 전동기의 저항 제어법의 장단점**

㉠ 장점
- 기동용 저항기를 겸한다.
- 구조가 간단하여 제어 조작이 용이하고, 내구성이 풍부하다.

㉡ 단점
- 운전 효율이 나쁘다.
- 부하에 대한 속도 변동이 크다.
- 부하가 작을 때는 광범위한 속도 조정이 곤란하다.
- 제어용 저항은 전부하에서 장시간 운전해도 위험한 온도가 되지 않을 만큼의 크기가 필요하므로 가격이 비싸다.

23 60[Hz]인 3상 8극 및 2극의 유도 전동기를 차동 종속으로 접속하여 운전할 때의 무부하 속도[rpm]는? [17년 1회 기사]

① 720 ② 900
③ 1,000 ④ 1,200

해설 2대의 권선형 유도 전동기를 차동 종속으로 접속하여 운전할 때 무부하 속도 $N=\dfrac{120f}{P_1-P_2}=\dfrac{120\times 60}{8-2}=1,200[\text{rpm}]$

24 유도 전동기의 2차 회로에 2차 주파수와 같은 주파수로 적당한 크기와 적당한 위상의 전압을 외부에서 가해주는 속도 제어법은? [18년 2회 기사]

① 1차 전압 제어 ② 2차 저항 제어
③ 2차 여자 제어 ④ 극수 변환 제어

기출 핵심 NOTE

22 2차 저항 제어
: 권선형 유도 전동기
㉠ 장점
- 구조 간결
- 조작 용이

㉡ 단점
- 효율 감소
- 조정 범위 작다.
- 부하에 대한 속도 변동이 크다.

정답 21. ② 22. ③ 23. ④ 24. ③

해설 권선형 유도 전동기의 2차(회전자) 회로에 2차 주파수(슬립 주파수)와 같은 주파수의 전압을 외부에서 가해주면 회전 속도와 역률을 조정할 수 있는데 이것을 2차 여자 제어법이라 한다.

25 **유도 전동기의 속도 제어법 중 저항 제어와 관계가 없는 것은?** [15년 1회 기사]

① 농형 유도 전동기
② 비례 추이
③ 속도 제어가 간단하고 원활함
④ 속도 조정 범위가 작음

해설 2차 저항에 정비례하여 이동하는 비례 추이 특성을 이용한 전동기는 권선형 유도 전동기이다.

26 **권선형 유도 전동기 2대를 직렬 종속으로 운전하는 경우 그 동기 속도는 어떤 전동기의 속도와 같은가?** [15년 3회 기사]

① 두 전동기 중 적은 극수를 갖는 전동기
② 두 전동기 중 많은 극수를 갖는 전동기
③ 두 전동기의 극수의 합과 같은 극수를 갖는 전동기
④ 두 전동기의 극수의 차와 같은 극수를 갖는 전동기

해설 직렬 종속법인 경우 무부하 속도는 다음과 같다.

$$N = \frac{120f}{P_1 + P_2}[\text{rpm}]$$

여기서, P_1 : M_1의 극수, P_2 : M_2의 극수

차동 종속인 경우 $N = \frac{120f}{P_1 - P_2}[\text{rpm}]$

병렬 종속인 경우 $N = \frac{120f}{\frac{P_1 + P_2}{2}} = \frac{2 \times 120f}{P_1 + P_2}[\text{rpm}]$

27 **다음 그림의 sE_2는 권선형 3상 유도 전동기의 2차 유기 전압이고, E_c는 2차 여자법에 의한 속도 제어를 하기 위하여 외부에서 회전자 슬립에 가한 슬립 주파수의 전압이다. 여기서 E_c의 작용 중 옳은 것은?** [98·97·89·83·82·80년 산업]

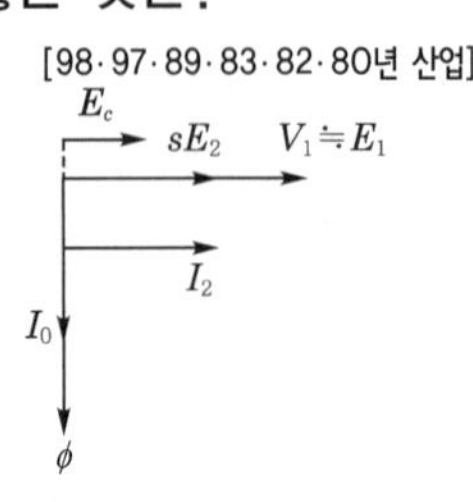

① 역률을 향상시킨다.
② 속도를 강하게 한다.
③ 속도를 상승하게 한다.
④ 역률과 속도를 떨어뜨린다.

기출 핵심 NOTE

26 종속법의 무부하 속도

- 직렬 종속 : $N = \frac{120f}{P_1 + P_2}[\text{rpm}]$
- 차동 종속 : $N = \frac{120f}{P_1 - P_2}[\text{rpm}]$
- 병렬 종속 : $N = \frac{120f}{\frac{P_1 + P_2}{2}}[\text{rpm}]$

27 2차 여자 제어법

권선형의 회전자(2차)에 슬립 주파수 전압(E_c)을 인가하여 슬립의 변환에 의한 속도 제어

I_2(2차 전류 일정) $\fallingdotseq \frac{sE_2 \pm E_c}{r_2}$

여기서, $+E_c$: 속도 상승
$-E_c$: 속도 하강

- 세르비우스 방식 : 전기적, 정토크 제어
- 크레머 방식 : 기계적, 정출력 제어

정답 25. ① 26. ③ 27. ③

해설 $I_2 = \dfrac{sE_2 + E_c}{r_2}$ 에서 I_2, r_2는 일정하고, E_c가 증가하면 sE_2는 감소하고, s가 감소하게 되며 속도는 증가하게 된다.

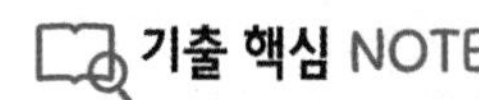

28 6극 60[Hz]의 3상 권선형 유도 전동기가 1,140[rpm]의 정격 속도로 회전할 때 1차측 단자를 전환해서 상회전 방향을 반대로 바꾸어 역전 제동을 하는 경우 제동 토크를 전부하 토크와 같게 하기 위한 2차 삽입 저항 R[Ω]은? (단, 회전자 1상의 저항은 0.005[Ω], Y결선이다.)

[16년 3회 산업]

① 0.19　　② 0.27
③ 0.38　　④ 0.5

해설 $N_s = \dfrac{120f}{P} = \dfrac{120 \times 60}{6} = 1{,}200[\text{rpm}]$

$s = \dfrac{N_s - N}{N_s} = \dfrac{1{,}200 - 1{,}140}{1{,}200} = 0.05$

역전 제동할 때에 슬립 s'는

$s' = \dfrac{N_s - (-N)}{N_s} = \dfrac{1{,}200 - (-1{,}140)}{1{,}200} = 1.95$

$s' = 1.95$에서 전부하 토크를 발생시키는 데 필요한 2차 삽입 저항 R은

$\dfrac{r_2}{s} = \dfrac{r_2 + R}{s'}$

$\dfrac{0.005}{0.05} = \dfrac{0.005 + R}{1.95}$

$\therefore\ R = \dfrac{0.005}{0.05} \times 1.95 - 0.005 = 0.19[\Omega]$

28 동일 토크 발생 조건

$\dfrac{r_2}{s} = \dfrac{r_2 + R}{s'}$

29 유도 전동기의 1차 전압 변화에 의한 속도 제어 시 SCR을 사용하여 변화시키는 것은?

[16년 3회 기사]

① 토크
② 전류
③ 주파수
④ 위상각

해설 유도 전동기의 1차 전압 변화에 의한 속도 제어에는 리액터 제어, 이그나이트론 또는 SCR에 의한 제어가 있으며, SCR은 점호 간의 위상 제어에 의해 도전 시간을 변화시켜 출력 전압의 평균값을 조정할 수 있다.

29 1차 전압 제어

SCR의 위상각(제어각)을 변화하여 1차 전압 조정에 의한 속도 제어($T \propto {V_1}^2$)

정답 28. ① 29. ④

기출 핵심 NOTE

30 유도 전동기 역상 제동의 상태를 크레인이나 권상기의 강하 시에 이용하고 속도 제한의 목적에 사용되는 경우의 제동 방법은? [17년 3회 산업]

① 발전 제동
② 유도 제동
③ 회생 제동
④ 단상 제동

해설 유도 제동은 유도 전동기의 역상 제동을 크레인이나 권상기의 하강 시 이용하며 속도 상승을 제한할 목적으로 사용하는 제동법이다.

31 권선형 유도 전동기와 직류 분권 전동기와의 유사한 점으로 가장 옳은 것은? [15년 3회 기사]

① 정류자가 있고, 저항으로 속도 조정을 할 수 있다.
② 속도 변동률이 크고, 토크가 전류에 비례한다.
③ 속도 가변이 용이하며, 기동 토크가 기동 전류에 비례한다.
④ 속도 변동률이 작고, 저항으로 속도 조정을 할 수 있다.

해설 권선형 유도 전동기와 직류 분권 전동기의 유사한 점은 속도 변동률이 작고, 저항에 의한 속도 제어를 할 수 있다는 점이다.

32 유도 전동기에서 크롤링(crawling) 현상으로 맞는 것은? [15년 2회 기사]

① 기동 시 회전자의 슬롯수 및 권선법이 적당하지 않은 경우 정격 속도보다 낮은 속도에서 안정 운전이 되는 현상
② 기동 시 회전자의 슬롯수 및 권선법이 적당하지 않은 경우 정격 속도보다 높은 속도에서 안정 운전이 되는 현상
③ 회전자 3상 중 1상이 단선된 경우 정격 속도의 50[%] 속도에서 안정 운전이 되는 현상
④ 회전자 3상 중 1상이 단락된 경우 정격 속도보다 높은 속도에서 안정 운전이 되는 현상

해설 크롤링 현상은 농형 유도 전동기를 기동할 때 낮은 속도의 어느 점에서 회전자가 걸려 2 이상 가속되지 않고 낮은 속도에서 안정 상태가 되어 더 이상 가속되지 않는 현상이다.

32 크롤링(Crawling) 현상
농형 유도 전동기의 기동 시 회전자 홈수 및 권선법이 적당하지 않은 경우 매우 낮은 속도에서 안정 운전이 되어버리는 현상이다. 방지책은 경사 슬롯(skewed slot)을 채택하면 된다.

정답 30. ② 31. ④ 32. ①

기출 핵심 NOTE

33 일반적인 3상 유도 전동기에 대한 설명 중 틀린 것은? [18년 2회 기사]

① 불평형 전압으로 운전하는 경우 전류는 증가하나 토크는 감소한다.
② 원선도 작성을 위해서는 무부하 시험, 구속시험, 1차 권선 저항 측정을 하여야 한다.
③ 농형은 권선형에 비해 구조가 견고하며 권선형에 비해 대형 전동기로 널리 사용된다.
④ 권선형 회전자의 3선 중 1선이 단선되면 동기 속도의 50[%]에서 더 이상 가속되지 못하는 현상을 게르게스 현상이라 한다.

해설 3상 유도 전동기에서 농형은 권선형과 비교하여 구조가 간결하고, 견고하지만 기동 전류가 크고, 기동 토크가 작으므로 소형 전동기로 널리 사용한다.

34 정격 출력 50[kW], 4극 220[V], 60[Hz]인 3상 유도 전동기가 전부하 슬립 0.04, 효율 90[%]로 운전되고 있을 때 다음 중 틀린 것은? [18년 2회 기사]

① 2차 효율=96[%]
② 1차 입력=55.56[kW]
③ 회전자 입력=47.9[kW]
④ 회전자 동손=2.08[kW]

해설

$$2\text{차 효율 } \eta_2 = \frac{P_o}{P_2}\times 100 = \frac{P_2(1-s)}{P_2}\times 100 = (1-s)\times 100 = (1-0.04)\times 100 = 96[\%]$$

$$1\text{차 입력 } P_1 = \frac{P}{\eta} = \frac{50}{0.9} = 55.56[\text{kW}]$$

$$\text{회전자 입력 } P_2 = \frac{P}{1-s} = \frac{50}{1-0.04} = 52.08[\text{kW}]$$

$$\text{회전자 동손 } P_{2c} = sP_2 = 0.04\times 52.08 = 2.08[\text{kW}]$$

34 • 2차 효율 $\eta_2 = (1-s)\times 100[\%]$
• 1차 입력 $P_1 = \dfrac{P}{\eta}[\text{kW}]$
• 2차 입력 $P_2 = \dfrac{P}{1-s}[\text{kW}]$
• 2차 동손 $P_{2c} = sP_2[\text{kW}]$

35 유도 전동기의 안정 운전의 조건은? (단, T_m : 전동기 토크, T_L : 부하 토크, n : 회전수) [17년 1회 기사]

① $\dfrac{dT_m}{dn} < \dfrac{dT_L}{dn}$ ② $\dfrac{dT_m}{dn} = \dfrac{d{T_L}^2}{dn}$
③ $\dfrac{dT_m}{dn} > \dfrac{dT_L}{dn}$ ④ $\dfrac{dT_m}{dn} \neq \dfrac{d{T_L}^2}{dn}$

35 유도 전동기의 안정 운전 조건
부하의 반항 토크 기울기가 전동기 토크 기울기보다 큰 점에서 안정 운전이 이루어진다.
$\dfrac{dT_m}{dn} < \dfrac{dT_L}{dn}$

정답 33. ③ 34. ③ 35. ①

해설

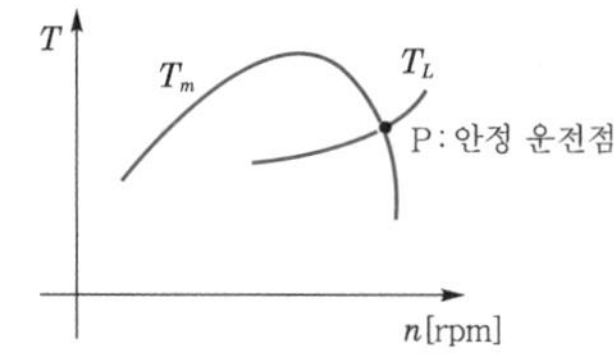

여기서, T_m : 전동기 토크

T_L : 부하의 반항 토크

안정된 운전을 위해서는 $\frac{dT_m}{dn} < \frac{dT_L}{dn}$이어야 한다.

즉, 부하의 반항 토크 기울기가 전동기 토크 기울기보다 큰 점에서 안정 운전을 한다.

36 유도 전동기에 게르게스(Gorges) 현상이 생기는 슬립은 대략 얼마인가? [14년 2회 기사]

① 0.25 ② 0.50
③ 0.70 ④ 0.80

해설 3상 권선형 유도 전동기가 운전 중에 회전자의 1상이 단선되면 역방향의 회전 자계가 발생하여 슬립 $s=0.5$ 정도에서 안정 운전이 되어버리는 것을 게르게스(Gorges) 현상이라고 한다.

37 50[Hz]로 설계된 3상 유도 전동기를 60[Hz]에 사용하는 경우 단자 전압을 110[%]로 높일 때 일어나는 현상으로 틀린 것은? [19년 2회 기사]

① 철손 불변
② 여자 전류 감소
③ 온도 상승 증가
④ 출력이 일정하면 유효 전류 감소

해설

- 철손 $P_i \propto \frac{V_1^2}{f}$: 불변
- 여자 전류 $I_0 \propto \frac{V_1}{x} \propto \frac{V_1}{f}$: 감소
- 유효 전류 $I = \frac{P}{\sqrt{3}\,V\cos\theta} \propto \frac{1}{V}$: 감소

온도는 전류가 감소하면 동손이 감소하여 떨어진다.

38 유도 전동기의 부하를 증가시켰을 때 옳지 않은 것은? [14년 1회 기사]

① 속도는 감소한다. ② 1차 부하 전류는 감소한다.
③ 슬립은 증가한다. ④ 2차 유도 기전력은 증가한다.

기출 핵심 NOTE

36 게르게스(Gorges) 현상

3상 권선형 유도 전동기가 운전 중 2차 회로 1상 결상 시 정격 속도의 50[%] 정도에서 안정 운전이 되어 버리는 현상이다.

37

- 철손 $P_i \fallingdotseq P_h \propto \frac{V_1^2}{f}$
- 여자 전류 $I_0 \propto \frac{V_1}{x} \propto \frac{V_1}{f}$
- 유효 전류 $I \propto \frac{1}{V}$

정답 36. ② 37. ③ 38. ②

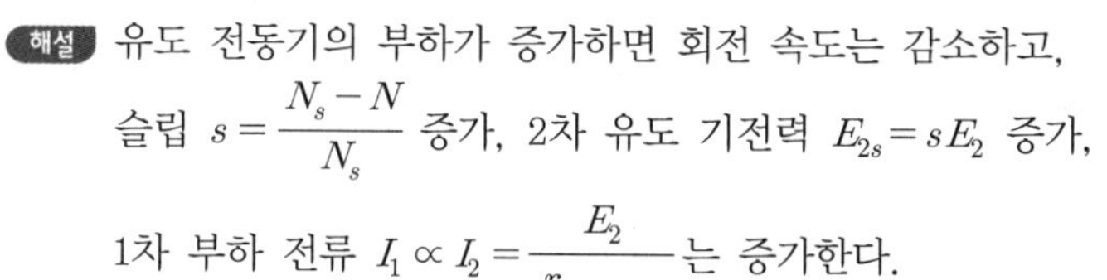

해설 유도 전동기의 부하가 증가하면 회전 속도는 감소하고, 슬립 $s=\dfrac{N_s-N}{N_s}$ 증가, 2차 유도 기전력 $E_{2s}=sE_2$ 증가, 1차 부하 전류 $I_1 \propto I_2=\dfrac{E_2}{\dfrac{r_2}{s}+jx_s}$는 증가한다.

39 **4극 3상 유도 전동기가 있다. 전원 전압 200[V]로 전부하를 걸었을 때 전류는 21.5[A]이다. 이 전동기의 출력은 약 몇 [W]인가? (단, 전부하 역률 86[%], 효율 85[%]이다.)** [16년 1회 기사]

① 5,029　② 5,444
③ 5,820　④ 6,103

해설 출력 $P=\sqrt{3}\,VI\cos\theta\cdot\eta$
$=\sqrt{3}\times 200\times 21.5\times 0.86\times 0.85=5444.2\,[\mathrm{W}]$

기출 핵심 NOTE

39 유도 전동기의 출력(P)
$P=\sqrt{3}\,VI\cos\theta\cdot\eta\,[\mathrm{W}]$

40 **10[kW], 3상, 200[V] 유도 전동기의 전부하 전류는 약 몇 [A]인가? (단, 효율 및 역류 85[%]이다.)** [16년 3회 산업]

① 60　② 80
③ 40　④ 20

해설 $P=\sqrt{3}\,VI\cos\theta\cdot\eta\,[\mathrm{W}]$

$\therefore\ I=\dfrac{P}{\sqrt{3}\,V\cos\theta\cdot\eta}=\dfrac{10\times 10^3}{\sqrt{3}\times 200\times(0.85)^2}\fallingdotseq 40\,[\mathrm{A}]$

41 **단상 유도 전동기의 기동 방법 중 기동 토크가 가장 큰 것은?** [14년 3회 기사]

① 반발 기동형　② 분상 기동형
③ 셰이딩 코일형　④ 콘덴서 분산 기동형

해설 단상 유도 전동기의 기동 토크가 큰 것부터 차례로 배열하면 다음과 같다.
- 반발 기동형
- 콘덴서 기동형
- 분상 기동형
- 셰이딩(shading) 코일형

41 단상 유도 전동기의 분류
(기동 토크 큰 것부터 배열)
- 반발 기동형
- 콘덴서 기동형
- 분상 기동형
- 셰이딩 코일형

42 **단상 유도 전동기의 토크에 대한 2차 저항을 어느 정도 이상으로 증가시킬 때 나타나는 현상으로 옳은 것은?** [19년 2회 기사]

① 역회전 가능　② 최대 토크 일정
③ 기동 토크 증가　④ 토크는 항상 (+)

정답 39. ② 40. ③ 41. ① 42. ①

해설 단상 유도 전동기의 2차 저항을 증가하면 최대 토크가 감소하고 어느 정도 이상이 되면 역토크가 발생하여 역회전이 가능하다.

43 **반발 기동형 단상 유도 전동기의 회전 방향을 변경하려면?** [17년 3회 기사]

① 전원의 2선을 바꾼다.
② 주권선의 2선을 바꾼다.
③ 브러시의 접속선을 바꾼다.
④ 브러시의 위치를 조정한다.

해설 반발 기동형 단상 유도 전동기의 회전 방향을 바꾸려면 고정자 권선축에 대한 브러시 위치를 90° 정도 이동하면 된다.

44 **단상 유도 전압 조정기의 원리는 다음 중 어느 것을 응용한 것인가?** [18년 2회 산업]

① 3권선 변압기 ② V결선 변압기
③ 단상 단권 변압기 ④ 스코트 결선(T결선) 변압기

해설 단상 유도 전압 조정기의 구조는 직렬 권선, 분포 권선 및 단락 권선으로 되어 있으며 유도 전동기와 유사하고, 원리는 단권 변압기(승압, 강압용)를 응용한 특수 유도기이다.

45 **단상 유도 전압 조정기의 1차 전압 100[V], 2차 전압 100±30[V], 2차 전류는 50[A]이다. 이 전압 조정기의 정격 용량은 약 몇 [kVA]인가?** [17년 1회 산업]

① 1.5
② 2.6
③ 5
④ 6.5

해설 1차 전압 $V_1=100$[V], 2차 전압 $V_2=100\pm30$[V], $I_2=50$[A] 이므로
단상 유도 전압 조정기의 정격 용량 P는

$$\therefore \text{정격 용량} = I_2(V_2-V_1)$$
$$= V_2 I_2 \times \frac{V_2-V_1}{V_2}$$
$$= \text{부하 용량} \times \frac{\text{승압 전압}}{\text{고압측 전압}}$$
$$= 130\times 50\times\frac{30}{130}$$
$$= 1{,}500[\text{VA}] = 1.5[\text{kVA}]$$

기출 핵심 NOTE

45 유도 전압 조정기의 정격 용량
- 단상
  $P_1 = E_2 I_2 \times 10^{-3}$[kVA]
- 3상
  $P_3 = \sqrt{3}(\sqrt{3}E_2)I_2\times 10^{-3}$[kVA]

정답 43. ④ 44. ③ 45. ①

46 3상 유도 전압 조정기의 동작 원리 중 가장 적당한 것은?

[16년 2회 기사]

① 두 전류 사이에 작용하는 힘이다.
② 교번 자계의 전자 유도 작용을 이용한다.
③ 충전된 두 물체 사이에 작용하는 힘이다.
④ 회전 자계에 의한 유도 작용을 이용하여 2차 전압의 위상 전압 조정에 따라 변화한다.

해설 3상 유도 전압 조정기의 원리는 회전 자계에 의한 유도 작용을 이용하여 2차 권선 전압의 위상을 조정함에 따라 2차 선간 전압이 변화한다.

47 유도 발전기의 동작 특성에 관한 설명 중 틀린 것은?

[19년 3회 기사]

① 병렬로 접속된 동기 발전기에서 여자를 취해야 한다.
② 효율과 역률이 낮으며 소출력의 자동 수력 발전기와 같은 용도에 사용된다.
③ 유도 발전기의 주파수를 증가하려면 회전 속도를 동기 속도 이상으로 회전시켜야 한다.
④ 선로에 단락이 생긴 경우에는 여자가 상실되므로 단락 전류는 동기 발전기에 비해 적고 지속 시간도 짧다.

해설 유도 발전기의 주파수는 전원의 주파수로 정하고 회전 속도와는 관계가 없다.

48 유도 발전기에 대한 설명으로 틀린 것은? [16년 3회 산업]

① 공극이 크고 역률이 동기기에 비해 좋다.
② 병렬로 접속된 동기기에서 여자 전류를 공급받아야 한다.
③ 농형 회전자를 사용할 수 있으므로 구조가 간단하고 가격이 싸다.
④ 선로에 단락이 생기면 여자가 없어지므로 동기기에 비해 단락 전류가 작다.

해설 **유도 발전기의 특성**

- 구조가 간단하고 가격이 싸다.
- 동기화할 필요가 없고 기동 운전이 용이하다.
- 단락 시 여자 전류가 없으므로 단락 전류가 작다.
- 동기 발전기와 병렬 운전하는 경우에만 발전기를 동작한다.
- 공극의 치수가 작으므로 효율과 역률이 나쁘다.

기출 핵심 NOTE

46 3상 유도 전압 조정기

㉠ 원리 : 3상 회전 자계의 전자 유도 작용을 이용

㉡ 특성

- 1차 전압과 2차 전압은 위상차 θ 발생
- 3상 권선형 유도 전동기의 회전자에 1차 권선을, 고정자에 2차 권선을 감음

정답 46. ④ 47. ③ 48. ①

49 회전형 전동기와 선형 전동기(linear motor)를 비교한 설명 중 틀린 것은? [16년 1회 기사]

① 선형의 경우 회전형에 비해 공극의 크기가 작다.
② 선형의 경우 직접적으로 직선 운동을 얻을 수 있다.
③ 선형의 경우 회전형에 비해 부하 관성의 영향이 크다.
④ 선형의 경우 전원의 상 순서를 바꾸어 이동 방향을 변경한다.

해설 선형 유도 전동기(LIM)는 렌츠의 법칙에 의해 직접적으로 직선 운동을 얻을 수 있으며, 1차측 전원의 상순을 바꾸어 이동 방향을 바꿀 수 있다. 회전형에 비해 공극의 크기가 크다.

50 일반적인 전동기에 비하여 리니어 전동기(linear motor)의 장점이 아닌 것은? [17년 2회 기사]

① 구조가 간단하여 신뢰성이 높다.
② 마찰을 거치지 않고 추진력이 얻어진다.
③ 원심력에 의한 가속 제한이 없고 고속을 쉽게 얻을 수 있다.
④ 기어, 벨트 등 동력 변환 기구가 필요 없고 직접 원운동이 얻어진다.

해설 리니어 모터는 원형 모터를 펼쳐 놓은 형태로 마찰을 거치지 않고 추진력을 얻으며, 직접 동력을 전달받아 직선 위를 움직이므로 가·감속이 용이하고, 신뢰성이 높아 고속 철도에서 자기 부상차의 추진용으로 개발이 진행되고 있다.

51 단상 직권 정류자 전동기에서 주자속의 최대치를 ϕ_m, 자극수를 P, 전기자 병렬 회로수를 a, 전기자 전 도체수를 Z, 전기자의 속도를 N[rpm]이라 하면 속도 기전력의 실효값 E_r[V]은? (단, 주자속은 정현파이다.) [14년 2회 기사]

① $E_r = \sqrt{2}\dfrac{P}{a}Z\dfrac{N}{60}\phi_m$　② $E_r = \dfrac{1}{\sqrt{2}}\dfrac{P}{a}ZN\phi_m$

③ $E_r = \dfrac{P}{a}Z\dfrac{N}{60}\phi_m$　④ $E_r = \dfrac{1}{\sqrt{2}}\dfrac{P}{a}Z\dfrac{N}{60}\phi_m$

해설 단상 직권 정류자 전동기는 직·교 양용 전동기로 속도 기전력의 실효값

$$E_r = \frac{1}{\sqrt{2}}\frac{P}{a}Z\frac{N}{60}\phi_m[\text{V}]$$

$\left(\text{직류 전동기의 역기전력 } E = \dfrac{P}{a}Z\dfrac{N}{60}\phi[\text{V}]\right)$

기출 핵심 NOTE

49 리니어 모터(linear motor)
- 회전 운동을 하는 전동기에 반하여 직선 운동을 하는 전동기를 리니어 모터라고 한다.
- 동기 속도 $U_s = 2\tau f$
  여기서, τ : 극 피치(pole pitch)[m]
  f : 전원 주파수[Hz]

51 단상 직권 정류자 전동기(직교 양용 전동기 또는 만능 전동기)

㉠ 속도 기전력 E_r

$$E_r = \frac{E_m}{\sqrt{2}} = \frac{1}{\sqrt{2}}\frac{P}{a}Z\frac{N}{60}\phi_m[\text{V}]$$

㉡ 용도 : 75[W] 정도의 소출력
- 소형 공구, 가정용 재봉틀, 치과 의료용 등
- 대용량 : 전기 철도

㉢ 종류
- 직권형
- 보상 직권형
- 유도 보상 직권형

정답 49. ① 50. ④ 51. ④

기출 핵심 NOTE

52 **가정용 재봉틀, 소형 공구, 영사기, 치과 의료용, 엔진 등에 사용하고 있으며 교류, 직류 양쪽 모두에 사용되는 만능 전동기는?** [19년 2회 기사]

① 전기 동력계
② 3상 유도 전동기
③ 차동 복권 전동기
④ 단상 직권 정류자 전동기

해설 단상 직권 정류자 전동기는 교류, 직류 양쪽에 사용되는 만능 전동기이다.

53 **교류 단상 직권 전동기의 구조를 설명한 것 중 옳은 것은?** [18년 2회 산업]

① 역률 및 정류 개선을 위해 약계자 강전기자형으로 한다.
② 전기자 반작용을 줄이기 위해 약계자 강전기자형으로 한다.
③ 정류 개선을 위해 강계자 약전기자형으로 한다.
④ 역률 개선을 위해 고정자와 회전자의 자로를 성층 철심으로 한다.

해설 교류 단상 직권 전동기(정류자 전동기)는 철손의 감소를 위하여 성층 철심을 사용하고, 역률 및 정류 개선을 위해 약계자 강전기자를 채택하며 전기자 반작용을 방지하기 위하여 보상 권선을 설치한다.

53 단상 직권 정류자 전동기의 구조

교류를 사용하는 경우 역률 개선 및 양호한 정류를 위하여

- 약계자(계자 권수를 적게)
- 강전기자(전기자 권수를 크게)
- 보상 권선 설치(전기자 반작용 감소)
- 브러시 접촉 저항 적당히 큰 것 사용

54 **단상 직권 전동기의 종류가 아닌 것은?** [18년 1회 기사]

① 직권형
② 아트킨손형
③ 보상 직권형
④ 유도 보상 직권형

해설 **단상 직권 정류자 전동기의 종류**

직권형	보상 직권형	유도 보상 직권형
F, A	F, A, C	F, A, C

54 단상 직권 정류자 전동기의 종류

- 직권형
- 보상 직권형
- 유도 보상 직권형

정답 52. ④ 53. ① 54. ②

기출 핵심 NOTE

55 그림은 단상 직권 정류자 전동기의 개념도이다. C를 무엇이라고 하는가? [16년 2회 기사]

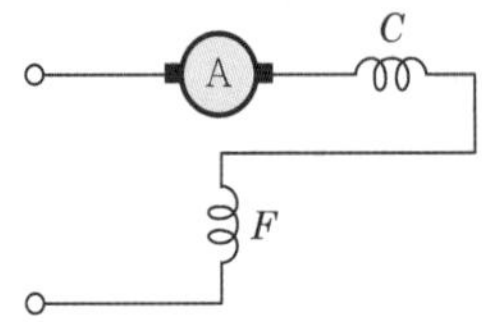

① 제어 권선
② 보상 권선
③ 보극 권선
④ 단층 권선

해설 보상 권선은 전기자 기자력을 상쇄하여 역률 저하를 방지한다.

56 3상 직권 정류자 전동기에 중간 변압기를 사용하는 이유로 적당하지 않은 것은? [18년 3회 기사]

① 중간 변압기를 이용하여 속도 상승을 억제할 수 있다.
② 회전자 전압을 정류 작용에 맞는 값으로 선정할 수 있다.
③ 중간 변압기를 사용하여 누설 리액턴스를 감소할 수 있다.
④ 중간 변압기의 권수비를 바꾸어 전동기 특성을 조정할 수 있다.

해설 3상 직권 정류자 전동기의 중간 변압기를 사용하는 목적은 다음과 같다.
- 전원 전압을 정류 작용에 맞는 값으로 선정할 수 있다.
- 중간 변압기의 권수비를 바꾸어 전동기의 특성을 조정할 수 있다.
- 중간 변압기를 사용하여 철심을 포화하여 두면 속도 상승을 억제할 수 있다.

56 3상 직권 정류자 전동기의 중간 변압기
- 정류 작용에 맞는 전압 선정
- 전동기 특성을 조정
- 속도 상승 억제

57 교류 전동기에서 브러시 이동으로 속도 변화가 용이한 전동기는? [17년 1회 산업]

① 동기 전동기
② 시라게 전동기
③ 3상 농형 유도 전동기
④ 2중 농형 유도 전동기

해설 시라게(schrage) 전동기는 3상 분권 정류자 전동기에서 가장 특성이 우수하고 현재 많이 사용되고 있는 전동기이며, 브러시의 이동으로 원활하게 속도를 제어할 수 있는 전동기이다.

정답 55. ② 56. ③ 57. ②

58 스테핑 모터의 일반적인 특징으로 틀린 것은?

[16년 1회 기사]

① 기동·정지 특성은 나쁘다.
② 회전각은 입력 펄스수에 비례한다.
③ 회전 속도는 입력 펄스 주파수에 비례한다.
④ 고속 응답이 좋고, 고출력의 운전이 가능하다.

해설 스테핑(스텝) 모터는 아주 정밀한 펄스 구동 방식의 전동기로 회전각은 입력 펄스수에 비례하고, 회전 속도는 펄스 주파수에 비례하며 다음과 같은 특징이 있다.
- 기동·정지 특성과 고속 응답 특성이 우월하다.
- 고정밀 위치 제어가 가능하고 각도 오차가 누적되지 않는다.
- 피드백 루프가 필요 없으며 디지털 신호를 직접 제어할 수 있다.
- 가·감속이 용이하고 정·역 및 변속이 쉽다.

59 스테핑 모터에 대한 설명 중 틀린 것은?

[15년 3회 기사]

① 회전 속도는 스테핑 주파수에 반비례한다.
② 총 회전 각도는 스텝각과 스텝수의 곱이다.
③ 분해능은 스텝각에 반비례한다.
④ 펄스 구동 방식의 전동기이다.

해설 스테핑 모터는 스텝 상태의 펄스에 순서를 부여하여 주어진 주파수에 비례한 각도만큼 회전하는 모터로 펄스 모터라고 한다. 총 회전각은 입력 펄스의 수로, 회전 속도는 입력 펄스의 속도로 간단하게 제어가 가능하다는 특징이 있는 모터이다.

60 스텝각이 2°, 스테핑 주파수(pulse rate)가 1,800[pps]인 스테핑 모터의 축속도[rps]는?

[19년 2회 기사]

① 8 ② 10
③ 12 ④ 14

해설 스테핑 모터의 축속도 $n=\dfrac{\beta\times f_p}{360}=\dfrac{2\times 1,800}{360°}=10$[rps]

61 3상 반작용 전동기(reaction motor)의 특성으로 가장 옳은 것은?

[17년 3회 산업]

① 역률이 좋은 전동기
② 토크가 비교적 큰 전동기
③ 기동용 전동기가 필요한 전동기
④ 여자 권선 없이 동기 속도로 회전하는 전동기

기출 핵심 NOTE

58 스테핑 모터(stepping motor)

피드백(feedback) 없이 정밀한 위치 제어가 가능한 펄스 구동 방식 전동기이다.

축속도 $n=\dfrac{\beta\times f_p}{360}$[rps]

여기서, β : 스텝각(deg/pulse)
f_p : 스테핑 주파수 (pulses/sec)

59
- Resolution(분해능) $=\dfrac{360°}{\beta}$
- 총 회전각 $\theta=\beta\times$스텝수

정답 58. ① 59. ① 60. ② 61. ③

해설 3상 반작용 전동기(릴럭턴스 모터)는 반작용 토크에 의해 동기 속도로 회전하며, 토크가 작고 역률과 효율은 나쁘지만 구조가 간단하고 직류 여자기가 필요하지 않는 등의 장점이 있다.

62 다음 중 자동 제어 장치에 쓰이는 서보 모터의 특성을 나타내는 것 중 틀린 것은? [15년 1회 기사]

① 빈번한 시동, 정지, 역전 등의 가혹한 상태에 견디도록 견고하고 큰 돌입 전류에 견딜 것
② 시동 토크는 크나, 회전부의 관성 모멘트가 작고 전기적 시정수가 짧을 것
③ 발생 토크는 입력 신호에 비례하고 그 비가 클 것
④ 직류 서보 모터에 비하여 교류 서보 모터의 시동 토크가 매우 클 것

해설 시동 토크는 직류식이 교류식보다 월등히 크다.

63 2상 서보 모터의 제어 방식이 아닌 것은? [15년 2회 산업]

① 온도 제어 ② 전압 제어
③ 위상 제어 ④ 전압·위상 혼합 제어

해설 2상 서보 모터의 제어 방식에는 전압 제어 방식, 위상 제어 방식, 전압·위상 혼합 제어 방식이 있다.

64 그림과 같이 180° 도통형 인버터의 상태일 때 u상과 v상의 상전압 및 u−v 선간 전압은? [15년 3회 기사]

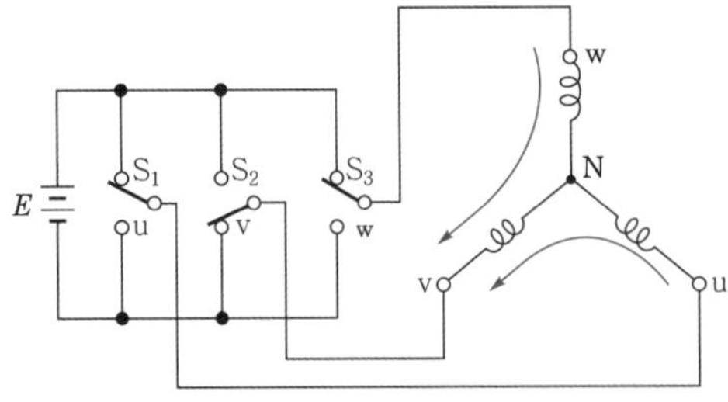

① $\frac{1}{3}E$, $\left(-\frac{2}{3}E\right)$, E

② $\frac{2}{3}E$, $\frac{1}{3}E$, $\frac{1}{3}E$

③ $\frac{1}{2}E$, $\frac{1}{2}E$, E

④ $\frac{1}{3}E$, $\frac{2}{3}E$, $\frac{1}{3}E$

기출 핵심 NOTE

62 서보 모터(servo motor)
- 시동 토크가 크다(DC 서보 모터가 AC 서보 모터보다 시동 토크가 크다).
- 관성 모멘트가 작다.
- 제어 권선 전압이 0에서 정지
- 속응성이 좋고, 시정수가 짧다.

정답 62. ④ 63. ① 64. ①

해설 등가 회로

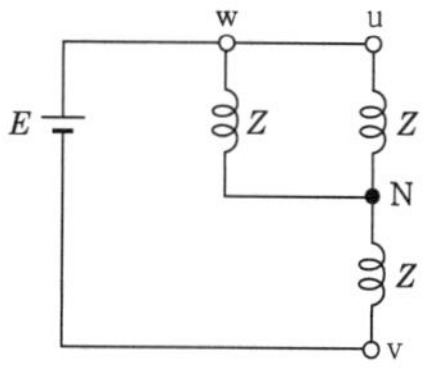

- $Z_{uw}=\frac{Z\cdot Z}{Z+Z}=\frac{1}{2}Z$

∴ 분압 법칙을 이용해서
w와 u의 상전압

$$E_w=E_u=\frac{\frac{1}{2}Z}{\frac{1}{2}Z+Z}E=\frac{1}{3}E$$

- v상의 상전압 $E_v=E-\frac{1}{3}E=\frac{2}{3}E$이다.

이때, 극성이 반대이므로 $-\frac{2}{3}E$가 된다.

- u−u의 선간 전압은 전원 전압과 같으므로 E이다.

65 4극, 60[Hz]의 정류자 주파수 변환기가 회전 자계 방향과 반대 방향으로 1,440[rpm]으로 회전할 때의 주파수는 몇 [Hz]인가? [18년 2회 산업]

① 8 ② 10
③ 12 ④ 15

해설 동기 속도 $N_s=\frac{120f}{P}=\frac{120\times 60}{4}=1,800[\text{rpm}]$

주파수 변환기 회전 속도 $N=1,440[\text{rpm}]$일 때

슬립 $s=\frac{N_s-M}{N_s}=\frac{1,800-1,440}{1,800}=0.2$

2차 주파수 $f_2=sf_1=0.2\times 60=12[\text{Hz}]$

66 특수 전동기에 대한 설명 중 틀린 것은? [15년 2회 기사]

① 릴럭턴스 동기 전동기는 릴럭턴스 토크에 의해 동기 속도로 회전한다.
② 히스테리시스 전동기의 고정자는 유도 전동기 고정자와 동일하다.
③ 스테퍼 전동기 또는 스텝 모터는 피드백 없이 정밀 위치 제어가 가능하다.
④ 선형 유도 전동기의 동기 속도는 극수에 비례한다.

해설 선형 유도 전동기는 회전기의 회전자 접속 방향에서 발생되는 전자력을 기계 에너지로 바꾸어 주는 전동기로서, 속도는 전압과 제어 전자 장치의 속도에 따라서만 변한다.

기출 핵심 NOTE

65 정류자 주파수 변환기

2차 주파수

$f_2=(n_s-n)\frac{P}{2}=sf_1[\text{Hz}]$

(회전자 속도 n이 회전 자계 ϕ와 반대 방향)

66 선형 유도 전동기

동기 속도 $u_s=2\tau f$

여기서, τ : 극피치[m] (pole pitch)
f : 전원 주파수[Hz]

정답 65. ③ 66. ④

"목표를 보는 자는 장애물을 겁내지 않는다."

– 한나 모어 –

CHAPTER

05 정류기

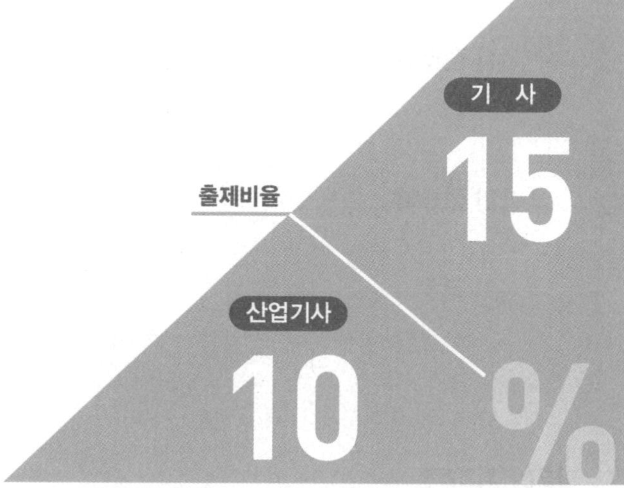

기출개념 01 회전 변류기

[1] 전압비 : $\dfrac{E}{E_d} = \dfrac{1}{\sqrt{2}} \sin\dfrac{\pi}{m}$

[2] 전류비 : $\dfrac{I}{I_d} = \dfrac{2\sqrt{2}}{m \cdot \cos\theta \cdot \eta}$

[3] 출력

$P = E_d \cdot I_d$[W]

여기서, E : 교류 전압(실효값)
E_d : 직류 전압(평균값)
I : 교류 전류
I_d : 직류 전류
m : 상(phase)수
$\cos\theta$: 역률
η : 효율

[4] 회전 변류기의 전압 조정법

① 직렬 리액턴스에 의한 방법
② 유도 전압 조정기를 사용하는 방법
③ 부하 시 전압 조정 변압기를 사용하는 방법
④ 동기 승압기에 의한 방법

기출개념 02 수은 정류기

[1] 전압비 : $\dfrac{E_d}{E} = \dfrac{\sqrt{2} \cdot \sin\dfrac{\pi}{m}}{\dfrac{\pi}{m}}$

[2] 전류비 : $\dfrac{I_d}{I} = \sqrt{m}$

[3] 점호

아크를 발생하여 정류를 개시하는 것

[4] 이상 현상

(1) **역호** : 밸브 작용을 상실하여 전자가 역류하는 현상

* 역호의 원인
- 과부하에 의한 과전류
- 과열
- 과냉
- 화성의 불충분

(2) **실호** : 점호 실패

(3) **통호** : 아크 유출

(4) 이상 전압 발생

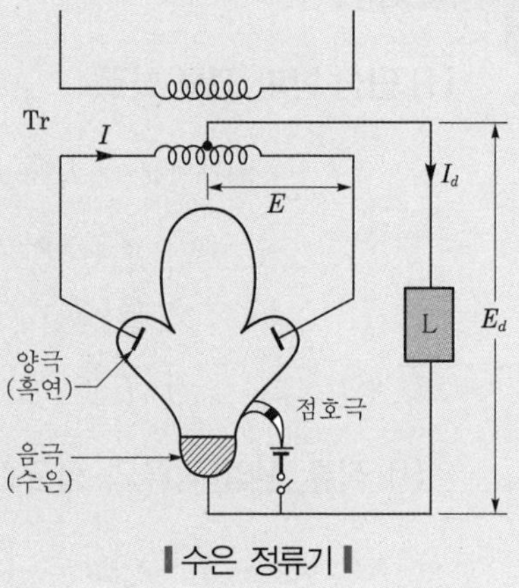

▌수은 정류기▐

기·출·개·념 **문제**

1. 회전 변류기의 직류측 전압을 조정하려는 방법이 아닌 것은? 03·01·91 기사 / 09·97 산업

① 직렬 리액턴스에 의한 방법
② 유도 전압 조정기를 사용하는 방법
③ 여자 전류를 조정하는 방법
④ 동기 승압기에 의한 방법

(해설) 회전 변류기는 교류측과 직류측의 전압비가 일정하므로 직류측 여자 전류를 가감하여 직류 전압을 조정할 수 없다. 따라서, 직류 전압을 조정하기 위해서는 슬립링에 가해지는 교류 전압을 조정하여야 한다. 이 방법은 다음과 같다.
- 직렬 리액턴스에 의한 방법
- 유도 전압 조정기를 사용하는 방법
- 부하 시 전압 조정 변압기를 사용하는 방법
- 동기 승압기에 의한 방법

답 ③

2. 수은 정류기의 역호 발생의 큰 원인은? 97 기사 / 89·83·82 산업

① 내부 저항의 저하 ② 전원 주파수의 저하
③ 전원 전압의 상승 ④ 과부하 전류

(해설) **역호의 원인**
- 과부하에 의한 과전류
- 과열
- 과냉
- 화성의 불충분
- 양극의 수은 방울 부착

답 ④

기출개념 03 반도체 정류기

[1] 단상 반파 정류 회로

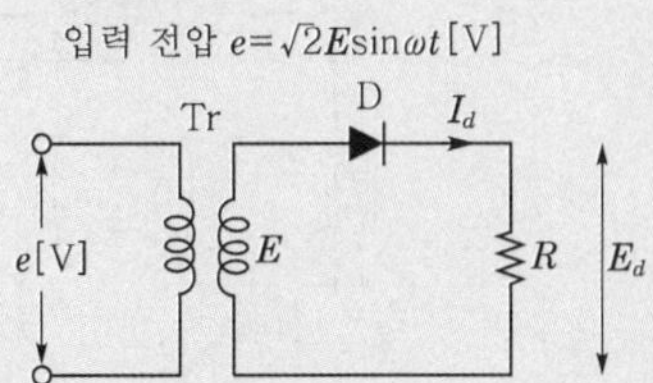

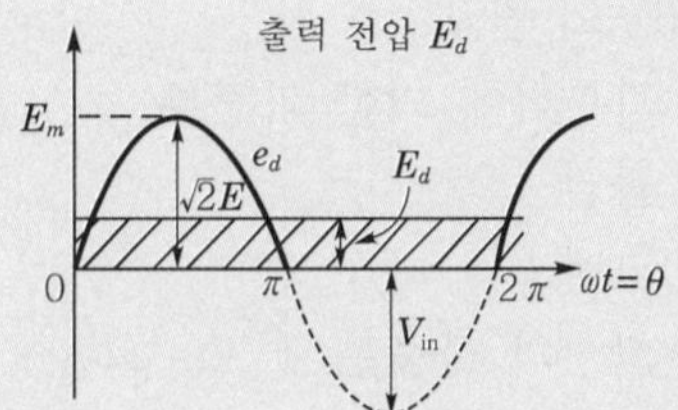

(1) 직류 전압(직류의 평균값) : E_d[V]

$$E_d = \frac{1}{2\pi}\int_0^{2\pi} e_d d\theta = \frac{1}{2\pi}\int_0^{\pi} \sqrt{2}\,E\sin\theta d\theta = \frac{\sqrt{2}\,E}{2\pi}[-\cos\theta]_0^{\pi} = \frac{\sqrt{2}}{\pi}E = 0.45E[\text{V}]$$

(2) 직류 전류(부하 전류) : I_d[A]

$$I_d = \frac{E_d}{R} = \frac{\frac{\sqrt{2}\,E}{\pi}}{R} = 0.45\frac{E}{R}[\text{A}]$$

(3) 첨두 역전압(Peak Inverce Voltage)

정류기(다이오드)에 역으로 인가되는 최고의 전압

$V_{\text{in}} = E_m = \sqrt{2}\,E$

* 정류기(다이오드)의 전압 강하 e[V]일 때

직류 전압 $E_d = \frac{\sqrt{2}\,E}{\pi} - e[\text{V}]$

[2] 단상 전파 정류 회로

입력 전압 $e = \sqrt{2}\,E\sin\omega t[\text{V}]$

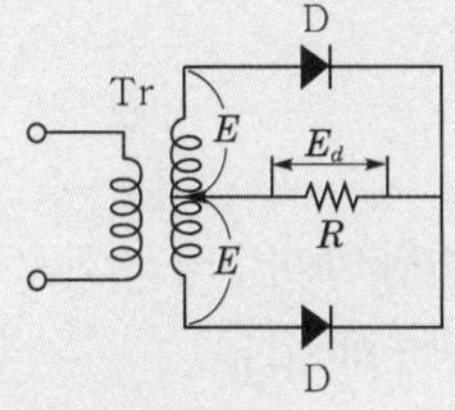

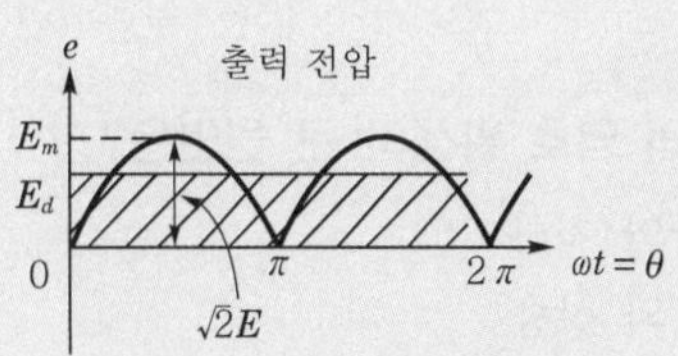

(1) 직류 전압(평균값) : E_d[V]

$$E_d = \frac{1}{\pi}\int_0^{\pi} \sqrt{2}\,E\sin\theta\,d\theta = \frac{\sqrt{2}\,E}{\pi}[-\cos\theta]_0^{\pi} = \frac{2\sqrt{2}}{\pi}E = 0.9E[\text{V}]$$

(정류기의 전압 강하 e[V]일 때 $E_d = \frac{2\sqrt{2}}{\pi}E - e[\text{V}]$)

(2) 직류 전류(부하 전류) : I_d[A]

$$I_d = \frac{E_d}{R} = \frac{\left(\frac{2\sqrt{2}}{\pi}E - e\right)}{R}\text{[A]}$$

(3) 첨두 역전압 : V_{in}[V]

$$V_{\text{in}} = \sqrt{2}E \times 2 = 2\sqrt{2}E = 2\sqrt{2} \times \frac{E_d}{0.9}\text{[V]}$$

[3] 단상 브리지 정류(전파 정류) 회로

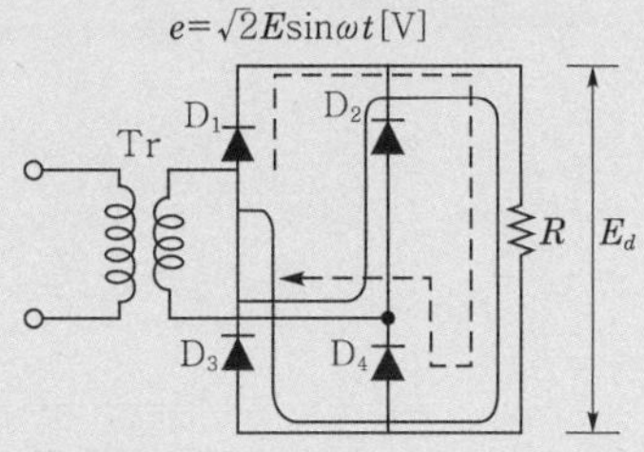

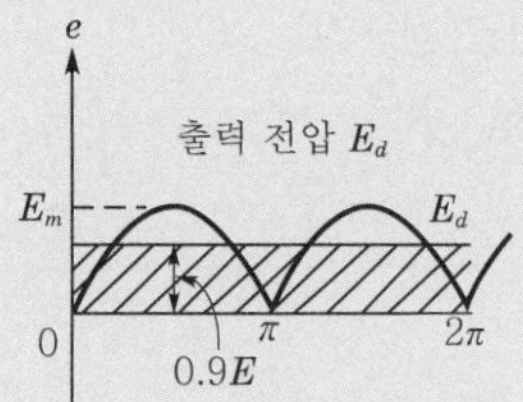

(1) 직류 전압(평균값) : E_d[V]

$$E_d = 2 \times \frac{1}{2\pi}\int_0^{\pi} e_d d\theta = \frac{1}{\pi}\int_0^{\pi}\sqrt{2}E\sin\theta\, d\theta = \frac{2\sqrt{2}}{\pi}E = 0.9E\text{ [V]}$$

(2) 직류 전류 : I_d[A]

$$I_d = \frac{E_d}{R} = 0.9\frac{E}{R}\text{[A]}$$

[4] 3상 반파 정류 회로

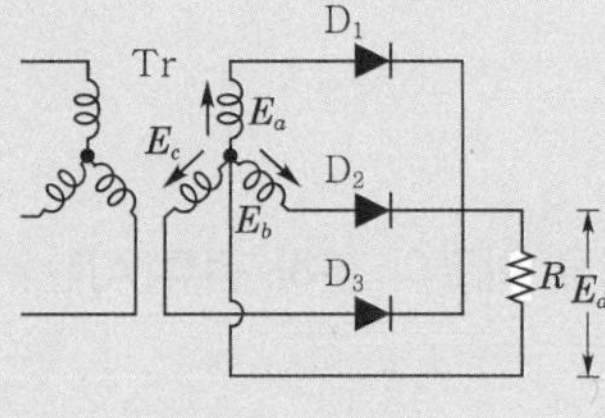

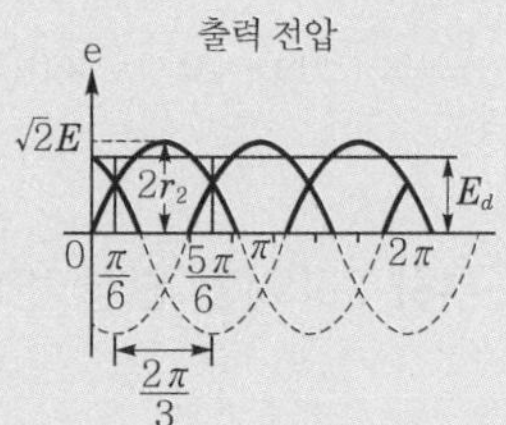

(1) 직류 전압(평균값) : E_d[V]

$$E_d = \frac{1}{\frac{2\pi}{3}}\int_{\frac{\pi}{6}}^{\frac{5\pi}{6}}\sqrt{2}E\sin\theta\, d\theta = \frac{3\sqrt{2}E}{2\pi}[-\cos\theta]_{\frac{\pi}{6}}^{\frac{5\pi}{6}}$$

$$= \frac{3E}{\sqrt{2}\pi}\cdot\left\{\frac{\sqrt{3}}{2} - \left(-\frac{\sqrt{3}}{2}\right)\right\} = \frac{3\sqrt{3}}{\sqrt{2}\pi}E = 1.17E\text{[V]}$$

(2) 직류 전류(평균값) : I_d[A]

$$I_d = \frac{E_d}{R} = 1.17\frac{E}{R}[\text{A}]$$

[5] 3상 전파 정류 회로

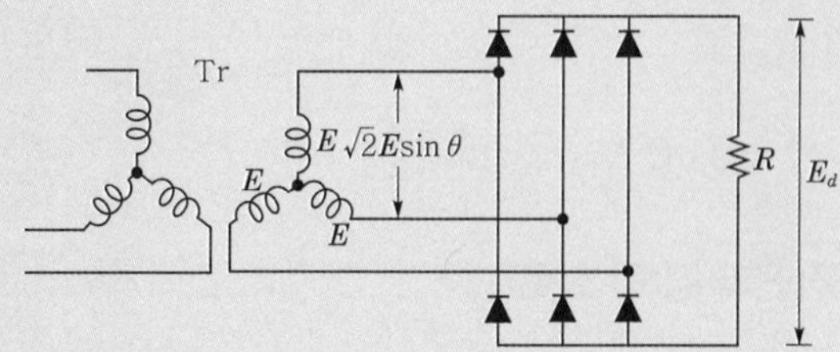

* 직류 전압(평균값) : E_d[V]

$$E_d = \frac{3\sqrt{2}}{\sqrt{2}\pi} \times \frac{2}{\sqrt{3}} = 1.35E[\text{V}]$$

기·출·개·념 **문제**

1. 반파 정류 회로에서 직류 전압 200[V]를 얻는 데 필요한 변압기 2차 전압[V]은 약 얼마인가? (단, 부하는 순저항이고, 정류기의 전압 강하는 10[V]로 한다.) 12 기사

① 400 ② 454
③ 466 ④ 478

(해설) $E_d = 200$[V], $e_a = 10$[V]이므로 $E_d = \frac{\sqrt{2}}{\pi}E - e_a$[V]

$$\therefore E = \frac{\pi}{\sqrt{2}}(E_d + e_a)$$

$$= \frac{\pi}{\sqrt{2}} \times (200 + 10) \fallingdotseq 466[\text{V}]$$

답 ③

2. 전원 200[V], 부하 20[Ω]인 단상 반파 정류 회로의 부하 전류[A]는? 99·93 기사/14 산업

① 125 ② 4.5
③ 17 ④ 8.2

(해설) $E = 200$[V], $R_L = 20$[Ω]이므로 $E_d = \frac{\sqrt{2}}{\pi}E$[V]

$$\therefore I_d = \frac{E_d}{R_L}$$

$$= \frac{\sqrt{2}E}{\pi R_L} = \frac{\sqrt{2}}{\pi} \times \frac{200}{20} \fallingdotseq 4.5[\text{A}]$$

답 ②

기·출·개·념 **문제**

3. 그림과 같이 단상 전파 정류 회로에서 첨두 역전압[V]은 얼마인가? (단, 변압기 2차측 a, b간 전압은 200[V]이고, 정류기의 전압 강하는 20[V]이다.) **97·89 기사/84·82·81 산업**

① 20
② 200
③ 262
④ 282

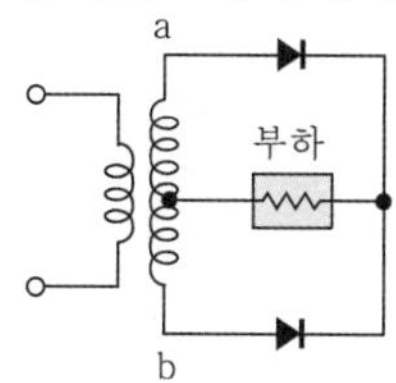

(해설) $E_{d0} = \frac{2\sqrt{2}}{\pi}E = \frac{2\sqrt{2}}{\pi} \times 100 \fallingdotseq 90[\text{V}]$

$E_d = E_{d0} - e_a = 90 - 20 = 70[\text{V}]$

$\therefore \ \text{PIV} = 2E_m - e_a = 2\sqrt{2}E - e_a = 2\sqrt{2} \times 100 - 20 \fallingdotseq 262[\text{V}]$

답 ③

4. 다음 그림의 단상 전파 정류 회로에서 교류측 공급 전압 $628\sin 314t$[V], 직류측 부하 저항 20[Ω]일 때 직류측 전압의 평균값[V]은? **94 기사/98·95 산업**

① 314
② 200
③ 400
④ 282.6

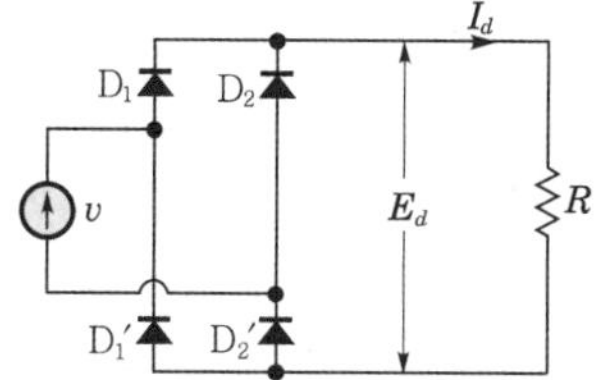

(해설) $E = \frac{E_m}{\sqrt{2}} = \frac{628}{\sqrt{2}} \fallingdotseq 444[\text{V}]$

$\therefore \ E_d = \frac{2\sqrt{2}}{\pi}E \fallingdotseq 0.9E = 0.9 \times 444 \fallingdotseq 400[\text{V}]$

답 ③

5. 다음 그림과 같은 6상 반파 정류 회로에서 450[V]의 직류 전압을 얻는 데 필요한 변압기의 직류 권선 전압은 몇 [V]인가? **99·97·93 산업**

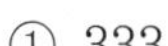

① 333
② 348
③ 356
④ 375

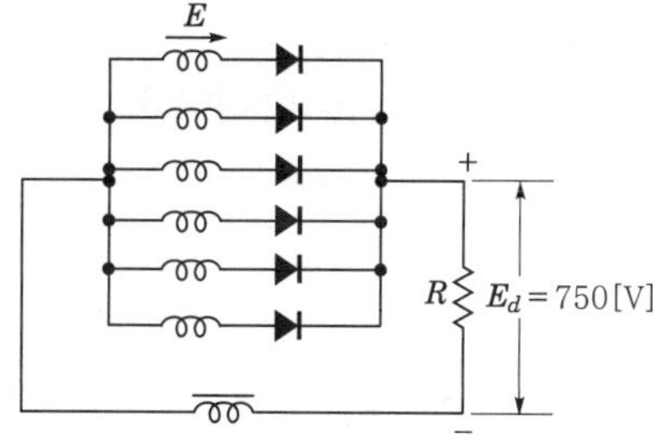

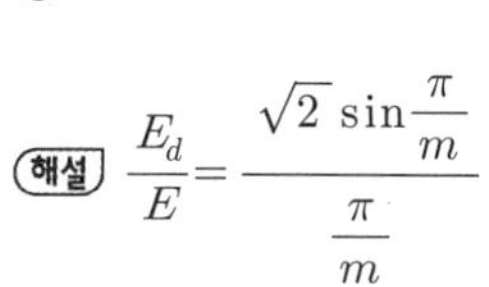

(해설) $\frac{E_d}{E} = \frac{\sqrt{2}\sin\frac{\pi}{m}}{\frac{\pi}{m}}$

$\therefore \ E = \frac{\frac{\pi}{m}}{\sqrt{2}\sin\frac{\pi}{m}}E_d = \frac{\frac{\pi}{6}}{\sqrt{2}\sin\frac{\pi}{6}}E_d = \frac{\frac{\pi}{6}}{\sqrt{2} \times \frac{1}{2}} \times 450 = \frac{\pi}{3\sqrt{2}} \times 450 \fallingdotseq 333[\text{V}]$

[별해] $m = 6$일 때 전압비 $\frac{E_d}{E} = 1.35$이므로 $\therefore \ E = \frac{E_d}{1.35} = \frac{450}{1.35} \fallingdotseq 333[\text{V}]$

답 ①

기출개념 04 맥동률과 정류 효율

[1] 맥동률 ν

$$\text{맥동률 } \nu = \frac{\text{출력 전압(전류)에 포함된 교류 성분(실효값)}}{\text{출력 전압(전류)의 직류 성분}} \times 100[\%]$$

$$\text{맥동률 } \nu = \frac{\sqrt{I_r^2 - I_d^2}}{I_d} = \sqrt{\left(\frac{I_r}{I_d}\right)^2 - 1} \text{ 로 표시된다.}$$

여기서, I_r : 교류 실효값, I_d : 직류 평균값

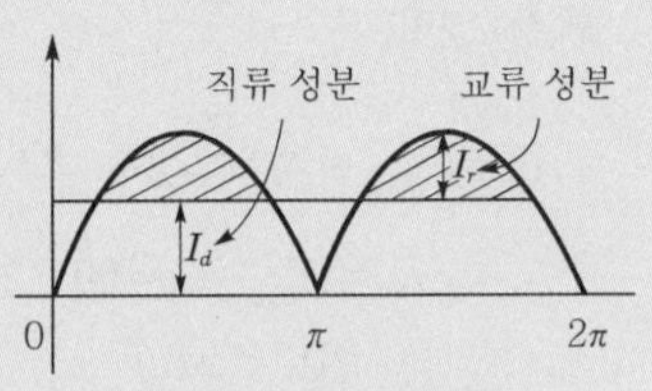

▌단상 전파 정류▌

[2] 정류 효율 : $\eta[\%]$

$$\text{정류 회로의 효율 } \eta = \frac{P_{dc}(\text{직류 출력})}{P_{ac}(\text{교류 입력})} \times 100[\%]$$

(1) 단상 반파 정류 효율 : $\eta[\%]$

직류 평균값 $I_d = \dfrac{I_m}{\pi}$, 교류 실효값 $I_r = \dfrac{I_m}{2}$

$$\eta = \frac{\left(\frac{I_m}{\pi}\right)^2 \cdot R}{\left(\frac{I_m}{2}\right)^2 \cdot R} \times 100 = \frac{4}{\pi^2} \times 100 = 40.6[\%]$$

(2) 맥동률, 정류 효율 및 맥동 주파수

정류 종류	단상 반파	단상 전파	3상 반파	3상 전파
맥동률[%]	121	48	17	4
정류 효율[%]	40.6	81.2	96.7	99.8
맥동 주파수	f	$2f$	$3f$	$6f$

기·출·개·념 문제

1. 어떤 정류기의 부하 전압이 2,000[V]이고, 맥동률이 3[%]이면 교류분은 몇 [V] 포함되어 있는가? 03·00·99·93 기사 / 00 산업

① 20 ② 30 ③ 60 ④ 70

(해설) $E_d = 2{,}000[\text{V}]$, $\nu = 3[\%] = 0.03$이므로 $\nu = \dfrac{E_{rms}}{E_d} \times 100$

$\therefore\ E_{rms} = \nu E_d = 0.03 \times 2{,}000 = 60[\text{V}]$

답 ③

2. 단상 반파 정류 회로인 경우 정류 효율은 몇 [%]인가? 09 기사 / 05 산업

① 12.6 ② 40.6 ③ 60.6 ④ 81.2

(해설) $\eta = \dfrac{P_{dc}}{P_{ac}} \times 100 = \dfrac{\left(\frac{I_m}{\pi}\right)^2 R}{\left(\frac{I_m}{2}\right)^2 R} \times 100 = \dfrac{4}{\pi^2} \times 100 \fallingdotseq 40.6[\%]$

답 ②

반도체 제어 정류 소자

[1] 사이리스터(thyristor)

사이리스터는 PNPN 4층 구조를 기본으로 하는 반도체 소자로 스위칭 특성에 따라 여러 종류가 있다. 그 중에서 대표적인 소자가 SCR이며 흔히 사이리스터라고 한다. SCR(Silicon Controlled Rectifier)의 구조와 그림 기호는 다음과 같다.

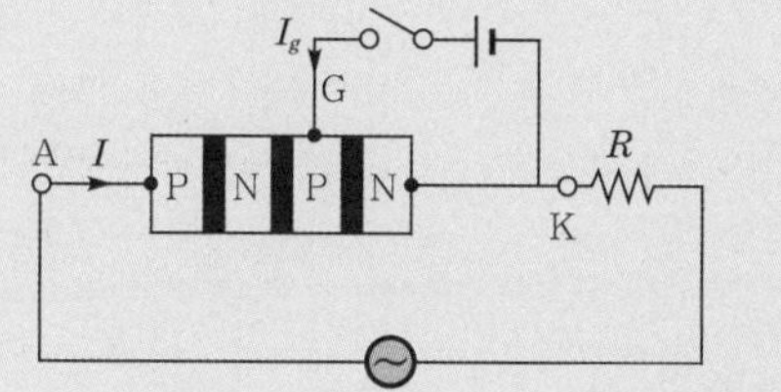

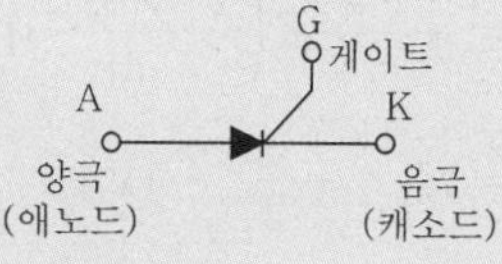

▌단일 방향 3단자 사이리스터(SCR)▐

(1) 사이리스터를 도통(ON)시키는 방법

① 적절한 펄스 전압을 게이트에 인가한다.

② 순방향 항복 전압을 초과하여 공급한다.

(2) 사이리스터를 차단(OFF)시키는 방법

① SCR에 흐르는 전류는 유지 전류 이하로 떨어지게 한다.

② SCR에 걸리는 전압을 역방향으로 인가한다.

(3) 래칭 전류(Latching current)

사이리스터를 오프(OFF) 상태에서 온(ON) 상태로 스위칭할 때 필요한 최소한의 애노드 전류이다.

(4) 유지 전류(Holding current)

사이리스터가 온(ON) 상태를 유지하는 데 필요한 최소한의 애노드 전류이다.

[2] SCR의 단상 브리지 정류

$e = \sqrt{2}E\sin\omega t[\text{V}]$

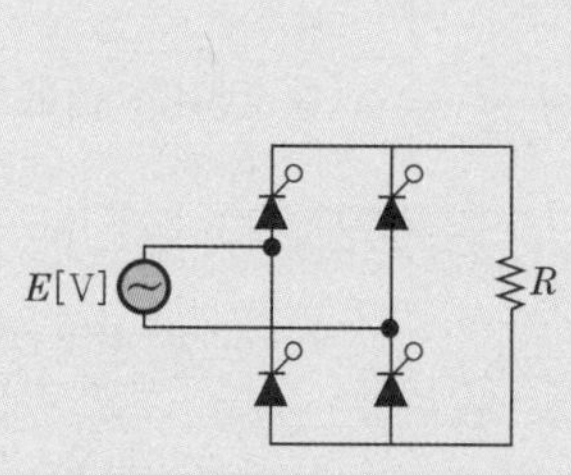

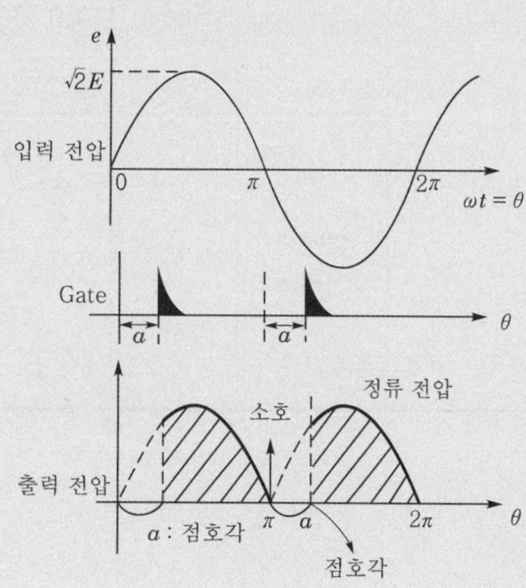

* 직류 전압(평균값) : $E_{d\alpha}$[V]

$$E_{d\alpha}=\frac{1}{\pi}\int_{\alpha}^{\pi}\sqrt{2}\,E\sin\theta d\theta$$
$$=\frac{\sqrt{2}\,E}{\pi}[-\cos\theta]_{\alpha}^{\pi}$$
$$=\frac{\sqrt{2}\,E}{\pi}(1+\cos\alpha)$$
$$=\frac{2\sqrt{2}}{\pi}E\left(\frac{1+\cos\alpha}{2}\right)$$
$$=E_{do}\frac{1+\cos\alpha}{2}\text{[V]}$$

여기서, α : 점호각

R : 부하 저항[Ω]

[3] 사이리스터의 종류

명 칭			도기호	용 도
사이리스터	단일 방향 사이리스터	SCR	A, K, G	정류, 직류 및 교류 제어
		LASCR	A, K, G	광스위치, 직류 및 교류 제어
		GTO	A, K, G	직류 및 교류 제어용 소자
		SCS	A, K, G_K, G_A	광에 의한 스위치 제어
	쌍방향 사이리스터	SSS	A, K	교류 제어용 네온사인 조광
		TRIAC	T_1, T_2, G	교류 전력 제어

기·출·개·념 **문제**

1. SCR의 설명으로 적당하지 않은 것은? 14·01·99 기사/91 산업

① 게이트 전류(I_G)로 통전 전압을 가변시킨다.
② 주전류를 차단하려면 게이트 전압을 (0) 또는 (−)로 해야 한다.
③ 게이트 전류의 위상각으로 통전 전류의 평균값을 제어시킬 수 있다.
④ 대전류 제어 정류용으로 이용된다.

(해설) SCR은 게이트에 (+)의 트리거 펄스가 인가되면 통전 상태로 되어 정류 작용이 개시되고, 일단 통전이 시작되면 게이트 전류를 차단해도 주전류(애노드 전류)는 차단되지 않는다. 이때에 이를 차단하려면 애노드 전압을 (0) 또는 (−)로 해야 한다. 그러므로 DC 회로에서는 일단 흐르기 시작한 전류를 차단시키는 방법이 부과되지 않으면 안 되지만 AC 회로에서는 애노드 전압이 반주기마다 (0) 또는 (−)가 되므로 문제가 되지 않는다.

답 ②

2. 사이리스터(thyristor)에서의 래칭 전류(latching current)에 관한 설명으로 옳은 것은? 03·00 기사/11·05 산업

① 게이트를 개방한 상태에서 사이리스터 도통 상태를 유지하기 위한 최소의 전류
② 게이트 전압을 인가한 후에 급히 제거한 상태에서 도통 상태가 유지되는 최소의 순전류
③ 사이리스터의 게이트를 개방한 상태에서 전압을 상승하면 급히 증가하게 되는 순전류
④ 사이리스터가 턴온하기 시작하는 순전류

(해설) 게이트 개방 상태에서 SCR이 도통되고 있을 때 그 상태를 유지하기 위한 최소의 순전류를 유지 전류(holding current)라 하고, 턴온되려고 할 때는 이 이상의 순전류가 필요하며, 확실히 턴온시키기 위해서 필요한 최소의 순전류를 래칭 전류라 한다. 답 ④

3. 단상 200[V]의 교류 전압을 점호각 60°로 반파 정류를 하여 저항 부하에 공급할 때 직류 전압[V]은? 02·99·91 기사

① 97.5 ② 86.4 ③ 75.5 ④ 67.5

(해설) $E_d = 0.45E\left(\dfrac{1+\cos\alpha}{2}\right) = 0.45\times 200\left(\dfrac{1+\cos 60°}{2}\right) = 67.5\,[\mathrm{V}]$ 답 ④

4. 다음 중 2방향성 3단자 사이리스터의 대표적인 것은? 18·12·05·04·03·97 기사

① SCR ② SSS ③ SCS ④ TRIAC

(해설) SCR(1방향성 3단자), SSS(2방향성 2단자), SCS(1방향성 4단자), TRIAC(2방향성 3단자)

답 ④

5. 사이클로컨버터(cycloconveter)란? 13·98·94 기사/05 산업

① 실리콘 양방향성 소자이다.
② 제어 정류기를 사용한 주파수 변환기이다.
③ 직류 제어 소자이다.
④ 전류 제어 장치이다.

(해설) 사이클로컨버터란 정지 사이리스터 회로에 의해 전원 주파수와 다른 주파수의 전력으로 변환시키는 직접 회로 장치이다.

답 ②

이런 문제가 시험에 나온다!

CHAPTER 05
정류기

단원 최근 빈출문제

01 전력 변환기기로 틀린 것은? [19년 3회 기사]

① 컨버터 ② 정류기
③ 인버터 ④ 유도 전동기

해설 유도 전동기는 전기 에너지를 기계적 에너지로 전달하는 기계이다.

02 전압이나 전류의 제어가 불가능한 소자는? [18년 1회 산업]

① SCR ② GTO
③ IGBT ④ Diode

해설 반도체 소자 중에서 다이오드(diode)는 교류를 직류로 변환하는 정류기에 사용하며 전압, 전류의 제어는 불가능하다.

03 저항 부하를 갖는 정류 회로에서 직류분 전압이 200[V]일 때 다이오드에 가해지는 첨두 역전압(PIV)의 크기는 약 몇 [V]인가? [18년 2회 기사]

① 346 ② 628
③ 692 ④ 1,038

해설 단상 반파 정류에서

직류 전압 $E_d = \dfrac{\sqrt{2}}{\pi}E$에서 교류 전압 $E = E_d\dfrac{\pi}{\sqrt{2}}$

첨두 역전압(PIV)

$$V_{in} = \sqrt{2}E = \sqrt{2}E_d\frac{\pi}{\sqrt{2}} = \sqrt{2}\times 200\times\frac{\pi}{\sqrt{2}} = 628[V]$$

04 단상 반파 정류로 직류 전압 150[V]를 얻으려고 한다. 최대 역전압(peak inverse voltage)이 약 몇 [V] 이상의 다이오드를 사용하여야 하는가? (단, 정류 회로 및 변압기의 전압 강하는 무시한다.) [16년 1회 산업]

① 150 ② 166
③ 333 ④ 471

기출 핵심 NOTE

01 전력 변환기기
- 정류기(컨버터) : AC → DC
- 인버터 : DC → AC
- 사이클로컨버터 : AC → AC
- 초퍼형 컨버터 : DC → DC

02 다이오드(diode)
교류를 직류로 변환하는 정류기로 사용

03 첨두 역전압
(PIV ; Peak Inverse Voltage)
다이오드에 역으로 가해지는 전압의 최댓값
$V_{in} = E_m = \sqrt{2}E$ [V]

정답 01. ④ 02. ④ 03. ② 04. ④

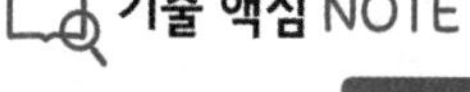

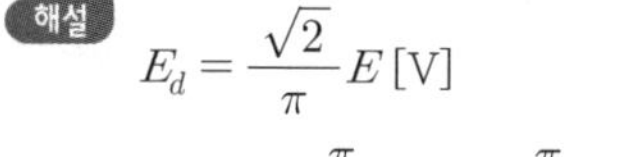

해설
$$E_d = \frac{\sqrt{2}}{\pi} E\,[\text{V}]$$
$$\therefore\ E = \frac{\pi}{\sqrt{2}} E_d = \frac{\pi}{\sqrt{2}} \times 150 \fallingdotseq 333\,[\text{V}]$$
$$\therefore\ \text{PIV} = \sqrt{2}\,E = \sqrt{2} \times 333 \fallingdotseq 471\,[\text{V}]$$

05 반도체 정류기에 적용된 소자 중 첨두 역방향 내전압이 가장 큰 것은? [18년 1회 기사]

① 셀렌 정류기
② 실리콘 정류기
③ 게르마늄 정류기
④ 아산화동 정류기

해설 **반도체 정류기의 첨두역 내전압**
- 실리콘 : 25~1,200[V]
- 게르마늄 : 12~400[V]
- 셀렌 : 40[V]

06 3상 수은 정류기의 직류 평균 부하 전류가 50[A]가 되는 1상 양극 전류 실효값은 약 몇 [A]인가? [18년 2회 기사]

① 9.6　② 17
③ 29　④ 87

해설 수은 정류기의 전류비 $\frac{I_d}{I} = \sqrt{m}$

여기서, m : 상(phase)수

$$I = \frac{I_d}{\sqrt{m}} = \frac{50}{\sqrt{3}} = 28.86\,[\text{A}]$$

07 단상 전파 정류에서 공급 전압이 E 일 때 무부하 직류 전압의 평균값은? (단, 브리지 다이오드를 사용한 전파 정류 회로이다.) [16년 2회 기사]

① $0.90E$　② $0.45E$
③ $0.75E$　④ $1.17E$

해설 브리지 정류 회로이므로 단상 정류 회로이다.
부하 양단의 직류 전압의 평균값 E_d는
$$\therefore\ E_d = \frac{2}{\pi}\int_0^{\pi} \sqrt{2}\,E\sin\theta\, d\theta$$
$$= \frac{2\sqrt{2}}{\pi} E \fallingdotseq 0.90E\,[\text{V}]$$

06 수은 정류기

- 전압비 $\frac{E_d}{E} = \frac{\sqrt{2}\cdot\sin\frac{\pi}{m}}{\frac{\pi}{m}}$
- 전류비 $\frac{I_d}{I} = \sqrt{m}$

07 단상 전파 정류

- 직류 전압
$$E_d = \frac{2\sqrt{2}}{\pi} E = 0.9E\,[\text{V}]$$
- 직류 전류
$$I_d = \frac{E_d}{R} = \frac{\frac{2\sqrt{2}\,E}{\pi}}{R}\,[\text{A}]$$

정답 05. ② 06. ③ 07. ①

기출 핵심 NOTE

08 단상 전파 정류의 맥동률은? [15년 3회 산업]

① 0.17 ② 0.34
③ 0.48 ④ 0.86

해설 $\nu = \dfrac{\sqrt{E^2 - {E_d}^2}}{E_d} \times 100 = \sqrt{\left(\dfrac{E}{E_d}\right)^2 - 1} \times 100$

$= \sqrt{\left(\dfrac{\frac{E_m}{\sqrt{2}}}{\frac{2E_m}{\pi}}\right)^2 - 1} \times 100$

$= \sqrt{\left(\dfrac{\pi}{2\sqrt{2}}\right)^2 - 1} \times 100 = \sqrt{\dfrac{\pi^2}{8} - 1} \times 100$

$\fallingdotseq 0.48 \times 100 = 48[\%]$

08 맥동률 ν

$\nu = \dfrac{\text{출력 전압 교류 성분 실효값}}{\text{출력 전압 직류 성분}} \times 100[\%]$

- 단상 반파 정류 : 121[%]
- 단상 전파 정류 : 48[%]
- 3상 반파 정류 : 17[%]
- 3상 전파 정류 : 4[%]

09 어떤 정류기의 부하 전압이 2,000[V]이고 맥동률이 3[%]이면 교류분의 진폭[V]은? [16년 1회 기사]

① 20 ② 30
③ 50 ④ 60

해설 $E_d = 2{,}000[\text{V}]$, $\nu = 3[\%] = 0.03$이므로

$\nu = \dfrac{E_{rms}}{E_d} \times 100$

$\therefore E_{rms} = \nu E_d = 0.03 \times 2{,}000 = 60[\text{V}]$

09 • 교류 성분 실효값(V)

$E_{rms} = \nu E_d[\text{V}]$

• 맥동률 ν

$= \dfrac{\text{출력 전압에 포함된 교류 성분 실효값}}{\text{출력 전압의 직류 성분}} \times 100$

$= \dfrac{E_{rms}}{E_d} \times 100$

10 3상 반파 정류 회로에서 직류 전압의 파형은 전원 전압 주파수의 몇 배의 교류분을 포함하는가? [18년 3회 산업]

① 1 ② 2
③ 3 ④ 6

해설 3상 반파 정류 회로에서 직류 전압의 파형은 전원 전압 주파수의 3배의 맥동 교류분을 포함한다.

11 정류 회로에서 상의 수를 크게 했을 경우 옳은 것은? [19년 1회 기사]

① 맥동 주파수와 맥동률이 증가한다.
② 맥동률과 맥동 주파수가 감소한다.
③ 맥동 주파수는 증가하고, 맥동률은 감소한다.
④ 맥동률과 주파수는 감소하나 출력이 증가한다.

해설 정류 회로에서 상(phase)수를 크게 하면 맥동 주파수는 증가하고, 맥동률은 감소한다.

정답 08. ③ 09. ④ 10. ③ 11. ③

12 **다이오드를 사용하는 정류 회로에서 과대한 부하 전류로 인하여 다이오드가 소손될 우려가 있을 때 가장 적절한 조치는 어느 것인가?** [16년 1회 기사]

① 다이오드를 병렬로 추가한다.
② 다이오드를 직렬로 추가한다.
③ 다이오드 양단에 적당한 값의 저항을 추가한다.
④ 다이오드 양단에 적당한 값의 콘덴서를 추가한다.

해설 다이오드를 병렬로 접속하면 과전류로부터 보호할 수 있다. 즉, 부하 전류가 증가하면 다이오드를 여러 개 병렬로 접속한다.

13 **정류 회로에 사용되는 환류 다이오드(free wheeling diode)에 대한 설명으로 틀린 것은?** [17년 2회 기사]

① 순저항 부하의 경우 불필요하게 된다.
② 유도성 부하의 경우 불필요하게 된다.
③ 환류 다이오드 동작 시 부하 출력 전압은 0[V]가 된다.
④ 유도성 부하의 경우 부하 전류의 평활화에 유용하다.

해설 환류 다이오드는 정류 회로에서 인덕터 충전 전류로 인한 기기의 손상을 방지하기 위해 유도성 부하에 병렬로 연결한 다이오드이며 동작 시 부하 출력 전압은 0[V]이고, 부하 전류의 평활화에 유용하다.

14 **정류기 설계 조건이 아닌 것은?** [15년 2회 기사]

① 출력 전압 직류 평활성
② 출력 전압 최소 고조파 함유율
③ 입력 역률 1 유지
④ 전력 계통 연계성

해설 정류기는 교류(AC)를 직류(DC)로 바꾸어 주는 장치이므로 전력 계통의 연계성과는 관계가 없다.

15 **사이리스터에서 게이트 전류가 증가하면?** [17년 1회 기사]

① 순방향 저지 전압이 증가한다.
② 순방향 저지 전압이 감소한다.
③ 역방향 저지 전압이 증가한다.
④ 역방향 저지 전압이 감소한다.

기출 핵심 NOTE

12 • 다이오드의 과전류 보호
: 다이오드를 병렬로 추가 접속
• 다이오드의 과전압 보호
: 다이오드를 직렬로 추가 접속

13 **환류 다이오드**
유도성 부하에서 평활한 직류를 얻고, 스위치 부분의 스파크 발생의 억제를 위해 부하와 병렬로 접속하는 다이오드이다.

15 **사이리스터(SCR)**
게이트 전류 증가 → 순방향 저지 전압 감소

정답 12. ① 13. ② 14. ④ 15. ②

해설

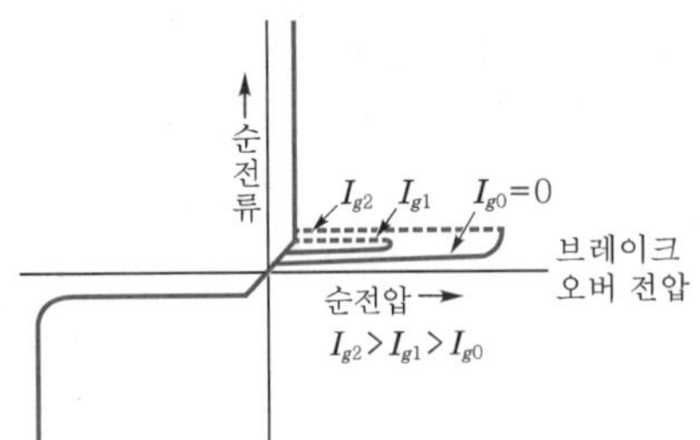

SCR(사이리스터)이 OFF(차단)에서 ON(전도) 상태로 들어가기 위한 전압을 순방향 브레이크 오버 전압이라 하면, 게이트 전류가 증가하면 브레이크 오버 전압은 감소한다.

기출 핵심 NOTE

16 실리콘 제어 정류기(SCR)의 설명 중 틀린 것은?

[18년 1회 기사]

① P－N－P－N 구조로 되어 있다.
② 인버터 회로에 이용될 수 있다.
③ 고속도의 스위칭 작용을 할 수 있다.
④ 게이트에 (+)와 (－)의 특성을 갖는 펄스를 인가하여 제어한다.

해설 SCR(Silicon Controlled Rectifier)은 P－N－P－N 4층 구조의 단일 방향 3단자 사이리스터이며, 게이트에 +의 펄스파형을 인가하면 턴온(turn on)되는 고속 스위칭 소자로 인버터 회로에도 이용된다.

16 사이리스터(thyristor ; SCR)

- 그림 기호

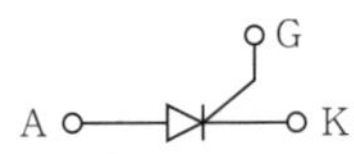

- PNPN 4층 구조
- 단일 방향 3단자 소자
- 전력 계통의 정류 제어 및 고속 스위칭 기능

17 다음 (　) 안에 옳은 내용을 순서대로 나열한 것은?

[17년 3회 기사]

> SCR에서는 게이트 전류가 흐르면 순방향의 저지 상태에서 (　) 상태로 된다. 게이트 전류를 가하여 도통 완료까지의 시간을 (　) 시간이라 하고 이 시간이 길면 (　) 시의 (　)이 많고 소자가 파괴된다.

① 온(on), 턴온(turn on), 스위칭, 전력 손실
② 온(on), 턴온(turn on), 전력 손실, 스위칭
③ 스위칭, 온(on), 턴온(turn on), 전력 손실
④ 턴온(turn on), 스위칭, 온(on), 전력 손실

해설 SCR은 PNPN 4층 구조의 단일 방향 3단자 사이리스터로 게이트에 전류를 흘려주면 ON 상태로 되어 부하에 전력을 공급하게 되고, 도통 완료까지의 시간을 turn on 시간이라 한다. 이 시간이 길면 스위칭 시 전력 손실이 커 소자가 파괴될 수 있다.

정답 16. ④ 17. ①

18 SCR의 특징으로 틀린 것은? [19년 3회 기사]

① 과전압에 약하다.
② 열용량이 적어 고온에 약하다.
③ 전류가 흐르고 있을 때의 양극 전압 강하가 크다.
④ 게이트에 신호를 인가할 때부터 도통할 때까지의 시간이 짧다.

해설 SCR에 순방향 전류가 흐를 때 전압 강하는 보통 1.5[V] 이하로 작다.

19 사이리스터 2개를 사용한 단상 전파 정류 회로에서 직류 전압 100[V]를 얻으려면 PIV가 약 몇 [V]인 다이오드를 사용하면 되는가? [18년 1회 기사]

① 111 ② 141
③ 222 ④ 314

해설 사이리스터 2개를 사용하여 단상 전파 정류 시

직류 전압 $E_d = \frac{2\sqrt{2}}{\pi}E$

교류 전압 $E = \frac{\pi}{2\sqrt{2}}E_d$

첨두 역전압(peak inverse voltage)

$V_{in} = \sqrt{2}E \times 2 = \sqrt{2} \times \frac{\pi}{2\sqrt{2}} \times 100 \times 2 = 314[V]$

20 사이리스터를 이용한 교류 전압의 크기 제어 방식은? [15년 3회 기사]

① 정지 레오나드 방식
② 초퍼 방식
③ 위상 제어 방식
④ TRC 방식

해설 사이리스터를 이용하여 속도를 제어하는 것은 위상각을 변화시켜 전압 크기를 제어하기 위해서이다.

21 저항 부하인 사이리스터 단상 반파 정류기로 위상 제어를 할 경우 점호각 0°에서 60°로 하면 다른 조건이 동일한 경우 출력 평균 전압은 몇 배가 되는가? [15년 1회 기사]

① $\frac{3}{4}$ ② $\frac{4}{3}$
③ $\frac{3}{2}$ ④ $\frac{2}{3}$

기출 핵심 NOTE

18 SCR의 특성

- 전압 강하가 적고, 효율이 양호하며 턴오프(turn off) 시간이 짧은 반면 고온, 과전압에 약하다.
- SCR의 사용 온도 : −45~125[℃]

19 첨두 역전압(PIV) V_{in}

$V_{in} = \sqrt{2}E \times 2 \left(E_d = \frac{2\sqrt{2}}{\pi}E\right)$

$= \sqrt{2} \times \frac{\pi}{2\sqrt{2}}E_d \times 2$

21 SCR의 단상 반파 정류

직류 전압(평균값) $E_{d\alpha}$

$E_{d\alpha} = E_{d0}\frac{1+\cos\alpha}{2}$

$= \frac{\sqrt{2}}{\pi}E\frac{1+\cos\alpha}{2}[V]$

정답 18. ③ 19. ④ 20. ③ 21. ①

해설 단상 반파 회로 직류 전압 $E_{d\alpha} = \dfrac{1+\cos\alpha}{\sqrt{2}\,\pi}E\,[\mathrm{V}]$

점호각(α)이 0°일 때 $E_{d0} = \dfrac{1+\cos 0°}{\sqrt{2}\,\pi} \times E = \dfrac{2}{\sqrt{2}\,\pi}E\,[\mathrm{V}]$

점호각(α)이 60°일 때 $E_{d60} = \dfrac{1+\cos 60°}{\sqrt{2}\,\pi} \times E = \dfrac{1.5}{\sqrt{2}\,\pi}E\,[\mathrm{V}]$

$\therefore \dfrac{E_{d60}}{E_{d0}} = \dfrac{1.5}{2} = \dfrac{3}{4}$

$E_{d60} = \dfrac{3}{4}E_{d0}$

22 **저항 부하를 갖는 단상 전파 제어 정류기의 평균 출력 전압은? (단, α는 사이리스터의 점호각, V_m은 교류 입력 전압의 최댓값이다.)** [16년 3회 산업]

① $V_{dc} = \dfrac{V_m}{2\pi}(1+\cos\alpha)$

② $V_{dc} = \dfrac{V_m}{\pi}(1+\cos\alpha)$

③ $V_{dc} = \dfrac{V_m}{2\pi}(1-\cos\alpha)$

④ $V_{dc} = \dfrac{V_m}{\pi}(1-\cos\alpha)$

해설 단상 전파 제어 정류 회로에서

직류 평균 전압 $V_{dc} = \dfrac{1}{\pi}\displaystyle\int_{\alpha}^{\pi} V_m \sin\theta d\theta$

$= \dfrac{V_m}{\pi} \cdot [-\cos\theta]_{\alpha}^{\pi}$

$= \dfrac{V_m}{\pi}(1+\cos\alpha)$

23 **전류가 불연속인 경우 전원 전압 220[V]인 단상 전파 정류 회로에서 점호각 $\alpha = 90°$일 때의 직류 평균 전압은 약 몇 [V]인가?** [17년 3회 산업]

① 45 ② 84
③ 90 ④ 99

해설 단상 전파 정류에서 점호각 α일 때, 직류 전압(평균값) $E_{d\alpha}$는

$E_{d\alpha} = \dfrac{2\sqrt{2}\,E}{\pi} \cdot \dfrac{1+\cos\alpha}{2}$

$= \dfrac{2\sqrt{2} \times 220}{\pi} \times \dfrac{1}{2} = 99.0\,[\mathrm{V}]$

기출 핵심 NOTE

22 SCR의 단상 전파 정류

직류 전압(평균값) $E_{d\alpha}$

$E_{d\alpha} = E_{d0}\dfrac{1+\cos\alpha}{2}$

$= \dfrac{2\sqrt{2}\,E}{\pi} \cdot \left(\dfrac{1+\cos\alpha}{2}\right)[\mathrm{V}]$

정답 22. ② 23. ④

24 그림과 같은 단상 브리지 정류 회로(혼합 브리지)에서 직류 평균 전압[V]은? (단, E는 교류측 실효치 전압, α는 점호 제어각이다.) [14년 2회 기사]

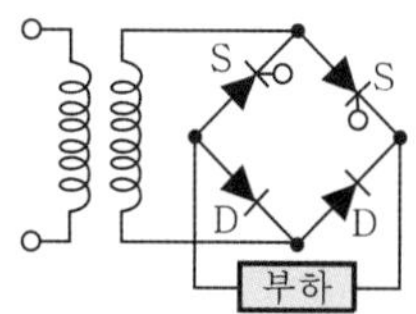

① $\dfrac{2\sqrt{2}E}{\pi}\left(\dfrac{1+\cos\alpha}{2}\right)$

② $\dfrac{\sqrt{2}E}{\pi}\left(\dfrac{1+\cos\alpha}{2}\right)$

③ $\dfrac{2\sqrt{2}E}{\pi}\left(\dfrac{1-\cos\alpha}{2}\right)$

④ $\dfrac{\sqrt{2}E}{\pi}\left(\dfrac{1-\cos\alpha}{2}\right)$

해설 SCR을 사용한 단상 브리지 정류에서 점호 제어각 α일 때 직류 평균 전압($E_{d\alpha}$)

$$E_{d\alpha}=\frac{1}{\pi}\int_{\alpha}^{\pi}\sqrt{2}E\sin\theta\cdot d\theta$$
$$=\frac{\sqrt{2}E}{\pi}(1+\cos\alpha)$$
$$=\frac{2\sqrt{2}E}{\pi}\left(\frac{1+\cos\alpha}{2}\right)[\text{V}]$$

25 상전압 200[V]의 3상 반파 정류 회로의 각 상에 SCR을 사용하여 정류 제어할 때 위상각을 $\frac{\pi}{6}$로 하면 순저항 부하에서 얻을 수 있는 직류 전압[V]은? [19년 2회 기사]

① 90
② 180
③ 203
④ 234

해설 3상 반파 정류에서 위상각 $\alpha=0°$일 때

직류 전압 $E_{d0}=\dfrac{3\sqrt{3}}{\sqrt{2}\pi}E=1.17E$

위상각 $\alpha=\dfrac{\pi}{6}$일 때

직류 전압 $E_{d\alpha}=E_{d0}\cdot\dfrac{1+\cos\alpha}{2}$

$$=1.17\times200\times\frac{1+\cos\frac{\pi}{6}}{2}=218.3[\text{V}]$$

기출 핵심 NOTE

정답 24. ① 25. 정답 없음

기출 핵심 NOTE

26 그림과 같은 회로에서 V(전원 전압의 실효치)$=100$[V], 점호각 $\alpha=30°$인 때의 부하 시의 직류 전압 $E_{d\alpha}$[V]는 약 얼마인가? (단, 전류가 연속하는 경우이다.) [19년 1회 기사]

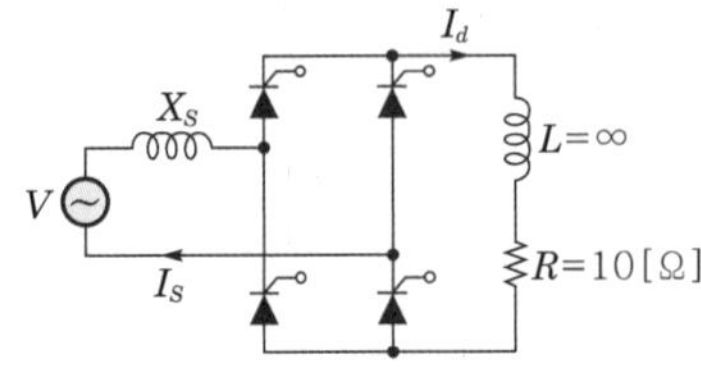

① 90 ② 86
③ 77.9 ④ 100

해설 유도성 부하($L=\infty$), 점호각 $\alpha=30°$일 때

직류 전압 $E_{d\alpha}=\dfrac{2\sqrt{2}}{\pi}V\cos\alpha$

$=\dfrac{2\sqrt{2}}{\pi}\times100\times\dfrac{\sqrt{3}}{2}=77.9$[V]

26 SCR의 단상 브리지 정류

(전류가 연속하는 경우 $L=\infty$)

직류 전압(평균값) $E_{d\alpha}$

$$E_{d\alpha}=E_{d0}\cos\alpha$$
$$=\frac{2\sqrt{2}}{\pi}V\cdot\cos\alpha\,[\mathrm{V}]$$

27 3단자 사이리스터가 아닌 것은? [16년 3회 기사]

① SCR ② GTO
③ SCS ④ TRIAC

해설 SCS(Silicon Controlled Switch)는 1방향성 4단자 사이리스터이다.

27
- SCR : 단일 방향 3단자 사이리스터
- SSS : 쌍방향(2방향성) 2단자 스위치
- SCS : 단일 방향 4단자 사이리스터
- TRIAC : 쌍방향 3단자 사이리스터

28 게이트 조작에 의해 부하 전류 이상으로 유지 전류를 높일 수 있어 게이트 턴온, 턴오프가 가능한 사이리스터는? [15년 1회 기사]

① SCR ② GTO
③ LASCR ④ TRIAC

해설 SCR, LASCR, TRIAC의 게이트는 턴온(turn on)을 하고, GTO는 게이트에 흐르는 전류를 점호할 때와 반대로 흐르게 함으로써 소자를 소호시킬 수 있다.

29 직류 전압을 직접 제어하는 것은? [03·99·94년 산업]

① 단상 인버터 ② 초퍼형 인버터
③ 브리지형 인버터 ④ 3상 인버터

해설 고속으로 "on", "off"를 반복할 수 있는 스위치를 초퍼(chopper)라고 하며 직류 변압기로 사용된다.

29 전력 변환기기
- 컨버터(converter)
  : 교류 → 직류로 변환
- 인버터(inverter)
  : 직류 → 교류로 변환
- 사이클로컨버터 (cyclroconverter)
  : 교류 → 교류로 변환 (주파수 변환)
- 초퍼(chopper) 컨버터
  : 직류 → 직류로 변환

정답 26. ③ 27. ③ 28. ② 29. ②

부록

과년도 출제문제

전기기사

2020년 제1 · 2회 통합 기출문제

01 전원 전압이 100[V]인 단상 전파 정류 제어에서 점호각이 30°일 때 직류 평균 전압은 약 몇 [V]인가?

① 54　② 64
③ 84　④ 94

해설 **직류 전압(평균값) $E_{d\alpha}$**

$$E_{d\alpha}=E_{do}\cdot\frac{1+\cos\alpha}{2}$$
$$=\frac{2\sqrt{2}E}{\pi}\left(\frac{1+\cos 30°}{2}\right)$$
$$=\frac{2\sqrt{2}\times 100}{\pi}\left(\frac{1+\frac{\sqrt{3}}{2}}{2}\right)$$
$$=83.99 ≒ 84[\text{V}]$$

02 단상 유도 전동기의 기동 시 브러시를 필요로 하는 것은?

① 분상 기동형
② 반발 기동형
③ 콘덴서 분상 기동형
④ 셰이딩 코일 기동형

해설 반발 기동형 단상 유도 전동기는 직류 전동기 전기자와 같은 모양의 권선과 정류자를 갖고 있으며 기동 시 브러시를 통하여 외부에서 단락하여 반발 전동기 특유의 큰 기동 토크에 의해 기동한다.

03 3선 중 2선의 전원 단자를 서로 바꾸어서 결선하면 회전 방향이 바뀌는 기기가 아닌 것은?

① 회전 변류기
② 유도 전동기
③ 동기 전동기
④ 정류자형 주파수 변환기

해설 정류자형 주파수 변환기는 유도 전동기의 2차 여자를 하기 위한 교류 여자기로서, 외부에서 원동기에 의해 회전하는 기기이다.

04 단상 유도 전동기의 분상 기동형에 대한 설명으로 틀린 것은?

① 보조 권선은 높은 저항과 낮은 리액턴스를 갖는다.
② 주권선은 비교적 낮은 저항과 높은 리액턴스를 갖는다.
③ 높은 토크를 발생시키려면 보조 권선에 병렬로 저항을 삽입한다.
④ 전동기가 가동하여 속도가 어느 정도 상승하면 보조 권선을 전원에서 분리해야 한다.

해설 분상 기동형 단상 유도 전동기는 낮은 저항의 주권선과 높은 저항의 보조 권선(기동 권선)을 병렬로 전원에 접속하고, 높은 토크를 발생시키려면 보조 권선에 직렬로 저항을 삽입한다.

05 변압기의 $\%Z$가 커지면 단락 전류는 어떻게 변화하는가?

① 커진다.
② 변동없다.
③ 작아진다.
④ 무한대로 커진다.

해설 **퍼센트 임피던스 강하 $\%Z$**

$$\%Z=\frac{IZ}{V}\times 100=\frac{I}{\frac{V}{Z}}\times 100=\frac{I_n}{I_s}\times 100[\%]$$

단락 전류 $I_s=\frac{100}{\%Z}I_n[\text{A}]$

정답 01. ③ 02. ② 03. ④ 04. ③ 05. ③

06 계자 권선이 전기자에 병렬로만 연결된 직류기는?

① 분권기　② 직권기
③ 복권기　④ 타여자기

해설 계자 권선이 전기자에 병렬로만 연결된 직류기를 분권기라고 한다.

07 정격 전압 6,600[V]인 3상 동기 발전기가 정격 출력(역률=1)으로 운전할 때 전압 변동률이 12[%]이었다. 여자 전류와 회전수를 조정하지 않은 상태로 무부하 운전하는 경우 단자 전압[V]은?

① 6,433　② 6,943
③ 7,392　④ 7,842

해설 전압 변동률 $\varepsilon = \dfrac{V_0 - V_n}{V_n} \times 100[\%]$

무부하 전압 $V_0 = V_n(1+\varepsilon')$
$= 6{,}600 \times (1+0.12)$
$= 7{,}392[\text{V}]$

08 3상 20,000[kVA]인 동기 발전기가 있다. 이 발전기는 60[Hz]일 때는 200[rpm], 50[Hz]일 때는 약 167[rpm]으로 회전한다. 이 동기 발전기의 극수는?

① 18극　② 36극
③ 54극　④ 72극

해설 동기 속도 $N_s = \dfrac{120f}{P}[\text{rpm}]$

극수 $P = \dfrac{120f}{N_s} = \dfrac{120 \times 60}{200} = 36$극

09 1차 전압 6,600[V], 권수비 30인 단상 변압기로 전등 부하에 30[A]를 공급할 때의 입력[kW]은? (단, 변압기의 손실은 무시한다.)

① 4.4　② 5.5
③ 6.6　④ 7.7

해설 권수비 $a = \dfrac{N_1}{N_2} = \dfrac{I_2}{I_1}$, $I_1 = \dfrac{I_2}{a}$

전등 부하 역률 $\cos\theta = 1$

입력 $P = V_1 I_1 \cos\theta \times 10^{-3}$
$= 6{,}600 \times \dfrac{30}{30} \times 1 \times 10^{-3} = 6.6[\text{kW}]$

10 스텝 모터에 대한 설명으로 틀린 것은?

① 가속과 감속이 용이하다.
② 정·역 및 변속이 용이하다.
③ 위치 제어 시 각도 오차가 작다.
④ 브러시 등 부품수가 많아 유지 보수 필요성이 크다.

해설 스텝 모터(step motor)는 펄스 구동 방식의 전동기로 피드백(feed back)이 없이 아주 정밀한 위치 제어와 정·역 및 변속이 용이한 전동기이다.

11 출력 20[kW]인 직류 발전기의 효율이 80[%]이면 전 손실은 약 몇 [kW]인가?

① 0.8　② 1.25
③ 5　④ 45

해설 효율 $\eta = \dfrac{\text{출력}}{\text{출력}+\text{손실}} \times 100[\%]$

$\dfrac{\eta}{100} = \eta' = \dfrac{P}{P+P_l}$

손실 $P_l = \dfrac{P - \eta' P}{\eta'}$
$= \dfrac{20 - 0.8 \times 20}{0.8} = 5[\text{kW}]$

12 동기 전동기의 공급 전압과 부하를 일정하게 유지하면서 역률을 1로 운전하고 있는 상태에서 여자 전류를 증가시키면 전기자 전류는?

① 앞선 무효 전류가 증가
② 앞선 무효 전류가 감소
③ 뒤진 무효 전류가 증가
④ 뒤진 무효 전류가 감소

정답 06. ① 07. ③ 08. ② 09. ③ 10. ④ 11. ③ 12. ①

해설 동기 전동기를 역률 1인 상태에서 여자 전류를 감소(부족 여자)하면 전기자 전류는 뒤진 무효 전류가 증가하고, 여자 전류를 증가(과여자)하면 앞선 무효 전류가 증가한다.

13 전압 변동률이 작은 동기 발전기의 특성으로 옳은 것은?

① 단락비가 크다.

② 속도 변동률이 크다.

③ 동기 리액턴스가 크다.

④ 전기자 반작용이 크다.

해설 단락비가 큰 기계의 특성

$\left(\text{단락비 } K_s = \frac{I_{f0}}{I_{fs}} \propto \frac{1}{Z_s}\right)$

- 동기 임피던스(동기 리액턴스)가 작다.
- 전압 변동률 및 속도 변동률이 작다.
- 전기자 반작용이 작다.
- 출력이 크다.
- 과부하 내량이 크고 안정도가 높다.

14 직류 발전기에 P[N·m/s]의 기계적 동력을 주면 전력은 몇 [W]로 변환되는가? (단, 손실은 없으며, i_a는 전기자 도체의 전류, e는 전기자 도체의 유도 기전력, Z는 총 도체수이다.)

① $P = i_a e Z$

② $P = \frac{i_a e}{Z}$

③ $P = \frac{i_a Z}{e}$

④ $P = \frac{eZ}{i_a}$

해설 유기 기전력 $E = e\frac{Z}{a}$[V]

여기서, a : 병렬 회로수

전기자 전류 $I_a = i_a \cdot a$[A]

전력 $P = E \cdot I_a = e\frac{Z}{a} \cdot i_a \cdot a = eZi_a$[W]

15 도통(on) 상태에 있는 SCR을 차단(off) 상태로 만들기 위해서는 어떻게 하여야 하는가?

① 게이트 펄스 전압을 가한다.

② 게이트 전류를 증가시킨다.

③ 게이트 전압이 부(−)가 되도록 한다.

④ 전원 전압의 극성이 반대가 되도록 한다.

해설 SCR을 차단(off) 상태에서 도통(on) 상태로 하려면 게이트에 펄스 전압을 인가하고, 도통(on) 상태에서 차단(off) 상태로 만들려면 전원 전압을 0 또는 부(−)로 해준다.

16 직류 전동기의 워드 레오나드 속도 제어 방식으로 옳은 것은?

① 전압 제어

② 저항 제어

③ 계자 제어

④ 직·병렬 제어

해설 직류 전동기의 속도 제어 방식

- 계자 제어
- 저항 제어
- 직·병렬 제어
- 전압 제어
  - 워드 레오나드(Ward leonard) 방식
  - 일그너(Ilgner) 방식

17 단권 변압기의 설명으로 틀린 것은?

① 분로 권선과 직렬 권선으로 구분된다.

② 1차 권선과 2차 권선의 일부가 공통으로 사용된다.

③ 3상에는 사용할 수 없고 단상으로만 사용한다.

④ 분로 권선에서 누설 자속이 없기 때문에 전압 변동률이 작다.

해설 단권 변압기는 1차 권선과 2차 권선의 일부가 공동으로 사용되는 분포 권선과 직렬 권선으로 구분되며 단상과 3상 모두 사용된다.

정답 13. ① 14. ① 15. ④ 16. ① 17. ③

18 유도 전동기를 정격 상태로 사용 중 전압이 10[%] 상승할 때 특성 변화로 틀린 것은? (단, 부하는 일정 토크라고 가정한다.)

① 슬립이 작아진다.
② 역률이 떨어진다.
③ 속도가 감소한다.
④ 히스테리시스손과 와류손이 증가한다.

해설
- 슬립 $s \propto \dfrac{1}{{V_1}^2}$: 슬립이 감소한다.
- 회전 속도 $N = N_s(1-s)$: 회전 속도가 상승한다.
- 최대 자속 $\phi_m = \dfrac{V_1}{4.44fN_1}$: 최대 자속이 증가하여 역률이 저하, 철손이 증가한다.

19 단자 전압 110[V], 전기자 전류 15[A], 전기자 회로의 저항 2[Ω], 정격 속도 1,800[rpm]으로 전부하에서 운전하고 있는 직류 분권 전동기의 토크는 약 몇 [N·m]인가?

① 6.0　　② 6.4
③ 10.08　　④ 11.14

해설 역기전력 $E = V - I_a R_a$

$= 110 - 15 \times 2 = 80[\text{V}]$

토크 $T = \dfrac{P}{2\pi \frac{N}{60}} = \dfrac{EI_a}{2\pi \frac{N}{60}}$

$= \dfrac{80 \times 15}{2\pi \frac{1,800}{60}}$

$= 6.366 \fallingdotseq 6.4[\text{N}\cdot\text{m}]$

20 용량 1[kVA], 3,000/200[V]의 단상 변압기를 단권 변압기로 결선해서 3,000/3,200[V]의 승압기로 사용할 때 그 부하 용량[kVA]은?

① $\dfrac{1}{16}$　　② 1
③ 15　　④ 16

해설 $\dfrac{\text{자기 용량 } P}{\text{부하 용량 } W} = \dfrac{V_h - V_l}{V_h}$

부하 용량 $W = P\dfrac{V_h}{V_h - V_l}$

$= 1 \times \dfrac{3,200}{3,200 - 3,000}$

$= 16[\text{kVA}]$

정답 18. ③ 19. ② 20. ④

2020년 제1 · 2회 통합 기출문제

01 임피던스 강하가 5[%]인 변압기가 운전 중 단락되었을 때 그 단락 전류는 정격 전류의 몇 배인가?

① 20　② 25
③ 30　④ 35

해설 퍼센트 임피던스 강하 $\%Z = \frac{IZ}{V} \times 100$

$= \frac{I_n}{I_s} \times 100[\%]$

단락 전류 $I_s = \frac{100}{\%Z} I_n = \frac{100}{5} I_n = 20 I_n [A]$

02 변압기의 임피던스 와트와 임피던스 전압을 구하는 시험은?

① 부하 시험
② 단락 시험
③ 무부하 시험
④ 충격 전압 시험

해설 임피던스 전압 V_s는 변압기 2차측을 단락했을 때 단락 전류가 정격 전류와 같은 값을 가질 때 1차측에 인가한 전압이며, 임피던스 와트는 임피던스 전압을 공급할 때 변압기의 입력으로, 임피던스 와트와 임피던스 전압을 구하는 시험은 단락 시험이다.

03 수은 정류기에 있어서 정류기의 밸브 작용이 상실되는 현상을 무엇이라고 하는가?

① 통호　② 실호
③ 역호　④ 점호

해설 수은 정류기에 있어서 밸브 작용의 상실은 과부하에 의해 과전류가 흘러 양극점에 수은 방울이 부착하여 전자가 역류하는 현상으로, 역호라고 한다.

04 기동 시 정류자의 불꽃으로 라디오의 장해를 주며 단락 장치의 고장이 일어나기 쉬운 전동기는?

① 직류 직권 전동기
② 단상 직권 전동기
③ 반발 기동형 단상 유도 전동기
④ 셰이딩 코일형 단상 유도 전동기

해설 반발 기동형 단상 유도 전동기는 정류자와 브러시를 갖고 있으며 기동 토크가 큰 반면, 유도 장해와 단락 장치의 고장이 발생할 수 있는 전동기이다.

05 8극, 유도 기전력 100[V], 전기자 전류 200[A]인 직류 발전기의 전기자 권선을 중권에서 파권으로 변경했을 경우의 유도 기전력과 전기자 전류는?

① 100[V], 200[A]
② 200[V], 100[A]
③ 400[V], 50[A]
④ 800[V], 25[A]

해설 유도 기전력 $E = \frac{Z}{a} P \phi \frac{N}{60} \propto \frac{1}{a}$

전기자 전류 $I_a = aI \propto a$

중권의 병렬 회로수 $a = p = 8$, 파권 $a = 2$이므로

파권의 경우 병렬 회로수가 $\frac{1}{4}$로 감소하므로

파권 $E_{파} = \frac{E_{중}}{\frac{1}{4}} = 4 \times 100 = 400[V]$

파권 $I_{파} = \frac{1}{4} I_{중} = \frac{1}{4} \times 200 = 50[A]$

정답 01. ① 02. ② 03. ③ 04. ③ 05. ③

06 어떤 공장에 뒤진 역률 0.8인 부하가 있다. 이 선로에 동기 조상기를 병렬로 결선해서 선로의 역률을 0.95로 개선하였다. 개선 후 전력의 변화에 대한 설명으로 틀린 것은?

① 피상 전력과 유효 전력은 감소한다.
② 피상 전력과 무효 전력은 감소한다.
③ 피상 전력은 감소하고 유효 전력은 변화가 없다.
④ 무효 전력은 감소하고 유효 전력은 변화가 없다.

해설 동기 조상기를 접속하여 역률을 개선하면 피상 전력 P_a와 무효 전력 P_r은 감소하고 유효 전력 P는 변화가 없다.

07 직류 발전기의 병렬 운전에서 균압 모선을 필요로 하지 않는 것은?

① 분권 발전기
② 직권 발전기
③ 평복권 발전기
④ 과복권 발전기

해설 안정된 병렬 운전을 위해 균압 모선(균압선)을 필요로 하는 직류 발전기는 직권 계자 권선이 있는 직권 발전기와 복권 발전기이다.

08 3상 동기기의 제동 권선을 사용하는 주목적은?

① 출력이 증가한다. ② 효율이 증가한다.
③ 역률을 개선한다. ④ 난조를 방지한다.

해설 제동 권선은 동기기의 회전자 표면에 농형 유도 전동기의 회전자 권선과 같은 권선을 설치하고 동기 속도를 벗어나면 전류가 흘러서 난조를 제동하는 작용을 한다.

09 동기기의 과도 안정도를 증가시키는 방법이 아닌 것은?

① 속응 여자 방식을 채용한다.
② 동기 탈조 계전기를 사용한다.
③ 동기화 리액턴스를 작게 한다.
④ 회전자의 플라이휠 효과를 작게 한다.

해설 동기기의 안정도 향상책
- 단락비가 클 것
- 동기 임피던스는 작을 것
- 조속기 동작이 신속할 것
- 관성 모멘트(플라이휠 효과)가 클 것
- 속응 여자 방식을 채택할 것
- 동기 탈조 계전기를 설치할 것

10 전기자 저항과 계자 저항이 각각 0.8[Ω]인 직류 직권 전동기가 회전수 200[rpm], 전기자 전류 30[A]일 때 역기전력은 300[V]이다. 이 전동기의 단자 전압을 500[V]로 사용한다면 전기자 전류가 위와 같은 30[A]로 될 때의 속도[rpm]는? (단, 전기자 반작용, 마찰손, 풍손 및 철손은 무시한다.)

① 200 ② 301
③ 452 ④ 500

해설 회전 속도 $N = k\dfrac{E}{\phi}$

$$200 = k\frac{300}{\phi} \quad \left(\because \frac{k}{\phi} = \frac{2}{3}\right)$$

$$N' = k\frac{V' - I_a(R_a + r_f)}{\phi}$$

$$= \frac{2}{3}\{500 - 30 \times (0.8 + 0.8)\}$$

$$= 301.3 \fallingdotseq 301\,[\text{rpm}]$$

11 SCR에 대한 설명으로 옳은 것은?

① 증폭 기능을 갖는 단방향성 3단자 소자이다.
② 제어 기능을 갖는 양방향성 3단자 소자이다.
③ 정류 기능을 갖는 단방향성 3단자 소자이다.
④ 스위칭 기능을 갖는 양방향성 3단자 소자이다.

해설 SCR은 pnpn의 4층 구조로, 정류, 제어 및 스위칭 기능의 단일 방향성 3단자 소자이다.

정답 06. ① 07. ① 08. ④ 09. ④ 10. ② 11. ③

12 전압비 3,300/110[V], 1차 누설 임피던스 $Z_1 = 12 + j13$[Ω], 2차 누설 임피던스 $Z_2 = 0.015 + j0.013$[Ω]인 변압기가 있다. 1차로 환산된 등가 임피던스[Ω]는?

① $22.7 + j25.5$
② $24.7 + j25.5$
③ $25.5 + j22.7$
④ $25.5 + j24.7$

해설 2차 누설 임피던스를 1차로 환산하면 다음과 같다.

$Z_2' = a^2 Z_2 = 30^2 \times (0.015 + j0.013)$
$= 13.5 + j11.7$[Ω]

등가 임피던스 $Z_{12} = Z_1 + Z_2'$
$= (12 + 13.5) + j(13 + 11.7)$
$= 25.5 + j24.7$[Ω]

13 직류 분권 전동기의 정격 전압 220[V], 정격 전류 105[A], 전기자 저항 및 계자 회로의 저항이 각각 0.1[Ω] 및 40[Ω]이다. 기동 전류를 정격 전류의 150[%]로 할 때의 기동 저항은 약 몇 [Ω]인가?

① 0.46 ② 0.92
③ 1.21 ④ 1.35

해설 기동 전류 $I_s = 1.5I = 1.5 \times 105 = 157.5$[A]

전기자 전류 $I_a = I_s - I_f = 157.5 - \dfrac{220}{40} = 152$[A]

$I_a = \dfrac{V}{R_a + R_s}$에서

기동 저항 $R_s = \dfrac{V}{I_a} - R_a$
$= \dfrac{220}{152} - 0.1 = 1.347 ≒ 1.35$[Ω]

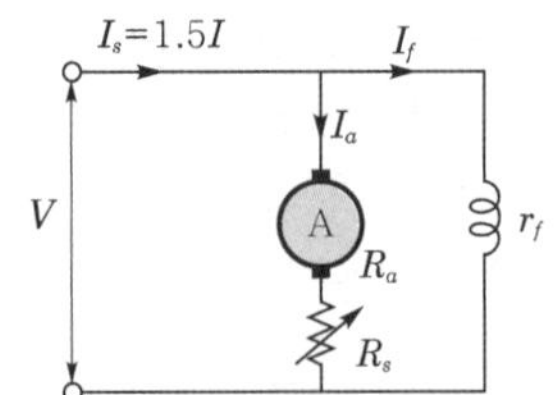

14 3상 유도 전동기의 전원 주파수와 전압의 비가 일정하고 정격 속도 이하로 속도를 제어하는 경우 전동기의 출력 P와 주파수 f와의 관계는?

① $P \propto f$ ② $P \propto \dfrac{1}{f}$
③ $P \propto f^2$ ④ P는 f에 무관

해설 3상 유도 전동기의 속도 제어에서 주파수 제어를 하는 경우 토크 T를 일정하게 유지하려면 자속 ϕ가 일정하여야 하므로 전압과 출력은 주파수에 비례하여야 한다.

15 유도 전동기의 주파수가 60[Hz]이고 전부하에서 회전수가 매분 1,164회이면 극수는? (단, 슬립은 3[%]이다.)

① 4 ② 6
③ 8 ④ 10

해설 회전 속도 $N = N_s(1-s)$

동기 속도 $N_s = \dfrac{R_o f}{P} = \dfrac{N}{1-s} = \dfrac{1{,}164}{1-0.03}$
$= 1{,}200$[rpm]

극수 $P = \dfrac{120f}{N_s} = \dfrac{120 \times 60}{1{,}200} = 6$[극]

16 단상 다이오드 반파 정류 회로인 경우 정류 효율은 약 몇 [%]인가? (단, 저항 부하인 경우이다.)

① 12.6
② 40.6
③ 60.6
④ 81.2

해설 단상 반파 정류에서

직류 평균 전류 $I_d = \dfrac{I_m}{\pi}$

교류 실효 전류 $I = \dfrac{I_m}{2}$

정답 12. ④ 13. ④ 14. ① 15. ② 16. ②

$$정류\ 효율\ \eta = \frac{P_{dc}(직류\ 출력)}{P_{ac}(교류\ 입력)} \times 100 = \frac{\left(\frac{I_m}{\pi}\right)^2 \cdot R}{\left(\frac{I_m}{2}\right)^2 \cdot R} \times 100 = \frac{4}{\pi^2} \times 100 = 40.6[\%]$$

17 동기 발전기의 단자 부근에서 단락이 발생되었을 때 단락 전류에 대한 설명으로 옳은 것은?

① 서서히 증가한다.
② 발전기는 즉시 정지한다.
③ 일정한 큰 전류가 흐른다.
④ 처음은 큰 전류가 흐르나 점차 감소한다.

해설 단락 초기에는 누설 리액턴스 x_l만에 의해 제어되므로 큰 전류가 흐르다가 수초 후에는 반작용 리액턴스 x_a가 발생되어 동기 리액턴스 x_s가 단락 전류를 제한하므로 점차 감소하게 된다.

18 변압기에서 1차측의 여자 어드미턴스를 Y_0라고 한다. 2차측으로 환산한 여자 어드미턴스 $Y_0{}'$를 옳게 표현한 식은? (단, 권수비를 a라고 한다.)

① $Y_0{}' = a^2 Y_0$　② $Y_0{}' = a Y_0$
③ $Y_0{}' = \frac{Y_0}{a^2}$　④ $Y_0{}' = \frac{Y_0}{a}$

해설 1차 임피던스를 2차측으로 환산하면 다음과 같다.

$Z_1{}' = \frac{Z_1}{a^2}[\Omega]$

1차 여자 어드미턴스를 2차측으로 환산하면 다음과 같다.

$Y_0{}' = a^2 Y_0[℧]$

19 8극, 50[kW], 3,300[V], 60[Hz]인 3상 권선형 유도 전동기의 전부하 슬립이 4[%]라고 한다. 이 전동기의 슬립링 사이에 0.16[Ω]의 저항 3개를 Y로 삽입하면 전부하 토크를 발생할 때의 회전수[rpm]는? (단, 2차 각 상의 저항은 0.04[Ω]이고, Y접속이다.)

① 660　② 720
③ 750　④ 880

해설 동기 속도

$N_s = \frac{120 \cdot f}{P} = \frac{120 \times 60}{8} = 900[\text{rpm}]$

동일 토크의 조건 $\frac{r_2}{s} = \frac{r_2 + R}{s'}$

$\frac{0.04}{0.04} = \frac{0.04 + 0.16}{s'}$ 에서 $s' = 0.2$

회전 속도 $N' = N_s(1 - s') = 900 \times (1 - 0.2) = 720[\text{rpm}]$

20 3상 유도 전동기의 전원측에서 임의의 2선을 바꾸어 접속하여 운전하면?

① 즉각 정지된다.
② 회전 방향이 반대가 된다.
③ 바꾸지 않았을 때와 동일하다.
④ 회전 방향은 불변이나 속도가 약간 떨어진다.

해설 3상 유도 전동기의 전원측에서 3선 중 2선의 접속을 바꾸면 회전 자계가 역회전하여 전동기의 회전 방향이 반대로 된다.

정답 17. ④ 18. ① 19. ② 20. ②

2020년 제3회 기출문제

01 **정격 전압 120[V], 60[Hz]인 변압기의 무부하 입력 80[W], 무부하 전류 1.4[A]이다. 이 변압기의 여자 리액턴스는 약 몇 [Ω]인가?**

① 97.6　　② 103.7
③ 124.7　　④ 180

해설
철손 전류 $I_i = \dfrac{P_i}{V_1} = \dfrac{80}{120} \fallingdotseq 0.67[A]$

자화 전류 $I_\phi = \sqrt{I_0^2 - I_i^2} = \sqrt{1.4^2 - 0.67^2} \fallingdotseq 1.23[A]$

여과 리액턴스 $x_0 = \dfrac{V_1}{I_\phi} = \dfrac{120}{1.23} \fallingdotseq 97.6[\Omega]$

02 **서보 모터의 특징에 대한 설명으로 틀린 것은?**

① 발생 토크는 입력 신호에 비례하고, 그 비가 클 것
② 직류 서보 모터에 비하여 교류 서보 모터의 시동 토크가 매우 클 것
③ 시동 토크는 크나 회전부의 관성 모멘트가 작고, 전기적 시정수가 짧을 것
④ 빈번한 시동, 정지, 역전 등의 가혹한 상태에 견디도록 견고하고, 큰 돌입 전류에 견딜 것

해설
- 제어용 서보 모터(servo motor)는 시동 토크가 크고 관성 모멘트가 작으며 속응성이 좋고 시정수가 짧아야 한다.
- 시동 토크는 교류 서보 모터보다 직류 서보 모터가 크다.

03 **3상 변압기 2차측의 E_W상만을 반대로 하고 Y-Y 결선을 한 경우 2차 상전압이 $E_U=70[V]$, $E_V=70[V]$, $E_W=70[V]$라면 2차 선간 전압은 약 몇 [V]인가?**

① $V_{U-V}=121.2[V]$, $V_{V-W}=70[V]$, $V_{W-U}=70[V]$
② $V_{U-V}=121.2[V]$, $V_{V-W}=210[V]$, $V_{W-U}=70[V]$
③ $V_{U-V}=121.2[V]$, $V_{V-W}=121.2[V]$, $V_{W-U}=70[V]$
④ $V_{U-V}=121.2[V]$, $V_{V-W}=121.2[V]$, $V_{W-U}=121.2[V]$

해설

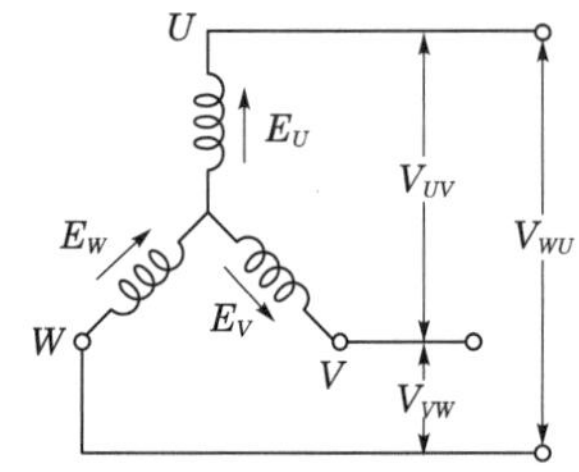

- $V_{U-V} = \dot{E}_U + (-\dot{E}_V) = \sqrt{3}\,E_U = \sqrt{3} \times 70 \fallingdotseq 121.2[V]$
- $V_{V-W} = E_V + E_W = E_V = 70[V]$
- $V_{W-U} = E_W + E_U = E_W = 70[V]$

04 **극수 8, 중권 직류기의 전기자 총 도체수 960, 매극 자속 0.04[Wb], 회전수 400[rpm]이라면 유기 기전력은 몇 [V]인가?**

① 256
② 327
③ 425
④ 625

해설 유기 기전력

$E = \dfrac{z}{a}P\phi\dfrac{N}{60} = \dfrac{960}{8} \times 8 \times 0.04 \times \dfrac{400}{60} = 256[V]$

정답 01. ① 02. ② 03. ① 04. ①

05 **3상 유도 전동기에서 2차측 저항을 2배로 하면 그 최대 토크는 어떻게 변하는가?**

① 2배로 커진다.
② 3배로 커진다.
③ 변하지 않는다.
④ $\sqrt{2}$ 배로 커진다.

해설 최대 토크

$$T_m = \frac{{V_1}^2}{2\{r_1 + \sqrt{{r_1}^2 + (x_1 + {x_2}')^2}\}} \neq r_2$$

3상 유도 전동기의 최대 토크는 2차측 저항과 무관하므로 변하지 않는다.

06 **동기 전동기에 일정한 부하를 걸고 계자 전류를 0[A]에서부터 계속 증가시킬 때 관련 설명으로 옳은 것은? (단, I_a는 전기자 전류이다.)**

① I_a는 증가하다가 감소한다.
② I_a가 최소일 때 역률이 1이다.
③ I_a가 감소 상태일 때 앞선 역률이다.
④ I_a가 증가 상태일 때 뒤진 역률이다.

해설 동기 전동기의 공급 전압과 부하가 일정 상태에서 계자 전류를 변화하면 전기자 전류와 역률이 변화한다. 역률 $\cos\theta = 1$일 때 전기자 전류는 최소이고, 역률 1을 기준으로 하여 계자 전류를 감소하면 뒤진 역률, 증가하면 앞선 역률이 되며 전기자 전류는 증가한다.

07 **3[kVA], 3,000/200[V]의 변압기의 단락 시험에서 임피던스 전압 120[V], 동손 150[W]라 하면 %저항 강하는 몇 [%]인가?**

① 1　　② 3
③ 5　　④ 7

해설 퍼센트 저항 강하

$$P = \frac{I \cdot r}{V} \times 100 = \frac{I^2 r}{VI} \times 100 = \frac{150}{3 \times 10^3} \times 100$$

$$= 5[\%]$$

08 **정격 출력 50[kW], 4극 220[V], 60[Hz]인 3상 유도 전동기가 전부하 슬립 0.04, 효율 90[%]로 운전되고 있을 때 다음 중 틀린 것은?**

① 2차 효율=92[%]
② 1차 입력=55.56[kW]
③ 회전자 동손=2.08[kW]
④ 회전자 입력=52.08[kW]

해설 2차 입력 : 기계적 출력 : 2차 동손

$P_2 : P_o(P) : P_{2c} = 1 : 1-s : s$

(기계손 무시하면 기계적 출력 P_o=정격 출력 P)

① 2차 효율 $\eta_2 = \frac{P_o}{P_2} \times 100 = \frac{P_2(1-s)}{P_2} \times 100$

$= (1-s) \times 100$

$= (1-0.04) \times 100 = 96[\%]$

② 1차 입력 $P_1 = \frac{P}{\eta} = \frac{50}{0.9} = 55.555$

$\fallingdotseq 55.56[\text{kW}]$

③ 회전자 동손 $P_{2c} = \frac{s}{1-s} P = \frac{0.04}{1-0.04} \times 50$

$= 2.083 \fallingdotseq 2.08[\text{kW}]$

④ 회전자 입력 $P_2 = \frac{P}{1-s} = \frac{50}{1-0.04}$

$\fallingdotseq 52.08[\text{kW}]$

09 **단상 유도 전동기를 2전동기설로 설명하는 경우 정방향 회전 자계의 슬립이 0.2이면, 역방향 회전 자계의 슬립은 얼마인가?**

① 0.2　　② 0.8
③ 1.8　　④ 2.0

해설 슬립 $s = \frac{N_s - N}{N_s} = 0.2$

역회전 시 슬립

$$s' = \frac{N_s - (-N)}{N_s}$$

$$= \frac{N_s + N}{N_s} = \frac{2N_s - (N_s - N)}{N_s}$$

$$= 2 - \frac{N_s - N}{N_s} = 2 - s = 2 - 0.2$$

$$= 1.8$$

정답 05. ③ 06. ② 07. ③ 08. ① 09. ③

10 직류 가동 복권 발전기를 전동기로 사용하면 어느 전동기가 되는가?

① 직류 직권 전동기
② 직류 분권 전동기
③ 직류 가동 복권 전동기
④ 직류 차동 복권 전동기

해설 직류 가동 복권 발전기를 전동기로 사용하면 전기자 전류의 방향이 반대로 바뀌어 차동 복권 전동기가 된다.

11 동기 발전기를 병렬 운전하는 데 필요하지 않은 조건은?

① 기전력의 용량이 같을 것
② 기전력의 파형이 같을 것
③ 기전력의 크기가 같을 것
④ 기전력의 주파수가 같을 것

해설 **동기 발전기의 병렬 운전 조건**
- 기전력의 크기가 같을 것
- 기전력의 위상이 같을 것
- 기전력의 주파수가 같을 것
- 기전력의 파형이 같을 것

12 IGBT(Insulated Gate Bipolar Transistor)에 대한 설명으로 틀린 것은?

① MOSFET와 같이 전압 제어 소자이다.
② GTO 사이리스터와 같이 역방향 전압 저지 특성을 갖는다.
③ 게이트와 이미터 사이의 입력 임피던스가 매우 낮아 BJT보다 구동하기 쉽다.
④ BJT처럼 On-drop이 전류에 관계없이 낮고 거의 일정하며, MOSFET보다 훨씬 큰 전류를 흘릴 수 있다.

해설 IGBT는 MOSFET의 고속 스위칭과 BJT의 고전압, 대전류 처리 능력을 겸비한 역전압 제어용 소자로서, 게이트와 이미터 사이의 임피던스가 크다.

13 유도 전동기에서 공급 전압의 크기가 일정하고 전원 주파수만 낮아질 때 일어나는 현상으로 옳은 것은?

① 철손이 감소한다.
② 온도 상승이 커진다.
③ 여자 전류가 감소한다.
④ 회전 속도가 증가한다.

해설 **유도 전동기의 공급 전압 일정 상태에서의 현상**
- 철손 $P_i \propto \frac{1}{f}$
- 여자 전류 $I_0 \propto \frac{1}{f}$
- 회전 속도 $N = N_s(1-s) = \frac{120f}{P}(1-s) \propto f$
- 손실이 증가하면 온도는 상승한다.

14 용접용으로 사용되는 직류 발전기의 특성 중에서 가장 중요한 것은?

① 과부하에 견딜 것
② 전압 변동률이 작을 것
③ 경부하일 때 효율이 좋을 것
④ 전류에 대한 전압 특성이 수하 특성일 것

해설 직류 전기 용접용 발전기는 부하의 증가에 따라 전압이 현저하게 떨어지는 수하 특성의 차동 복권 발전기가 유효하다.

15 동기 발전기에 설치된 제동 권선의 효과로 틀린 것은?

① 난조 방지
② 과부하 내량의 증대
③ 송전선의 불평형 단락 시 이상 전압 방지
④ 불평형 부하 시 전류·전압 파형의 개선

해설 **제동 권선의 효능**
- 난조 방지
- 단락 사고 시 이상 전압 발생 억제
- 불평형 부하 시 전압 파형 개선
- 기동 토크 발생

정답 10. ④ 11. ① 12. ③ 13. ② 14. ④ 15. ②

16 3,300/220[V] 변압기 A, B의 정격 용량이 각각 400[kVA], 300[kVA]이고, %임피던스 강하가 각각 2.4[%]와 3.6[%]일 때 그 2대의 변압기에 걸 수 있는 합성 부하 용량은 몇 [kVA]인가?

① 550 ② 600
③ 650 ④ 700

해설 부하 분담비 $\frac{P_a}{P_b}=\frac{\%Z_b}{\%Z_a}\cdot\frac{P_A}{P_B}=\frac{3.6}{2.4}\times\frac{400}{300}=2$

B변압기 부하 분담 용량 $P_b=\frac{P_A}{2}=\frac{400}{2}=200[\text{kVA}]$

합성 부하 분담 용량 $P=P_a+P_b=400+200=600[\text{kVA}]$

17 동작 모드가 그림과 같이 나타나는 혼합 브리지는?

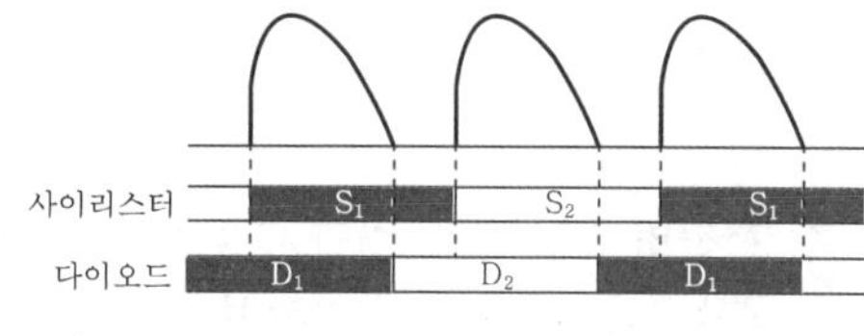

①
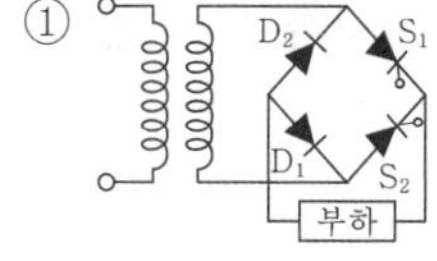

②
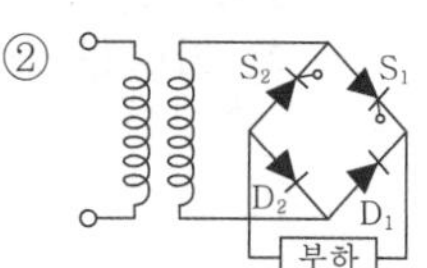

③
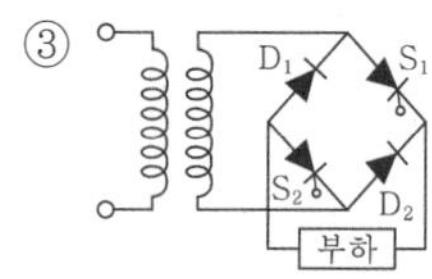

④
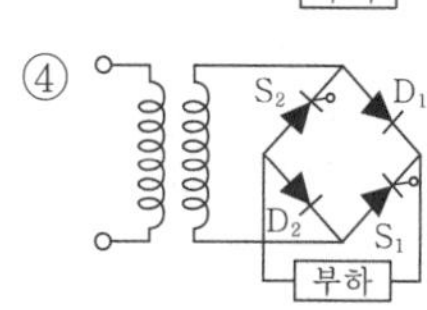

해설 보기 ①번의 혼합 브리지는 S_1D_1이 도통 상태일 때 교류 전압의 극성이 바뀌면 D_2S_1이 직렬로 환류 다이오드 역할을 한다. 따라서, 전류는 연속하고 e_d는 동작 모드가 문제의 그림과 같은 파형이 된다.

18 단상 유도 전동기에 대한 설명으로 틀린 것은?

① 반발 기동형 : 직류 전동기와 같이 정류자와 브러시를 이용하여 기동한다.
② 분상 기동형 : 별도의 보조 권선을 사용하여 회전 자계를 발생시켜 기동한다.
③ 커패시터 기동형 : 기동 전류에 비해 기동 토크가 크지만, 커패시터를 설치해야 한다.
④ 반발 유도형 : 기동 시 농형 권선과 반발 전동기의 회전자 권선을 함께 이용하나 운전 중에는 농형 권선만을 이용한다.

해설 반발 유도형 전동기의 회전자는 정류자가 접속되어있는 전기자 권선과 농형 권선 2개의 권선이 있으며 전기자 권선은 반발 기동 시에 동작하고 농형 권선은 운전 시에 사용된다.

19 동기기의 전기자 저항을 r, 전기자 반작용 리액턴스를 X_a, 누설 리액턴스를 X_l이라고 하면 동기 임피던스를 표시하는 식은?

① $\sqrt{r^2+\left(\frac{X_a}{X_l}\right)^2}$ ② $\sqrt{r^2+X_l^{\,2}}$
③ $\sqrt{r^2+X_a^{\,2}}$ ④ $\sqrt{r^2+(X_a+X_l)^2}$

해설 동기 임피던스 $Z_s=r+j(x_a+x_l)$

$|\dot{Z}_s|=\sqrt{r^2+(x_a+x_l)^2}$ [Ω]

20 직류 전동기의 속도 제어법이 아닌 것은?

① 계자 제어법 ② 전력 제어법
③ 전압 제어법 ④ 저항 제어법

해설 회전 속도 $N=K\frac{V-I_aR_a}{\phi}$

직류 전동기의 속도 제어법은 계자 제어, 저항 제어, 전압 제어 및 직·병렬 제어가 있다.

정답 16. ② 17. ① 18. ④ 19. ④ 20. ②

전기산업기사

2020년 제3회 기출문제

01 **돌극형 동기 발전기에서 직축 리액턴스 X_d와 횡축 리액턴스 X_q는 그 크기 사이에 어떤 관계가 있는가?**

① $X_d = X_q$ ② $X_d > X_q$
③ $X_d < X_q$ ④ $2X_d = X_q$

해설 동기 발전기의 직축 리액턴스 X_d와 횡축 리액턴스 X_q의 크기는 비돌극형에서는 $X_d = X_q = X_s$이며 돌극형(철극기)에서는 $X_d > X_q$이다.

02 **어떤 정류기의 출력 전압 평균값이 2,000[V]이고 맥동률이 3[%]이면 교류분은 몇 [V] 포함되어 있는가?**

① 20 ② 30
③ 60 ④ 70

해설 맥동률

$$\nu = \frac{\text{출력 전압에 포함된 교류 성분}}{\text{출력 전압의 직류 성분}} \times 100$$

교류 성분 전압 V = 맥동률×출력 전압

$= 0.03 \times 2,000 = 60[\text{V}]$

03 **직류기에서 전류 용량이 크고 저전압 대전류에 가장 적합한 브러시 재료는?**

① 탄소질
② 금속 탄소질
③ 금속 흑연질
④ 전기 흑연질

해설 브러시(brush)는 정류자면에 접촉하여 전기자 권선과 외부 회로를 연결하는 것으로, 다음과 같은 종류가 있다.

- 탄소질 브러시 : 고전압 소전류에 유효하다.
- 전기 흑연질 브러시 : 브러시로서 가장 우수하며 각종 기계에 널리 사용한다.
- 금속 흑연질 브러시 : 저전압 대전류의 기계에 유효하다.

04 **동기 발전기의 종류 중 회전 계자형의 특징으로 옳은 것은?**

① 고주파 발전기에 사용
② 극소 용량, 특수용으로 사용
③ 소요 전력이 크고 기구적으로 복잡
④ 기계적으로 튼튼하여 가장 많이 사용

해설 동기 발전기 중 회전 계자형의 장점은 전기자 권선의 대전력 인출이 용이하고 구조가 간결하며 기계적으로 튼튼하여 일반 동기기는 회전 계자형을 채택한다.

05 **전압비 a인 단상 변압기 3대를 1차 △결선, 2차 Y결선으로 하고 1차에 선간 전압 V[V]를 가했을 때 무부하 2차 선간 전압[V]은?**

① $\dfrac{V}{a}$

② $\dfrac{a}{V}$

③ $\sqrt{3} \cdot \dfrac{V}{a}$

④ $\sqrt{3} \cdot \dfrac{a}{V}$

해설
- 권수비(전압비) $a = \dfrac{E_1}{E_2}$
- 1차 선간 전압 $V = E_1$
- 2차 선간 전압 $V_2 = \sqrt{3}\,E_2 = \sqrt{3}\,\dfrac{E_1}{a}$

$= \sqrt{3} \cdot \dfrac{V}{a}$

정답 01. ② 02. ③ 03. ③ 04. ④ 05. ③

06 **단상 및 3상 유도 전압 조정기에 대한 설명으로 옳은 것은?**

① 3상 유도 전압 조정기에는 단락 권선이 필요 없다.

② 3상 유도 전압 조정기의 1차와 2차 전압은 동상이다.

③ 단락 권선은 단상 및 3상 유도 전압 조정기 모두 필요하다.

④ 단상 유도 전압 조정기의 기전력은 회전 자계에 의해서 유도된다.

해설 3상 유도 전압 조정기는 권선형 3상 유도 전동기와 같이 1차 권선과 2차 권선이 있으며 단락 권선은 필요 없다. 기전력은 회전 자계에 의해 유도되며 1차 전압과 2차 전압 사이에는 위상차 α가 생긴다.

07 **12극과 8극인 2개의 유도 전동기를 종속법에 의한 직렬 접속법으로 속도 제어할 때 전원 주파수가 60[Hz]인 경우 무부하 속도 N_0는 몇 [rps]인가?**

① 5

② 6

③ 200

④ 360

해설 **유도 전동기 속도 제어에서 종속법에 의한 무부하 속도 N_0**

- 직렬 종속 $N_0 = \dfrac{120f}{P_1+P_2}$[rpm]
- 차동 종속 $N_0 = \dfrac{120f}{P_1-P_2}$[rpm]
- 병렬 종속 $N_0 = \dfrac{120f}{\dfrac{P_1+P_2}{2}}$[rpm]

무부하 속도 $N_0 = \dfrac{2f}{P_1+P_2} = \dfrac{2\times 60}{12+8} = 6$[rps]

08 **인버터에 대한 설명으로 옳은 것은?**

① 직류를 교류로 변환

② 교류를 교류로 변환

③ 직류를 직류로 변환

④ 교류를 직류로 변환

해설 **전력 변환기의 구분**

- 컨버터 : AC – DC 변환(정류기)
- 인버터 : DC – AC 변환
- 사이클로 컨버터 : AC – AC 변환(주파수 변환)
- 초퍼 : DC – DC 변환(직류 변압기)

09 **직류 전동기의 역기전력에 대한 설명으로 틀린 것은?**

① 역기전력은 속도에 비례한다.

② 역기전력은 회전 방향에 따라 크기가 다르다.

③ 역기전력이 증가할수록 전기자 전류는 감소한다.

④ 부하가 걸려 있을 때에는 역기전력은 공급전압보다 크기가 작다.

해설 역기전력 $E = V - I_aR_a = \dfrac{Z}{a}P\phi\dfrac{N}{60}$[V]

역기전력의 크기는 회전 방향과는 관계가 없다.

10 **유도 전동기의 실부하법에서 부하로 쓰이지 않는 것은?**

① 전동 발전기

② 전기 동력계

③ 프로니 브레이크

④ 손실을 알고 있는 직류 발전기

해설 전동기의 실측 효율 측정을 위한 부하로는 다음과 같은 것을 사용한다.

- 프로니 브레이크(prony brake)
- 전기 동력계
- 손실을 알고 있는 직류 발전기

정답 06. ① 07. ② 08. ① 09. ② 10. ①

11 직류기의 구조가 아닌 것은?

① 계자 권선 ② 전기자 권선
③ 내철형 철심 ④ 전기자 철심

해설 직류기 구조의 3요소
- 전기자
  - 전기자 철심
  - 전기자 권선
- 계자
  - 계자 철심
  - 계자 권선
- 정류자

12 30[kW]의 3상 유도 전동기에 전력을 공급할 때 2대의 단상 변압기를 사용하는 경우 변압기의 용량은 약 몇 [kVA]인가? (단, 전동기의 역률과 효율은 각각 84[%], 86[%]이고 전동기 손실은 무시한다.)

① 17 ② 24
③ 51 ④ 72

해설 단상 변압기 2대로 V결선하였을 때 출력은 다음과 같다.

$$P_V = \sqrt{3}P_1 = \frac{P}{\cos\theta \cdot \eta}$$

단상 변압기 용량 $P_1 = \dfrac{P}{\sqrt{3} \cdot \cos\theta \cdot \eta}$

$$= \frac{30}{\sqrt{3} \times 0.84 \times 0.86}$$

$$= 23.97 \fallingdotseq 24[\text{kVA}]$$

13 3상, 6극, 슬롯수 54의 동기 발전기가 있다. 어떤 전기자 코일의 두 변이 제1슬롯과 제8슬롯에 들어 있다면 단절권 계수는 약 얼마인가?

① 0.9397
② 0.9567
③ 0.9837
④ 0.9117

해설 동기 발전기의 극 간격과 코일 간격을 홈(slot)수로 나타내면 다음과 같다.

극 간격 : $\dfrac{S}{P} = \dfrac{54}{6} = 9$

코일 간격 : 8슬롯−1슬롯=7

단절권 계수 $K_P = \sin\dfrac{\beta\pi}{2} = \sin\dfrac{\frac{7}{9}\times 180°}{2}$

$$= \sin 70° \fallingdotseq 0.9397$$

14 부흐홀츠 계전기로 보호되는 기기는?

① 변압기 ② 발전기
③ 유도 전동기 ④ 회전 변류기

해설 부흐홀츠(Buchholz) 계전기는 변압기 본체와 콘서베이터를 연결하는 배관에 설치하여 변압기 내부 고장 시 절연유 분해 가스에 의해 동작하는 변압기 보호용 계전기이다.

15 변압기의 효율이 가장 좋을 때의 조건은?

① 철손=동손 ② 철손=$\frac{1}{2}$ 동손
③ $\frac{1}{2}$ 철손=동손 ④ 철손=$\frac{2}{3}$ 동손

해설 변압기 효율 $\eta = \dfrac{P}{P+P_i+P_c} \times 100[\%]$

변압기의 최대 효율 조건은 P_i(철손)$=P_c$(동손)일 때이다.

16 직류 전동기 중 부하가 변하면 속도가 심하게 변하는 전동기는?

① 분권 전동기
② 직권 전동기
③ 자동 복권 전동기
④ 가동 복권 전동기

해설 직류 전동기 중 분권 전동기는 정속도 특성을, 직권 전동기는 부하 변동 시 속도 변화가 가장 크며, 복권 전동기는 중간 특성을 갖는다.

정답 11. ③ 12. ② 13. ① 14. ① 15. ① 16. ②

17 1차 전압 6,900[V], 1차 권선 3,000회, 권수비 20의 변압기가 60[Hz]에 사용할 때 철심의 최대 자속[Wb]은?

① 0.76×10^{-4}　② 8.63×10^{-3}
③ 80×10^{-3}　④ 90×10^{-3}

해설 1차 전압 $V_1=4.44fN_1\phi_m$

최대 자속 $\phi_m=\dfrac{V_1}{4.44fN_1}$

$=\dfrac{6,900}{4.44\times60\times3,000}$

$\fallingdotseq 8.63\times10^{-3}$[Wb]

18 표면을 절연 피막 처리한 규소 강판을 성층하는 이유로 옳은 것은?

① 절연성을 높이기 위해
② 히스테리시스손을 작게 하기 위해
③ 자속을 보다 잘 통하게 하기 위해
④ 와전류에 의한 손실을 작게 하기 위해

해설 와류손 $P_e=\sigma_e K(tfB_m)^2$ [W/m^3]

여기서, σ_e : 와류 상수

K : 도전율[℧/m]

t : 강판 두께[m]

f : 주파수[Hz]

B_m : 최대 자속 밀도[Wb/m^2]

얇은 규소 강판을 성층하는 이유는 와류손을 작게 하기 위해서이다.

19 단상 유도 전동기 중 기동 토크가 가장 작은 것은?

① 반발 기동형
② 분상 기동형
③ 셰이딩 코일형
④ 커패시터 기동형

해설 단상 유도 전동기의 기동 토크가 큰 순서로 분류하면 다음과 같다.

- 반발 기동형
- 콘덴서(커패시터) 기동형
- 분상 기동형
- 셰이딩 코일형

20 동기기의 전기자 권선법으로 적합하지 않은 것은?

① 중권
② 2층권
③ 분포권
④ 환상권

해설
- 동기기의 전기자 권선법은 중권, 2층권, 분포권, 단절권을 사용한다.
- 전기자 권선법

중권 ○ → 2층권 ○ → 분포권 ○ → 단절권 ○
파권 × 　 단층권 × 　 집중권 × 　 전절권 ×
쇄권 ×

정답 17. ② 18. ④ 19. ③ 20. ④

전기기사

2020년 제4회 기출문제

01 **동기 발전기 단절권의 특징이 아닌 것은?**

① 코일 간격이 극 간격보다 작다.
② 전절권에 비해 합성 유기 기전력이 증가한다.
③ 전절권에 비해 코일단이 짧게 되므로 재료가 절약된다.
④ 고조파를 제거해서 전절권에 비해 기전력의 파형이 좋아진다.

해설 **동기 발전기의 전기자 권선법**
- 전절권(×) : 코일 간격과 극 간격이 같은 경우
- 단절권(○) : 코일 간격이 극 간격보다 짧은 경우
  - 고조파를 제거하여 기전력의 파형을 개선한다.
  - 동선량 및 기계 치수가 경감된다.
  - 합성 기전력이 감소한다.

02 **3상 변압기의 병렬 운전 조건으로 틀린 것은?**

① 각 군의 임피던스가 용량에 비례할 것
② 각 변압기의 백분율 임피던스 강하가 같을 것
③ 각 변압기의 권수비가 같고 1차와 2차의 정격 전압이 같을 것
④ 각 변압기의 상회전 방향 및 1차와 2차 선간 전압의 위상 변위가 같을 것

해설 **3상 변압기의 병렬 운전 조건**
- 1차, 2차의 정격 전압과 권수비가 같을 것
- 퍼센트 임피던스 강하가 같을 것
- 변압기의 저항과 리액턴스 비가 같을 것
- 상회전 방향과 위상 변위가 같을 것

03 **직류기의 권선을 단중 파권으로 감으면 어떻게 되는가?**

① 저압 대전류용 권선이다.
② 균압환을 연결해야 한다.
③ 내부 병렬 회로수가 극수만큼 생긴다.
④ 전기자 병렬 회로수가 극수에 관계없이 언제나 2이다.

해설 직류기의 전기자 권선법을 단중 파권으로 하면 전기자의 병렬 회로는 언제나 2이고, 고전압 소전류에 유효하며 균압환은 불필요하다.

04 **210/105[V]의 변압기를 그림과 같이 결선하고 고압측에 200[V]의 전압을 가하면 전압계의 지시는 몇 [V]인가? (단, 변압기는 가극성이다.)**

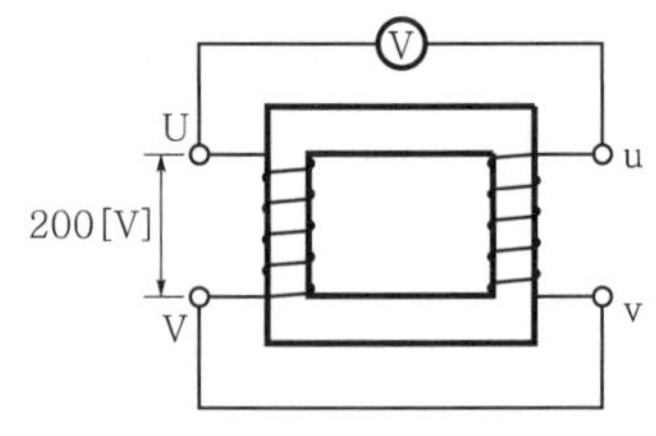

① 100　　② 200
③ 300　　④ 400

해설 권수비 $a=\dfrac{E_1}{E_2}=\dfrac{V_1}{V_2}=\dfrac{210}{105}=2$

$E_1=V_1=200[\text{V}],\ E_2=\dfrac{E_1}{a}=\dfrac{200}{2}=100[\text{V}]$

- 감극성 : $V=E_1-E_2=200-100=100[\text{V}]$
- 가극성 : $V=E_1+E_2=200+100=300[\text{V}]$

05 **2상 교류 서보 모터를 구동하는 데 필요한 2상 전압을 얻는 방법으로 널리 쓰이는 방법은?**

① 2상 전원을 직접 이용하는 방법
② 환상 결선 변압기를 이용하는 방법
③ 여자 권선에 리액터를 삽입하는 방법
④ 증폭기 내에서 위상을 조정하는 방법

정답 01. ② 02. ① 03. ④ 04. ③ 05. ④

해설 제어용 서보 모터(servo motor)는 2상 교류 서보 모터 또는 직류 서보 모터가 있으며 2상 교류 서보 모터의 주권선에는 상용 주파의 교류 전압 E_r, 제어 권선에는 증폭기 내에서 위상을 조정하는 입력 신호 E_c가 공급된다.

06 4극, 중권, 총 도체수 500, 극당 자속이 0.01[Wb]인 직류 발전기가 100[V]의 기전력을 발생시키는 데 필요한 회전수는 몇 [rpm]인가?

① 800　② 1,000
③ 1,200　④ 1,600

해설 기전력 $E=\dfrac{Z}{a}P\phi\dfrac{N}{60}$[V]

회전수 $N=E\cdot\dfrac{60a}{PZ\phi}$

$=100\times\dfrac{60\times4}{4\times500\times0.01}$

$=1{,}200$[rpm]

07 3상 분권 정류자 전동기에 속하는 것은?

① 톰슨 전동기
② 데리 전동기
③ 시라게 전동기
④ 애트킨슨 전동기

해설 시라게 전동기(schrage motor)는 권선형 유도 전동기의 회전자에 정류자를 부착시킨 구조로, 3상 분권 정류자 전동기 중에서 특성이 가장 우수한 전동기이다.

08 동기기의 안정도를 증진시키는 방법이 아닌 것은?

① 단락비를 크게 할 것
② 속응 여자 방식을 채용할 것
③ 정상 리액턴스를 크게 할 것
④ 영상 및 역상 임피던스를 크게 할 것

해설 동기기의 안정도 향상책
- 단락비가 클 것
- 동기 임피던스(리액턴스)가 작을 것
- 속응 여자 방식을 채택할 것
- 관성 모멘트가 클 것
- 조속기 동작이 신속할 것
- 영상 및 역상 임피던스가 클 것

09 3상 유도 전동기의 기계적 출력 P[kW], 회전수 N[rpm]인 전동기의 토크[N · m]는?

① $0.46\dfrac{P}{N}$　② $0.855\dfrac{P}{N}$
③ $975\dfrac{P}{N}$　④ $9549.3\dfrac{P}{N}$

해설 전동기의 토크 $T=\dfrac{P}{\omega}=\dfrac{P}{2\pi\dfrac{N}{60}}$

$=\dfrac{60\times10^3}{2\pi}\dfrac{P}{N}$

$\fallingdotseq 9549.3\dfrac{P}{N}$[N · m]

10 취급이 간단하고 기동 시간이 짧아서 섬과 같이 전력 계통에서 고립된 지역, 선박 등에 사용되는 소용량 전원용 발전기는?

① 터빈 발전기
② 엔진 발전기
③ 수차 발전기
④ 초전도 발전기

해설 엔진 발전기는 제한된 지역에서 쉽고 편리하게 사용할 수 있는 소용량 전원 공급용 발전기이다.

11 평형 6상 반파 정류 회로에서 297[V]의 직류 전압을 얻기 위한 입력측 각 상전압은 약 몇 [V]인가? (단, 부하는 순수 저항 부하이다.)

① 110　② 220
③ 380　④ 440

정답 06. ③ 07. ③ 08. ③ 09. ④ 10. ② 11. ②

해설 6상 반파 정류 회로=3상 전파 정류 회로

직류 전압 $E_d = \frac{6\sqrt{2}}{2\pi}E = 1.35E$

교류 전압 $E = \frac{E_d}{1.35} = \frac{297}{1.35} = 220[V]$

12 단면적 10[cm^2]인 철심에 200회의 권선을 감고, 이 권선에 60[Hz], 60[V]의 교류 전압을 인가하였을 때 철심의 최대 자속 밀도는 약 몇 [Wb/m^2]인가?

① 1.126×10^{-3} ② 1.126
③ 2.252×10^{-3} ④ 2.252

해설 전압 $V = 4.44fN\phi_m = 4.44fNB_m \cdot S[V]$
최대 자속 밀도

$B_m = \frac{V}{4.44fNS} = \frac{60}{4.44\times60\times200\times10\times10^{-4}}$
$\fallingdotseq 1.126[Wb/m^2]$

13 전력의 일부를 전원측에 반환할 수 있는 유도 전동기의 속도 제어법은?

① 극수 변환법 ② 크레머 방식
③ 2차 저항 가감법 ④ 세르비우스 방식

해설 권선형 유도 전동기의 속도 제어에서 2차 여자 제어법은 세르비우스 방식과 크레머 방식이 있으며 세르비우스 방식은 전동기의 2차 기전력 SE_2를 인버터에 의해 상용 주파 교류 전압으로 변환하고 전원측에 반환하여 속도를 제어하는 방식이다.

14 직류 발전기를 병렬 운전할 때 균압 모선이 필요한 직류기는?

① 직권 발전기, 분권 발전기
② 복권 발전기, 직권 발전기
③ 복권 발전기, 분권 발전기
④ 분권 발전기, 단극 발전기

해설 직류 발전기의 안정된 병렬 운전을 위하여 균압 모선(균압선)을 필요로 하는 직류기는 직권 계자 권선이 있는 복권 발전기와 직권 발전기이다.

15 전부하로 운전하고 있는 50[Hz], 4극의 권선형 유도 전동기가 있다. 전부하에서 속도를 1,440[rpm]에서 1,000[rpm]으로 변화시키자면 2차에 약 몇 [Ω]의 저항을 넣어야 하는가? (단, 2차 저항은 0.02[Ω]이다.)

① 0.147 ② 0.18
③ 0.02 ④ 0.024

해설 동기 속도 $N_s = \frac{120f}{P} = \frac{120\times50}{4}$
$= 1,500[rpm]$

슬립 $s = \frac{N_s - N}{N_s} = \frac{1,500-1,440}{1,500} = 0.04$

$s' = \frac{N_s - N'}{N_s} = \frac{1,500-1,000}{1,500} = \frac{1}{3}$

동일 토크 조건 : $\frac{r_2}{s} = \frac{r_2+R}{s'}$

$\frac{0.02}{0.04} = \frac{0.02+R}{\frac{1}{3}}$ 에서

$R = 0.167 - 0.02 = 0.147[\Omega]$

16 권선형 유도 전동기 2대를 직렬 종속으로 운전하는 경우 그 동기 속도는 어떤 전동기의 속도와 같은가?

① 두 전동기 중 적은 극수를 갖는 전동기
② 두 전동기 중 많은 극수를 갖는 전동기
③ 두 전동기의 극수의 합과 같은 극수를 갖는 전동기
④ 두 전동기의 극수의 합의 평균과 같은 극수를 갖는 전동기

해설 **종속 접속의 속도 제어법**
- 직렬 종속 : $N = \frac{120f}{P_1+P_2}[rpm]$
- 차동 종속 : $N = \frac{120f}{P_1-P_2}[rpm]$
- 병렬 종속 : $N = \frac{120f}{\frac{P_1+P_2}{2}}[rpm]$

정답 12. ② 13. ④ 14. ② 15. ① 16. ③

17 다음 중 GTO 사이리스터의 특징으로 틀린 것은?

① 각 단자의 명칭은 SCR 사이리스터와 같다.
② 온(on) 상태에서는 양방향 전류 특성을 보인다.
③ 온(on) 드롭(drop)은 약 2 ~ 4[V]가 되어 SCR 사이리스터보다 약간 크다.
④ 오프(off) 상태에서는 SCR 사이리스터처럼 양방향 전압 저지 능력을 갖고 있다.

해설 GTO(Gate Turn Off) 사이리스터는 단일 방향(역저지) 3단자 소자이며 (−) 신호를 게이트에 가하면 온 상태에서 오프 상태로 턴오프시키는 기능을 가지고 있다.

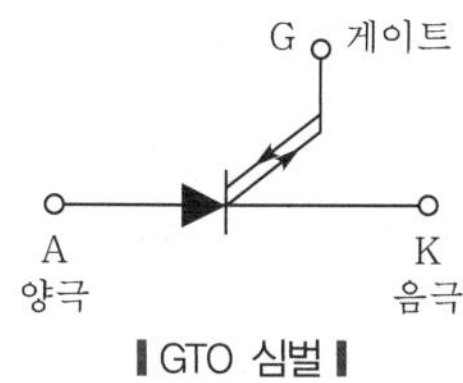

❙GTO 심벌❙

18 포화되지 않은 직류 발전기의 회전수가 4배로 증가되었을 때 기전력을 전과 같은 값으로 하려면 자속을 속도 변화 전에 비해 얼마로 하여야 하는가?

① $\frac{1}{2}$　② $\frac{1}{3}$
③ $\frac{1}{4}$　④ $\frac{1}{8}$

해설 기전력 $E = \frac{Z}{a}P\phi\frac{N}{60} = K\phi N$

회전수 N을 4배로 하고 기전력을 같은 값으로 하려면 자속 ϕ는 $\frac{1}{4}$배로 하여야 한다.

19 동기 발전기의 단자 부근에서 단락 시 단락 전류는?

① 서서히 증가하여 큰 전류가 흐른다.
② 처음부터 일정한 큰 전류가 흐른다.
③ 무시할 정도의 작은 전류가 흐른다.
④ 단락된 순간은 크나 점차 감소한다.

해설 단락 전류 $I_s = \frac{E}{j(x_l + x_a)}$[A]

단락 초기에는 누설 리액턴스 x_l만에 의해 단락 전류가 제한되어 큰 전류가 흐르다가 수초 후 반작용 리액턴스 x_a가 발생하여 점차 감소한다.

20 단권 변압기에서 1차 전압 100[V], 2차 전압 110[V]인 단권 변압기의 자기 용량과 부하 용량의 비는?

① $\frac{1}{10}$　② $\frac{1}{11}$
③ 10　④ 11

해설 단권 변압기의 $\frac{\text{자기 용량 } P}{\text{부하 용량 } W} = \frac{V_h - V_l}{V_h}$

$\frac{P}{W} = \frac{V_2 - V_1}{V_2} = \frac{110 - 100}{110} = \frac{1}{11}$

정답 17. ② 18. ③ 19. ④ 20. ②

2021년 제1회 기출문제

01 전류계를 교체하기 위해 우선 변류기 2차 측을 단락시켜야 하는 이유는?

① 측정 오차 방지
② 2차측 절연 보호
③ 2차측 과전류 보호
④ 1차측 과전류 방지

해설 변류기 2차측을 개방하면 1차측의 부하 전류가 모두 여자 전류가 되어 큰 자속의 변화로 고전압이 유도되며 2차측 절연 파괴의 위험이 있다.

02 BJT에 대한 설명으로 틀린 것은?

① Bipolar Junction Thyristor의 약자이다.
② 베이스 전류로 컬렉터 전류를 제어하는 전류 제어 스위치이다.
③ MOSFET, IGBT 등의 전압 제어 스위치보다 훨씬 큰 구동 전력이 필요하다.
④ 회로 기호 B, E, C는 각각 베이스(Base), 이미터(Emitter), 컬렉터(Collector)이다.

해설 BJT는 Bipolar Junction Transistor의 약자이며, 베이스 전류로 컬렉터 전류를 제어하는 스위칭 소자이다.

03 단상 변압기 2대를 병렬 운전할 경우, 각 변압기의 부하 전류를 I_a, I_b, 1차측으로 환산한 임피던스를 Z_a, Z_b, 백분율 임피던스 강하를 z_a, z_b, 정격 용량을 P_{an}, P_{bn}이라 한다. 이때 부하 분담에 대한 관계로 옳은 것은?

① $\dfrac{I_a}{I_b}=\dfrac{Z_a}{Z_b}$　② $\dfrac{I_a}{I_b}=\dfrac{P_{bn}}{P_{an}}$

③ $\dfrac{I_a}{I_b}=\dfrac{z_b}{z_a}\times\dfrac{P_{an}}{P_{bn}}$　④ $\dfrac{I_a}{I_b}=\dfrac{Z_a}{Z_b}\times\dfrac{P_{an}}{P_{bn}}$

해설 부하 분담비 $\dfrac{I_a}{I_b}$

$$\frac{I_a}{I_b}=\frac{Z_b}{Z_a}=\frac{\dfrac{I_BZ_b}{V}\times 100}{\dfrac{I_AZ_a}{V}\times 100}\times\frac{VI_A}{VI_B}$$

$$=\frac{\%Z_b}{\%Z_a}\cdot\frac{P_{an}}{P_{bn}}=\frac{z_b}{z_a}\times\frac{P_{an}}{P_{bn}}$$

04 사이클로 컨버터(cyclo converter)에 대한 설명으로 틀린 것은?

① DC−DC buck 컨버터와 동일한 구조이다.
② 출력 주파수가 낮은 영역에서 많은 장점이 있다.
③ 시멘트 공장의 분쇄기 등과 같이 대용량 저속 교류 전동기 구동에 주로 사용된다.
④ 교류를 교류로 직접 변환하면서 전압과 주파수를 동시에 가변하는 전력 변환기이다.

해설 사이클로 컨버터는 교류를 직접 다른 주파수의 교류로 전압과 주파수를 동시에 가변하는 전력 변환기이고, DC−DC buck 컨버터는 직류를 직류로 변환하는 직류 변압기이다.

05 극수 4이며 전기자 권선은 파권, 전기자 도체수가 250인 직류 발전기가 있다. 이 발전기가 1,200[rpm]으로 회전할 때 600[V]의 기전력을 유기하려면 1극당 자속은 몇 [Wb]인가?

① 0.04
② 0.05
③ 0.06
④ 0.07

정답 01. ② 02. ① 03. ③ 04. ① 05. ③

해설 유기 기전력 $E=\frac{Z}{a}p\phi\frac{N}{60}$ [V]

자속 $\phi=E\cdot\frac{60a}{pZN}$

$=600\times\frac{60\times2}{4\times250\times1,200}$

$=0.06$[Wb]

06 **직류 발전기의 전기자 반작용에 대한 설명으로 틀린 것은?**

① 전기자 반작용으로 인하여 전기적 중성축을 이동시킨다.

② 정류자 편간 전압이 불균일하게 되어 섬락의 원인이 된다.

③ 전기자 반작용이 생기면 주자속이 왜곡되고 증가하게 된다.

④ 전기자 반작용이란, 전기자 전류에 의하여 생긴 자속이 계자에 의해 발생되는 주자속에 영향을 주는 현상을 말한다.

해설 전기자 반작용은 전기자 전류에 의한 자속이 계자 자속의 분포에 영향을 주는 것으로 다음과 같은 영향이 있다.

- 전기적 중성축의 이동
  - 발전기 : 회전 방향으로 이동
  - 전동기 : 회전 반대 방향으로 이동
- 주자속이 감소한다.
- 정류자 편간 전압이 국부적으로 높아져 섬락을 일으킨다.

07 **기전력(1상)이 E_0이고 동기 임피던스(1상)가 Z_s인 2대의 3상 동기 발전기를 무부하로 병렬 운전시킬 때 각 발전기의 기전력 사이에 δ_s의 위상차가 있으면 한쪽 발전기에서 다른 쪽 발전기로 공급되는 1상당의 전력[W]은?**

① $\frac{E_0}{Z_s}\sin\delta_s$　　② $\frac{E_0}{Z_s}\cos\delta_s$

③ $\frac{{E_0}^2}{2Z_s}\sin\delta_s$　　④ $\frac{{E_0}^2}{2Z_s}\cos\delta_s$

해설 동기화 전류 $I_s=\frac{2E_0}{2Z_s}\sin\frac{\delta_s}{2}$ [A]

수수 전력 $P=E_0I_s\cos\frac{\delta_s}{2}$

$=\frac{2{E_0}^2}{2Z_s}\sin\frac{\delta_s}{2}\cdot\cos\frac{\delta_s}{2}$

$=\frac{{E_0}^2}{2Z_s}\sin\delta_s$ [W]

가법 정리 $\sin\left(\frac{\delta_s}{2}+\frac{\delta_s}{2}\right)=2\sin\frac{\delta_s}{2}\cdot\cos\frac{\delta_s}{2}$

08 **60[Hz], 6극의 3상 권선형 유도 전동기가 있다. 이 전동기의 정격 부하 시 회전수는 1,140[rpm]이다. 이 전동기를 같은 공급 전압에서 전부하 토크로 기동하기 위한 외부 저항은 몇 [Ω]인가? (단, 회전자 권선은 Y결선이며 슬립링 간의 저항은 0.1[Ω]이다.)**

① 0.5　　② 0.85

③ 0.95　　④ 1

해설 동기 속도 $N_s=\frac{120f}{P}=\frac{120\times60}{6}$

$=1,200$[rpm]

슬립 $s=\frac{N_s-N}{N_s}=\frac{1,200-1,140}{1,200}=0.05$

2차 1상 저항 $r_2=\frac{\text{슬립링 간의 저항}}{2}=\frac{0.1}{2}$

$=0.05$[Ω]

동일 토크의 조건

$\frac{r_2}{s}=\frac{r_2+R}{s'}$ 에서 $\frac{0.05}{0.05}=\frac{0.05+R}{1}$

$\therefore R=0.95$[Ω]

09 **발전기 회전자에 유도자를 주로 사용하는 발전기는?**

① 수차 발전기

② 엔진 발전기

③ 터빈 발전기

④ 고주파 발전기

정답 06. ③ 07. ③ 08. ③ 09. ④

해설 회전 유도자형은 전기자와 계자극을 모두 고정시키고 유도자(inductor)라고 하는 권선이 없는 철심을 회전자로 하여 수백~20,000[Hz] 정도의 높은 주파수를 발생시키는 고주파 발전기이다.

10 3상 권선형 유도 전동기 기동 시 2차측에 외부 가변 저항을 넣는 이유는?

① 회전수 감소
② 기동 전류 증가
③ 기동 토크 감소
④ 기동 전류 감소와 기동 토크 증가

해설 3상 권선형 유도 전동기의 기동 시 2차측의 외부에서 가변 저항을 연결하는 목적은 비례 추이 원리를 이용하여 기동 전류를 감소하고 기동 토크를 증가시키기 위해서이다.

11 1차 전압은 3,300[V]이고 1차측 무부하 전류는 0.15[A], 철손은 330[W]인 단상 변압기의 자화 전류는 약 몇 [A]인가?

① 0.112 ② 0.145
③ 0.181 ④ 0.231

해설 무부하 전류 $I_0 = I_i + I_\phi = \sqrt{I_i^2 + I_\phi^2}$ [A]

철손 전류 $I_i = \dfrac{P_i}{V_1} = \dfrac{330}{3,300} = 0.1$[A]

∴ 자화 전류 $I_\phi = \sqrt{I_0^2 - I_i^2} = \sqrt{0.15^2 - 0.1^2}$
$\fallingdotseq 0.112$[A]

12 유도 전동기의 안정 운전의 조건은? (단, T_m : 전동기 토크, T_L : 부하 토크, n : 회전수)

① $\dfrac{dT_m}{dn} < \dfrac{dT_L}{dn}$ ② $\dfrac{dT_m}{dn} = \dfrac{dT_L^2}{dn}$
③ $\dfrac{dT_m}{dn} > \dfrac{dT_L}{dn}$ ④ $\dfrac{dT_m}{dn} \neq \dfrac{dT_L^2}{dn}$

해설

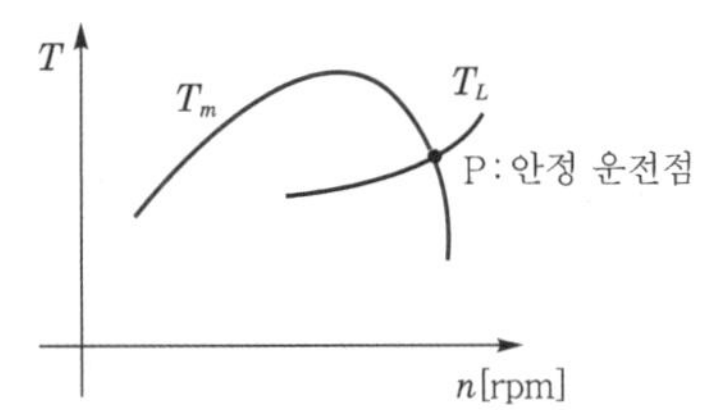

여기서, T_m : 전동기 토크
T_L : 부하의 반항 토크

안정된 운전을 위해서는 $\dfrac{dT_m}{dn} < \dfrac{dT_L}{dn}$ 이어야 한다.

즉, 부하의 반항 토크 기울기가 전동기 토크 기울기보다 큰 점에서 안정 운전을 한다.

13 전압이 일정한 모선에 접속되어 역률 1로 운전하고 있는 동기 전동기를 동기 조상기로 사용하는 경우 여자 전류를 증가시키면 이 전동기는 어떻게 되는가?

① 역률은 앞서고, 전기자 전류는 증가한다.
② 역률은 앞서고, 전기자 전류는 감소한다.
③ 역률은 뒤지고, 전기자 전류는 증가한다.
④ 역률은 뒤지고, 전기자 전류는 감소한다.

해설 동기 전동기를 동기 조상기로 사용하여 역률 1로 운전 중 여자 전류를 증가시키면 전기자 전류는 전압보다 앞선 전류가 흘러 콘덴서 작용을 하며 증가한다.

14 직류기에서 계자 자속을 만들기 위하여 전자석의 권선에 전류를 흘리는 것을 무엇이라 하는가?

① 보극
② 여자
③ 보상 권선
④ 자화 작용

해설 직류기에서 계자 자속을 만들기 위하여 전자석의 권선에 전류를 흘려서 자화하는 것을 여자(excited)라고 한다.

정답 10. ④ 11. ① 12. ① 13. ① 14. ②

15 동기 리액턴스 $X_s=10[\Omega]$, 전기자 권선 저항 $r_a=0.1[\Omega]$, 3상 중 1상의 유도 기전력 $E=6{,}400[V]$, 단자 전압 $V=4{,}000[V]$, 부하각 $\delta=30°$이다. 비철극기인 3상 동기 발전기의 출력은 약 몇 [kW]인가?

① 1,280 ② 3,840
③ 5,560 ④ 6,650

해설 1상 출력 $P_1=\dfrac{EV}{Z_s}\sin\delta[W]$

3상 출력 $P_3=3P_1$

$$=3\times\frac{6{,}400\times4{,}000}{10}\times\frac{1}{2}\times10^{-3}$$
$$=3{,}840[kW]$$

16 히스테리시스 전동기에 대한 설명으로 틀린 것은?

① 유도 전동기와 거의 같은 고정자이다.
② 회전자극은 고정자극에 비하여 항상 각도 δ_h 만큼 앞선다.
③ 회전자가 부드러운 외면을 가지므로 소음이 적으며, 순조롭게 회전시킬 수 있다.
④ 구속 시부터 동기 속도만을 제외한 모든 속도 범위에서 일정한 히스테리시스 토크를 발생한다.

해설 히스테리시스 전동기는 동기 속도를 제외한 모든 속도 범위에서 일정한 히스테리시스 토크를 발생하며 회전자극은 고정자극에 비하여 항상 각도 δ_h만큼 뒤진다.

17 단자 전압 220[V], 부하 전류 50[A]인 분권 발전기의 유도 기전력은 몇 [V]인가? (단, 여기서 전기자 저항은 0.2[Ω]이며, 계자 전류 및 전기자 반작용은 무시한다.)

① 200 ② 210
③ 220 ④ 230

해설 유기 기전력 $E=V+I_aR_a$

$$=220+50\times0.2=230[V]$$

18 단상 유도 전압 조정기에서 단락 권선의 역할은?

① 철손 경감
② 절연 보호
③ 전압 강하 경감
④ 전압 조정 용이

해설 단상 유도 전압 조정기의 단락 권선은 누설 리액턴스를 감소하여 전압 강하를 적게 한다.

19 3상 유도 전동기에서 회전자가 슬립 s로 회전하고 있을 때 2차 유기 전압 E_{2s} 및 2차 주파수 f_{2s}와 s와의 관계는? (단, E_2는 회전자가 정지하고 있을 때 2차 유기 기전력이며 f_1은 1차 주파수이다.)

① $E_{2s}=sE_2,\ f_{2s}=sf_1$
② $E_{2s}=sE_2,\ f_{2s}=\dfrac{f_1}{s}$
③ $E_{2s}=\dfrac{E_2}{s},\ f_{2s}=\dfrac{f_1}{s}$
④ $E_{2s}=(1-s)E_2,\ f_{2s}=(1-s)f_1$

해설 3상 유도 전동기가 슬립 s로 회전 시

2차 유기 전압 $E_{2s}=sE_2[V]$

2차 주파수 $f_{2s}=sf_1[Hz]$

20 3,300/220[V]의 단상 변압기 3대를 △-Y 결선하고 2차측 선간에 15[kW]의 단상 전열기를 접속하여 사용하고 있다. 결선을 △-△로 변경하는 경우 이 전열기의 소비 전력은 몇 [kW]로 되는가?

① 5 ② 12
③ 15 ④ 21

해설 변압기를 △-Y결선에서 △-△결선으로 변경하면 부하의 공급 전압이 $\dfrac{1}{\sqrt{3}}$로 감소하고 소비 전력은 전압의 제곱에 비례하므로 다음과 같다

$$P'=P\times\left(\frac{1}{\sqrt{3}}\right)^2=15\times\left(\frac{1}{\sqrt{3}}\right)^2=5[kW]$$

정답 15. ② 16. ② 17. ④ 18. ③ 19. ① 20. ①

2021년 제1회 CBT 기출복원문제

01 전압이나 전류의 제어가 불가능한 소자는?

① IGBT
② SCR
③ GTO
④ Diode

해설 사이리스터(SCR, GTO, TRIAC, IGBT 등)는 게이트 전류에 의해 스위칭 작용을 하여 전압, 전류를 제어할 수 있으나 다이오드(diode)는 PN 2층 구조로 전압, 전류를 제어할 수 없다.

02 용량 2[kVA], 3,000/100[V]의 단상 변압기를 단권 변압기로 연결해서 승압기로 사용할 때, 1차측에 3,000[V]를 가할 경우 부하 용량은 몇 [kVA]인가?

① 62　② 50
③ 32　④ 16

해설 자기 용량 $P=E_2I_2$
부하 용량 $W=V_2I_2$
승압기 2차 전압 $V_2=E_1+E_2=3{,}000+100$
$=3{,}100[\mathrm{V}]$
$\dfrac{P}{W}=\dfrac{E_2I_2}{V_2I_2}=\dfrac{E_2}{V_2}$ 이므로
부하 용량 $W=P\dfrac{V_2}{E_2}=2\times\dfrac{3{,}100}{100}=62[\mathrm{kVA}]$

03 정전압 계통에 접속된 동기 발전기는 그 여자를 약하게 하면?

① 출력이 감소한다.
② 전압이 강하된다.
③ 뒤진 무효 전류가 증가한다.
④ 앞선 무효 전류가 증가한다.

해설 동기 발전기의 병렬 운전 시 여자 전류를 감소하면 기전력에 차가 발생하여 무효 순환 전류가 흐르는데 여자를 약하게 한 발전기는 90° 뒤진 전류가 역방향으로 흐르므로 앞선 무효 전류가 흐른다.

04 전기자 반작용이 직류 발전기에 영향을 주는 것을 설명한 것으로 틀린 것은?

① 전기자 중성축을 이동시킨다.
② 자속을 감소시켜 부하 시 전압 강하의 원인이 된다.
③ 정류자 편간 전압이 불균일하게 되어 섬락의 원인이 된다.
④ 전류의 파형은 찌그러지나 출력에는 변화가 없다.

해설 전기자 반작용은 전기자 전류에 의한 자속이 계자 자속의 분포에 영향을 주는 현상으로 다음과 같다.
- 전기적 중성축이 이동한다.
- 계자 자속이 감소한다.
- 정류자 편간 전압이 국부적으로 높아져 섬락을 일으킨다.

05 스테핑 모터의 특징을 설명한 것으로 옳지 않은 것은?

① 위치 제어를 할 때 각도 오차가 적고 누적되지 않는다.
② 속도 제어 범위가 좁으며 초저속에서 토크가 크다.
③ 정지하고 있을 때 그 위치를 유지해주는 토크가 크다.
④ 가속, 감속이 용이하며 정·역전 및 변속이 쉽다.

정답 01. ④ 02. ① 03. ④ 04. ④ 05. ②

해설 스테핑 모터는 아주 정밀한 디지털 펄스 구동 방식의 전동기로서 정·역 및 변속이 용이하고 제어 범위가 넓으며 각도의 오차가 적고 축적되지 않으며 정지 위치를 유지하는 힘이 크다. 적용 분야는 타이프 라이터나 프린터의 캐리지(carriage), 리본(ribbon) 프린터 헤드, 용지 공급의 위치 정렬, 로봇 등이 있다.

06 권선형 유도 전동기의 속도 제어 방법 중 저항 제어법의 특징으로 옳은 것은?

① 구조가 간단하고 제어 조작이 편리하다.

② 효율이 높고 역률이 좋다.

③ 부하에 대한 속도 변동률이 작다.

④ 전부하로 장시간 운전하여도 온도에 영향이 적다.

해설 **권선형 유도 전동기의 저항 제어법의 장단점**

- 장점
  - 기동용 저항기를 겸한다.
  - 구조가 간단하여 제어 조작이 용이하고, 내구성이 풍부하다.
- 단점
  - 운전 효율이 나쁘다.
  - 부하에 대한 속도 변동이 크다.
  - 부하가 작을 때는 광범위한 속도 조정이 곤란하다.
  - 제어용 저항은 전부하에서 장시간 운전해도 위험한 온도가 되지 않을 만큼의 크기가 필요하므로 가격이 비싸다.

07 1차 전압 6,900[V], 1차 권선 3,000회, 권수비 20의 변압기가 60[Hz]에 사용할 때 철심의 최대 자속[Wb]은?

① 0.76×10^{-4} ② 8.63×10^{-3}

③ 80×10^{-3} ④ 90×10^{-3}

해설 $E_1=4.44f\omega_1\phi_m\,[\mathrm{V}]$

$$\therefore \phi_m=\frac{E_1}{4.44f\omega_1}=\frac{6{,}900}{4.44\times60\times3{,}000}$$

$$\fallingdotseq 8.63\times10^{-3}\,[\mathrm{Wb}]$$

08 75[W] 이하의 소출력으로 소형 공구, 영사기, 치과 의료용 등에 널리 이용되는 전동기는?

① 단상 반발 전동기

② 영구 자석 스텝 전동기

③ 3상 직권 정류자 전동기

④ 단상 직권 정류자 전동기

해설 단상 직권 정류자 전동기는 교류, 직류 양쪽 모두 사용하므로 만능 전동기라 하며 75[W] 이하의 소출력(소형 공구, 치과 의료용 등)과 단상 교류 전기 철도용 수백[kW]의 대출에 사용되고 있다.

09 220[V], 60[Hz], 8극, 15[kW]의 3상 유도 전동기에서 전부하 회전수가 864[rpm]이면 이 전동기의 2차 동손은 몇 [W]인가?

① 435 ② 537

③ 625 ④ 723

해설 동기 속도 $N_s=\dfrac{120f}{P}=\dfrac{120\times60}{8}=900\,[\mathrm{rpm}]$

슬립 $s=\dfrac{N_s-N}{N_s}=\dfrac{900-864}{900}=0.04$

$P_2 : P_o : P_{2c}=1 : 1-s : s$

(P_2 : 2차 입력, P_o : 출력, P_{2c} : 2차 동손)

2차 동손 $P_{2c}=s\cdot\dfrac{P_o}{1-s}=0.04\times\dfrac{15\times10^3}{1-0.04}$

$=625\,[\mathrm{W}]$

10 단상 변압기를 병렬 운전하는 경우 부하 전류의 분담에 관한 설명 중 옳은 것은?

① 누설 리액턴스에 비례한다.

② 누설 임피던스에 반비례한다.

③ 누설 임피던스에 비례한다.

④ 누설 리액턴스의 제곱에 반비례한다.

해설 단상 변압기의 부하 분담비

$\dfrac{P_a}{P_b}=\dfrac{\%Z_b}{\%Z_a}\cdot\dfrac{P_A}{P_B}$ 이므로 부하 분담은 누설 임피던스에 반비례하고 정격 용량에는 비례한다.

정답 06. ① 07. ② 08. ④ 09. ③ 10. ②

11 50[Hz] 4극 15[kW]의 3상 유도 전동기가 있다. 전부하 시의 회전수가 1,450[rpm]이라면 토크는 몇 [kg · m]인가?

① 약 68.52 ② 약 88.65
③ 약 98.68 ④ 약 10.07

해설 토크 $\tau = \frac{1}{9.8} \frac{P}{2\pi \frac{N}{60}} = \frac{1}{9.8} \times \frac{15 \times 10^3}{2\pi \frac{1,450}{60}}$

$\fallingdotseq 10.08$[kg · m]

[별해] $\tau = 0.975 \frac{P}{N} = 0.975 \times \frac{15 \times 10^3}{1,450}$

$\fallingdotseq 10.08$[kg · m]

12 정격 출력시(부하손/고정손)는 2이고, 효율 0.8인 어느 발전기의 1/2정격 출력 시의 효율은?

① 0.7 ② 0.75
③ 0.8 ④ 0.83

해설 부하손을 P_c, 고정손을 P_i, 출력을 P라 하면 정격 출력 시에는 $P_c = 2P_i$로 되므로

$0.8 = \frac{P}{P + P_c + P_i}$, $P_c = 2P_i$

$0.8 = \frac{P}{P + 2P_i + P_i} = \frac{P}{P + 3P_i}$

$\frac{1}{2}$부하 시의 동손은

$P_c = 2P_i \times \left(\frac{1}{2}\right)^2 = \frac{1}{2}P_i$ 이므로

$$\therefore \eta_{\frac{1}{2}} = \frac{\frac{1}{2}P}{\frac{1}{2}P + \left(\frac{1}{2}\right)^2 P_c + P_i} = \frac{P}{P + \frac{1}{2}P_c + 2P_i}$$

$$= \frac{P}{P + \frac{1}{2} \times 2P_i + 2P_i} = \frac{P}{P + 3P_i} = 0.8$$

13 일반적인 농형 유도 전동기에 관한 설명 중 틀린 것은?

① 2차측을 개방할 수 없다.
② 2차측의 전압을 측정할 수 있다.
③ 2차 저항 제어법으로 속도를 제어할 수 없다.
④ 1차 3선 중 2선을 바꾸면 회전 방향을 바꿀 수 있다.

해설 농형 유도 전동기는 2차측(회전자)이 단락 권선으로 되어 있어 개방할 수 없고, 전압을 측정할 수 없으며, 2차 저항을 변화하여 속도 제어를 할 수 없고 1차 3선 중 2선의 결선을 바꾸면 회전 방향을 바꿀 수 있다.

14 일정한 부하에서 역률 1로 동기 전동기를 운전하는 중 여자를 약하게 하면 전기자 전류는?

① 진상 전류가 되고 증가한다.
② 진상 전류가 되고 감소한다.
③ 지상 전류가 되고 증가한다.
④ 지상 전류가 되고 감소한다.

해설 동기 전동기를 운전 중 여자 전류를 감소하면 뒤진 전류(지상 전류)가 흘러 리액터 작용을 하며 역률이 저하하여 전기자 전류는 증가한다.

15 단상 반파 정류로 직류 전압 50[V]를 얻으려고 한다. 다이오드의 최대 역전압(PIV)은 약 몇 [V]인가?

① 111
② 141.4
③ 157
④ 314

해설 직류 전압 $E_d = \frac{\sqrt{2}}{\pi}E$에서

$E = \frac{\pi}{\sqrt{2}}E_d = \frac{\pi}{\sqrt{2}} \times 50$

첨두 역전압 $V_{in} = \sqrt{2}E = \sqrt{2} \times \frac{\pi}{\sqrt{2}} \times 50$

$\fallingdotseq 157$[V]

정답 11. ④ 12. ③ 13. ② 14. ③ 15. ③

16 정격 전압이 120[V]인 직류 분권 발전기가 있다. 전압 변동률이 5[%]인 경우 무부하 단자 전압[V]은?

① 114 ② 126
③ 132 ④ 138

해설 전압 변동률 $\varepsilon = \dfrac{V_0 - V_n}{V_n} \times 100[\%]$

무부하 전압 $V_0 = V_n(1+\varepsilon') = 120 \times (1+0.05) = 126[\text{V}]$

$\left(\text{여기서, } \varepsilon' = \dfrac{\varepsilon}{100} = \dfrac{5}{100} = 0.05\right)$

17 임피던스 전압 강하 4[%]의 변압기가 운전 중 단락되었을 때 단락 전류는 정격 전류의 몇 배가 흐르는가?

① 15 ② 20
③ 25 ④ 30

해설 퍼센트 임피던스 강하

$\%Z = \dfrac{IZ}{V} \times 100 = \dfrac{I_n}{I_s} \times 100$에서

단락 전류 $I_s = \dfrac{100}{\%Z} I_n = \dfrac{100}{4} I_n = 25 I_n[\text{A}]$

18 직류 분권 전동기의 단자 전압과 계자 전류를 일정하게 하고 2배의 속도로 2배의 토크를 발생하는 데 필요한 전력은 처음 전력의 몇 배인가?

① 2배 ② 4배
③ 8배 ④ 불변

해설 출력 $P \propto \tau \cdot N$

속도와 토크를 모두 2배가 되도록 하려면 출력(전력)을 처음의 4배로 하여야 한다.

19 정격 전압 6,000[V], 용량 5,000[kVA]인 Y결선 3상 동기 발전기가 있다. 여자 전류 200[A]에서의 무부하 단자 전압이 6,000[V], 단락 전류 600[A]일 때, 이 발전기의 단락비는?

① 0.25 ② 1
③ 1.25 ④ 1.5

해설 단락비 $K_s = \dfrac{I_s}{I_n}$

$\therefore K_s = \dfrac{I_s}{I_n} = \dfrac{I_s}{\dfrac{P_n}{\sqrt{3} \cdot V_n}} = \dfrac{600}{\dfrac{5{,}000 \times 10^3}{\sqrt{3} \times 6{,}000}} = 1.247 \fallingdotseq 1.25$

20 동기 전동기에서 난조를 일으키는 원인이 아닌 것은?

① 회전자의 관성이 작다.
② 원동기의 토크에 고조파 토크를 포함하는 경우이다.
③ 전기자 회로의 저항이 크다.
④ 원동기의 조속기의 감도가 너무 예민하다.

해설 **동기기의 난조 원인**

- 부하 급변 시
- 원동기의 토크에 고조파가 포함된 경우
- 전기자 회로의 저항이 큰 경우
- 원동기의 조속기의 감도가 너무 예민한 경우

정답 16. ② 17. ③ 18. ② 19. ③ 20. ①

2021년 제2회 기출문제

01 부하 전류가 크지 않을 때 직류 직권 전동기 발생 토크는? (단, 자기 회로가 불포화인 경우이다.)

① 전류에 비례한다.
② 전류에 반비례한다.
③ 전류의 제곱에 비례한다.
④ 전류의 제곱에 반비례한다.

해설 역기전력 $E=\frac{Z}{a}p\phi\frac{N}{60}$[V]
부하 전류 $I=I_a=I_f$[A]
출력 $P=EI_a$[W]
자속 $\phi\propto I_f=I$
토크 $T=\frac{P}{\omega}=\frac{EI_a}{2\pi\frac{N}{60}}=\frac{pZ}{2\pi a}\phi I_a=KI^2$

02 동기 전동기에 대한 설명으로 틀린 것은?

① 동기 전동기는 주로 회전 계자형이다.
② 동기 전동기는 무효 전력을 공급할 수 있다.
③ 동기 전동기는 제동 권선을 이용한 기동법이 일반적으로 많이 사용된다.
④ 3상 동기 전동기의 회전 방향을 바꾸려면 계자 권선 전류의 방향을 반대로 한다.

해설 3상 동기 전동기의 회전 방향을 바꾸려면 전기자(고정자) 권선의 3선 중 2선의 결선을 반대로 한다.

03 동기 발전기에서 동기 속도와 극수와의 관계를 옳게 표시한 것은? (단, N : 동기 속도, P : 극수이다.)

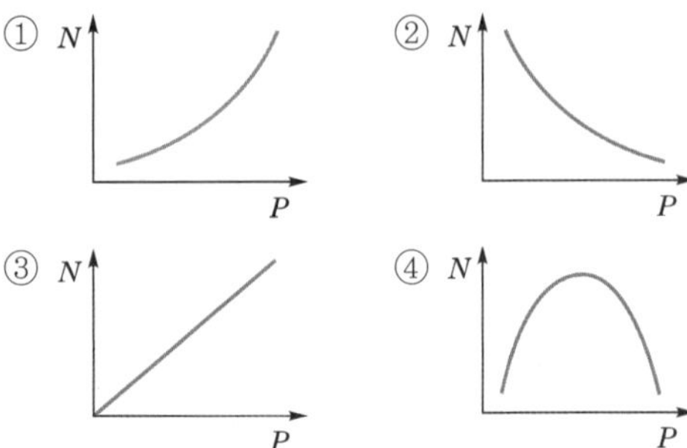

해설 동기 발전기의 동기 속도 $N=\frac{120}{P}f=\frac{1}{P}$[rpm]
동기 속도 N은 극수 P와 반비례하므로 반비례 곡선이 된다.

04 어떤 직류 전동기가 역기전력 200[V], 매분 1,200회전으로 토크 158.76[N·m]를 발생하고 있을 때의 전기자 전류는 약 몇 [A]인가? (단, 기계손 및 철손은 무시한다.)

① 90　　② 95
③ 100　　④ 105

해설 토크 $T=\frac{P}{\omega}=\frac{EI_a}{2\pi\frac{N}{60}}$[N·m]
전기자 전류
$I_a=T\cdot\frac{2\pi\frac{N}{60}}{E}=158.76\times\frac{2\pi\frac{1,200}{60}}{200}$
$=99.75\fallingdotseq 100$[A]

05 일반적인 DC 서보 모터의 제어에 속하지 않는 것은?

① 역률 제어　　② 토크 제어
③ 속도 제어　　④ 위치 제어

정답 01. ③ 02. ④ 03. ② 04. ③ 05. ①

해설 DC 서보 모터(servo motor)는 위치 제어, 속도 제어 및 토크 제어에 광범위하게 사용된다.

06 극수가 4극이고 전기자 권선이 단중 중권인 직류 발전기의 전기자 전류가 40[A]이면 전기자 권선의 각 병렬 회로에 흐르는 전류[A]는?

① 4　② 6
③ 8　④ 10

해설 단중 중권 직류 발전기의 병렬 회로수
$a = P$(극수)
전기자 전류 $I_a = aI$[A]
전기자 권선의 전류 $I = \frac{I_a}{a} = \frac{40}{4} = 10$[A]

07 부스트(boost) 컨버터의 입력 전압이 45[V]로 일정하고, 스위칭 주기가 20[kHz], 듀티비(duty ratio)가 0.6, 부하 저항이 10[Ω]일 때 출력 전압은 몇 [V]인가? (단, 인덕터에는 일정한 전류가 흐르고 커패시터 출력 전압의 리플 성분은 무시한다.)

① 27　② 67.5
③ 75　④ 112.5

해설 부스트(boost) 컨버터의 출력 전압 V_o
$V_o = \frac{1}{1-D} V_i = \frac{1}{1-0.6} \times 45 = 112.5$[V]
여기서, D : 듀티비(Duty ratio)
부스트 컨버터 : 직류 → 직류로 승압하는 변환기

08 8극, 900[rpm] 동기 발전기와 병렬 운전하는 6극 동기 발전기의 회전수는 몇 [rpm]인가?

① 900　② 1,000
③ 1,200　④ 1,400

해설 동기 속도 $N_s = \frac{120f}{P}$에서
주파수 $f = N_s \frac{P}{120} = 900 \times \frac{8}{120} = 60$[Hz]
동기 발전기의 병렬 운전 시 주파수가 같아야 하므로
$P = 6$극의 회전수 $N_s = \frac{120f}{P} = \frac{120 \times 60}{6} = 1,200$[rpm]

09 변압기 단락 시험에서 변압기의 임피던스 전압이란?

① 1차 전류가 여자 전류에 도달했을 때의 2차측 단자 전압
② 1차 전류가 정격 전류에 도달했을 때의 2차측 단자 전압
③ 1차 전류가 정격 전류에 도달했을 때의 변압기 내의 전압 강하
④ 1차 전류가 2차 단락 전류에 도달했을 때의 변압기 내의 전압 강하

해설 변압기의 임피던스 전압이란, 변압기 2차측을 단락하고 1차 공급 전압을 서서히 증가시켜 단락 전류가 1차 정격 전류에 도달했을 때의 변압기 내의 전압 강하이다.

10 단상 정류자 전동기의 일종인 단상 반발 전동기에 해당되는 것은?

① 시라게 전동기
② 반발 유도 전동기
③ 아트킨손형 전동기
④ 단상 직권 정류자 전동기

해설 직권 정류자 전동기에서 분화된 단상 반발 전동기의 종류는 아트킨손형(Atkinson type), 톰슨형(Thomson type) 및 데리형(Deri type)이 있다.

정답 06. ④ 07. ④ 08. ③ 09. ③ 10. ③

11 와전류 손실을 패러데이 법칙으로 설명한 과정 중 틀린 것은?

① 와전류가 철심 내에 흘러 발열 발생
② 유도 기전력 발생으로 철심에 와전류가 흐름
③ 와전류 에너지 손실량은 전류 밀도에 반비례
④ 시변 자속으로 강자성체 철심에 유도 기전력 발생

해설 패러데이 법칙

기전력 $e = -\frac{d\phi}{dt}$[V]

시변 자속에 의해 철심에서 기전력이 유도되고 와전류가 흘러 발열이 발생하며 와전류 에너지 손실량은 전류 밀도의 제곱에 비례한다.

12 10[kW], 3상, 380[V] 유도 전동기의 전부하 전류는 약 몇 [A]인가? (단, 전동기의 효율은 85[%], 역률은 85[%]이다.)

① 15 ② 21
③ 26 ④ 36

해설 출력 $P = \sqrt{3}\,VI\cos\theta \cdot \eta \times 10^{-3}$[kW]

전부하 전류 $I = \frac{P}{\sqrt{3}\,V\cos\theta \cdot \eta \times 10^{-3}}$

$= \frac{10 \times 10^3}{\sqrt{3} \times 380 \times 0.85 \times 0.85}$

$\fallingdotseq 21$[A]

13 변압기의 주요 시험 항목 중 전압 변동률 계산에 필요한 수치를 얻기 위한 필수적인 시험은?

① 단락 시험
② 내전압 시험
③ 변압비 시험
④ 온도 상승 시험

해설 변압기의 전압 변동률 계산에 필요한 수치인 임피던스 전압과 임피던스 와트를 얻기 위한 시험은 단락 시험이다.

14 2전동기설에 의하여 단상 유도 전동기의 가상적 2개의 회전자 중 정방향에 회전하는 회전자 슬립이 s이면 역방향에 회전하는 가상적 회전자의 슬립은 어떻게 표시되는가?

① $1+s$
② $1-s$
③ $2-s$
④ $3-s$

해설 2전동기설에 의해

정방향 회전자 슬립 $s = \frac{N_s - N}{N_s}$

역방향 회전자 슬립

$s' = \frac{N_s + N}{N_s}$

$= \frac{2N_s - (N_s - N)}{N_s}$

$= \frac{2N_s}{N_s} - \frac{N_s - N}{N_s} = 2 - s$

15 3상 농형 유도 전동기의 전전압 기동 토크는 전부하 토크의 1.8배이다. 이 전동기에 기동 보상기를 사용하여 기동 전압을 전전압의 $\frac{2}{3}$로 낮추어 기동하면, 기동 토크는 전부하 토크 T와 어떤 관계인가?

① $3.0T$
② $0.8T$
③ $0.6T$
④ $0.3T$

해설 3상 유도 전동기의 토크 $T \propto V_1^2$이므로 기동 전압을 전전압의 $\frac{2}{3}$로 낮추어 기동하면

기동 토크 $T_s' = 1.8T \times \left(\frac{2}{3}\right)^2 = 0.8T$

정답 11. ③ 12. ② 13. ① 14. ③ 15. ②

16 변압기에서 생기는 철손 중 와류손(eddy current loss)은 철심의 규소강판 두께와 어떤 관계에 있는가?

① 두께에 비례
② 두께의 2승에 비례
③ 두께의 3승에 비례
④ 두께의 $\frac{1}{2}$승에 비례

해설 와류손 $P_e = \sigma_e k(tfB_m)^2$[W/m³]
여기서, σ_e : 와류 상수
k : 도전율
t : 강판의 두께
f : 주파수
B_m : 최대 자속 밀도

17 50[Hz], 12극의 3상 유도 전동기가 10[HP]의 정격 출력을 내고 있을 때, 회전수는 약 몇 [rpm]인가? (단, 회전자 동손은 350[W]이고, 회전자 입력은 회전자 동손과 정격 출력의 합이다.)

① 468　② 478
③ 488　④ 500

해설 2차 압력 $P_2 = P + P_{2c}$
$= 746 \times 10 + 350$
$= 7{,}810$[W]
슬립 $s = \frac{P_{2c}}{P_2} = \frac{350}{7{,}810} \fallingdotseq 0.0448$
회전수 $N = N_s(1-s) = \frac{120f}{P}(1-s)$
$= \frac{120 \times 50}{12} \times (1-0.0448)$
$= 477.6 \fallingdotseq 478$[rpm]

18 변압기의 권수를 N이라고 할 때, 누설 리액턴스는?

① N에 비례한다.　② N^2에 비례한다.
③ N에 반비례한다.　④ N^2에 반비례한다.

해설 누설 인덕턴스 $L = \frac{\mu N^2 S}{l}$[H]
누설 리액턴스 $x = \omega L = \omega \cdot \frac{\mu N^2 S}{l} \propto N^2$

19 동기 발전기의 병렬 운전 조건에서 같지 않아도 되는 것은?

① 기전력의 용량　② 기전력의 위상
③ 기전력의 크기　④ 기전력의 주파수

해설 동기 발전기의 병렬 운전 조건
- 기전력의 크기가 같을 것
- 기전력의 위상이 같을 것
- 기전력의 주파수가 같을 것
- 기전력의 파형이 같을 것

20 다이오드를 사용하는 정류 회로에서 과대한 부하 전류로 인하여 다이오드가 소손될 우려가 있을 때 가장 적절한 조치는 어느 것인가?

① 다이오드를 병렬로 추가한다.
② 다이오드를 직렬로 추가한다.
③ 다이오드 양단에 적당한 값의 저항을 추가한다.
④ 다이오드 양단에 적당한 값의 커패시터를 추가한다.

해설 과전류로부터 보호를 위해서는 다이오드를 병렬로 추가 접속하고, 과전압으로부터 보호를 위해서는 다이오드를 직렬로 추가 접속한다.

정답 16. ② 17. ② 18. ② 19. ① 20. ①

전기산업기사

2021년 제2회 CBT 기출복원문제

01 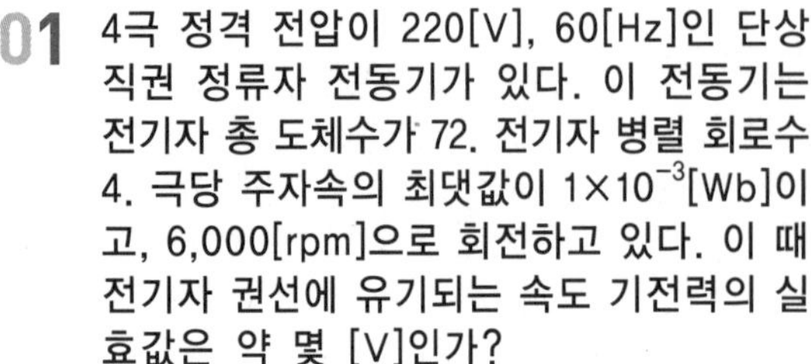
4극 정격 전압이 220[V], 60[Hz]인 단상 직권 정류자 전동기가 있다. 이 전동기는 전기자 총 도체수가 72, 전기자 병렬 회로수 4, 극당 주자속의 최댓값이 1×10^{-3}[Wb]이고, 6,000[rpm]으로 회전하고 있다. 이 때 전기자 권선에 유기되는 속도 기전력의 실효값은 약 몇 [V]인가?

① 7.2　② 5.1
③ 3.6　④ 2.6

해설 속도 기전력의 실효값

$$E=\frac{1}{\sqrt{2}}\frac{P}{a}Z\frac{N}{60}\phi m$$
$$=\frac{1}{\sqrt{2}}\times\frac{4}{4}\times72\times\frac{6,000}{60}\times1\times10^{-3}$$
$$=5.09 \fallingdotseq 5.1[\mathrm{V}]$$

02 단상 유도 전동기 2전동기설에서 정상분 회전 자계를 만드는 전동기와 역상분 회전 자계를 만드는 전동기의 회전 자속을 각각 ϕ_a, ϕ_b라고 할 때, 단상 유도 전동기 슬립이 s인 정상분 유도 전동기와 슬립이 s'인 역상분 유도 전동기의 관계로 옳은 것은?

① $s'=s$　② $s'=2-s$
③ $s'=2+s$　④ $s'=-s$

해설 단상 유도 전동기의 2전동기설에서 정상분 전동기의 슬립이 s일 때 역상분 전동기의 슬립 $s'=2-s$

03 어느 변압기의 %저항 강하가 p[%], %리액턴스 강하가 %저항 강하의 $\frac{1}{2}$이고, 역률 80%(지상 역률)인 경우의 전압 변동률[%]은?

① $1.0p$　② $1.1p$
③ $1.2p$　④ $1.3p$

해설 전압 변동률

$$\varepsilon=p\cos\theta+q\sin\theta=p\times0.8+\frac{1}{2}p\times0.6$$
$$=1.1p[\%]$$

04 단상 반파 정류 회로로 직류 평균 전압 99[V]를 얻으려고 한다. 최대 역전압(Peak Inverse Voltage)이 약 몇 [V] 이상의 다이오드를 사용하여야 하는가? (단, 저항 부하이며, 정류 회로 및 변압기의 전압 강하는 무시한다.)

① 311
② 471
③ 150
④ 166

해설 단상 반파 정류 회로

- 직류 전압 $E_d=\frac{\sqrt{2}}{\pi}E$에서 $E=\frac{\pi}{\sqrt{2}}E_d$
- 첨두 역전압 $V_{in}=\sqrt{2}E=\sqrt{2}\times\frac{\pi}{\sqrt{2}}E_d$

$$=\sqrt{2}\times\frac{\pi}{\sqrt{2}}\times99 \fallingdotseq 311[\mathrm{V}]$$

05 6극 직류 발전기의 정류자 편수가 132, 무부하 단자 전압이 220[V], 직렬 도체수가 132개이고 중권이다. 정류자 편간 전압은 몇 [V]인가?

① 10
② 20
③ 30
④ 40

해설 정류자 편간 전압

$$e_s=\frac{pE}{k}=\frac{6\times220}{132}=10[\mathrm{V}]$$

정답 01. ② 02. ② 03. ② 04. ① 05. ①

06 **외분권 차동 복권 전동기의 내부 결선을 바꾸어 분권 전동기로 운전하고자 할 경우의 조치로 옳은 것은?**

① 분권 계자 권선을 단락한다.
② 직권 계자 권선을 개방한다.
③ 직권 계자 권선을 단락한다.
④ 분권 계자 권선을 개방한다.

해설 외분권 복권 전동기를 분권 전동기로 운전하려면 직권 계자 권선을 단락한다.

07 **6,000[V], 1,500[kVA], 동기 임피던스 5[Ω]인 동일 정격의 두 동기 발전기를 병렬 운전 중 한쪽 발전기의 계자 전류가 증가하여 두 발전기의 유도 기전력 사이에 300[V]의 전압차가 발생하고 있다. 이때 두 발전기 사이에 흐르는 무효 횡류[A]는?**

① 24
② 28
③ 30
④ 32

해설 무효 횡류(무효 순환 전류)

$$I_c = \frac{E_A - E_B}{2Z_s} = \frac{300}{2 \times 5} = 30\,[\text{A}]$$

08 **그림은 변압기의 무부하 상태의 백터도이다. 철손 전류를 나타내는 것은? (단, a는 철손각이고 ϕ는 자속을 의미한다.)**

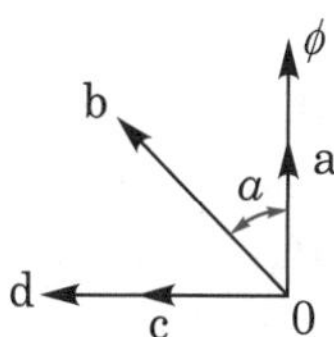

① o → c ② o → d
③ o → a ④ o → b

해설 변압기의 무부하 상태의 벡터도에서 선분 o → c는 철손 전류, o → a는 자화 전류, o → b는 무부하 전류를 나타낸다.

09 **직류기에서 정류가 불량하게 되는 원인은 무엇인가?**

① 탄소 브러시 사용으로 인한 접촉 저항 증가
② 코일의 인덕턴스에 의한 리액턴스 전압
③ 유도 기전력을 균등하게 하기 위한 균압 접속
④ 전기자 반작용 보상을 위한 보극의 설치

해설 직류 발전기의 정류에서 코일의 인덕턴스에 의한 리액턴스 전압 $e = L\frac{2I_c}{T_c}$[V]가 크게 되면 정류 불량의 가장 큰 원인이 된다.

10 **권선형 유도 전동기의 속도 제어 방법 중 2차 저항 제어법의 특징으로 옳은 것은?**

① 부하에 대한 속도 변동률이 작다.
② 구조가 간단하고 제어 조작이 편리하다.
③ 전부하로 장시간 운전하여도 온도에 영향이 적다.
④ 효율이 높고 역률이 좋다.

해설 **권선형 유도 전동기의 저항 제어법의 장·단점**

- 장점
  - 기동용 저항기를 겸한다.
  - 구조가 간단하고 제어 조작이 용이하다.
- 단점
  - 운전 효율이 나쁘다.
  - 부하에 따른 속도 변동이 크다.
  - 부하가 작을 경우 광범위한 속도 조정이 곤란하다.
  - 제어용 저항기는 전부하에서 장시간 운전해도 위험한 온도가 되지 않을 만큼의 크기가 필요하므로 가격이 비싸다.

정답 06. ③ 07. ③ 08. ① 09. ② 10. ②

11 IGBT의 특징으로 틀린 것은?

① GTO 사이리스터처럼 역방향 전압 저지 특성을 갖는다.
② MOSFET처럼 전압 제어 소자이다.
③ BJT처럼 온드롭(on-drop)이 전류에 관계없이 낮고 거의 일정하여 MOSFET보다 훨씬 큰 전류를 흘릴 수 있다.
④ 게이트와 이미터간 입력 임피던스가 매우 작아 BJT보다 구동하기 쉽다.

해설 IGBT(Insulated Gate Transistor)는 MOSFET의 고속 스위칭과 BJT의 고전압 대전류 처리 능력을 겸비한 역전압 제어용 소자로서 게이트와 이미터 사이의 임피던스가 크다.

12 스테핑 모터의 스탭각이 3°이면 분해능(resolution)[스텝/회전]은?

① 180　　② 120
③ 150　　④ 240

해설 스테핑 모터(stepping motor)의 분해능

$$\text{Resolution[steps/rev]} = \frac{360°}{\beta} = \frac{360°}{3°} = 120$$

13 2차 저항과 2차 리액턴스가 각각 0.04[Ω], 3상 유도 전동기의 슬립의 4[%]일 때 1차 부하 전류가 10[A]이었다면 기계적 출력은 약 몇 [kW]인가? (단, 권선비 $\alpha = 2$, 상수비 $\beta = 1$이다.)

① 0.57　　② 1.15
③ 0.65　　④ 1.35

해설 • 2차 전류 $I_2 = \alpha \cdot \beta I_1 = 2 \times 1 \times 10 = 20[\text{A}]$

• 출력 정수 $R = \frac{1-s}{s} r_2 [\Omega]$

• 기계적 출력

$$P_o = 3 I_2^2 R \times 10^{-3}$$
$$= 3 \times 20^2 \times \frac{1-0.04}{0.04} \times 0.04 \times 10^{-3}$$
$$\fallingdotseq 1.15[\text{kW}]$$

14 동기 조상기를 부족 여자로 사용하면? (단, 부족 여자는 역률이 1일 때의 계자 전류보다 작은 전류를 의미한다.)

① 일반 부하의 뒤진 전류를 보상
② 리액터로 작용
③ 저항손의 보상
④ 커패시터로 작용

해설 동기 조상기의 계자 전류를 조정하여 부족 여자로 운전하면 리액터로 작용하고, 과여자 운전하면 커패시터로 작용한다.

15 권선형 유도 전동기에서 1차와 2차 간의 상수비가 β, 권선비가 α이고 2차 전류가 I_2일 때 1차 1상으로 환산한 전류 I_1[A]는 얼마인가? (단, $\alpha = \frac{k_{u1}N_1}{k_{u2}N_2}$, $\beta = \frac{m_1}{m_2}d$이며 1차 및 2차 권선 계수는 k_{w1}, k_{w2}가 1차 및 2차 한 상의 권수는 N_1, N_2, 1차 및 2차 상수는 m_1, m_2이다.)

① $\frac{\alpha}{\beta} I_2$　　② $\frac{1}{\alpha\beta} I_2$
③ $\alpha\beta I_2$　　④ $\frac{\beta}{\alpha} I_2$

해설 권선형 유도 전동기의 권선비×상수비

$\alpha \cdot \beta = \frac{I_2}{I_1}$ 이므로

1차 전류 $I_1 = \frac{1}{\alpha\beta} I_2$

16 비돌극형 동기 발전기의 단자 전압(1상)을 V, 유도 기전력(1상)을 E, 동기 리액턴스를 x_s, 부하각을 δ라 하면 1상의 출력[W]을 나타내는 관계식은?

① $\frac{EV}{x_s}\sin\delta$　　② $\frac{E^2V}{x_s}\sin\delta$
③ $\frac{EV}{x_s}\cos\delta$　　④ $\frac{EV^2}{x_s}\cos\delta$

정답 11. ④ 12. ② 13. ② 14. ② 15. ② 16. ①

해설 비돌극형 동기 발전기의 1상 출력

$$P_1 = \frac{EV}{x_s}\sin\delta[\mathrm{W}]$$

17 변압기 온도 시험 시 가장 많이 사용되는 방법은?

① 단락 시험법　② 반환 부하법
③ 내전압 시험법　④ 실부하법

해설 변압기의 온도 측정 시험을 하는 경우 부하법으로는 실부하법과 반환 부하법이 있으며 가장 많이 사용되는 방법은 반환 부하법이다.

18 동일 용량의 변압기 2대를 사용하여 3,300[V]의 3상 간선에서 220[V]의 2상 전력을 얻으려면 T좌 변압기의 권수비는 약 얼마인가?

① 15.34　② 12.99
③ 17.31　④ 16.52

해설 변압기의 상수 변환을 위한 스코트 결선(T결선)에서 T좌 변압기의 권수비

$$a_T = \frac{\sqrt{3}}{2}a_{주} = \frac{\sqrt{3}}{2}\times\frac{3,300}{220} \fallingdotseq 12.99$$

19 2대의 3상 동기 발전기를 병렬 운전하여 뒤진 역률 0.85, 1,200[A]의 부하 전류를 공급하고 있다. 각 발전기의 유효 전력은 같고 A기의 전류가 678[A]일 때 B기의 전류는 약 몇 [A]인가?

① 542　② 552
③ 562　④ 572

해설
- A, B기의 유효 전류

$$I = 1,200\times 0.85\times\frac{1}{2} = 510[\mathrm{A}]$$

- A, B기의 합성 무효 전류

$$I_r = 1200\times\sqrt{1-0.85^2} \fallingdotseq 632[\mathrm{A}]$$

- A기의 무효 전류

$$I_{ar} = \sqrt{678^2-510^2} \fallingdotseq 446.7[\mathrm{A}]$$

- B기의 무효 전류

$$I_{br} = 632-446.7 = 185.3[\mathrm{A}]$$

- B기의 전류

$$I_B = \sqrt{510^2+185.3^2} \fallingdotseq 542[\mathrm{A}]$$

20 직류 분권 전동기의 정격 전압 220[V], 정격 전류 105[A], 전기자 저항 및 계자 회로의 저항이 각각 0.1[Ω] 및 40[Ω]이다. 기동 전류를 정격 전류의 150[%]로 할 때의 기동 저항은 약 몇 [Ω]인가?

① 1.21　② 0.92
③ 0.46　④ 1.35

해설
- 기동 전류 $I_s = 1.5I_n = 1.5\times 105 = 157.5[\mathrm{A}]$
- 계자 전류 $I_f = \dfrac{V}{r_f} = \dfrac{220}{40} = 5.5[\mathrm{A}]$
- 전기자 전류 $I_a = \dfrac{V}{R_a+R_s} = I_s - I_f$

$$= 157.5-5.5 = 152[\mathrm{A}]$$

- 기동 저항 $R_s = \dfrac{V}{I_a} - R_a = \dfrac{220}{152} - 0.1$

$$= 1.347 \fallingdotseq 1.35[\Omega]$$

정답 17. ② 18. ② 19. ① 20. ④

전기기사

2021년 제3회 기출문제

01 4극, 60[Hz]인 3상 유도 전동기가 있다. 1,725[rpm]으로 회전하고 있을 때, 2차 기전력의 주파수[Hz]는?

① 2.5 ② 5
③ 7.5 ④ 10

해설
- 동기 속도 $N_s = \frac{120f}{P} = \frac{120\times 60}{4} = 1,800[\text{rpm}]$
- 슬립 $s = \frac{N_s - N}{N_s} = \frac{1,800-1,725}{1,800} \fallingdotseq 0.0417[\%]$
- 2차 주파수 $f_{2s} = sf_1 = 0.0417\times 60 \fallingdotseq 2.5[\text{Hz}]$

02 변압기 내부 고장 검출을 위해 사용하는 계전기가 아닌 것은?

① 과전압 계전기 ② 비율 차동 계전기
③ 부흐홀츠 계전기 ④ 충격 압력 계전기

해설 변압기의 내부 고장 검출 계전기는 비율 차동 계전기, 부흐홀츠 계전기 및 충격 압력 계전기 등이 있다.

03 단상 반파 정류 회로에서 직류 전압의 평균값 210[V]를 얻는데 필요한 변압기 2차 전압의 실효값은 약 몇 [V]인가? (단, 부하는 순저항이고, 정류기의 전압 강하 평균값은 15[V]로 한다.)

① 400 ② 433
③ 500 ④ 566

해설 단상 반파 정류 회로에서

직류 전압 평균값 $E_d = \frac{\sqrt{2}E}{\pi} - e = 0.45E - e$

전압의 실효값 $E = \frac{(E_d + e)}{0.45}$

$= \frac{210+15}{0.45} = 500[\text{V}]$

04 동기 조상기의 구조상 특징으로 틀린 것은?

① 고정자는 수차 발전기와 같다.
② 안전 운전용 제동 권선이 설치된다.
③ 계자 코일이나 자극이 대단히 크다.
④ 전동기 축은 동력을 전달하는 관계로 비교적 굵다.

해설 동기 조상기는 전압 조정과 역률 개선을 위하여 송전 계통에 접속한 무부하 동기 전동기로 동력을 전달하기 위한 기계가 아니므로 축은 굵게 할 필요가 없다.

05 정격 출력 10,000[kVA], 정격 전압 6,600[V], 정격 역률 0.8인 3상 비돌극 동기 발전기가 있다. 여자를 정격 상태로 유지할 때 이 발전기의 최대 출력은 약 몇 [kW]인가? (단, 1상의 동기 리액턴스를 0.9[p.u]라 하고 저항은 무시한다.)

① 17,089
② 18,889
③ 21,259
④ 23,619

해설 동기 발전기의 단위법

유기 기전력 $e = \sqrt{0.8^2 + (0.6+0.9)^2} = 1.7$

최대 출력 $P_m = \frac{ev}{x'}P_n = \frac{1.7\times 1}{0.9}\times 10,000$

$\fallingdotseq 18,889[\text{kW}]$

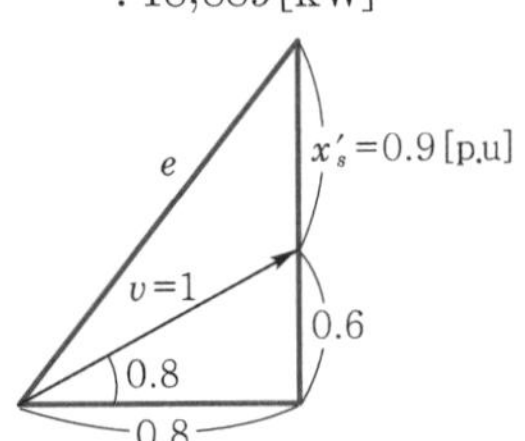

정답 01. ① 02. ① 03. ③ 04. ④ 05. ②

06 75[W] 이하의 소출력 단상 직권 정류자 전동기의 용도로 적합하지 않은 것은?

① 믹서 ② 소형 공구
③ 공작 기계 ④ 치과 의료용

해설 단상 직권 정류자 전동기는 직류·교류 양용 전동기(만능 전동기)로 75[W] 정도 이하의 소출력은 소형 공구, 믹서(mixer), 치과 의료용 및 가정용 재봉틀 등에 사용되고 있다.

07 권선형 유도 전동기의 2차 여자법 중 2차 단자에서 나오는 전력을 동력으로 바꿔서 직류 전동기에 가하는 방식은?

① 회생 방식
② 크레머 방식
③ 플러깅 방식
④ 세르비우스 방식

해설 권선형 유도 전동기의 속도 제어에서 2차 여자 제어법은 크레머 방식과 세르비우스 방식이 있으며 크레머 방식은 2차 단자에서 나오는 전력을 동력으로 바꾸어 제어하는 방식이고, 세르비우스 방식은 2차 전력을 전원측에 반환하여 제어하는 방식이다.

08 직류 발전기의 특성 곡선에서 각 축에 해당하는 항목으로 틀린 것은?

① 외부 특성 곡선 : 부하 전류와 단자 전압
② 부하 특성 곡선 : 계자 전류와 단자 전압
③ 내부 특성 곡선 : 무부하 전류와 단자 전압
④ 무부하 특성 곡선 : 계자 전류와 유도 기전력

해설 직류 발전기는 여러 종류가 있으며 서로 다른 특성이 있다. 그 특성을 쉽게 이해하도록 나타낸 것을 특성 곡선이라 하고 다음과 같이 구분한다.
- 무부하 특성 곡선 : 계자 전류와 유도 기전력
- 부하 특성 곡선 : 계자 전류와 단자 전압
- 외부 특성 곡선 : 부하 전류와 단자 전압

09 변압기의 전압 변동률에 대한 설명으로 틀린 것은?

① 일반적으로 부하 변동에 대하여 2차 단자 전압의 변동이 작을수록 좋다.
② 전부하 시와 무부하 시의 2차 단자 전압이 서로 다른 정도를 표시하는 것이다.
③ 인가 전압이 일정한 상태에서 무부하 2차 단자 전압에 반비례한다.
④ 전압 변동률은 전등의 광도, 수명, 전동기의 출력 등에 영향을 미친다.

해설 전압 변동률 $\varepsilon = \dfrac{V_{20} - V_{2n}}{V_{2n}} \times 100[\%]$

전압 변동률은 작을수록 좋고, 전기 기계 기구의 출력과 수명 등에 영향을 주며, 2차 정격 전압(전부하 전압)에 반비례한다.

10 3상 유도 전동기에서 고조파 회전 자계가 기본파 회전 방향과 역방향인 고조파는?

① 제3고조파
② 제5고조파
③ 제7고조파
④ 제13고조파

해설 3상 유도 전동기의 고조파에 의한 회전 자계의 방향과 속도는 다음과 같다.
- $h_1 = 2mn+1 = 7,\ 13,\ 19,\ \cdots$
  기본파와 같은 방향, $\dfrac{1}{h_1}$배로 회전
- $h_2 = 2mn-1 = 5,\ 11,\ 17,\ \cdots$
  기본파와 반대 방향, $\dfrac{1}{h_2}$배로 회전
- $h_0 = mn \pm 0 = 3,\ 9,\ 15,\ \cdots$
  회전 자계가 발생하지 않는다.

정답 06. ③ 07. ② 08. ③ 09. ③ 10. ②

11 직류 직권 전동기에서 분류 저항기를 직권 권선에 병렬로 접속해 여자 전류를 가감시켜 속도를 제어하는 방법은?

① 저항 제어 ② 전압 제어
③ 계자 제어 ④ 직·병렬 제어

해설 직류 직권 전동기에서 직권 계자 권선에 병렬로 분류 저항기를 접속하여 여자 전류의 가감으로 자속 ϕ를 변화시켜 속도를 제어하는 방법을 계자 제어라고 한다.

12 100[kVA], 2,300/115[V], 철손 1[kW], 전부하 동손 1.25[kW]의 변압기가 있다. 이 변압기는 매일 무부하로 10시간, $\frac{1}{2}$ 정격 부하 역률 1에서 8시간, 전부하 역률 0.8(지상)에서 6시간 운전하고 있다면 전일 효율은 약 몇 [%]인가?

① 93.3 ② 94.3
③ 95.3 ④ 96.3

해설 변압기의 전일 효율 η_d[%]

$$=\frac{\frac{1}{m}P\cos\theta\cdot h}{\frac{1}{m}P\cos\theta\cdot h+24P_i+\left(\frac{1}{m}\right)^2P_c\cdot h}\times 100$$

$$=\frac{\frac{1}{2}\times 100\times 1\times 8+100\times 0.8\times 6}{\frac{1}{2}\times 100\times 1\times 8+100\times 0.8\times 6+24\times 1+\left(\frac{1}{2}\right)^2\times 1.25\times 8+1.25\times 6}\times 100$$

$$=\frac{880}{880+24+10}\times 100=96.28\fallingdotseq 96.3[\%]$$

13 유도 전동기의 슬립을 측정하려고 한다. 다음 중 슬립의 측정법이 아닌 것은?

① 수화기법
② 직류 밀리볼트계법
③ 스트로보스코프법
④ 프로니 브레이크법

해설 유도 전동기의 슬립 측정법
- 수화기법
- 직류 밀리볼트계법
- 스트로보스코프법

14 60[Hz], 600[rpm]의 동기 전동기에 직결된 기동용 유도 전동기의 극수는?

① 6 ② 8
③ 10 ④ 12

해설 동기 전동기의 극수

$$P=\frac{120f}{N_s}=\frac{120\times 60}{600}=12[\text{극}]$$

기동용 유도 전동기는 동기 속도보다 sN_s만큼 속도가 늦으므로 동기 전동기의 극수에서 2극 적은 10극을 사용해야 한다.

15 1상의 유도 기전력이 6,000[V]인 동기 발전기에서 1분간 회전수를 900[rpm]에서 1,800[rpm]으로 하면 유도 기전력은 약 몇 [V]인가?

① 6,000 ② 12,000
③ 24,000 ④ 36,000

해설 동기 발전기의 유도 기전력 $E=4.44fN\phi K_w$[V]

주파수 $f=\frac{P}{120}N_s$[Hz]

극수가 일정한 상태에서 속도를 2배 높이면 주파수가 2배 증가하고 기전력도 2배 상승한다.

유도 기전력 $E'=2E=2\times 6,000=12,000$[V]

16 3상 변압기를 병렬 운전하는 조건으로 틀린 것은?

① 각 변압기의 극성이 같을 것
② 각 변압기의 %임피던스 강하가 같을 것
③ 각 변압기의 1차 및 2차 정격 전압과 변압비가 같을 것
④ 각 변압기의 1차와 2차 선간 전압의 위상 변위가 다를 것

정답 11. ③ 12. ④ 13. ④ 14. ③ 15. ② 16. ④

해설 3상 변압기의 병렬 운전 조건
- 각 변압기의 극성이 같을 것
- 1차, 2차 정격 전압과 변압비(권수비)가 같을 것
- %임피던스 강하가 같을 것
- 변압기의 저항과 리액턴스 비가 같을 것
- 상회전 방향과 위상 변위(각 변위)가 같을 것

17 **직류 분권 전동기의 전압이 일정할 때 부하 토크가 2배로 증가하면 부하 전류는 약 몇 배가 되는가?**

① 1 ② 2
③ 3 ④ 4

해설 직류 전동기의 토크 $T=\dfrac{PZ}{2\pi a}\phi I_a$에서 분권 전동기의 토크는 부하 전류에 비례하며 또한 부하 전류도 토크에 비례한다.

18 **변압기유에 요구되는 특성으로 틀린 것은?**

① 점도가 클 것
② 응고점이 낮을 것
③ 인화점이 높을 것
④ 절연 내력이 클 것

해설 변압기유(oil)의 구비 조건
- 절연 내력이 클 것
- 점도가 낮을 것
- 인화점이 높고, 응고점이 낮을 것
- 화학 작용과 침전물이 없을 것

19 **다이오드를 사용한 정류 회로에서 다이오드를 여러 개 직렬로 연결하면 어떻게 되는가?**

① 전력 공급의 증대
② 출력 전압의 맥동률을 감소
③ 다이오드를 과전류로부터 보호
④ 다이오드를 과전압으로부터 보호

해설 정류 회로에서 다이오드를 여러 개 직렬로 접속하면 다이오드를 과전압으로부터 보호하며, 여러 개 병렬로 접속하면 다이오드를 과전류로부터 보호한다.

20 **직류 분권 전동기의 기동 시에 정격 전압을 공급하면 전기자 전류가 많이 흐르다가 회전 속도가 점점 증가함에 따라 전기자 전류가 감소하는 원인은?**

① 전기자 반작용의 증가
② 전기자 권선의 저항 증가
③ 브러시의 접촉 저항 증가
④ 전동기의 역기전력 상승

해설 전기자 전류 $I_a=\dfrac{V-E}{R_a}$[A]

역기전력 $E=\dfrac{Z}{a}P\phi\dfrac{N}{60}$[V]이므로 기동 시에는 큰 전류가 흐르다가 속도가 증가함에 따라 역기전력 E가 상승하여 전기자 전류는 감소한다.

정답 17. ② 18. ① 19. ④ 20. ④

전기산업기사

2021년 제3회 CBT 기출복원문제

01 동기 발전기의 3상 단락 곡선에서 나타내는 관계로 옳은 것은?

① 계자 전류와 단자 전압
② 계자 전류와 부하 전류
③ 부하 전류와 단자 전압
④ 계자 전류와 단락 전류

해설 동기 발전기의 3상 단락 곡선은 3상 단락 상태에서 계자 전류가 증가할 때 단락 전류의 변화를 나타낸 곡선이다.

02 비례 추이를 하는 전동기는?

① 단상 유도 전동기
② 권선형 유도 전동기
③ 동기 전동기
④ 정류자 전동기

해설 3상 권선형 유도 전동기의 2차측에 슬립링을 통하여 외부에서 저항을 접속하고, 합성 저항을 변화시킬 때 전동기의 토크, 입력 및 전류가 비례하여 이동하는 현상을 비례 추이라고 한다.

03 변압기의 부하와 전압이 일정하고 주파수가 높아지면?

① 철손 증가
② 동손 증가
③ 동손 감소
④ 철손 감소

해설 변압기 철손의 대부분은 히스테리시스 손실 때문이며 공급전압이 일정한 경우 히스테리시스 손실은 주파수에 반비례한다. 따라서 주파수가 높아지면 철손은 감소한다.

04 4극, 7.5[kW], 200[V], 60[Hz]인 3상 유도 전동기가 있다. 전부하에서 2차 입력이 7,950[W]이다. 이 경우에 2차 효율[%]은 얼마인가? (단, 기계손은 130[W]이다.)

① 93
② 94
③ 95
④ 96

해설 2차 입력 $P_2 = P + P_{2c} + \text{기계손}$

2차 동손 $P_{2c} = P_2 - P - \text{기계손}$

$= 7,950 - 7,500 - 130 = 320[\text{W}]$

슬립 $s = \dfrac{P_{2c}}{P_2} = \dfrac{320}{7,950} \fallingdotseq 0.04$

2차 효율 $\eta_2 = (1-s) \times 100 = (1-0.04) \times 100 = 96[\%]$

05 단상 유도 전동기에서 2전동기설(two motor theory)에 관한 설명 중 틀린 것은?

① 시계 방향 회전 자계와 반시계 방향 회전 자계가 두 개 있다.
② 1차 권선에는 교번 자계가 발생한다.
③ 2차 권선 중에는 sf_1과 $(2-s)f_1$ 주파수가 존재한다.
④ 기동 시 토크는 정격 토크의 $\dfrac{1}{2}$이 된다.

해설 단상 유도 전동기의 1차 권선에서 발생하는 교번자계를 시계 방향 회전 자계와 반시계 방향 회전 자계로 나누어 서로 다른 2개의 유도 전동기가 직결된 것으로 해석하는 것을 2전동기설이라 하며 단상 유도 전동기는 기동 토크가 없다.

정답 01. ④ 02. ② 03. ④ 04. ④ 05. ④

06 5[kVA]의 단상 변압기 3대를 △결선하여 급전하고 있는 경우 1대가 소손되어 나머지 2대로 급전하게 되었다. 2대의 변압기로 과부하를 10[%]까지 견딜 수 있다고 하면 2대가 분담할 수 있는 최대 부하는 약 몇 [kVA]인가?

① 5　② 8.6
③ 9.5　④ 15

해설 V결선 출력 $P_V = \sqrt{3}P_1$
10% 과부하 할 수 있으므로
최대 부하 $P_V = \sqrt{3}P_1(1+0.1)$
$= \sqrt{3}\times5\times1.1 \fallingdotseq 9.526[\text{kVA}]$

07 IGBT(Insulated Gate Bipolar Transistor)에 대한 설명으로 틀린 것은?

① MOSFET와 같이 전압 제어 소자이다.
② GTO 사이리스터와 같이 역방향 전압 저지 특성을 갖는다.
③ 게이트와 이미터 사이의 입력 임피던스가 매우 낮아 BJT보다 구동하기 쉽다.
④ BJT처럼 On-drop이 전류에 관계없이 낮고 거의 일정하며, MOSFET보다 훨씬 큰 전류를 흘릴 수 있다.

해설 IGBT는 MOSFET의 고속 스위칭과 BJT의 고전압 대전류 처리 능력을 겸비한 역전압 제어용 소자로 게이트와 이미터 사이의 임피던스가 크다.

08 정류자형 주파수 변환기의 특성이 아닌 것은?

① 유도 전동기의 2차 여자용 교류 여자기로 사용된다.
② 회전자는 정류자와 3개의 슬립링으로 구성되어 있다.
③ 정류자 위에는 한 개의 자극마다 전기각 $\frac{\pi}{3}$ 간격으로 3조의 브러시로 구성되어 있다.
④ 회전자는 3상 회전 변류기의 전기자와 거의 같은 구조이다.

해설 정류자형 주파수 변환기는 유도 전동기의 2차 여자를 하기 위한 교류 여자기로 사용되며, 자극마다 전기각 $\frac{2\pi}{3}$ 간격으로 3조의 브러시가 있다.

09 타여자 직류 전동기의 속도 제어에 사용되는 워드 레오나드(Ward Leonard) 방식은 다음 중 어느 제어법을 이용한 것인가?

① 저항 제어법　② 전압 제어법
③ 주파수 제어법　④ 직·병렬 제어법

해설 직류 전동기의 속도 제어에서 전압 제어법은 워드 레오나드(Ward Leonard)방식과 일그너(Illgner) 방식이 있다.

10 서보 모터의 특징에 대한 설명으로 틀린 것은?

① 발생 토크는 입력 신호에 비례하고, 그 비가 클 것
② 직류 서보 모터에 비하여 교류 서보 모터의 시동 토크가 매우 클 것
③ 시동 토크는 크나, 회전부의 관성 모멘트가 작고, 전기력 시정수가 짧을 것
④ 빈번한 시동, 정지, 역전 등의 가혹한 상태에 견디도록 견고하고, 큰 돌입 전류에 견딜 것

해설 서보 모터(Servo motor)는 위치, 속도 및 토크 제어용 모터로 시동 토크는 크고, 관성 모멘트가 작으며 교류 서보 모터에 비하여 직류 서보 모터의 기동 토크가 크다.

11 200[kW], 200[V]의 직류 분권 발전기가 있다. 전기자 권선의 저항이 0.025[Ω]일 때 전압 변동률은 몇 [%]인가?

① 6.0　② 12.5
③ 20.5　④ 25.0

정답 06. ③ 07. ③ 08. ③ 09. ② 10. ② 11. ②

해설 부하 전류 $I = \frac{P}{V} = \frac{200 \times 10^3}{200} = 1{,}000[A]$

유기 기전력 $E = V + I_a R_a = 200 + 1{,}000 \times 0.025$
$= 225[V]$

전압 변동률 $\varepsilon = \frac{V_o - V_n}{V_n} \times 100 = \frac{E - V}{V} \times 100$
$= \frac{225 - 200}{200} \times 100 = 12.5[\%]$

12 직류 발전기의 유기 기전력이 230[V], 극수가 4, 정류자 편수가 162인 정류자 편간 평균 전압은 약 몇 [V]인가? (단, 권선법은 중권이다.)

① 5.68 ② 6.28
③ 9.42 ④ 10.2

해설 정류자 편간 전압

$e_s = 2e = \frac{PE}{K} = \frac{4 \times 230}{162} \fallingdotseq 5.68[V]$

13 출력이 20[kW]인 직류 발전기의 효율이 80[%]이면 전 손실은 약 몇 [kW]인가?

① 0.8 ② 1.25
③ 2.5 ④ 5

해설 효율 $\eta = \frac{P}{P + P_l} \times 100$

$80 = \frac{20}{20 + P_l} \times 100$

손실 $P_l = \frac{20}{0.8} - 20 = 5[kW]$

14 무부하의 장거리 송전 선로에 동기 발전기를 접속하는 경우 송전 선로의 자기 여자 현상을 방지하기 위해서 동기 조상기를 사용하였다. 이때 동기 조상기의 계자 전류를 어떻게 하여야 하는가?

① 계자 전류를 0으로 한다.
② 부족 여자로 한다.
③ 과여자로 한다.
④ 역률이 1인 상태에서 일정하게 한다.

해설 동기 발전기의 자기 여자 현상은 진상 전류에 의해 무부하 단자 전압이 정격 전압보다 높아지는 것으로 동기 조상기를 부족 여자로 운전하면 리액터 작용을 하여 자기 여자 현상을 방지할 수 있다.

15 정격이 같은 2대의 단상 변압기 1,000[kVA]의 임피던스 전압은 각각 8[%]와 7[%]이다. 이것을 병렬로 하면 몇 [kVA]의 부하를 걸 수가 있는가?

① 1,865 ② 1,870
③ 1,875 ④ 1,880

해설 부하 분담비 $\frac{P_a}{P_b} = \frac{\%Z_b}{\%Z_a} \cdot \frac{P_A}{P_B}$

$P_A = P_B$이면 $\frac{P_a}{P_b} = \frac{\%Z_b}{\%Z_a}$

$P_a = \frac{\%Z_b}{\%Z_a} P_b = \frac{7}{8} \times 1{,}000 = 875[kVA]$

합성 부하 분담 용량 $P_o = P_a + P_b = 875 + 1{,}000$
$= 1{,}875[kVA]$

16 3상 전원을 이용하여 2상 전압을 얻고자 할 때 사용하는 결선 방법은?

① Scott 결선
② Fork 결선
③ 환상 결선
④ 2중 3각 결선

해설 **상(phase)수 변환 방법(3상 → 2상 변환)**
- 스코트(Scott) 결선
- 메이어(Meyer) 결선
- 우드 브리지(Wood bridge) 결선

17 Y결선 3상 동기 발전기에서 극수 20, 단자 전압은 6,600[V], 회전수 360[rpm], 슬롯 수 180, 2층권, 1개 코일의 권수 2, 권선 계수 0.9일 때 1극의 자속수는 얼마인가?

① 1.32 ② 0.663
③ 0.0663 ④ 0.132

정답 12. ① 13. ④ 14. ② 15. ③ 16. ① 17. ④

해설 동기 속도 $N_s = \frac{120f}{P}$[rpm]

주파수 $f = N_s \cdot \frac{P}{120} = 360 \times \frac{20}{120} = 60$[Hz]

1상 코일권수 $N = \frac{s \cdot \mu}{m} = \frac{180 \times 2}{3} = 120$[회]

유기 기전력 $E = 4.44 f N \phi K_w = \frac{V}{\sqrt{3}}$[V]

극당 자속 $\phi = \frac{\frac{V}{\sqrt{3}}}{4.44 f N K_w}$

$= \frac{\frac{6,600}{\sqrt{3}}}{4.44 \times 60 \times 120 \times 0.9}$

$\fallingdotseq 0.132$[Wb]

18 **3상 직권 정류자 전동기의 중간 변압기의 사용 목적은?**

① 역회전의 방지

② 역회전을 위하여

③ 전동기의 특성을 조정

④ 직권 특성을 얻기 위하여

해설 3상 직권 정류자 전동기의 중간 변압기 사용 목적은 다음과 같다.

- 회전자 전압을 정류 작용에 알맞은 값으로 선정
- 권수비 바꾸어 전동기의 특성 조정
- 경부하 시 속도의 상승 억제

19 **변압기 결선 방식에서 △-△결선 방식의 특성이 아닌 것은?**

① 중성점 접지를 할 수 없다.

② 110[kV] 이상 되는 계통에서 많이 사용되고 있다.

③ 외부에 고조파 전압이 나오지 않으므로 통신 장해의 염려가 없다.

④ 단상 변압기 3대 중 1대의 고장이 생겼을 때 2대로 V결선하여 송전할 수 있다.

해설 변압기의 △-△결선 방식의 특성은 운전 중 1대 고장 시 2대로 V결선, 통신 유도 장해 염려가 없고, 중성점 접지 할 수 없으므로 33[kV] 이하의 배전계통의 변압기 결선에 유효하다.

20 **직류기의 전기자 권선에 있어서 m중 중권일 때 내부 병렬 회로수는 어떻게 되는가?**

① $a = \frac{p}{m}$　② $a = mp$

③ $a = p - m$　④ $a = \frac{m}{p}$

해설 직류기의 전기자 권선법에서

- 단중 중권의 경우 병렬 회로수 $a = p$(극수)
- 다중 중권의 경우 병렬 회로수 $a = mp$ (m: 다중도)

정답 18. ③ 19. ② 20. ②

전기기사

2022년 제1회 기출문제

01 SCR을 이용한 단상 전파 위상 제어 정류 회로에서 전원 전압은 실효값이 220[V], 60[Hz]인 정현파이며, 부하는 순저항으로 10[Ω]이다. SCR의 점호각 α를 60°라 할 때 출력 전류의 평균값[A]은?

① 7.54 ② 9.73
③ 11.43 ④ 14.86

해설 직류 전압(평균값) $E_{d\alpha}$

$$E_{d\alpha} = E_{do} \cdot \frac{1+\cos\alpha}{2} = \frac{2\sqrt{2}}{\pi}E \cdot \frac{1+\cos 60°}{2}$$

$$= 0.9 \times 220 \times \frac{1+\frac{1}{2}}{2} = 148.6[\text{V}]$$

출력 전류(직류 전류) I_d

$$I_d = \frac{E_{d\alpha}}{R} = \frac{148.6}{10} = 14.86[\text{A}]$$

02 직류 발전기가 90[%] 부하에서 최대 효율이 된다면 이 발전기의 전부하에 있어서 고정손과 부하손의 비는?

① 0.81 ② 0.9
③ 1.0 ④ 1.1

해설 최대 효율의 조건 $P_i = \left(\frac{1}{m}\right)^2 P_c$에서

$$\frac{P_i}{P_c} = \left(\frac{1}{m}\right)^2 = 0.9^2 = 0.81$$

03 정류기의 직류측 평균 전압이 2,000[V]이고 리플률이 3[%]일 경우, 리플 전압의 실효값[V]은?

① 20 ② 30
③ 50 ④ 60

해설 맥동률(리플률) ν[%]

$$\nu = \frac{\text{출력 전압의 교류 성분 실효값}}{\text{출력 전압의 직류 성분}} \times 100[\%]$$

리플 전압(교류 성분 전압) 실효값 E

$$E = \nu \cdot E_d = 0.03 \times 2{,}000 = 60[\text{V}]$$

04 단상 직권 정류자 전동기에서 보상 권선과 저항 도선의 작용에 대한 설명으로 틀린 것은?

① 보상 권선은 역률을 좋게 한다.
② 보상 권선은 변압기의 기전력을 크게 한다.
③ 보상 권선은 전기자 반작용을 제거해 준다.
④ 저항 도선은 변압기 기전력에 의한 단락 전류를 작게 한다.

해설 단상 직권 정류자 전동기에서 보상 권선은 전기자 반작용의 방지, 역률 개선 및 변압기 기전력을 작게 하며 저항 도선은 저항이 큰 도체를 선택하여 단락 전류를 경감시킨다.

05 비돌극형 동기 발전기 한 상의 단자 전압을 V, 유도 기전력을 E, 동기 리액턴스를 X_s, 부하각이 δ이고, 전기자 저항을 무시할 때 한 상의 최대 출력[W]은?

① $\frac{EV}{X_s}$ ② $\frac{3EV}{X_s}$
③ $\frac{E^2V}{X_s}$ ④ $\frac{EV^2}{X_s}$

해설 비돌극형 동기 발전기

- 1상 출력 $P_1 = \frac{EV}{X_s}\sin\delta[\text{W}]$
- 최대 출력 $P_m = \frac{EV}{X_s}\sin 90° = \frac{EV}{X_s}[\text{W}]$

정답 01. ④ 02. ① 03. ④ 04. ② 05. ①

06 3상 동기 발전기에서 그림과 같이 1상의 권선을 서로 똑같은 2조로 나누어 그 1조의 권선 전압을 E[V], 각 권선의 전류를 I[A]라 하고 지그재그 Y형(Zigzag Star)으로 결선하는 경우 선간 전압[V], 선전류[A] 및 피상 전력[VA]은?

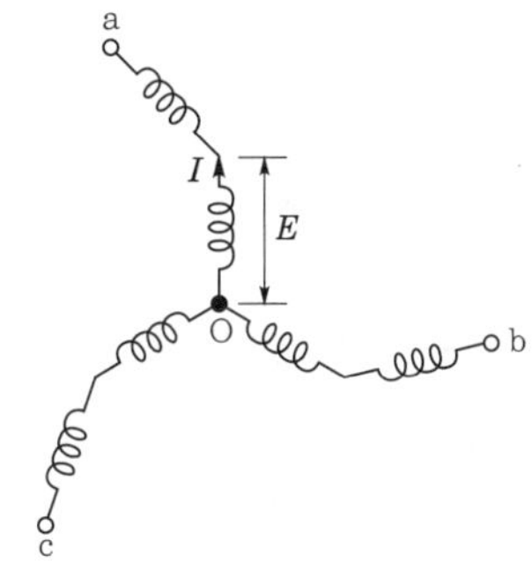

① $3E$, I, $\sqrt{3}\times 3E\times I=5.2EI$

② $\sqrt{3}E$, $2I$, $\sqrt{3}\times\sqrt{3}E\times 2I=6EI$

③ E, $2\sqrt{3}I$, $\sqrt{3}\times E\times 2\sqrt{3}I=6EI$

④ $\sqrt{3}E$, $\sqrt{3}I$, $\sqrt{3}\times\sqrt{3}E\times\sqrt{3}I=5.2EI$

해설 1상의 선간 전압 $V_p=\sqrt{3}E$

ab 선간 전압 $V_l=\sqrt{3}V_p=\sqrt{3}\times\sqrt{3}E=3E$

선전력 $I_l=I$

피상 전력 $P_a=\sqrt{3}V_lI_l=\sqrt{3}\times 3EI=5.2EI$[VA]

07 다음 중 비례 추이를 하는 전동기는?

① 동기 전동기

② 정류자 전동기

③ 단상 유도 전동기

④ 권선형 유도 전동기

해설 3상 권선형 유도 전동기의 2차측(회전자)에 외부에서 저항을 접속하고 2차 합성 저항을 변화하면 토크, 입력 및 전류 등이 비례하여 이동하는 데 이것을 비례 추이라 한다.

08 단자 전압 200[V], 계자 저항 50[Ω], 부하 전류 50[A], 전기자 저항 0.15[Ω], 전기자 반작용에 의한 전압 강하 3[V]인 직류 분권 발전기가 정격 속도로 회전하고 있다. 이때 발전기의 유도 기전력은 약 몇 [V]인가?

① 211.1 ② 215.1

③ 225.1 ④ 230.1

해설 계자 전류 $I_f=\dfrac{V}{r_f}=\dfrac{200}{50}=4$[A]

전기자 전류 $I_a=I+I_f=50+4=54$[A]

유기 기전력 $E=V+I_aR_a+e_a$

$=200+54\times 0.15+3=211.1$[V]

09 동기기의 권선법 중 기전력의 파형을 좋게 하는 권선법은?

① 전절권, 2층권 ② 단절권, 집중권

③ 단절권, 분포권 ④ 전절권, 집중권

해설 동기기의 전기자 권선법은 집중권과 분포권, 전절권과 단절권이 있으며 기전력의 파형을 개선하기 위해 분포권과 단절권을 사용한다.

10 변압기에 임피던스 전압을 인가할 때의 입력은?

① 철손 ② 와류손

③ 정격 용량 ④ 임피던스 와트

해설 변압기의 단락 시험에서 임피던스 전압(정격 전류에 의한 변압기 내의 전압 강하)을 인가할 때 변압기의 입력을 임피던스 와트(동손)라 한다.

임피던스 와트 $W_s=I^2r=P_c$(동손)[W]

11 불꽃 없는 정류를 하기 위해 평균 리액턴스 전압(A)과 브러시 접촉면 전압 강하(B) 사이에 필요한 조건은?

① A > B ② A < B

③ A = B ④ A, B에 관계없다.

정답 06. ① 07. ④ 08. ① 09. ③ 10. ④ 11. ②

해설 평균 리액턴스 전압$\left(e = L\dfrac{2I_c}{T_c}\right)$이 정류 코일의 전류($I_c$)의 변화를 방해하여 정류 불량의 원인이 되므로 브러시 접촉면 전압 강하보다 작아야 한다.

12 **유도 전동기 1극의 자속 Φ, 2차 유효 전류 $I_2\cos\theta_2$, 토크 τ의 관계로 옳은 것은?**

① $\tau \propto \Phi \times I_2\cos\theta_2$

② $\tau \propto \Phi \times (I_2\cos\theta_2)^2$

③ $\tau \propto \dfrac{1}{\Phi \times I_2\cos\theta_2}$

④ $\tau \propto \dfrac{1}{\Phi \times (I_2\cos\theta_2)^2}$

해설 2차 유기 기전력 $E_2 = 4.44 f_2 N_2 \Phi_m K_{w_2} \propto \Phi$

2차 입력 $P_2 = E_2 I_2 \cos\theta_2$

토크 $T = \dfrac{P_2}{2\pi\dfrac{N_s}{60}} \propto \Phi I_2 \cos\theta_2$

13 **회전자가 슬립 s로 회전하고 있을 때 고정자와 회전자의 실효 권수비를 α라 하면 고정자 기전력 E_1과 회전자 기전력 E_{2s}의 비는?**

① $s\alpha$ ② $(1-s)\alpha$

③ $\dfrac{\alpha}{s}$ ④ $\dfrac{\alpha}{1-s}$

해설 실효 권수비 $\alpha = \dfrac{E_1}{E_2}$

슬립 s로 회전 시 $E_{2s} = sE_2$

회전 시 권수비 $\alpha_s = \dfrac{E_1}{E_{2s}} = \dfrac{E_1}{sE_2} = \dfrac{\alpha}{s}$

14 **직류 직권 전동기의 발생 토크는 전기자 전류를 변화시킬 때 어떻게 변하는가? (단, 자기 포화는 무시한다.)**

① 전류에 비례한다.

② 전류에 반비례한다.

③ 전류의 제곱에 비례한다.

④ 전류의 제곱에 반비례한다.

해설 직류 전동기의 역기전력 $E = \dfrac{Z}{a}P\phi\dfrac{N}{60}$

토크 $T = \dfrac{P}{2\pi\dfrac{N}{60}} = \dfrac{EI_a}{2\pi\dfrac{N}{60}} = \dfrac{PZ}{2\pi a}\phi I_a$

직류 직권 전동기의 자속 $\phi \propto I_f (= I = I_a)$

직류 직권 전동기의 토크 $T = K\phi I_a \propto I^2$

15 **동기 발전기의 병렬 운전 중 유도 기전력의 위상차로 인하여 발생하는 현상으로 옳은 것은?**

① 무효 전력이 생긴다.

② 동기화 전류가 흐른다.

③ 고조파 무효 순환 전류가 흐른다.

④ 출력이 요동하고 권선이 가열된다.

해설 동기 발전기의 병렬 운전에서 유기 기전력의 크기가 같지 않으면 무효 순환 전류가 흐르고, 유기 기전력의 위상차가 발생하면 동기화 전류가 흐른다.

16 **3상 유도기의 기계적 출력(P_o)에 대한 변환식으로 옳은 것은? (단, 2차 입력은 P_2, 2차 동손은 P_{2c}, 동기 속도는 N_s, 회전자 속도는 N, 슬립은 s이다.)**

① $P_o = P_2 + P_{2c} = \dfrac{N}{N_s}P_2 = (2-s)P_2$

② $(1-s)P_2 = \dfrac{N}{N_s}P_2 = P_o - P_{2c} = P_o - sP_2$

③ $P_o = P_2 - P_{2c} = P_2 - sP_2 = \dfrac{N}{N_s}P_2$
$= (1-s)P_2$

④ $P_o = P_2 + P_{2c} = P_2 + sP_2 = \dfrac{N}{N_s}P_2$
$= (1+s)P_2$

정답 12. ① 13. ③ 14. ③ 15. ② 16. ③

해설 유도 전동기의 2차 입력(P_2), 기계적 출력(P_o) 및 2차 동손(P_{2c})의 비

$P_2 : P_o : P_{2c} = 1 : 1-s : s$이므로

기계적 출력 $P_o = P_2 - P_{2c} = P_2 - sP_2$

$$= P_2(1-s) = P_2 \frac{N}{N_s}$$

17 **변압기의 등가 회로 구성에 필요한 시험이 아닌 것은?**

① 단락 시험　② 부하 시험

③ 무부하 시험　④ 권선 저항 측정

해설 **변압기의 등가 회로 작성에 필요한 시험**

- 무부하 시험
- 단락 시험
- 권선 저항 측정

18 **단권 변압기 두 대를 V결선하여 전압을 2,000[V]에서 2,200[V]로 승압한 후 200[kVA]의 3상 부하에 전력을 공급하려고 한다. 이때 단권 변압기 1대의 용량은 약 몇 [kVA]인가?**

① 4.2　② 10.5

③ 18.2　④ 21

해설 단권 변압기의 V결선에서

$$\frac{\text{자기 용량(단권 변압기 용량) } P}{\text{부하 용량 } W} = \frac{1}{\frac{\sqrt{3}}{2}} \cdot \frac{V_h - V_l}{V_h}$$

$(V_h = 2{,}200,\ V_l = 2{,}000)$

자기 용량(단권 변압기 2대 용량) P

$$P = W \cdot \frac{2}{\sqrt{3}} \cdot \frac{V_h - V_l}{V_h}$$

$$= 200 \times \frac{2}{\sqrt{3}} \times \frac{2{,}200 - 2{,}000}{2{,}200} = 21\,[\text{kVA}]$$

단권 변압기 1대의 용량 $P_1 = \frac{P}{2} = \frac{21}{2} = 10.5\,[\text{kVA}]$

19 **권수비 $a = \frac{6{,}600}{220}$, 주파수 60[Hz], 변압기의 철심 단면적 0.02[m^2], 최대 자속 밀도 1.2[Wb/m^2]일 때 변압기의 1차측 유도 기전력은 약 몇 [V]인가?**

① 1,407　② 3,521

③ 42,198　④ 49,814

해설 1차 유기 기전력 E_1

$$E_1 = 4.44 f N_1 \phi_m = 4.44 f N_1 B_m S$$

$$= 4.44 \times 60 \times 6{,}600 \times 1.2 \times 0.02 = 42{,}198\,[\text{V}]$$

20 **회전형 전동기와 선형 전동기(Linear Motor)를 비교한 설명으로 틀린 것은?**

① 선형의 경우 회전형에 비해 공극의 크기가 작다.

② 선형의 경우 직접적으로 직선 운동을 얻을 수 있다.

③ 선형의 경우 회전형에 비해 부하 관성의 영향이 크다.

④ 선형의 경우 전원의 상 순서를 바꾸어 이동 방향을 변경한다.

해설 선형 전동기(Linear Motor)는 회전형 전동기의 고정자와 회전자를 축 방향으로 잘라서 펼쳐 놓은 것으로 직접 직선 운동을 하므로 부하 탄성의 영향이 크고, 회전형에 비해 공극을 크게 할 수 있고 상순을 바꾸어 이동 방향을 변경하는 전동기로 컨베이어(conveyer), 자기 부상식 철도 등에 이용할 수 있다.

정답 17. ② 18. ② 19. ③ 20. ①

전기산업기사

2022년 제1회 CBT 기출복원문제

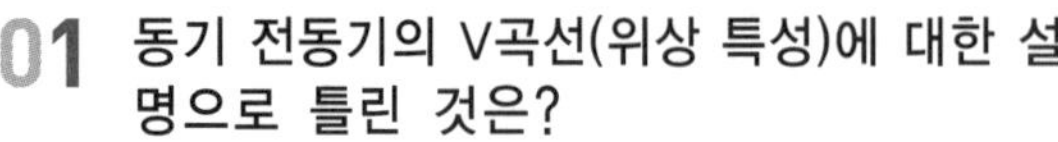

01 동기 전동기의 V곡선(위상 특성)에 대한 설명으로 틀린 것은?

① 횡축에 여자 전류를 나타낸다.

② 종축에 전기자 전류를 나타낸다.

③ V곡선의 최저점에는 역률이 0[%]이다.

④ 동일 출력에 대해서 여자가 약한 경우가 뒤진 역률이다.

해설 동기 전동기의 위상 특성 곡선(V곡선)은 여자 전류를 조정하여 부족 여자일 때 뒤진 전류가 흘러 리액터 작용(지역률), 과여자일 때 앞선 전류가 흘러 콘덴서 작용(진역률)을 한다.
동기 전동기의 위상 특성 곡선(V곡선)은 계자 전류(I_f : 횡축)와 전기자 전류(I_a : 종축)의 위상 관계 곡선이며 부족 여자일 때 뒤진 전류, 과여자일 때 앞선 전류가 흐르며 V곡선의 최저점은 역률이 1(100[%])이다.

02 트라이액(TRIAC)에 대한 설명으로 틀린 것은?

① 쌍방향성 3단자 사이리스터이다.

② 턴오프 시간이 SCR보다 짧으며 급격한 전압 변동에 강하다.

③ SCR 2개를 서로 반대 방향으로 병렬 연결하여 양방향 전류 제어가 가능하다.

④ 게이트에 전류를 흘리면 어느 방향이든 전압이 높은 쪽에서 낮은 쪽으로 도통한다.

해설 트라이액은 SCR 2개를 역병렬로 연결한 쌍방향 3단자 사이리스터로 턴온(오프) 시간이 짧으며 게이트에 전류가 흐르면 전원 전압이 (+)에서 (−)로 도통하는 교류 전력 제어 소자이다. 또한 급격한 전압 변동에 약하다.

03 전부하에 있어 철손과 동손의 비율이 1 : 2인 변압기에서 효율이 최고인 부하는 전부하의 약 몇 [%]인가?

① 50

② 60

③ 70

④ 80

해설 변압기의 $\frac{1}{m}$ 부하 시 최대 효율의 조건은

$P_i = \left(\frac{1}{m}\right)^2 P_c$이므로

$$\frac{1}{m} = \sqrt{\frac{P_i}{P_c}} = \frac{1}{\sqrt{2}} = 0.707 ≒ 70[\%]$$

04 슬립 6[%]인 유도 전동기의 2차측 효율[%]은 얼마인가?

① 94

② 84

③ 90

④ 88

해설 유도 전동기의 2차 효율

$$\eta_2 = \frac{P_0}{P_2} \times 100 = \frac{P_2(1-s)}{P_2} \times 100 = (1-s) \times 100 = (1-0.06) \times 100 = 94[\%]$$

05 12극과 8극인 2개의 유도 전동기를 종속법에 의한 직렬 접속법으로 속도 제어할 때 전원 주파수가 60[Hz]인 경우 무부하 속도 N_0는 몇 [rps]인가?

① 5 ② 6

③ 200 ④ 360

정답 01. ③ 02. ② 03. ③ 04. ① 05. ②

해설 유도 전동기 속도 제어에서 종속법에 의한 무부하 속도 N_0

- 직렬 종속 $N_0 = \frac{120f}{P_1+P_2}$[rpm]
- 차동 종속 $N_0 = \frac{120f}{P_1-P_2}$[rpm]
- 병렬 종속 $N_0 = \frac{120f}{\frac{P_1+P_2}{2}}$[rpm]

무부하 속도 $N_0 = \frac{2f}{P_1+P_2} = \frac{2\times 60}{12+8} = 6$[rps]

06 3상 교류 발전기의 기전력에 대하여 $\frac{\pi}{2}$[rad] 뒤진 전기자 전류가 흐르면 전기자 반작용은?

① 횡축 반작용을 한다.
② 교차 자화 작용을 한다.
③ 증자 작용을 한다.
④ 감자 작용을 한다.

해설 동기 발전기의 전기자 반작용

- 전기자 전류가 유기 기전력과 동상($\cos\theta = 1$)일 때는 주자속을 편협시켜 일그러뜨리는 횡축 반작용을 한다.
- 전기자 전류가 유기 기전력보다 위상 $\frac{\pi}{2}$ 뒤진($\cos\theta = 0$ 뒤진) 경우에는 주자속을 감소시키는 직축 감자 작용을 한다.
- 전기자 전류가 유기 기전력보다 위상이 $\frac{\pi}{2}$ 앞선($\cos\theta = 0$ 앞선) 경우에는 주자속을 증가시키는 직축 증자 작용을 한다.

07 2대의 변압기로 V결선하여 3상 변압하는 경우 변압기 이용률[%]은?

① 57.8
② 66.6
③ 86.6
④ 100

해설 단상 변압기 2대를 V결선하면 출력 $P_V = \sqrt{3}P_1$이며, 변압기 이용률$= \frac{\sqrt{3}P_1}{2P_1} = 0.866 = 86.6$[%]이다.

08 극수 6, 회전수 1,200[rpm]의 교류 발전기와 병행 운전하는 극수 8의 교류 발전기의 회전수는 몇 [rpm]이어야 하는가?

① 800 ② 900
③ 1,050 ④ 1,100

해설 동기 속도$(N_s) = \frac{120f}{P}$[rpm]

$f = \frac{P \cdot N_s}{120} = \frac{1,200\times 6}{120} = 60$[Hz]

∴ $P=8$일 때 동기 속도(N_s)

$N_s = \frac{120\times 60}{8} = 900$[rpm]

09 계자 저항 100[Ω], 계자 전류 2[A], 전기자 저항이 0.2[Ω]이고, 무부하 정격 속도로 회전하고 있는 직류 분권 발전기가 있다. 이때의 유기 기전력[V]은?

① 196.2 ② 200.4
③ 220.5 ④ 320.2

해설 단자 전압 $V = E - I_a R_a = I_f r_f = 2\times 100 = 200$[V]
전기자 전류 $I_a = I + I_f = I_f = 2$[A] (∵ 무부하 : $I=0$)
유기 기전력 $E = V + I_a R_a$
$= 200 + 2\times 0.2 = 200.4$[V]

10 3상 유도 전동기의 전원측에서 임의의 2선을 바꾸어 접속하여 운전하면?

① 즉각 정지된다.
② 회전 방향이 반대가 된다.
③ 바꾸지 않았을 때와 동일하다.
④ 회전 방향은 불변이나 속도가 약간 떨어진다.

정답 06. ④ 07. ③ 08. ② 09. ② 10. ②

해설 3상 유도 전동기의 전원측에서 3선 중 2선의 접속을 바꾸면 회전 자계가 역회전하여 전동기의 회전 방향이 반대로 된다.

11 직류 발전기의 무부하 특성 곡선은 다음 중 어느 관계를 표시한 것인가?

① 계자 전류 – 부하 전류
② 단자 전압 – 계자 전류
③ 단자 전압 – 회전 속도
④ 부하 전류 – 단자 전압

해설 무부하 특성 곡선은 직류 발전기의 회전수를 일정하게 유지하고, 계자 전류 I_f[A]와 단자 전압 $V_0(E)$[V]의 관계를 나타낸 곡선이다.

12 단락비가 큰 동기기는?

① 안정도가 높다.
② 전압 변동률이 크다.
③ 기계가 소형이다.
④ 전기자 반작용이 크다.

해설 **단락비가 큰 동기 발전기의 특성**

- 동기 임피던스가 작다.
- 전압 변동률이 작다.
- 전기자 반작용이 작다(계자기 자력은 크고, 전기자기 자력은 작다).
- 출력이 크다.
- 과부하 내량이 크고, 안정도가 높다.
- 자기 여자 현상이 작다.
- 회전자가 크게 되어 철손이 증가하여 효율이 약간 감소한다.

13 와류손이 50[W]인 3,300/110[V], 60[Hz]용 단상 변압기를 50[Hz], 3,000[V]의 전원에 사용하면 이 변압기의 와류손은 약 몇 [W]로 되는가?

① 25　② 31
③ 36　④ 41

해설 와전류손 $P_e = \sigma_e (t \cdot k_f f B_m)^2$, $E = 4.44 f N \phi_m$

$P_e \propto V^2$

$$\therefore P_e' = \left(\frac{V'}{V}\right)^2 P_e = \left(\frac{3,000}{3,300}\right)^2 \times 50 = 41.32\ [\text{W}]$$

14 유도 전동기 슬립 s의 범위는?

① $1 < s$
② $s < -1$
③ $-1 < s < 0$
④ $0 < s < 1$

해설 유도 전동기의 슬립 $s = \dfrac{N_s - N}{N_s}$에서

기동 시($N=0$) $s=1$
무부하 시($N_0 \fallingdotseq N_s$) $s=0$
$\therefore 0 < s < 1$

15 3상 전원에서 2상 전원을 얻기 위한 변압기의 결선 방법은?

① Δ
② T
③ Y
④ V

해설 3상 전원에서 2상 전원을 얻기 위한 변압기의 결선 방법은 다음과 같다.

- 스코트(scott) 결선 → T결선
- 메이어(meyer) 결선
- 우드 브리지(wood bridge) 결선

16 직류기에서 양호한 정류를 얻는 조건으로 틀린 것은?

① 정류 주기를 크게 한다.
② 브러시의 접촉 저항을 크게 한다.
③ 전기자 권선의 인덕턴스를 작게 한다.
④ 평균 리액턴스 전압을 브러시 접촉면 전압 강하보다 크게 한다.

정답 11. ② 12. ① 13. ④ 14. ④ 15. ② 16. ④

해설 평균 리액턴스 전압 $e = L\frac{2I_c}{T_c}$[V]가 정류 불량의 가장 큰 원인이므로 양호한 정류를 얻으려면 리액턴스 전압을 작게 하여야 한다.

- 전기자 코일의 인덕턴스(L)를 작게 한다.
- 정류 주기(T_c)가 클 것
- 주변 속도(v_c)는 느릴 것
- 보극을 설치 → 평균 리액턴스 전압 상쇄
- 브러시의 접촉 저항을 크게 한다.

17 **교류 단상 직권 전동기의 구조를 설명한 것 중 옳은 것은?**

① 역률 및 정류 개선을 위해 약계자 강전기자형으로 한다.

② 전기자 반작용을 줄이기 위해 약계자 강전기자형으로 한다.

③ 정류 개선을 위해 강계자 약전기자형으로 한다.

④ 역률 개선을 위해 고정자와 회전자의 자로를 성층 철심으로 한다.

해설 교류 단상 직권 전동기(정류자 전동기)는 철손의 감소를 위하여 성층 철심을 사용하고 역률 및 정류 개선을 위해 약계자 강전기자를 채택하며 전기자 반작용을 방지하기 위하여 보상 권선을 설치한다.

18 **직류 전동기의 공급 전압을 V[V], 자속을 ϕ[Wb], 전기자 전류를 I_a[A], 전기자 저항을 R_a[Ω], 속도를 N[rpm]이라 할 때 속도의 관계식은 어떻게 되는가? (단, k는 상수이다.)**

① $N = k\frac{V+I_aR_a}{\phi}$

② $N = k\frac{V-I_aR_a}{\phi}$

③ $N = k\frac{\phi}{V+I_aR_a}$

④ $N = k\frac{\phi}{V-I_aR_a}$

해설 직류 전동기의 역기전력

$$E = \frac{Z}{a}P\phi\frac{N}{60} = k'\cdot\phi N = V - I_aR_a$$

회전 속도 $N = \frac{E}{k'\cdot\phi} = k\frac{V-I_aR_a}{\phi}$[rpm]

여기서, $k = \frac{60a}{ZP}$: 상수

19 **스테핑 모터의 특징을 설명한 것으로 옳지 않은 것은?**

① 위치 제어를 할 때 각도 오차가 적고 누적되지 않는다.

② 속도 제어 범위가 좁으며 초저속에서 토크가 크다.

③ 정지하고 있을 때 그 위치를 유지해주는 토크가 크다.

④ 가속, 감속이 용이하며 정·역전 및 변속이 쉽다.

해설 스테핑 모터는 아주 정밀한 디지털 펄스 구동 방식의 전동기로서 정·역 및 변속이 용이하고 제어 범위가 넓으며 각도의 오차가 적고 축적되지 않으며 정지 위치를 유지하는 힘이 크다. 적용 분야는 타이프 라이터나 프린터의 캐리지(carriage), 리본(ribbon) 프린터 헤드, 용지 공급의 위치 정렬, 로봇 등이 있다.

20 **직류 전동기 중 부하가 변하면 속도가 심하게 변하는 전동기는?**

① 분권 전동기

② 직권 전동기

③ 자동 복권 전동기

④ 가동 복권 전동기

해설 직류 전동기 중 분권 전동기는 정속도 특성을, 직권 전동기는 부하 변동 시 속도 변화가 가장 크며, 복권 전동기는 중간 특성을 갖는다.

정답 17. ① 18. ② 19. ② 20. ②

2022년 제2회 기출문제

01 단상 변압기의 무부하 상태에서 $V_1 = 200\sin(\omega t + 30°)$[V]의 전압이 인가되었을 때 $I_o = 3\sin(\omega t + 60°) + 0.7\sin(3\omega t + 180°)$[A]의 전류가 흘렀다. 이때 무부하손은 약 몇 [W]인가?

① 150
② 259.8
③ 415.2
④ 512

해설 무부하손 P_i[W]

$$P_i = V_1 I_0 \cos\theta = \frac{200}{\sqrt{2}} \times \frac{3}{\sqrt{2}} \times \frac{\sqrt{3}}{2} = 259.8[\text{W}]$$

02 단상 직권 정류자 전동기의 전기자 권선과 계자 권선에 대한 설명으로 틀린 것은?

① 계자 권선의 권수를 적게 한다.
② 전기자 권선의 권수를 크게 한다.
③ 변압기 기전력을 적게 하여 역률 저하를 방지한다.
④ 브러시로 단락되는 코일 중의 단락 전류를 크게 한다.

해설 단상 직권 정류자 전동기의 구조는 역률과 정류 개선을 위해 약계자 강전기자형으로 하며 변압기 기전력을 적게 하여 단락된 코일의 단락 전류를 작게 한다.

03 전부하 시의 단자 전압이 무부하 시의 단자 전압보다 높은 직류 발전기는?

① 분권 발전기
② 평복권 발전기
③ 과복권 발전기
④ 차동 복권 발전기

해설

단자 전압
V
V_0
과복권
평복권
분권
차동 복권
부하 전류
I_n

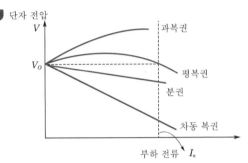

직류 발전기의 외부 특성 곡선에서 전부하 시 전압이 무부하 전압보다 높은 것은 과복권 발전기와 직권 발전기이다.

04 직류기의 다중 중권 권선법에서 전기자 병렬 회로수 a와 극수 P 사이의 관계로 옳은 것은? (단, m은 다중도이다.)

① $a = 2$
② $a = 2m$
③ $a = P$
④ $a = mP$

해설 직류 발전기의 권선법에서

- 단중 중권의 병렬 회로수 $a = P$
- 다중 중권의 병렬 회로수 $a = mP$

(m : 다중도이다.)

05 슬립 s_t에서 최대 토크를 발생하는 3상 유도 전동기에 2차측 한 상의 저항을 r_2라 하면 최대 토크로 기동하기 위한 2차측 한 상에 외부로부터 가해 주어야 할 저항[Ω]은?

① $\dfrac{1-s_t}{s_t}r_2$
② $\dfrac{1+s_t}{s_t}r_2$
③ $\dfrac{r_2}{1-s_t}$
④ $\dfrac{r_2}{s_t}$

해설 유도 전동기의 비례 추이에서 최대 토크와 기동 토크를 같게 하려면 $\dfrac{r_2}{s_t} = \dfrac{r_2 + R}{1}$이므로

외부에서의 저항 $R = \dfrac{r_2}{s_t} - r_2 = \dfrac{1-s_t}{s_t}r_2\,[\Omega]$

정답 01. ② 02. ④ 03. ③ 04. ④ 05. ①

06 단상 변압기를 병렬 운전할 경우 부하 전류의 분담은?

① 용량에 비례하고 누설 임피던스에 비례
② 용량에 비례하고 누설 임피던스에 반비례
③ 용량에 반비례하고 누설 리액턴스에 비례
④ 용량에 반비례하고 누설 리액턴스의 제곱에 비례

해설 부하 전류의 분담비

$\frac{I_a}{I_b} = \frac{\%Z_b}{\%Z_a} \cdot \frac{P_A}{P_B}$ 이므로 부하 전류 분담비는 누설 임피던스에 반비례하고, 정격 용량에는 비례한다.

07 스텝 모터(step motor)의 장점으로 틀린 것은?

① 회전각과 속도는 펄스수에 비례한다.
② 위치 제어를 할 때 각도 오차가 적고 누적된다.
③ 가속, 감속이 용이하며 정 · 역전 및 변속이 쉽다.
④ 피드백 없이 오픈 루프로 손쉽게 속도 및 위치 제어를 할 수 있다.

해설 스텝 모터(step moter)는 피드백 회로가 없음에도 속도 및 정확한 위치 제어를 할 수 있으며 가 · 감속과 정 · 역 변속이 쉽고 오차의 누적이 없다.

08 380[V], 60[Hz], 4극, 10[kW]인 3상 유도 전동기의 전부하 슬립이 4[%]이다. 전원 전압을 10[%] 낮추는 경우 전부하 슬립은 약 몇 [%]인가?

① 3.3
② 3.6
③ 4.4
④ 4.9

해설 전부하 슬립 $s \propto \frac{1}{V_1^{\,2}}$

$s' = s\frac{1}{V'^{\,2}} = 4 \times \frac{1}{0.9^2} = 4.93[\%]$

09 3상 권선형 유도 전동기의 기동 시 2차측 저항을 2배로 하면 최대 토크값은 어떻게 되는가?

① 3배로 된다.　② 2배로 된다.
③ 1/2로 된다.　④ 변하지 않는다.

해설 최대 토크 T_{sm}

$$T_{sm} = \frac{V_1^{\,2}}{2\{(r_1 + r_2')^2 + (x_1 + x_2')^2\}} \neq r_2$$

최대 토크는 2차 저항과 무관하다.

10 직류 분권 전동기에서 정출력 가변 속도의 용도에 적합한 속도 제어법은?

① 계자 제어　② 저항 제어
③ 전압 제어　④ 극수 제어

해설 직류 전동기의 출력 $P \propto TN$이며, 토크 $T \propto \phi$, 속도 $N \propto \frac{1}{\phi}$이므로 자속을 변화해도 출력이 일정하므로 계자 제어를 정출력 제어법이라고 한다.

11 권수비가 a인 단상 변압기 3대가 있다. 이것을 1차에 △, 2차에 Y로 결선하여 3상 교류 평형 회로에 접속할 때 2차측의 단자 전압을 V[V], 전류를 I[A]라고 하면 1차측의 단자 전압 및 선전류는 얼마인가? (단, 변압기의 저항, 누설 리액턴스, 여자 전류는 무시한다.)

① $\frac{aV}{\sqrt{3}}$[V], $\frac{\sqrt{3}I}{a}$[A]
② $\sqrt{3}aV$[V], $\frac{I}{\sqrt{3}a}$[A]
③ $\frac{\sqrt{3}V}{a}$[V], $\frac{aI}{\sqrt{3}}$[A]
④ $\frac{V}{\sqrt{3}a}$[V], $\sqrt{3}aI$[A]

해설 권수비 $a = \frac{E_1}{E_2} = \frac{V_1}{\frac{V}{\sqrt{3}}}$　$\therefore V_1 = \frac{aV}{\sqrt{3}}$[V]

$a = \frac{I_{2p}}{I_{1p}} = \frac{I}{\frac{I_1}{\sqrt{3}}}$　$\therefore I_1 = \frac{\sqrt{3}I}{a}$[A]

정답 06. ② 07. ② 08. ④ 09. ④ 10. ① 11. ①

12 직류 분권 전동기의 전기자 전류가 10[A]일 때 5[N · m]의 토크가 발생하였다. 이 전동기의 계자의 자속이 80[%]로 감소되고, 전기자 전류가 12[A]로 되면 토크는 약 몇 [N · m]인가?

① 3.9　② 4.3
③ 4.8　④ 5.2

해설 토크 $T=\frac{PZ}{2\pi a}\phi I_a \propto \phi I_a$이므로

$$T'=5\times 0.8\times \frac{12}{10}=4.8[\text{N}\cdot\text{m}]$$

13 3상 전원 전압 220[V]를 3상 반파 정류 회로의 각 상에 SCR을 사용하여 정류 제어할 때 위상각을 60°로 하면 순저항 부하에서 얻을 수 있는 출력 전압 평균값은 약 몇 [V]인가?

① 128.65　② 148.55
③ 257.3　④ 297.1

해설 출력 전압 평균값 $E_{d\alpha}$

$$E_{d\alpha}=E_{do}\frac{1+\cos\alpha}{2}=1.17E\times\frac{1+\cos 60°}{2}$$

$$=1.17\times 220\times\frac{1+\frac{1}{2}}{2}=193.05[\text{V}]$$

14 동기 발전기에서 무부하 정격 전압일 때의 여자 전류를 I_{fo}, 정격 부하 정격 전압일 때의 여자 전류를 I_{f1}, 3상 단락 정격 전류에 대한 여자 전류를 I_{fs}라 하면 정격 속도에서의 단락비 K는?

① $K=\frac{I_{fs}}{I_{fo}}$　② $K=\frac{I_{fo}}{I_{fs}}$
③ $K=\frac{I_{fs}}{I_{f1}}$　④ $K=\frac{I_{f1}}{I_{fs}}$

해설 단락비 K_s

$$K_s=\frac{\text{무부하 정격 전압을 유도하는데 필요한 여자 전류}}{\text{3상 단락 정격 전류를 흘리는데 필요한 여자 전류}}$$

$$=\frac{I_{fo}}{I_{fs}}=\frac{1}{Z_s'}=\frac{I_s}{I_n}$$

15 유도자형 동기 발전기의 설명으로 옳은 것은?

① 전기자만 고정되어 있다.
② 계자극만 고정되어 있다.
③ 회전자가 없는 특수 발전기이다.
④ 계자극과 전기자가 고정되어 있다.

해설 유도자형 발전기는 계자극과 전기자를 고정하고 계자극과 전기자 사이에서 유도자(철심)를 회전하여 수백~20,000[Hz]의 고주파를 발생하는 특수 교류 발전기이다.

16 3상 동기 발전기의 여자 전류 10[A]에 대한 단자 전압이 $1,000\sqrt{3}$[V], 3상 단락 전류가 50[A]인 경우 동기 임피던스는 몇 [Ω]인가?

① 5　② 11
③ 20　④ 34

해설 동기 임피던스 Z_s[Ω]

$$Z_s=\frac{E}{I}=\frac{\frac{1,000\sqrt{3}}{\sqrt{3}}}{50}=20[\Omega]$$

17 변압기의 습기는 제거하여 절연을 향상시키는 건조법이 아닌 것은?

① 열풍법　② 단락법
③ 진공법　④ 건식법

해설 변압기의 건조법
㉠ 열풍법
㉡ 단락법
㉢ 진공법

18 극수 20, 주파수 60[Hz]인 3상 동기 발전기의 전기자 권선이 2층 중권, 전기자 전 슬롯수 180, 각 슬롯 내의 도체수 10, 코일 피치 7 슬롯인 2중 성형 결선으로 되어 있다. 선간 전압 3,300[V]를 유도하는데 필요한 기본파 유효 자속은 약 몇 [Wb]인가? (단, 코일 피치와 자극 피치의 비 $\beta=\frac{7}{9}$이다.)

① 0.004　② 0.062
③ 0.053　④ 0.07

정답 12. ③ 13. 정답 없음 14. ② 15. ④ 16. ③ 17. ④ 18. ③

해설 분포 계수

$$K_d = \frac{\sin\frac{\pi}{2m}}{q\sin\frac{\pi}{2mq}} = \frac{\sin\frac{180°}{2\times3}}{3\sin\frac{180°}{2\times3\times3}} = 0.96$$

단절 계수

$$K_p = \sin\frac{B\pi}{2} = \sin\frac{\frac{7}{9}\times180°}{2} = 0.94$$

권선 계수 $K_w = K_d \cdot K_p = 0.96\times0.94 = 0.902$

1상의 권수 $N = \frac{180\times10}{3\times2\times2}$

선간 전압 $V = \sqrt{3}\cdot E = \sqrt{3}\times4.44fN\phi K_w$에서

자속 $\phi = \dfrac{3{,}300}{\sqrt{3}\times4.44\times60\times\frac{180\times10}{3\times2\times2}\times0.902}$

$= 0.0528[\text{Wb}]$

19 2방향성 3단자 사이리스터는 어느 것인가?

① SCR ② SSS
③ SCS ④ TRIAC

해설 TRIAC은 SCR 2개를 역 병렬로 접속한 것과 같은 기능을 가지며, 게이트에 전류를 흘리면 전압이 높은 쪽에서 낮은 쪽으로 도통되는 2방향성 3단자 사이리스터이다.

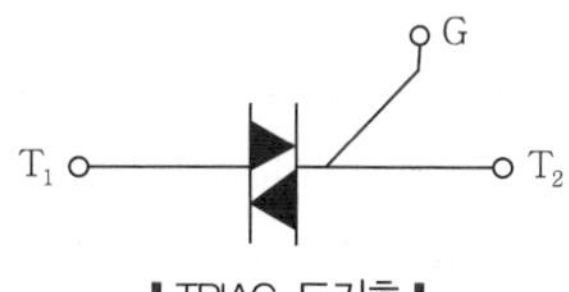

| TRIAC 도기호 |

20 일반적인 3상 유도 전동기에 대한 설명으로 틀린 것은?

① 불평형 전압으로 운전하는 경우 전류는 증가하나 토크는 감소한다.
② 원선도 작성을 위해서는 무부하 시험, 구속 시험, 1차 권선 저항 측정을 하여야 한다.
③ 농형은 권선형에 비해 구조가 견고하며 권선형에 비해 대형 전동기로 널리 사용된다.
④ 권선형 회전자의 3선 중 1선이 단선되면 동기 속도의 50[%]에서 더 이상 가속되지 못하는 현상을 게르게스 현상이라 한다.

해설 3상 유도 전동기에서 농형은 권선형에 비해 구조가 간결, 견고하며 권선형에 비해 소형 전동기로 널리 사용된다.

정답 19. ④ 20. ③

전기산업기사

2022년 제2회 CBT 기출복원문제

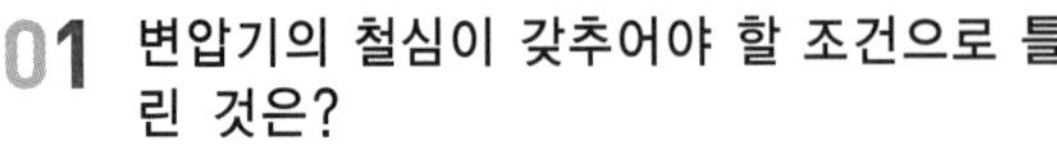

01 변압기의 철심이 갖추어야 할 조건으로 틀린 것은?

① 투자율이 클 것
② 전기 저항이 작을 것
③ 성층 철심으로 할 것
④ 히스테리시스손 계수가 작을 것

해설 변압기 철심은 자속의 통로 역할을 하므로 투자율은 크고, 와전류손의 감소를 위해 성층 철심을 사용하여 전기 저항은 크게 하고, 히스테리시스손과 계수를 작게 하기 위해 규소를 함유한다.

02 직류 전압을 직접 제어하는 것은?

① 단상 인버터
② 초퍼형 인버터
③ 브리지형 인버터
④ 3상 인버터

해설 고속으로 'on, off'를 반복하여 직류 전압의 크기를 직접 제어하는 장치를 초퍼(chopper)형 인버터라 한다.

03 동기 전동기의 V곡선(위상 특성)에 대한 설명으로 틀린 것은?

① 횡축에 여자 전류를 나타낸다.
② 종축에 전기자 전류를 나타낸다.
③ V곡선의 최저점에는 역률이 0[%]이다.
④ 동일 출력에 대해서 여자가 약한 경우가 뒤진 역률이다.

해설 동기 전동기의 위상 특성 곡선(V곡선)은 여자 전류를 조정하여 부족 여자일 때 뒤진 전류가 흘러 리액터 작용(지역률), 과여자일 때 앞선 전류가 흘러 콘덴서 작용(진역률)을 한다.

동기 전동기의 위상 특성 곡선(V곡선)은 계자 전류(I_f : 횡축)와 전기자 전류(I_a : 종축)의 위상 관계 곡선이며 부족 여자일 때 뒤진 전류, 과여자일 때 앞선 전류가 흐르며 V곡선의 최저점은 역률이 1(100[%])이다.

04 유도 전동기의 2차 동손(P_c), 2차 입력(P_2), 슬립(s)의 관계식으로 옳은 것은?

① $P_2 P_c s = 1$
② $s = P_2 P_c$
③ $s = \dfrac{P_2}{P_c}$
④ $P_c = sP_2$

해설

2차 입력 $P_2 = mI_2^{\,2} \cdot \dfrac{r_2}{s}$[W]

2차 동손 $P_c = mI_2^{\,2} \cdot r_2 = sP_2$[W]

05 직류 발전기에 있어서 계자 철심에 잔류 자기가 없어도 발전되는 직류기는?

① 분권 발전기
② 직권 발전기
③ 타여자 발전기
④ 복권 발전기

해설 직류 자여자 발전기의 분권, 직권 및 복권 발전기는 잔류 자기가 꼭 있어야 하고, 타여자 발전기는 독립된 직류 전원에 의해 여자(excite)하므로 잔류 자기가 필요하지 않다.

06 고압 단상 변압기의 %임피던스 강하 4[%], 2차 정격 전류를 300[A]라 하면 정격 전압의 2차 단락 전류[A]는? (단, 변압기에서 전원측의 임피던스는 무시한다.)

① 0.75
② 75
③ 1,200
④ 7,500

해설

단락 전류(I_s)$= \dfrac{100}{\%Z} \cdot I_n$[A]

$\therefore\ I_s = \dfrac{100}{4} \times 300 = 7{,}500$[A]

정답 01. ② 02. ② 03. ③ 04. ④ 05. ③ 06. ④

07 권선형 유도 전동기의 속도-토크 곡선에서 비례 추이는 그 곡선이 무엇에 비례하여 이동하는가?

① 슬립 ② 회전수
③ 공급 전압 ④ 2차 저항

해설 3상 권선형 유도 전동기는 동일 토크에서 2차 저항을 증가하면 슬립이 비례하여 증가한다. 따라서 토크 곡선이 2차 저항에 비례하여 이동하는 것을 토크의 비례 추이라 한다.

08 3상 직권 정류자 전동기의 중간 변압기의 사용 목적은?

① 역회전의 방지
② 역회전을 위하여
③ 전동기의 특성을 조정
④ 직권 특성을 얻기 위하여

해설 3상 직권 정류자 전동기의 중간 변압기를 사용하는 목적은 다음과 같다.
- 회전자 전압을 정류 작용에 맞는 값으로 조정할 수 있다.
- 권수비를 바꾸어서 전동기의 특성을 조정할 수 있다.
- 경부하 시 철심의 자속을 포화시켜두면 속도의 이상 상승을 억제할 수 있다.

09 전기자의 지름 D[m], 길이 l[m]가 되는 전기자에 권선을 감은 직류 발전기가 있다. 자극의 수 p, 각각의 자속수가 ϕ[Wb]일 때, 전기자 표면의 자속 밀도[Wb/m^2]는?

① $\frac{\pi Dp}{60}$ ② $\frac{p\phi}{\pi Dl}$
③ $\frac{\pi Dl}{p\phi}$ ④ $\frac{\pi Dl}{p}$

해설 총 자속 $\Phi = p\phi$[Wb]
전기자 주변의 면적 $S = \pi Dl$[m^2]
자속 밀도 $B = \frac{\Phi}{S} = \frac{p\phi}{\pi Dl}$[Wb/m^2]

10 3상 동기 발전기의 전기자 권선을 Y결선으로 하는 이유 중 △결선과 비교할 때 장점이 아닌 것은?

① 출력을 더욱 증대할 수 있다.
② 권선의 코로나 현상이 적다.
③ 고조파 순환 전류가 흐르지 않는다.
④ 권선의 보호 및 이상 전압의 방지 대책이 용이하다.

해설 **3상 동기 발전기의 전기자 권선을 Y결선할 경우의 장점**
- 중성점을 접지할 수 있어, 계전기 동작이 확실하고 이상 전압 발생이 없다.
- 상전압이 선간 전압보다 $\frac{1}{\sqrt{3}}$배 감소하여 코로나 현상이 적다.
- 상전압의 제3고조파는 선간 전압에는 나타나지 않는다.
- 절연 레벨을 낮출 수 있으며 단절연이 가능하다.

11 유도 전동기의 특성에서 토크와 2차 입력 및 동기 속도의 관계는?

① 토크는 2차 입력과 동기 속도의 곱에 비례한다.
② 토크는 2차 입력에 반비례하고, 동기 속도에 비례한다.
③ 토크는 2차 입력에 비례하고, 동기 속도에 반비례한다.
④ 토크는 2차 입력의 자승에 비례하고, 동기 속도의 자승에 반비례한다.

해설 유도 전동기의 토크

$$T = \frac{P}{\omega} = \frac{P}{2\pi\frac{N}{60}} = \frac{P_2}{2\pi\frac{N_s}{60}}$$ 이므로

토크는 2차 입력(P_2)에 비례하고 동기 속도(N_s)에 반비례한다.

정답 07. ④ 08. ③ 09. ② 10. ① 11. ③

12 단상 반발 전동기에 해당되지 않는 것은?

① 아트킨손 전동기 ② 시라게 전동기
③ 데리 전동기 ④ 톰슨 전동기

해설 시라게 전동기는 3상 분권 정류자 전동기이다. 단상 반발 전동기의 종류에는 아트킨손(Atkinson)형, 톰슨(Thomson)형, 데리(Deri)형, 윈터 아이티베르그(Winter Eichberg)형 등이 있다.

13 직류 분권 전동기가 단자 전압 215[V], 전기자 전류 50[A], 1,500[rpm]으로 운전되고 있을 때 발생 토크는 약 몇 [N · m]인가? (단, 전기자 저항은 0.1[Ω]이다.)

① 6.8 ② 33.2
③ 46.8 ④ 66.9

해설 직류 전동기 토크(T)

$$T = \frac{E \cdot I_a}{2\pi \frac{N}{60}} = \frac{(V - I_a r_a) \cdot I_a}{2\pi \frac{N}{60}} [\text{N} \cdot \text{m}]$$

$$= \frac{(215 - 50 \times 0.1) \times 50}{2\pi \frac{1,500}{60}} = 66.88[\text{N} \cdot \text{m}]$$

14 단락비가 큰 동기기는?

① 안정도가 높다.
② 전압 변동률이 크다.
③ 기계가 소형이다.
④ 전기자 반작용이 크다.

해설 **단락비가 큰 동기 발전기의 특성**

- 동기 임피던스가 작다.
- 전압 변동률이 작다.
- 전기자 반작용이 작다(계자 기자력은 크고, 전기자 기자력은 작다).
- 출력이 크다.
- 과부하 내량이 크고, 안정도가 높다.
- 자기 여자 현상이 작다.
- 회전자가 크게 되어 철손이 증가하여 효율이 약간 감소한다.

15 10[kVA], 2,000/100[V] 변압기에서 1차에 환산한 등가 임피던스는 $6.2 + j7$[Ω]이다. 이 변압기의 % 리액턴스 강하[%]는?

① 3.5 ② 1.75
③ 0.35 ④ 0.175

해설

$$I_1 = \frac{P}{V_1} = \frac{10 \times 10^3}{2,000} = 5[\text{A}]$$

$$\therefore q = \frac{I_1 \cdot x}{V_1} \times 100 = \frac{5 \times 7}{2,000} \times 100 = 1.75[\%]$$

16 다음 유도 전동기 기동법 중 권선형 유도 전동기에 가장 적합한 기동법은?

① Y−△ 기동법 ② 기동 보상기법
③ 전전압 기동법 ④ 2차 저항법

해설 권선형 유도 전동기의 기동법은 2차측(회전자)에 저항을 연결하여 시동하는 2차 저항 기동법, 농형 유도 전동기의 기동법은 전전압 기동, Y−△ 기동 및 기동 보상기법이 사용된다.

17 전부하에 있어 철손과 동손의 비율이 1 : 2인 변압기에서 효율이 최고인 부하는 전부하의 약 몇 [%]인가?

① 50 ② 60
③ 70 ④ 80

해설 변압기의 $\frac{1}{m}$ 부하 시 최대 효율의 조건은

$P_i = \left(\frac{1}{m}\right)^2 P_c$이므로

$$\frac{1}{m} = \sqrt{\frac{P_i}{P_c}} = \frac{1}{\sqrt{2}} = 0.707 \fallingdotseq 70[\%]$$

18 직류 전압의 맥동률이 가장 작은 정류 회로는? (단, 저항 부하를 사용한 경우이다.)

① 단상 전파 ② 단상 반파
③ 3상 반파 ④ 3상 전파

정답 12. ② 13. ④ 14. ① 15. ② 16. ④ 17. ③ 18. ④

해설 정류 회로의 맥동률은 다음과 같다.

- 단상 반파 정류의 맥동률 : 121[%]
- 단상 전파 정류의 맥동률 : 48[%]
- 3상 반파 정류의 맥동률 : 17[%]
- 3상 전파 정류의 맥동률 : 4[%]

19 **직류 분권 전동기 운전 중 계자 권선의 저항이 증가할 때 회전 속도는?**

① 일정하다.

② 감소한다.

③ 증가한다.

④ 관계없다.

해설 직류 분권 전동기의 회전 속도

$N=K\dfrac{V-I_aR_a}{\phi}$에서 계자 권선의 저항이 증가하면 계자 전류가 감소하고 계자 자속이 감소하여 회전 속도는 상승한다.

20 **3상 동기 발전기 각 상의 유기 기전력 중 제3고조파를 제거하려면 코일 간격/극 간격은 어떻게 되는가?**

① 0.11 ② 0.33

③ 0.67 ④ 1.34

해설 제3고조파에 대한 단절 계수

$K_{pn}=\sin\dfrac{n\beta\pi}{2}$에서 $K_{p3}=\sin\dfrac{3\beta\pi}{2}$이다.

제3고조파를 제거하려면 $K_{p3}=0$이 되어야 한다.

따라서, $\dfrac{3\beta\pi}{2}=n\pi$

$n=1$일 때 $\beta=\dfrac{2}{3}=0.67$

$n=2$일 때 $\beta=\dfrac{4}{3}=1.33$

$\beta=\dfrac{\text{코일 간격}}{\text{극 간격}}<1$이므로 $\beta=0.67$

정답 19. ③ 20. ③

전기기사

2022년 제3회 CBT 기출복원문제

01 일정 전압 및 일정 파형에서 주파수가 상승하면 변압기 철손은 어떻게 변하는가?

① 증가한다.
② 감소한다.
③ 불변이다.
④ 증가와 감소를 반복한다.

해설 공급 전압이 일정한 상태에서 와전류손은 주파수와 관계없이 일정하고, 히스테리시스손은 주파수에 반비례하므로 철손의 80[%]가 히스테리시스손인 관계로 철손은 주파수에 반비례한다.

02 3상 동기기에서 단자 전압 V, 내부 유기 전압 E, 부하각이 δ일 때, 한 상의 출력은 어떻게 표시하는가? (단, 전기자 저항은 무시하며, 누설 리액턴스는 x_s이다.)

① $\dfrac{EV}{{x_s}^2}\sin\delta$　② $\dfrac{EV}{x_s}\cos\delta$
③ $\dfrac{EV}{x_s}\sin\delta$　④ $\dfrac{EV^2}{x_s}\cos\delta$

해설

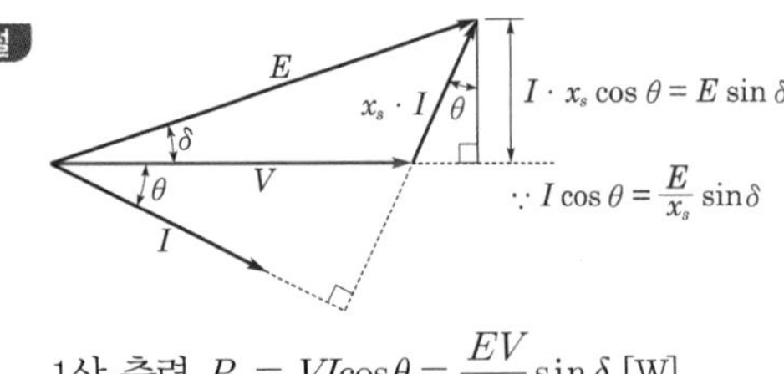

1상 출력 $P_1 = VI\cos\theta = \dfrac{EV}{x_s}\sin\delta\,[\text{W}]$

03 30[kVA], 3,300/200[V], 60[Hz]의 3상 변압기 2차측에 3상 단락이 생겼을 경우 단락 전류는 약 몇 [A]인가? (단, %임피던스 전압은 3[%]이다.)

① 2,250　② 2,620
③ 2,730　④ 2,886

해설 퍼센트 임피던스 강하 $\%Z = \dfrac{I_{1n}}{I_{1s}} \times 100 = \dfrac{I_{2n}}{I_{2s}} \times 100$

단락 2차 전류 $I_{2s} = \dfrac{100}{\%Z} \cdot I_{2n} = \dfrac{100}{3} \times \dfrac{30 \times 10^3}{\sqrt{3} \times 200}$
$= 2{,}886.8[\text{A}]$

04 자극수 p, 파권, 전기자 도체수가 Z인 직류 발전기를 N[rpm]의 회전 속도로 무부하 운전할 때 기전력이 E[V]이다. 1극당 주자속[Wb]은?

① $\dfrac{120E}{pZN}$　② $\dfrac{120Z}{pEN}$
③ $\dfrac{120ZN}{pE}$　④ $\dfrac{120pZ}{EN}$

해설 직류 발전기의 유기 기전력 $E = \dfrac{Z}{a}p\phi\dfrac{N}{60}[\text{V}]$
병렬 회로수 $a = 2$(파권)이므로
극당 자속 $\phi = \dfrac{120E}{ZpN}[\text{Wb}]$

05 슬립 s_t에서 최대 토크를 발생하는 3상 유도 전동기에 2차측 한 상의 저항을 r_2라 하면 최대 토크로 기동하기 위한 2차측 한 상에 외부로부터 가해 주어야 할 저항[Ω]은?

① $\dfrac{1-s_t}{s_t}r_2$　② $\dfrac{1+s_t}{s_t}r_2$
③ $\dfrac{r_2}{1-s_t}$　④ $\dfrac{r_2}{s_t}$

해설 최대 토크를 발생할 때의 슬립과 2차 저항을 s_t, r_2, 기동시의 슬립과 외부에서 연결 저항을 s_s, R이라 하면
$\dfrac{r_2}{s_t} = \dfrac{r_2 + R}{s_s}$

기동시 $s_s = 1$이므로 $\dfrac{r_2}{s_t} = \dfrac{r_2 + R}{1}$

$\therefore R = \dfrac{r_2}{s_t} - r_2 = \left(\dfrac{1}{s_t} - 1\right)r_2 = \left(\dfrac{1-s_t}{s_t}\right)r_2\,[\Omega]$

정답 01. ② 02. ③ 03. ④ 04. ① 05. ①

06 단상 변압기에 정현파 유기 기전력을 유기하기 위한 여자 전류의 파형은?

① 정현파
② 삼각파
③ 왜형파
④ 구형파

해설 전압을 유기하는 자속은 정현파이지만 자속을 만드는 여자 전류는 자로를 구성하는 철심의 포화와 히스테리시스 현상 때문에 일그러져 첨두파(=왜형파)가 된다.

07 10,000[kVA], 6,000[V], 60[Hz], 24극, 단락비 1.2인 3상 동기 발전기의 동기 임피던스[Ω]는?

① 1　② 3
③ 10　④ 30

해설 동기 발전기의 단위법 % 동기 임피던스

$Z_s' = \dfrac{PZ_s}{10^3 V^2}$

단락비 $K_s = \dfrac{1}{Z_s'} = \dfrac{10^3 V^2}{PZ_s}$ 에서

동기 임피던스 $Z_s = \dfrac{10^3 V^2}{PK_s}$

$= \dfrac{10^3 \times 6^2}{10{,}000 \times 1.2} = 3[\Omega]$

08 권선형 유도 전동기의 전부하 운전 시 슬립이 4[%]이고 2차 정격 전압이 150[V]이면 2차 유도 기전력은 몇 [V]인가?

① 9
② 8
③ 7
④ 6

해설 유도 전동기의 슬립 s로 운전 시 2차 유도 기전력

$E_{2s} = sE_2 = 0.04 \times 150 = 6[\mathrm{V}]$

09 스테핑 모터에 대한 설명 중 틀린 것은?

① 회전 속도는 스테핑 주파수에 반비례한다.
② 총 회전 각도는 스텝각과 스텝수의 곱이다.
③ 분해능은 스텝각에 반비례한다.
④ 펄스 구동 방식의 전동기이다.

해설 스테핑 모터(stepping motor)

아주 정밀한 펄스구동방식의 전동기

- 분해능(resolution) : $\dfrac{360°}{\beta}$
- 총 회전각도 : $\theta = \beta \times$ 스텝수
- 회전속도(축속도) : $n = \dfrac{\beta \times f_p}{360°}$

여기서, β : 스텝각(deg/pulse)

f_p : 스테핑 주파수(pulse/s)

10 극수 6, 회전수 1,200[rpm]의 교류 발전기와 병렬 운전하는 극수 8의 교류 발전기의 회전수[rpm]는?

① 600　② 750
③ 900　④ 1,200

해설 동기 속도(N_s) $= \dfrac{120f}{P}$ [rpm]

$f = \dfrac{N_s \cdot P}{120} = \dfrac{6 \times 1{,}200}{120} = 60[\mathrm{Hz}]$

$\therefore N_s = \dfrac{120 \times 60}{8} = 900$

11 그림과 같은 단상 브리지 정류 회로(혼합 브리지)에서 직류 평균 전압[V]은? (단, E는 교류측 실효치 전압, α는 점호 제어각이다.)

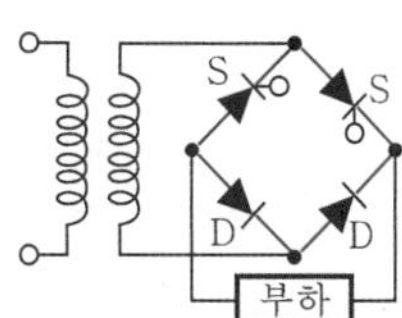

① $\dfrac{2\sqrt{2}E}{\pi}\left(\dfrac{1+\cos\alpha}{2}\right)$　② $\dfrac{\sqrt{2}E}{\pi}\left(\dfrac{1+\cos\alpha}{2}\right)$

③ $\dfrac{2\sqrt{2}E}{\pi}\left(\dfrac{1-\cos\alpha}{2}\right)$　④ $\dfrac{\sqrt{2}E}{\pi}\left(\dfrac{1-\cos\alpha}{2}\right)$

정답 06. ③ 07. ② 08. ④ 09. ① 10. ③ 11. ①

해설 SCR을 사용한 단상 브리지 정류에서 점호 제어각이 α일 때
직류 평균 전압($E_{d\alpha}$)

$$E_{d\alpha} = \frac{1}{\pi}\int_{\alpha}^{\pi} \sqrt{2}\,E\sin\theta \cdot d\theta = \frac{\sqrt{2}\,E}{\pi}(1+\cos\alpha)$$
$$= \frac{2\sqrt{2}\,E}{\pi}\left(\frac{1+\cos\alpha}{2}\right)[\text{V}]$$

12 3상 유도 전동기의 출력 15[kW], 60[Hz], 4극, 전부하 운전 시 슬립(slip)이 4[%]라면 이때의 2차(회전자)측 동손[kW] 및 2차 입력[kW]은?

① 0.4, 136　② 0.625, 15.6
③ 0.06, 156　④ 0.8, 13.6

해설
2차 입력 $P_2 = \frac{P}{1-s}$[kW], 2차 동손 $P_{2c} = sP_2$[kW]
$P_2 : P_o : P_{c2} = 1 : 1-s : s$에서 $P_o = (1-s)P_2$
$\therefore\ P_2 = \frac{P_o}{1-s} = \frac{15}{1-0.04} = 15.625$[kW]
[기계적 출력 $P_o = P$(정격 출력)+기계손$\fallingdotseq P$]
$\therefore\ P_{2c} = s \cdot P_2$
$= 0.04 \times 15.625 = 0.625$[kW]

13 변압기의 3상 전원에서 2상 전원을 얻고자 할 때 사용하는 결선은?

① 스코트 결선　② 포크 결선
③ 2중 델타 결선　④ 대각 결선

해설 변압기의 상(phase)수 변환에서 3상을 2상으로 변환하는 방법은 다음과 같다.
- 스코트(scott) 결선
- 메이어(meyer) 결선
- 우드 브리지(wood bridge) 결선

14 다음 직류 전동기 중에서 속도 변동률이 가장 큰 것은?

① 직권 전동기　② 분권 전동기
③ 차동 복권 전동기　④ 가동 복권 전동기

해설 직류 직권 전동기 $I = I_f = I_a$
회전 속도 $N = K\frac{V - I_a(R_a + r_f)}{\phi} \propto \frac{1}{\phi} \propto \frac{1}{I}$이므로 부하가 변화하면 속도 변동률이 가장 크다.

15 2방향성 3단자 사이리스터는 어느 것인가?

① SCR
② SSS
③ SCS
④ TRIAC

해설 사이리스터(thyristor)의 SCR은 단일 방향 3단자 소자, SSS는 쌍방향(2방향성) 2단자 소자, SCS는 단일 방향 4단자 소자이며 TRIAC은 2방향성 3단자 소자이다.

16 직류 발전기의 병렬 운전에서 부하 분담의 방법은?

① 계자 전류와 무관하다.
② 계자 전류를 증가시키면 부하 분담은 증가한다.
③ 계자 전류를 감소시키면 부하 분담은 증가한다.
④ 계자 전류를 증가시키면 부하 분담은 감소한다.

해설 단자 전압 $V = E - I_aR_a$가 일정하여야 하므로 계자 전류를 증가시키면 기전력이 증가하게 되고, 따라서 부하 분담 전류(I)도 증가하게 된다.

17 주파수가 일정한 3상 유도 전동기의 전원 전압이 80[%]로 감소하였다면 토크는? (단, 회전수는 일정하다고 가정한다.)

① 64[%]로 감소
② 80[%]로 감소
③ 89[%]로 감소
④ 변화 없음

해설 유도 전동기 토크 $T \propto V_1^{\,2}$이므로
$T' = 0.8^2 T = 0.64\,T$
즉, 64[%]로 감소한다.

정답 12. ② 13. ① 14. ① 15. ④ 16. ② 17. ①

18 3상 직권 정류자 전동기에 중간(직렬) 변압기가 쓰이고 있는 이유가 아닌 것은?

① 정류자 전압의 조정
② 회전자 상수의 감소
③ 경부하 때 속도의 이상 상승 방지
④ 실효 권수비 선정 조정

해설 3상 직권 정류자 전동기의 중간 변압기(또는 직렬 변압기)는 고정자 권선과 회전자 권선 사이에 직렬로 접속된다. 중간 변압기의 사용 목적은 다음과 같다.
- 정류자 전압의 조정
- 회전자 상수의 증가
- 경부하시 속도 이상 상승의 방지
- 실효 권수비의 조정

19 정격 출력이 7.5[kW]의 3상 유도 전동기가 전부하 운전에서 2차 저항손이 300[W]이다. 슬립은 약 몇 [%]인가?

① 3.85 ② 4.61
③ 7.51 ④ 9.42

해설 $P=7.5[\mathrm{kW}]$, $P_{2c}=300[\mathrm{W}]=0.3[\mathrm{kW}]$이므로

$P_2=P+P_{2c}=7.5+0.3=7.8[\mathrm{kW}]$

$\therefore\ s=\dfrac{P_{2c}}{P_2}=\dfrac{0.3}{7.8}\fallingdotseq 0.0385=3.85[\%]$

20 직류 분권 전동기의 정격 전압이 300[V], 전부하 전기자 전류가 50[A], 전기자 저항이 0.2[Ω]이다. 이 전동기의 기동 전류를 전부하 전류의 120[%]로 제한시키기 위한 기동 저항값은 몇 [Ω]인가?

① 3.5 ② 4.8
③ 5.0 ④ 5.5

해설 $V=300[\mathrm{V}]$, $I_a=50[\mathrm{A}]$, $R_a=0.2[\Omega]$이므로

$V=E+I_aR_a[\mathrm{V}]$

$R=\dfrac{V-E}{I_a}=\dfrac{300-0}{50\times1.2}=5[\Omega]$

$\therefore\ R_{st}=R-R_a=5-0.2=4.8[\Omega]$

정답 18. ② 19. ① 20. ②

전기산업기사

2022년 제3회 CBT 기출복원문제

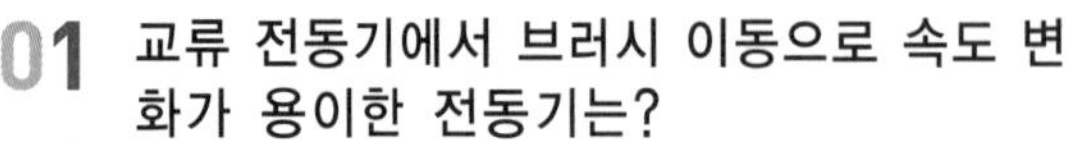

01 교류 전동기에서 브러시 이동으로 속도 변화가 용이한 전동기는?

① 동기 전동기
② 시라게 전동기
③ 3상 농형 유도 전동기
④ 2중 농형 유도 전동기

해설 시라게(schrage) 전동기는 3상 분권 정류자 전동기에서 가장 특성이 우수하고 현재 많이 사용되고 있는 전동기이며 브러시의 이동으로 원활하게 속도를 제어할 수 있는 전동기이다.

02 동기 전동기의 공급 전압, 주파수 및 부하를 일정하게 유지하고 여자 전류만을 변화시키면?

① 출력이 변화한다.
② 토크가 변화한다.
③ 각속도가 변화한다.
④ 부하각이 변화한다.

해설 동기 전동기의 출력 $P=\dfrac{VE}{Z_s}\sin\delta[\mathrm{W}]$

출력이 일정한 상태에서 여자 전류를 변화시키면 역기전력(E)이 변화하고, 따라서 부하각(δ)이 변화한다.

03 직류 분권 전동기의 운전 중 계자 저항기의 저항을 증가하면 속도는 어떻게 되는가?

① 변하지 않는다.
② 증가한다.
③ 감소한다.
④ 정지한다.

해설 자속 $\phi \propto I_f \propto \dfrac{1}{R_f(\text{계자 저항})}$

회전 속도 $N=K\dfrac{V-I_aR_a}{\phi}\propto R_f$

직류 분권 전동기의 회전 속도는 계자 저항에 비례하므로 계자 저항기의 저항을 증가하면 속도는 증가한다.

04 3상 유도 전동기의 2차 저항을 m배로 하면 동일하게 m배로 되는 것은?

① 역률　② 전류
③ 슬립　④ 토크

해설 3상 유도 전동기의 동기 와트로 표시한 토크

$T_s=\dfrac{V_1^2\dfrac{r_2'}{s}}{\left(r_1+\dfrac{r_2'}{s}\right)^2+(x_1+x_2')^2}$ 이므로

2차 저항(r_2)을 2배로 하면 동일 토크를 발생하기 위해 슬립이 2배로 된다.

05 용량이 50[kVA] 변압기의 철손이 1[kW]이고 전부하 동손이 2[kW]이다. 이 변압기를 최대 효율에서 사용하려면 부하를 약 몇 [kVA] 인가하여야 하는가?

① 25　② 35
③ 50　④ 71

해설 변압기의 $\dfrac{1}{m}$ 부하시 최대 효율의 조건은 무부하손=부하손이므로

$P_i=\left(\dfrac{1}{m}\right)^2P_c$에서

$\dfrac{1}{m}=\sqrt{\dfrac{P_i}{P_c}}=\sqrt{\dfrac{1}{2}}=0.707$

∴ 부하 용량 $P_L=50\times0.707$
$=35.35[\mathrm{kVA}]$

정답 01. ② 02. ④ 03. ② 04. ③ 05. ②

06 60[Hz]의 변압기에 50[Hz]의 동일 전압을 가했을 때의 자속 밀도는 60[Hz]일 때와 비교하였을 경우 어떻게 되는가?

① $\frac{5}{6}$로 감소 ② $\frac{6}{5}$으로 증가

③ $\left(\frac{5}{6}\right)^{1.6}$으로 감소 ④ $\left(\frac{6}{5}\right)^{2}$으로 증가

해설 1차 전압 $V_1 = 4.44fN_1B_mS$

자속 밀도 $B_m = \frac{V_1}{4.44fN_1S} \propto \frac{1}{f}$이므로 $\frac{6}{5}$배로 증가한다.

07 동기 발전기의 안정도를 증진시키기 위한 대책이 아닌 것은?

① 속응 여자 방식을 사용한다.
② 정상 임피던스를 작게 한다.
③ 역상·영상 임피던스를 작게 한다.
④ 회전자의 플라이휠 효과를 크게 한다.

해설 **동기기의 안정도를 증진시키는 방법**
- 정상 리액턴스를 작게 하고, 단락비를 크게 할 것
- 영상 및 역상 리액턴스를 크게 할 것
- 회전자의 플라이휠 효과를 크게 할 것
- 자동 전압 조정기(AVR)의 속응도를 크게 할 것. 즉, 속응 여자 방식을 채용할 것
- 발전기의 조속기 동작을 신속히 할 것
- 동기 탈조 계전기를 사용할 것

08 75[kVA], 6,000/200[V]의 단상 변압기의 %임피던스 강하가 4[%]이다. 1차 단락 전류[A]는?

① 512.5 ② 412.5
③ 312.5 ④ 212.5

해설 1차 정격 전류 $I_1 = \frac{P}{V_1} = \frac{75\times10^3}{6,000} = 12.5[A]$

%임피던스 강하 $\%Z = \frac{IZ}{V}\times100 = \frac{I_n}{I_s}\times100[\%]$

단락 전류 $I_s = \frac{100}{\%Z}I_n = \frac{100}{4}\times12.5 = 312.5[A]$

09 직류 전동기의 회전수를 $\frac{1}{2}$로 하려면 계자 자속은 어떻게 해야 하는가?

① $\frac{1}{4}$로 감소시킨다.
② $\frac{1}{2}$로 감소시킨다.
③ 2배로 증가시킨다.
④ 4배로 증가시킨다.

해설 **직류 전동기의 회전 속도**

$N = K\frac{V-I_aR_a}{\phi}$이므로 계자 자속($\phi$)을 2배로 증가시키면 속도는 $\frac{1}{2}$로 감소한다.

10 6극 3상 유도 전동기가 있다. 회전자도 3상이며 회전자 정지시의 1상의 전압은 200[V]이다. 전부하시의 속도가 1,152[rpm]이면 2차 1상의 전압은 몇 [V]인가? (단, 1차 주파수는 60[Hz]이다.)

① 8.0 ② 8.3
③ 11.5 ④ 23.0

해설 동기 속도 $N_s = \frac{120f}{P} = \frac{120\times60}{6} = 1,200[rpm]$

슬립 $s = \frac{N_s-N}{N_s} = \frac{1,200-1,152}{1,200} = 0.04$

2차 전압 $E_{2s} = sE_2 = 0.04\times200 = 8[V]$

11 변압기의 임피던스 전압이란 정격 부하를 걸었을 때 변압기 내부에서 일어나는 임피던스에 의한 전압 강하분이 정격 전압의 몇 [%]가 강하되는가의 백분율[%]이다. 다음 어느 시험에서 구할 수 있는가?

① 무부하 시험 ② 단락 시험
③ 온도 시험 ④ 내전압 시험

해설 변압기의 임피던스 전압이란 변압기 2차측을 단락하고, 단락 전류가 정격 전류와 같을 때 1차측의 공급 전압이다.

정답 06. ② 07. ③ 08. ③ 09. ③ 10. ① 11. ②

12 단상 반파 정류로 직류 전압 50[V]를 얻으려고 한다. 다이오드의 최대 역전압(PIV)은 약 몇 [V]인가?

① 111 ② 141.4
③ 157 ④ 314

해설 직류 전압 $E_d = \frac{\sqrt{2}}{\pi}E$에서

$E = \frac{\pi}{\sqrt{2}}E_d = \frac{\pi}{\sqrt{2}} \times 50$

첨두 역전압 $V_{in} = \sqrt{2}E = \sqrt{2} \times \frac{\pi}{\sqrt{2}} \times 50$

$\fallingdotseq 157[\text{V}]$

13 사이리스터에서의 래칭 전류에 관한 설명으로 옳은 것은?

① 게이트를 개방한 상태에서 사이리스터 도통 상태를 유지하기 위한 최소의 순전류
② 게이트 전압을 인가한 후에 급히 제거한 상태에서 도통 상태가 유지되는 최소의 순전류
③ 사이리스터의 게이트를 개방한 상태에서 전압을 상승하면 급히 증가하게 되는 순전류
④ 사이리스터가 턴온하기 시작하는 순전류

해설 게이트 개방 상태에서 SCR이 도통되고 있을 때 그 상태를 유지하기 위한 최소의 순전류를 유지 전류(holding current)라 하고, 턴온되려고 할 때는 이 이상의 순전류가 필요하며, 확실히 턴온시키기 위해서 필요한 최소의 순전류를 래칭 전류라 한다.

14 다음 중 용량 P[kVA]인 동일 정격의 단상 변압기 4대로 낼 수 있는 3상 최대 출력 용량은?

① $3P$ ② $\sqrt{3}P$
③ $4P$ ④ $2\sqrt{3}P$

해설 단상 변압기 1대의 정격 출력 P_o[kVA]
V결선 출력 $P_V = \sqrt{3}P[\text{kVA}]$
2뱅크(bank)로 운전시 최대 출력
$P_{V_2} = 2P_V = 2\sqrt{3}P[\text{kVA}]$

15 2대의 동기 발전기가 병렬 운전하고 있을 때 동기화 전류가 흐르는 경우는?

① 기전력의 크기에 차가 있을 때
② 기전력의 위상에 차가 있을 때
③ 부하 분담에 차가 있을 때
④ 기전력의 파형에 차가 있을 때

해설 동기 발전기가 병렬 운전하고 있을 때 기전력의 위상차가 생기면 동기화 전류(유효 횡류)가 흐르고 기전력의 크기가 다르면 무효 순환 전류가 흐른다.

16 4극 7.5[kW], 200[V], 60[Hz]인 3상 유도 전동기가 있다. 전부하에서의 2차 입력이 7,950[W]이다. 이 경우의 2차 효율은 약 몇 [%]인가? (단, 기계손은 130[W]이다.)

① 92 ② 94
③ 96 ④ 98

해설 2차 동손
$P_{2c} = P_2 - P - \text{기계손}$
$= 7{,}950 - 7{,}500 - 130 = 320[\text{W}]$

슬립 $s = \frac{P_{2c}}{P_2} = \frac{320}{7{,}950} = 0.04$

2차 효율 $\eta_2 = \frac{P_o}{p_2} \times 100$
$= (1-s) \times 100 = (1-0.04) \times 100$
$= 96[\%]$

17 직류 분권 발전기의 무부하 포화 곡선이 $V = \frac{950 I_f}{30 + I_f}$이고, I_f는 계자 전류[A], V는 무부하 전압으로 주어질 때 계자 회로의 저항이 25[Ω]이면 몇 [V]의 전압이 유기되는가?

① 200 ② 250
③ 280 ④ 300

해설 단자 전압 $V = \frac{950 I_f}{30 + I_f} = I_f r_f$에서 $\frac{950}{30 + I_f} = r_f$

$950 = 30 r_f + I_f r_f$이므로
단자 전압 $V = I_f r_f$
$= 950 - 30 r_f$
$= 950 - 30 \times 25 = 200[\text{V}]$

정답 12. ③ 13. ④ 14. ④ 15. ② 16. ③ 17. ①

18 3상 동기 발전기 각 상의 유기 기전력 중 제3고조파를 제거하려면 코일 간격/극 간격을 어떻게 하면 되는가?

① 0.11 ② 0.33
③ 0.67 ④ 1.34

해설 **제3고조파에 대한 단절 계수**

$K_{pn}=\sin\frac{n\beta\pi}{2}$ 에서 $K_{p3}=\frac{3\beta\pi}{2}$ 이다.

제3고조파를 제거하려면 $K_{p3}=0$ 이 되어야 한다.

따라서, $\frac{3\beta\pi}{2}=n\pi$

$n=1$일 때 $\beta=\frac{2}{3}=0.67$

$n=2$일 때 $\beta=\frac{4}{3}=1.33$

$\beta=\frac{\text{코일 간격}}{\text{극 간격}}<1$이므로 $\beta=0.67$

19 일반적인 전동기에 비하여 리니어 전동기(linear motor)의 장점이 아닌 것은?

① 구조가 간단하여 신뢰성이 높다.
② 마찰을 거치지 않고 추진력이 얻어진다.
③ 원심력에 의한 가속 제한이 없고 고속을 쉽게 얻을 수 있다.
④ 기어, 벨트 등 동력 변환 기구가 필요 없고 직접 원운동이 얻어진다.

해설 리니어 모터는 원형 모터를 펼쳐 놓은 형태로 마찰을 거치지 않고 추진력을 얻으며, 직접 동력을 전달받아 직선 위를 움직이므로 가·감속이 용이하고, 신뢰성이 높아 고속 철도에서 자기 부상차의 추진용으로 개발이 진행되고 있다.

20 권선형 유도 전동기의 슬립 s에 있어서의 2차 전류[A]는? (단, E_2, X_2는 전동기 정지 시의 2차 유기 전압과 2차 리액턴스로 하고, R_2는 2차 저항으로 한다.)

① $\frac{E_2}{\sqrt{\left(\frac{R_2}{s}\right)^2+{X_2}^2}}$ ② $\frac{sE^2}{\sqrt{{R_2}^2\frac{{X_2}^2}{s}}}$

③ $\frac{E_2}{\left(\frac{R_2}{1-s}\right)^2+X_2}$ ④ $\frac{E_2}{\sqrt{(sR_2)^2+{X_2}^2}}$

해설 2차 기전력 $E_{2s}=sE_2$[V]

2차 임피던스 $Z_2=R_2+jsX_2$[Ω]

2차 전류

$$I_2=\frac{sE_2}{\sqrt{{R_2}^2+(sX_2)^2}}=\frac{E_2}{\sqrt{\left(\frac{R_2}{s}\right)^2+{X_2}^2}}\text{[A]}$$

정답 18. ③ 19. ④ 20. ①

전기기사

2023년 제1회 CBT 기출복원문제

01 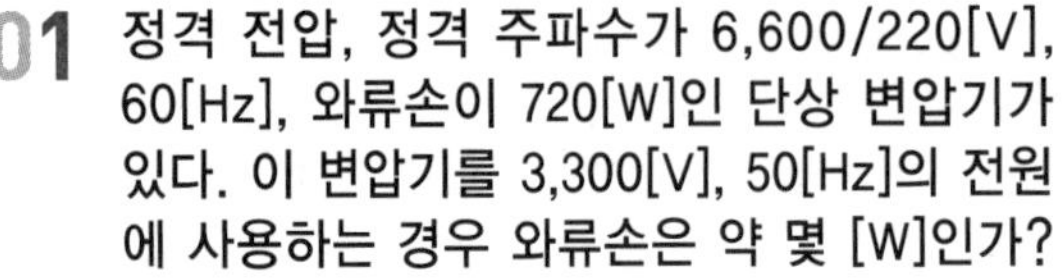
정격 전압, 정격 주파수가 6,600/220[V], 60[Hz], 와류손이 720[W]인 단상 변압기가 있다. 이 변압기를 3,300[V], 50[Hz]의 전원에 사용하는 경우 와류손은 약 몇 [W]인가?

① 120　② 150
③ 180　④ 200

해설 $V = 4.44fN\phi_m$에서 자속 밀도 $B_m \propto \dfrac{V}{f}$

$(B_m \propto \phi_m)$

와전류손 $P_e = \sigma_e(tk_f \cdot fB_m)^2 \propto \left(f \cdot \dfrac{V}{f}\right)^2 \propto V^2$

$\therefore\ P_e' = 720 \times \left(\dfrac{3,300}{6,600}\right)^2 = 180[\text{W}]$

02 4극, 60[Hz]인 3상 유도 전동기가 있다. 1,725[rpm]으로 회전하고 있을 때, 2차 기전력의 주파수[Hz]는?

① 10　② 7.5
③ 5　④ 2.5

해설 $N_s = \dfrac{120f}{P} = \dfrac{120 \times 60}{4} = 1,800[\text{rpm}]$

$s = \dfrac{N_s - N}{N_s} = \dfrac{1,800 - 1,725}{1,800} = 0.0417$

$\therefore\ f_2' = sf_1 = 0.0417 \times 60 = 2.5[\text{Hz}]$

03 다음 직류 전동기 중에서 속도 변동률이 가장 큰 것은?

① 직권 전동기　② 분권 전동기
③ 차동 복권 전동기　④ 가동 복권 전동기

해설 직류 직권 전동기 $I = I_f = I_a$

회전 속도 $N = K\dfrac{V - I_a(R_a + r_f)}{\phi} \propto \dfrac{1}{\phi} \propto \dfrac{1}{I}$이므로 부하가 변화하면 속도 변동률이 가장 크다.

04 돌극(凸極)형 동기 발전기의 특성이 아닌 것은?

① 직축 리액턴스 및 횡축 리액턴스의 값이 다르다.
② 내부 유기 기전력과 관계없는 토크가 존재한다.
③ 최대 출력의 출력각이 90°이다.
④ 리액션 토크가 존재한다.

해설 돌극형 발전기의 출력식

$P = \dfrac{EV}{x_d}\sin\delta + \dfrac{V^2(x_d - x_q)}{2x_d \cdot x_q}\sin 2\delta\,[\text{W}]$

돌극형 동기 발전기의 최대 출력은 그래프(graph)에서와 같이 부하각(δ)이 60°에서 발생한다.

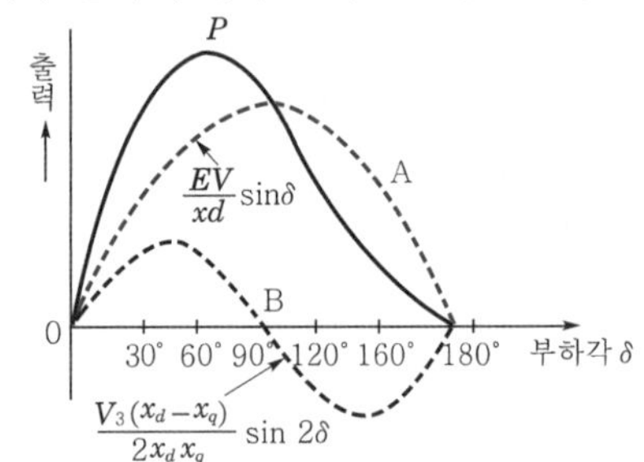

05 동기기의 안정도를 증진시키는 방법이 아닌 것은?

① 단락비를 크게 할 것
② 속응 여자 방식을 채용할 것
③ 정상 리액턴스를 크게 할 것
④ 영상 및 역상 임피던스를 크게 할 것

해설 동기기의 안정도 향상책
- 단락비가 클 것
- 동기 임피던스(리액턴스)가 작을 것
- 속응 여자 방식을 채택할 것
- 관성 모멘트가 클 것
- 조속기 동작이 신속할 것
- 영상 및 역상 임피던스가 클 것

정답 01. ③ 02. ④ 03. ① 04. ③ 05. ③

06 브러시리스 DC 서보 모터의 특징으로 틀린 것은?

① 단위 전류당 발생 토크가 크고 효율이 좋다.
② 토크 맥동이 작고, 안정된 제어가 용이하다.
③ 기계적 시간 상수가 크고 응답이 느리다.
④ 기계적 접점이 없고 신뢰성이 높다.

해설 DC 서보 모터는 기계적 시간 상수(시정수)가 작고 응답이 빠른 특성을 갖고 있다.

07 상전압 200[V]의 3상 반파 정류 회로의 각 상에 SCR을 사용하여 정류 제어할 때 위상각을 $\frac{\pi}{6}$로 하면 순저항 부하에서 얻을 수 있는 직류 전압[V]은?

① 90
② 180
③ 203
④ 234

해설 3상 반파 정류에서 위상각 $\alpha=0°$일 때
직류 전압(평균값)

$$E_{d0}=\frac{3\sqrt{3}}{\sqrt{2}\,\pi}E=1.17E$$

위상각 $\alpha=\frac{\pi}{6}$일 때

직류 전압 $E_{d\alpha}=E_{d0}\cdot\cos\alpha$

$$=1.17\times200\times\cos\frac{\pi}{6}$$

$$=202.6[\text{V}]$$

08 유도 전동기의 안정 운전의 조건은? (단, T_m : 전동기 토크, T_L : 부하 토크, n : 회전수)

① $\frac{dT_m}{dn}<\frac{dT_L}{dn}$　② $\frac{dT_m}{dn}=\frac{dT_L{}^2}{dn}$
③ $\frac{dT_m}{dn}>\frac{dT_L}{dn}$　④ $\frac{dT_m}{dn}\neq\frac{dT_L{}^2}{dn}$

해설

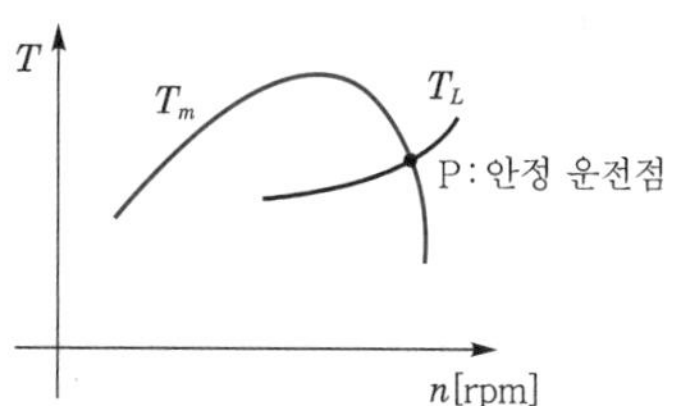

여기서, T_m : 전동기 토크, T_L : 부하의 반항 토크

안정된 운전을 위해서는 $\frac{dT_m}{dn}<\frac{dT_L}{dn}$ 이어야 한다.
즉, 부하의 반항 토크 기울기가 전동기 토크 기울기보다 큰 점에서 안정 운전을 한다.

09 동기 각속도 ω_0, 회전자 각속도 ω인 유도 전동기의 2차 효율은?

① $\frac{\omega_0}{\omega}$　② $\frac{\omega}{\omega_0}$
③ $\frac{\omega_0-\omega}{\omega_0}$　④ $\frac{\omega_0-\omega}{\omega}$

해설 $\eta_2=\frac{P}{P_2}=(1-s)=\frac{N}{N_s}=\frac{2\pi\omega}{2\pi\omega_0}=\frac{\omega}{\omega_0}$

10 직류기에 관련된 사항으로 잘못 짝지어진 것은?

① 보극 – 리액턴스 전압 감소
② 보상 권선 – 전기자 반작용 감소
③ 전기자 반작용 – 직류 전동기 속도 감소
④ 정류 기간 – 전기자 코일이 단락되는 기간

해설 전기자 반작용으로 주자속이 감소하면 직류 발전기는 유기 기전력이 감소하고, 직류 전동기는 회전 속도가 상승한다.

11 동기 발전기의 단락비를 계산하는 데 필요한 시험은?

① 부하 시험과 돌발 단락 시험
② 단상 단락 시험과 3상 단락 시험
③ 무부하 포화 시험과 3상 단락 시험
④ 정상, 역상, 영상 리액턴스의 측정 시험

정답 06. ③ 07. ③ 08. ① 09. ② 10. ③ 11. ③

해설 **동기 발전기의 단락비를 산출**

- 무부하 포화 특성 시험
- 3상 단락 시험

$\therefore$ 단락비 $K_s = \dfrac{I_{f0}}{I_{fs}}$

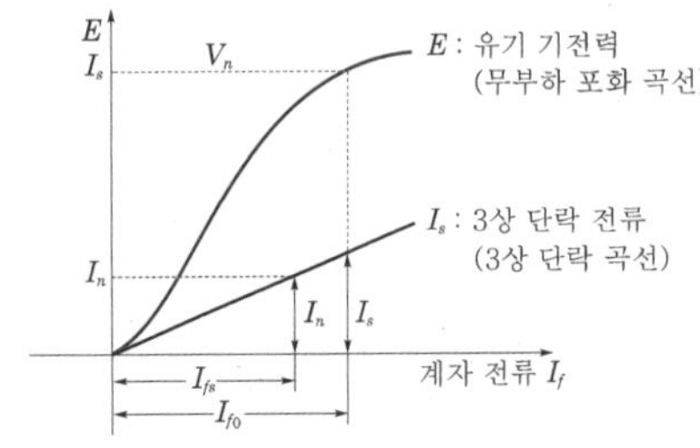

12 단상 직권 전동기의 종류가 아닌 것은?

① 직권형　② 아트킨손형
③ 보상 직권형　④ 유도 보상 직권형

해설 **단상 직권 정류자 전동기의 종류**

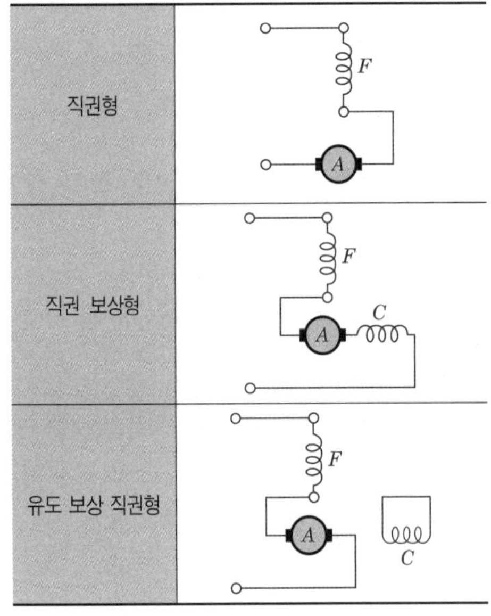

13 60[Hz]인 3상 8극 및 2극의 유도 전동기를 차동 종속으로 접속하여 운전할 때의 무부하 속도[rpm]는?

① 720　② 900
③ 1,000　④ 1,200

해설 2대의 권선형 유도 전동기를 차동 종속으로 접속하여 운전할 때

무부하 속도 $N = \dfrac{120f}{P_1 - P_2} = \dfrac{120 \times 60}{8-2}$

$= 1{,}200[\mathrm{rpm}]$

14 철심의 단면적이 0.085[m²], 최대 자속 밀도가 1.5[Wb/m²]인 변압기가 60[Hz]에서 동작하고 있다. 이 변압기의 1차 및 2차 권수는 120, 60이다. 이 변압기의 1차측에 발생하는 전압의 실효값은 약 몇 [V]인가?

① 4,076　② 2,037
③ 918　④ 496

해설 **1차 유기 기전력(1차 발생 전압)**

$E_1 = 4.44 f N_1 \phi_m$

$= 4.44 \times 60 \times 120 \times 1.5 \times 0.085$

$= 4{,}075.9[\mathrm{V}]$

15 그림과 같은 단상 브리지 정류 회로(혼합 브리지)에서 직류 평균 전압[V]은? (단, E는 교류측 실효치 전압, α는 점호 제어각이다.)

① $\dfrac{2\sqrt{2}E}{\pi}\left(\dfrac{1+\cos\alpha}{2}\right)$

② $\dfrac{\sqrt{2}E}{\pi}\left(\dfrac{1+\cos\alpha}{2}\right)$

③ 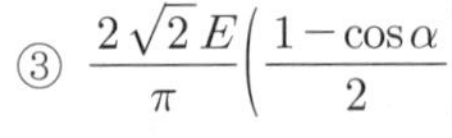 $\dfrac{2\sqrt{2}E}{\pi}\left(\dfrac{1-\cos\alpha}{2}\right)$

④ 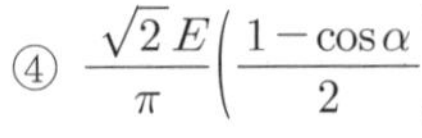 $\dfrac{\sqrt{2}E}{\pi}\left(\dfrac{1-\cos\alpha}{2}\right)$

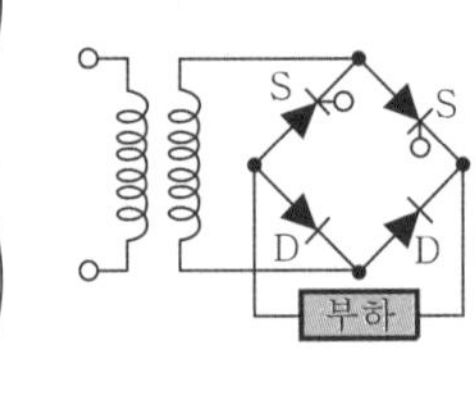

해설 SCR을 사용한 단상 브리지 정류에서 점호 제어각 α일 때 직류 평균 전압($E_{d\alpha}$)

$$E_{d\alpha} = \frac{1}{\pi}\int_{\alpha}^{\pi} \sqrt{2}E\sin\theta \cdot d\theta$$

$$= \frac{\sqrt{2}E}{\pi}(1+\cos\alpha)$$

$$= \frac{2\sqrt{2}E}{\pi}\left(\frac{1+\cos\alpha}{2}\right)[\mathrm{V}]$$

정답 12. ② 13. ④ 14. ① 15. ①

16 **직류기에서 기계각의 극수가 P인 경우 전기각과의 관계는 어떻게 되는가?**

① 전기각$\times 2P$　② 전기각$\times 3P$

③ 전기각$\times \frac{2}{P}$　④ 전기각$\times \frac{3}{P}$

해설 직류기에서 전기각 $\alpha = \frac{P}{2} \times$기계각

예 4극의 경우 360°(기계각), 회전 시 전기각은 720°이다.

기계각 $\theta =$전기각$\times \frac{2}{P}$

17 **단상 변압기의 병렬 운전 조건에 대한 설명 중 잘못된 것은? (단, r과 x는 각 변압기의 저항과 리액턴스를 나타낸다.)**

① 각 변압기의 극성이 일치할 것

② 각 변압기의 권수비가 같고 1차 및 2차 정격 전압이 같을 것

③ 각 변압기의 백분율 임피던스 강하가 같을 것

④ 각 변압기의 저항과 임피던스의 비는 $\frac{x}{r}$일 것

해설 **단상 변압기의 병렬 운전 조건**

- 변압기의 극성이 같을 것
- 1·2차 정격 전압 및 권수비가 같을 것
- 각 변압기의 저항과 리액턴스의 비가 같고 퍼센트 임피던스 강하가 같을 것

18 **변압기 단락 시험에서 변압기의 임피던스 전압이란?**

① 1차 전류가 여자 전류에 도달했을 때의 2차 측 단자전압

② 1차 전류가 정격 전류에 도달했을 때의 2차 측 단자전압

③ 1차 전류가 정격 전류에 도달했을 때의 변압기 내의 전압 강하

④ 1차 전류가 2차 단락 전류에 도달했을 때의 변압기 내의 전압 강하

해설 변압기의 임피던스 전압이란, 변압기 2차측을 단락하고 1차 공급 전압을 서서히 증가시켜 단락 전류가 1차 정격 전류에 도달했을 때의 변압기 내의 전압 강하이다.

19 **3상 동기 발전기의 매극 매상의 슬롯수를 3이라 할 때 분포권 계수는?**

① $6\sin\frac{\pi}{18}$　② $3\sin\frac{\pi}{36}$

③ $\frac{1}{6\sin\frac{\pi}{18}}$　④ $\frac{1}{12\sin\frac{\pi}{36}}$

해설 분포권 계수는 전기자 권선법에 따른 집중권과 분포권의 기전력의 비(ratio)로서

$$k_d = \frac{e_r(\text{분포권})}{e_r'(\text{집중권})} = \frac{\sin\frac{\pi}{2m}}{q\sin\frac{\pi}{2mq}}$$

$$= \frac{\sin\frac{180°}{2\times 3}}{3\cdot\sin\frac{\pi}{2\times 3\times 3}} = \frac{1}{6\sin\frac{\pi}{18}}$$

20 **다음 중 4극, 중권 직류 전동기의 전기자 전도체수 160, 1극당 자속수 0.01[Wb], 부하 전류 100[A]일 때 발생 토크[N·m]는?**

① 36.2　② 34.8

③ 25.5　④ 23.4

해설

$$\text{토크 } T = \frac{P}{2\pi\frac{N}{60}} = \frac{EI_a}{2\pi\frac{N}{60}} = \frac{\frac{Z}{a}P\phi\frac{N}{60}I_a}{2\pi\frac{N}{60}}$$

$$= \frac{ZP}{2\pi a}\phi I_a = \frac{160\times 4}{2\pi\times 4}\times 0.01\times 100$$

$\fallingdotseq 25.47$[N·m]

정답 16. ③ 17. ④ 18. ③ 19. ③ 20. ③

2023년 제1회 CBT 기출복원문제

01 SCR의 특징이 아닌 것은?

① 아크가 생기지 않으므로 열의 발생이 적다.
② 열용량이 적어 고온에 약하다.
③ 전류가 흐르고 있을 때 양극의 전압 강하가 작다.
④ 과전압에 강하다.

해설 SCR의 특징
- 과전압에 약하다.
- 열용량이 적어 고온에 약하다.
- 아크가 발생되지 않아 열의 발생이 적다.
- 게이트 신호를 인가할 때부터 도통할 때까지의 시간이 짧다.
- 전류가 흐를 때 양극의 전압 강하가 적다.
- 정류 기능을 갖는 단일 방향성 3단자 소자이다.

02 단권 변압기의 3상 결선에서 △결선인 경우, 1차측 선간 전압이 V_1, 2차측 선간 전압이 V_2일 때 단권 변압기의 $\frac{\text{자기 용량}}{\text{부하 용량}}$은? (단, $V_1 > V_2$인 경우이다.)

① $\dfrac{V_1 - V_2}{V_1}$ ② $\dfrac{V_1^2 - V_2^2}{\sqrt{3}\,V_1 V_2}$

③ $\dfrac{\sqrt{3}(V_1^2 - V_2^2)}{V_1 V_2}$ ④ $\dfrac{V_1 - V_2}{\sqrt{3}\,V_1}$

해설 단권 변압기의 강압용 3상 △결선에서

자기 용량 $P = \dfrac{V_1^2 - V_2^2}{V_1} I_2$

부하 용량 $W = \sqrt{3}\,V_1 I_1 = \sqrt{3}\,V_2 I_2$

$$\frac{\text{자기 용량}}{\text{부하 용량}} = \frac{P}{W} = \frac{\dfrac{V_1^2 - V_2^2}{V_1} I_2}{\sqrt{3}\,V_2 I_2} = \frac{V_1^2 - V_2^2}{\sqrt{3}\,V_1 V_2}$$

03 3상 직권 정류자 전동기의 중간 변압기의 사용 목적은?

① 역회전의 방지
② 역회전을 위하여
③ 전동기의 특성을 조정
④ 직권 특성을 얻기 위하여

해설 3상 직권 정류자 전동기의 중간 변압기를 사용하는 목적은 다음과 같다.
- 회전자 전압을 정류 작용에 맞는 값으로 조정할 수 있다.
- 권수비를 바꾸어서 전동기의 특성을 조정할 수 있다.
- 경부하시 철심의 자속을 포화시켜두면 속도의 이상 상승을 억제할 수 있다.

04 직류 발전기 중 무부하일 때보다 부하가 증가한 경우에 단자 전압이 상승하는 발전기는?

① 직권 발전기
② 분권 발전기
③ 과복권 발전기
④ 자동 복권 발전기

해설 단자 전압 $V = E - I_a(R_a + r_s)$
부하가 증가하면 과복권 발전기는 기전력(E)의 증가폭이 전압 강하 $I_a(R_a + r_s)$보다 크게 되어 단자 전압이 상승한다.

05 단락비가 큰 동기기는?

① 안정도가 높다.
② 전압 변동률이 크다.
③ 기계가 소형이다.
④ 전기자 반작용이 크다.

정답 01. ④ 02. ② 03. ③ 04. ③ 05. ①

해설 **단락비가 큰 동기 발전기의 특성**

- 동기 임피던스가 작다.
- 전압 변동률이 작다.
- 전기자 반작용이 작다(계자 기자력은 크고, 전기자 기자력은 작다).
- 출력이 크다.
- 과부하 내량이 크고, 안정도가 높다.
- 자기 여자 현상이 작다.
- 회전자가 크게 되어 철손이 증가하여 효율이 약간 감소한다.

06 변압기의 병렬 운전 조건에 해당하지 않는 것은?

① 각 변압기의 극성이 같을 것

② 각 변압기의 정격 출력이 같을 것

③ 각 변압기의 백분율 임피던스 강하가 같을 것

④ 각 변압기의 권수비가 같고 1차 및 2차의 정격 전압이 같을 것

해설 **변압기의 병렬 운전 조건**

- 각 변압기의 극성이 같을 것
- 각 변압기의 권수비가 같을 것
- 각 변압기의 1차, 2차 정격 전압이 같을 것
- 각 변압기의 백분율 임피던스 강하가 같을 것
- 상회전 방향과 각 변위가 같을 것(3상 변압기의 경우)

07 직류 분권 전동기의 정격 전압 220[V], 정격 전류 105[A], 전기자 저항 및 계자 회로의 저항이 각각 0.1[Ω] 및 40[Ω]이다. 기동 전류를 정격 전류의 150[%]로 할 때의 기동 저항은 약 몇 [Ω]인가?

① 0.46　　② 0.92

③ 1.21　　④ 1.35

해설 기동 전류 $I_s = 1.5I = 1.5 \times 105 = 157.5$ [A]

전기자 전류 $I_a = I_s - I_f = 157.5 - \dfrac{220}{40} = 152$[A]

$I_a = \dfrac{V}{R_a + R_s}$ 에서

기동 저항 $R_s = \dfrac{V}{I_a} - R_a = \dfrac{220}{152} - 0.1$

$= 1.347 \fallingdotseq 1.35$[Ω]

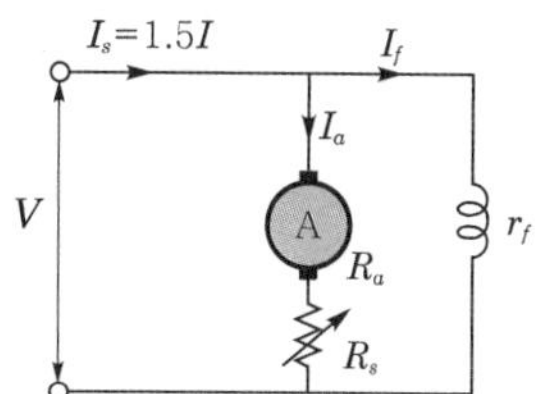

08 선박 추진용 및 전기 자동차용 구동 전동기의 속도 제어로 가장 적합한 것은?

① 저항에 의한 제어

② 전압에 의한 제어

③ 극수 변환에 의한 제어

④ 전원 주파수에 의한 제어

해설 선박 추진용 및 전기 자동차용 구동용 전동기 또는 견인 공업의 포트 모터의 속도 제어는 공급 전원의 주파수 변환에 의한 속도 제어를 한다.

09 3상 유도 전동기의 특성 중 비례 추이를 할 수 없는 것은?

① 동기 속도　　② 2차 전류

③ 1차 전류　　④ 역률

해설 유도 전동기의 2차 전류 $I_2 = \dfrac{E_2}{\sqrt{\left(\dfrac{r_2}{s}\right)^2 + {x_2}^2}}$[A]

1차 전류 $I_1 = \dfrac{1}{\alpha\beta} I_2 = \dfrac{1}{\alpha\beta} \dfrac{E_2}{\sqrt{\left(\dfrac{r_2}{s}\right)^2 + {x_2}^2}}$

2차 역률 $\cos\theta_2 = \dfrac{r_2}{Z_2} = \dfrac{\dfrac{r_2}{s}}{\sqrt{\left(\dfrac{r_2}{s}\right)^2 + {x_2}^2}}$

등과 같이 $\dfrac{r_2}{s}$가 포함된 함수는 비례 추이를 할 수 있으며 출력, 효율, 동기 속도 등은 $\dfrac{r_2}{s}$가 포함되어 있지 않으므로 비례 추이가 불가능하다.

정답 06. ② 07. ④ 08. ④ 09. ①

10 3상 전원의 수전단에서 전압 3,300[V], 전류 1,000[A], 뒤진 역률 0.8의 전력을 받고 있을 때 동기 조상기로 역률을 개선하여 1로 하고자 한다. 필요한 동기 조상기의 용량은 약 몇 [kVA]인가?

① 1,525　② 1,950
③ 3,150　④ 3,429

해설 동기 조상기의 진상 용량 Q

$$Q = P_a(\sin\theta_1 - \sin\theta_2)$$
$$= \sqrt{3} \times 3{,}300 \times 1{,}000 \times (\sqrt{1-0.8^2} - 0) \times 10^{-3}$$
$$= 3{,}429\,[\text{kVA}]$$

11 직류기에서 공극을 사이에 두고 전기자와 함께 자기 회로를 형성하는 것은?

① 계자　② 슬롯
③ 정류자　④ 브러시

해설 직류기에서 자기 회로의 구성은 계자 철심과 공극 그리고 전기자를 통하여 계철로 이루어진다.

12 와류손이 3[kW]인 3,300/110[V], 60[Hz]용 단상 변압기를 50[Hz], 3,000[V]의 전원에 사용하면 이 변압기의 와류손은 약 몇 [kW]로 되는가?

① 1.7　② 2.1
③ 2.3　④ 2.5

해설 공급 전압 $V_1 = 4.44fN\phi_m$에서

최대 자속 밀도 $B_m = K\dfrac{V_1}{f}$이므로

변화한 최대 자속 밀도 $B_m' = \dfrac{3{,}000}{3{,}300} \times \dfrac{6}{5}B_m = \dfrac{12}{11}B_m$

와전류손 $P_e = \sigma_e(t \cdot k_f f B_m)^2 = k(f \cdot B_m)^2$

$$P_e' = 3 \times \left(\frac{50}{60} \times \frac{12}{11}\right)^2 = 2.479\,[\text{kW}] \fallingdotseq 2.5\,[\text{kW}]$$

13 수은 정류기에 있어서 정류기의 밸브 작용이 상실되는 현상을 무엇이라고 하는가?

① 통호　② 실호
③ 역호　④ 점호

해설 수은 정류기에 있어서 밸브 작용의 상실은 과부하에 의해 과전류가 흘러 양극점에 수은 방울이 부착하여 전자가 역류하는 현상으로, 역호라고 한다.

14 3상 유도 전동기로서 작용하기 위한 슬립 s의 범위는?

① $s \geq 1$　② $0 < s < 1$
③ $-1 \leq s \leq 0$　④ $s = 0$ 또는 $s = 1$

해설 슬립 $s = \dfrac{N_s - N}{N_s}$

기동시 $N = 0$, $s = \dfrac{N_s - 0}{N_s} = 1$

무부하시 $N_0 \fallingdotseq N_s$, $s = \dfrac{N_s - N_0}{N_s} \fallingdotseq 0$

$\therefore\ 1 > s > 0$

15 스테핑 모터의 특징을 설명한 것으로 옳지 않은 것은?

① 위치 제어를 할 때 각도 오차가 적고 누적되지 않는다.
② 속도 제어 범위가 좁으며 초저속에서 토크가 크다.
③ 정지하고 있을 때 그 위치를 유지해주는 토크가 크다.
④ 가속, 감속이 용이하며 정・역전 및 변속이 쉽다.

해설 스테핑 모터는 아주 정밀한 디지털 펄스 구동 방식의 전동기로서 정・역 및 변속이 용이하고 제어 범위가 넓으며 각도의 오차가 적고 축적되지 않으며 정지 위치를 유지하는 힘이 크다. 적용 분야는 타이프 라이터나 프린터의 캐리지(carriage), 리본(ribbon) 프린터 헤드, 용지 공급의 위치 정렬, 로봇 등이 있다.

정답 10. ④ 11. ① 12. ④ 13. ③ 14. ② 15. ②

16 3상 교류 발전기의 기전력에 대하여 $\frac{\pi}{2}$[rad] 뒤진 전기자 전류가 흐르면 전기자 반작용은?

① 횡축 반작용을 한다.
② 교차 자화 작용을 한다.
③ 증자 작용을 한다.
④ 감자 작용을 한다.

해설 **동기 발전기의 전기자 반작용**

- 전기자 전류가 유기 기전력과 동상($\cos\theta = 1$)일 때는 주자속을 편협시켜 일그러뜨리는 횡축 반작용을 한다.
- 전기자 전류가 유기 기전력보다 위상 $\frac{\pi}{2}$ 뒤진 ($\cos\theta = 0$ 뒤진) 경우에는 주자속을 감소시키는 직축 감자 작용을 한다.
- 전기자 전류가 유기 기전력보다 위상이 $\frac{\pi}{2}$ 앞선 ($\cos\theta = 0$ 앞선) 경우에는 주자속을 증가시키는 직축 증자 작용을 한다.

17 전기자 저항이 0.3[Ω]인 분권 발전기가 단자 전압 550[V]에서 부하 전류가 100[A]일 때 발생하는 유도 기전력[V]은? (단, 계자 전류는 무시한다.)

① 260 ② 420
③ 580 ④ 750

해설 **직류 발전기의 유도 기전력**

$E = V + I_a R_a$

$= 550 + 100 \times 0.3 = 580$[V]

18 3상 유도 전동기의 토크와 출력에 대한 설명으로 옳은 것은?

① 속도에 관계가 없다.
② 동일 속도에서 발생한다.
③ 최대 출력은 최대 토크보다 고속도에서 발생한다.
④ 최대 토크가 최대 출력보다 고속도에서 발생한다.

해설 **3상 유도 전동기의 슬립대 토크 및 출력 특성 곡선**

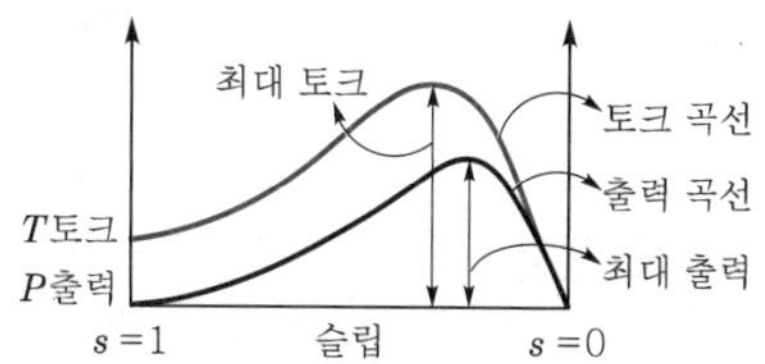

최대 출력은 최대 토크보다 고속에서 발생한다.

19 병렬 운전하고 있는 2대의 3상 동기 발전기 사이에 무효 순환 전류가 흐르는 경우는?

① 부하의 증가
② 부하의 감소
③ 여자 전류의 변화
④ 원동기의 출력 변화

해설 동기 발전기의 병렬 운전을 하는 경우 여자 전류가 변화하면 유기 기전력의 크기가 다르게 되며 따라서 3상 동기 발전기 사이에 무효 순환 전류가 흐른다.

20 변압기에서 1차측의 여자 어드미턴스를 Y_0라고 한다. 2차측으로 환산한 여자 어드미턴스 $Y_0{}'$를 옳게 표현한 식은? (단, 권수비를 a라고 한다.)

① $Y_0{}' = a^2 Y_0$
② $Y_0{}' = a Y_0$
③ $Y_0{}' = \frac{Y_0}{a^2}$
④ $Y_0{}' = \frac{Y_0}{a}$

해설 1차 임피던스를 2차측으로 환산하면 다음과 같다.

$Z_1{}' = \frac{Z_1}{a^2}$[Ω]

1차 여자 어드미턴스를 2차측으로 환산하면 다음과 같다.

$Y_0{}' = a^2 Y_0$[℧]

정답 16. ④ 17. ③ 18. ③ 19. ③ 20. ①

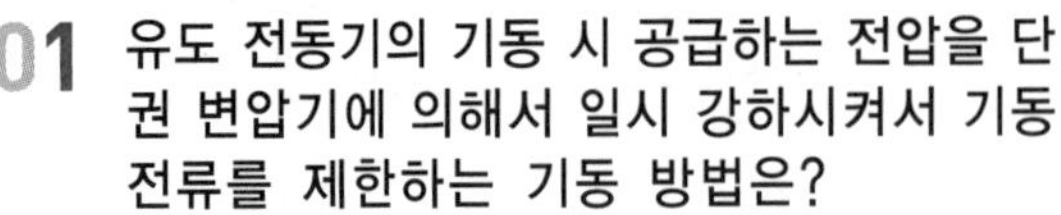

전기기사 2023년 제2회 CBT 기출복원문제

01 유도 전동기의 기동 시 공급하는 전압을 단권 변압기에 의해서 일시 강하시켜서 기동 전류를 제한하는 기동 방법은?

① Y-Δ 기동
② 저항 기동
③ 직접 기동
④ 기동 보상기에 의한 기동

해설 농형 유도 전동기의 기동에서 소형은 전전압 기동, 중형은 Y-Δ 기동, 대용량은 강압용 단권 변압기를 이용한 기동 보상기법을 사용한다.

02 직류 발전기의 단자 전압을 조정하려면 어느 것을 조정하여야 하는가?

① 기동 저항 ② 계자 저항
③ 방전 저항 ④ 전기자 저항

해설 단자 전압 $V=E-I_aR_a$

유기 기전력 $E=\frac{Z}{a}p\phi\frac{N}{60}=K\phi N$

유기 기전력이 자속(ϕ)에 비례하므로 단자 전압은 계자 권선에 저항을 연결하여 조정한다.

03 변압기 1차측 사용 탭이 6,300[V]인 경우, 2차측 전압이 110[V]였다면 2차측 전압을 약 120[V]로 하기 위해서는 1차측의 탭을 몇 [V]로 선택해야 하는가?

① 5,700 ② 6,000
③ 6,600 ④ 6,900

해설 변압기의 2차 전압을 높이려면 권수비는 낮추어야 하므로 탭 전압 $V_T=6{,}300\times\frac{110}{120}=5{,}775$

$\therefore\ V_T=5{,}700[\text{V}]$

정격 탭 전압은 5,700, 6,000, 6,300, 6,600, 6,900[V]이다.

04 6극 유도 전동기 토크가 τ이다. 극수를 12극으로 변환했다면 변환한 후의 토크는?

① τ ② 2τ
③ $\frac{\tau}{2}$ ④ $\frac{\tau}{4}$

해설 동기 속도 $N_s=\frac{120f}{P}$ (여기서, P : 극수)

유도 전동기의 토크

$$T=\frac{P_2}{2\pi\frac{N_s}{60}}=\frac{P_2}{2\pi\frac{120f}{P}\times\frac{1}{60}}=\frac{P\cdot P_2}{4\pi f}$$

유도 전동기의 토크는 극수에 비례하므로 2배로 증가한다.

05 2방향성 3단자 사이리스터는 어느 것인가?

① SCR
② SSS
③ SCS
④ TRIAC

해설 사이리스터(thyristor)의 SCR은 단일 방향 2단자 소자, SSS는 쌍방향(2방향성) 2단자 소자, SCS는 단일 방향 4단자 소자이며 TRIAC은 2방향성 3단자 소자이다.

06 3상 3,300[V], 100[kVA]의 동기 발전기의 정격 전류는 약 몇 [A]인가?

① 17.5 ② 25
③ 30.3 ④ 33.3

해설 정격 전류 $I_m=\frac{P\times10^3}{\sqrt{3}\,V_m}$

$$=\frac{100\times10^3}{\sqrt{3}\times3{,}300}=17.5[\text{A}]$$

정답 01. ④ 02. ② 03. ① 04. ② 05. ④ 06. ①

07 단상 변압기 3대를 이용하여 3상 △-Y 결선을 했을 때 1차와 2차 전압의 각 변위(위상차)는?

① 0° ② 60°
③ 150° ④ 180°

해설 변압기에서 각 변위는 1차, 2차 유기 전압 벡터의 각각의 중성점과 동일 부호(U, u)를 연결한 두 직선 사이의 각도이며 △-Y 결선의 경우 330°와 150° 두 경우가 있다.

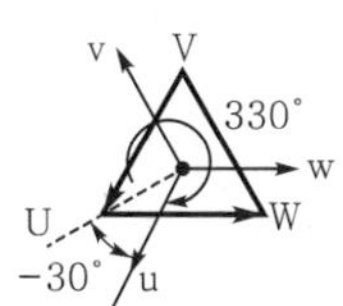

▌330°(-30°)▐

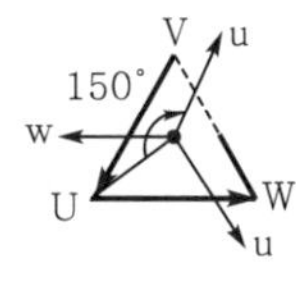

▌150°▐

08 직류 전동기의 워드레오나드 속도 제어 방식으로 옳은 것은?

① 전압 제어
② 저항 제어
③ 계자 제어
④ 직·병렬 제어

해설 **직류 전동기의 속도 제어 방식**
- 계자 제어
- 저항 제어
- 직·병렬 제어
- 전압 제어
  - 워드레오나드(Ward leonard) 방식
  - 일그너(Illgner) 방식

09 1차 전압 V_1, 2차 전압 V_2인 단권 변압기를 Y결선을 했을 때, 등가 용량과 부하 용량의 비는? (단, $V_1 > V_2$이다.)

① $\dfrac{V_1 - V_2}{\sqrt{3}\,V_1}$ ② $\dfrac{V_1 - V_2}{V_1}$
③ $\dfrac{\sqrt{3}(V_1 - V_2)}{2V_1}$ ④ $\dfrac{V_1^2 - V_2^2}{\sqrt{3}\,V_1 V_2}$

해설
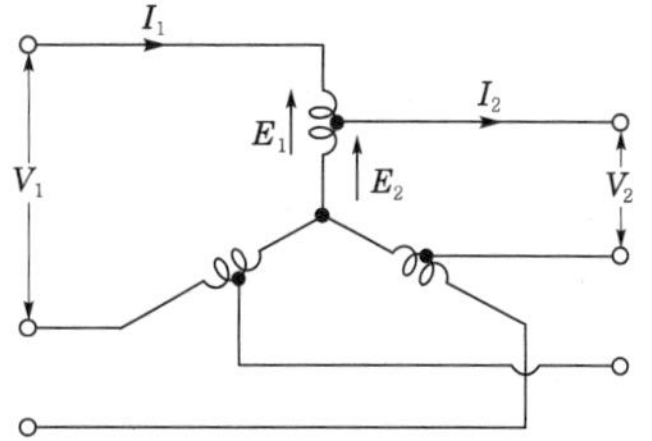

그림의 결선에서

부하 용량 $= \sqrt{3}\,V_1 I_1 = \sqrt{3}\,V_2 I_2$

등가 용량 $= \dfrac{3(V_1 - V_2)I_1}{\sqrt{3}} = \sqrt{3}(V_1 - V_2)I_1$

$$\therefore \frac{\text{등가 용량}}{\text{부하 용량}} = \frac{3(V_1 - V_2)I_1}{\sqrt{3} \times \sqrt{3}\,V_1 I_1} = \frac{V_1 - V_2}{V_1} = 1 - \frac{V_2}{V_1}$$

10 풍력 발전기로 이용되는 유도 발전기의 단점이 아닌 것은?

① 병렬로 접속되는 동기기에서 여자 전류를 취해야 한다.
② 공극의 치수가 작기 때문에 운전시 주의해야 한다.
③ 효율이 낮다.
④ 역률이 높다.

해설 유도 발전기는 단락 전류가 작고, 구조가 간결하며 동기화할 필요가 없으나, 동기 발전기를 이용하여 여자하며, 공급이 작고 취급이 곤란하며 역률과 효율이 낮은 단점이 있다.

11 직류를 다른 전압의 직류로 변환하는 전력 변환 기기는?

① 초퍼
② 인버터
③ 사이클로 컨버터
④ 브리지형 인버터

해설 초퍼(chopper)는 ON·OFF를 고속으로 반복할 수 있는 스위치로 직류를 다른 전압의 직류로 변환하는 전력 변환 기기이다.

정답 07. ③ 08. ① 09. ② 10. ④ 11. ①

12 다음은 스텝 모터(step motor)의 장점을 나열한 것이다. 틀린 것은?

① 피드백 루프가 필요 없이 오픈 루프로 손쉽게 속도 및 위치 제어를 할 수 있다.
② 디지털 신호를 직접 제어할 수 있으므로 컴퓨터 등 다른 디지털 기기와 인터페이스가 쉽다.
③ 가속, 감속이 용이하며 정 · 역전 및 변속이 쉽다.
④ 위치 제어를 할 때 각도 오차가 크고 누적된다.

해설 스테핑 모터는 아주 정밀한 디지털 펄스 구동 방식의 전동기로서 정 · 역 및 변속이 용이하고 제어 범위가 넓으며 각도의 오차가 적고 축적되지 않으며 정지 위치를 유지하는 힘이 크다. 적용 분야는 타이프 라이터나 프린터의 캐리지(carriage), 리본(ribbon) 프린터 헤드, 용지 공급의 위치 정렬, 로봇 등이 있다.

13 기전력(1상)이 E_0이고 동기 임피던스(1상)가 Z_s인 2대의 3상 동기 발전기를 무부하로 병렬 운전시킬 때 각 발전기의 기전력 사이에 δ_s의 위상차가 있으면 한쪽 발전기에서 다른 쪽 발전기로 공급되는 1상당의 전력[W]은?

① $\dfrac{E_0}{Z_s}\sin\delta_s$　② $\dfrac{E_0}{Z_s}\cos\delta_s$
③ $\dfrac{E_0^{\ 2}}{2Z_s}\sin\delta_s$　④ $\dfrac{E_0^{\ 2}}{2Z_s}\cos\delta_s$

해설 동기화 전류 $I_s=\dfrac{2E_0}{2Z_s}\sin\dfrac{\delta_s}{2}$[A]

수수 전력 $P=E_0I_s\cos\dfrac{\delta_s}{2}$

$$=\frac{2E_0^{\ 2}}{2Z_s}\sin\frac{\delta_s}{2}\cdot\cos\frac{\delta_s}{2}$$

$$=\frac{E_0^{\ 2}}{2Z_s}\sin\delta_s[\text{W}]$$

가법 정리 $\sin\left(\dfrac{\delta_s}{2}+\dfrac{\delta_s}{2}\right)=2\sin\dfrac{\delta_s}{2}\cdot\cos\dfrac{\delta_s}{2}$

14 4극, 3상 유도 전동기가 있다. 총 슬롯수는 48이고 매극 매상 슬롯에 분포하며 코일 간격은 극간격의 75[%]인 단절권으로 하면 권선 계수는 얼마인가?

① 약 0.986
② 약 0.960
③ 약 0.924
④ 약 0.884

해설 매극 매상 홈수 $q=\dfrac{s}{p\times m}=\dfrac{48}{4\times3}=4$

분포 계수 $K_d=\dfrac{\sin\dfrac{\pi}{2m}}{q\sin\dfrac{\pi}{2mq}}=\dfrac{1}{q\sin7.5°}=0.957$

단절 계수 $K_p=\sin\dfrac{\beta\pi}{2}=\sin\dfrac{0.75\times180°}{2}$
$=0.9238$

권선 계수 $K_w=K_d\cdot K_p$
$=0.957\times0.9238=0.884$

15 직류 복권 발전기의 병렬 운전에 있어 균압선을 붙이는 목적은 무엇인가?

① 손실을 경감한다.
② 운전을 안정하게 한다.
③ 고조파의 발생을 방지한다.
④ 직권 계자 간의 전류 증가를 방지한다.

해설 직류 발전기의 병렬 운전 시 직권 계자 권선이 있는 발전기(직권 발전기, 복권 발전기)의 안정된(한쪽 발전기로 부하가 집중되는 현상을 방지) 병렬 운전을 하기 위해 균압선을 설치한다.

16 직류 분권 전동기의 정격 전압이 300[V], 전부하 전기자 전류 50[A], 전기자 저항 0.2[Ω]이다. 이 전동기의 기동 전류를 전부하 전류의 120[%]로 제한시키기 위한 기동 저항값은 몇 [Ω]인가?

① 3.5　② 4.8
③ 5.0　④ 5.5

정답 12. ④ 13. ③ 14. ④ 15. ② 16. ②

해설 기동 전류 $I_s = \frac{V-E}{R_a+R_s}$

$= 1.2I_a = 1.2 \times 50 = 60[\mathrm{A}]$

기동시 역기전력 $E=0$이므로

기동 저항 $R_s = \frac{V}{1.2I_a} - R_a$

$= \frac{300}{1.2 \times 50} - 0.2 = 4.8[\Omega]$

17 단상 직권 정류자 전동기에서 주자속의 최대치를 ϕ_m, 자극수를 P, 전기자 병렬 회로수를 a, 전기자 전 도체수를 Z, 전기자의 속도를 N[rpm]이라 하면 속도 기전력의 실효값 E_r[V]은? (단, 주자속은 정현파이다.)

① $E_r = \sqrt{2}\frac{P}{a}Z\frac{N}{60}\phi_m$

② $E_r = \frac{1}{\sqrt{2}}\frac{P}{a}ZN\phi_m$

③ $E_r = \frac{P}{a}Z\frac{N}{60}\phi_m$

④ $E_r = \frac{1}{\sqrt{2}}\frac{P}{a}Z\frac{N}{60}\phi_m$

해설 단상 직권 정류자 전동기는 직·교 양용 전동기로 속도 기전력의 실효값

$E_r = \frac{1}{\sqrt{2}}\frac{P}{a}Z\frac{N}{60}\phi_m[\mathrm{V}]$

(직류 전동기의 역기전력 $E = \frac{P}{a}Z\frac{N}{60}\phi[\mathrm{V}]$)

18 단상 유도 전압 조정기에서 단락 권선의 역할은?

① 철손 경감 ② 절연 보호
③ 전압 강하 경감 ④ 전압 조정 용이

해설 단상 유도 전압 조정기의 단락 권선은 누설 리액턴스를 감소하여 전압 강하를 적게 한다.

19 전기자 저항 $r_a = 0.2[\Omega]$, 동기 리액턴스 $X_s = 20[\Omega]$인 Y결선의 3상 동기 발전기가 있다. 3상 중 1상의 단자 전압 V=4,400[V], 유도 기전력 E=6,600[V]이다. 부하각 $\delta=30°$라고 하면 발전기의 출력은 약 몇 [kW]인가?

① 2,178 ② 3,251
③ 4,253 ④ 5,532

해설 3상 동기 발전기의 출력

$P = 3\frac{EV}{X_s}\sin\delta$

$= 3 \times \frac{6,600 \times 4,400}{20} \times \frac{1}{2} \times 10^{-3}$

$= 2,178[\mathrm{kW}]$

20 전류계를 교체하기 위해 우선 변류기 2차측을 단락시켜야 하는 이유는?

① 측정 오차 방지
② 2차측 절연 보호
③ 2차측 과전류 보호
④ 1차측 과전류 방지

해설 변류기 2차측을 개방하면 1차측의 부하 전류가 모두 여자 전류가 되어 큰 자속의 변화로 고전압이 유도되며 2차측 절연 파괴의 위험이 있다.

정답 17. ④ 18. ③ 19. ① 20. ②

전기산업기사

2023년 제2회 CBT 기출복원문제

01 전기자 반작용이 직류 발전기에 영향을 주는 것을 설명한 것으로 틀린 것은?

① 전기자 중성축을 이동시킨다.
② 자속을 감소시켜 부하 시 전압 강하의 원인이 된다.
③ 정류자 편간 전압이 불균일하게 되어 섬락의 원인이 된다.
④ 전류의 파형은 찌그러지나 출력에는 변화가 없다.

해설 전기자 반작용은 전기자 전류에 의한 자속이 계자 자속의 분포에 영향을 주는 현상으로 다음과 같다.
- 전기적 중성축이 이동한다.
- 계자 자속이 감소한다.
- 정류자 편간 전압이 국부적으로 높아져 섬락을 일으킨다.

02 변압기의 절연유로서 갖추어야 할 조건이 아닌 것은?

① 비열이 커서 냉각 효과가 클 것
② 절연 저항 및 절연 내력이 적을 것
③ 인화점이 높고 응고점이 낮을 것
④ 고온에서도 석출물이 생기거나 산화하지 않을 것

해설 **변압기유의 구비 조건**
- 절연 내력이 클 것
- 절연 재료 및 금속에 화학 작용을 일으키지 않을 것
- 인화점이 높고 응고점이 낮을 것
- 점도가 낮고(유동성이 풍부) 비열이 커서 냉각 효과가 클 것
- 고온에 있어 석출물이 생기거나 산화하지 않을 것
- 증발량이 적을 것

03 3상, 6극, 슬롯수 54의 동기 발전기가 있다. 어떤 전기자 코일의 두 변이 제1슬롯과 제8슬롯에 들어 있다면 단절권 계수는 약 얼마인가?

① 0.9397 ② 0.9567
③ 0.9837 ④ 0.9117

해설 동기 발전기의 극 간격과 코일 간격을 홈(slot)수로 나타내면 다음과 같다.

극 간격 $\frac{S}{P}=\frac{54}{6}=9$

코일 간격 8슬롯−1슬롯=7

단절권 계수 $K_P=\sin\frac{\beta\pi}{2}=\sin\frac{\frac{7}{9}\times180°}{2}$

$=\sin70°=0.9397$

04 전동력 응용 기기에서 GD^2값이 적은 것이 바람직한 기기는?

① 압연기 ② 엘리베이터
③ 송풍기 ④ 냉동기

해설 엘리베이터용 전동기의 가장 필요한 특성은 관성 모멘트가 작아야 한다.

관성 모멘트 $J=\frac{1}{2}GD^2[\text{kg}\cdot\text{m}^2]$

플라이휠 효과(flywheel effect) $GD^2[\text{kg}\cdot\text{m}^2]$

05 유도 전동기의 동기 와트에 대한 설명으로 옳은 것은?

① 동기 속도에서 1차 입력
② 동기 속도에서 2차 입력
③ 동기 속도에서 2차 출력
④ 동기 속도에서 2차 동손

정답 01. ④ 02. ② 03. ① 04. ② 05. ②

해설 유도 전동기의 토크

$$T = \frac{P_2}{2\pi \frac{N_s}{60}} [\text{N} \cdot \text{m}]$$

$$= \frac{1}{9 \cdot 8} \frac{P_2}{2\pi \frac{N_s}{60}} = 0.975 \frac{P_2}{N_s} [\text{kg} \cdot \text{m}]$$

토크는 2차 입력이 정비례하고, 동기 속도에 반비례하는데 $T_s = P_2$를 동기 와트로 표시한 토크라 한다. 따라서, 동기 와트는 동기 속도에서 2차 입력을 나타낸다.

06 2대의 동기 발전기가 병렬 운전하고 있을 때 동기화 전류가 흐르는 경우는?

① 기전력의 크기에 차가 있을 때
② 기전력의 위상에 차가 있을 때
③ 부하 분담에 차가 있을 때
④ 기전력의 파형에 차가 있을 때

해설 동기 발전기가 병렬 운전하고 있을 때 기전력의 위상차가 생기면 동기화 전류(유효 횡류)가 흐르고 기전력의 크기가 다르면 무효 순환 전류가 흐른다.

07 3상 동기 발전기의 여자 전류 5[A]에 대한 1상의 유기 기전력이 600[V]이고 그 3상 단락 전류는 30[A]이다. 이 발전기의 동기 임피던스[Ω]는?

① 10　② 20
③ 30　④ 40

해설 동기 임피던스 $Z_s = \frac{E}{I_s} = \frac{600}{30} = 20\,[\Omega]$

08 단상 반파 정류 회로로 직류 평균 전압 99[V]를 얻으려고 한다. 최대 역전압(Peak Inverse Voltage)이 약 몇 [V] 이상의 다이오드를 사용하여야 하는가? (단, 저항 부하이며, 정류 회로 및 변압기의 전압 강하는 무시한다.)

① 311　② 471
③ 150　④ 166

해설 단상 반파 정류 회로

• 직류 전압 $E_d = \frac{\sqrt{2}}{\pi} E$에서 $E = \frac{\pi}{\sqrt{2}} E_d$

• 첨두 역전압 $V_{in} = \sqrt{2}E = \sqrt{2} \times \frac{\pi}{\sqrt{2}} E_d$

$$= \sqrt{2} \times \frac{\pi}{\sqrt{2}} \times 99 \fallingdotseq 311[\text{V}]$$

09 직류 전동기의 역기전력에 대한 설명 중 틀린 것은?

① 역기전력이 증가할수록 전기자 전류는 감소한다.
② 역기전력은 속도에 비례한다.
③ 역기전력은 회전 방향에 따라 크기가 다르다.
④ 부하가 걸려 있을 때에는 역기전력은 공급 전압보다 크기가 작다.

해설 역기전력은 단자 전압과 반대 방향이고, 전기자 전류에 흐름을 방해하는 방향으로 발생되는 기전력이다.

$$\therefore E = \frac{pZ}{60a} \cdot \phi \cdot N = V - I_a R_a [\text{V}]$$

10 직류기의 전기자에 일반적으로 사용되는 전기자 권선법은?

① 2층권　② 개로권
③ 환상권　④ 단층권

해설 직류기의 전기자 권선법은 고상권, 폐로권, 2층권을 사용한다.

11 3상 유도 전동기를 급속하게 정지시킬 경우에 사용되는 제동법은?

① 발전 제동법　② 회생 제동법
③ 마찰 제동법　④ 역상 제동법

해설 3상 중 2상의 접속을 바꾸어 역회전시켜 발생되는 역토크를 이용해서 전동기를 급정지시키는 제동법은 역상 제동이다.

정답 06. ② 07. ② 08. ① 09. ③ 10. ① 11. ④

12 일반적인 농형 유도 전동기에 관한 설명 중 틀린 것은?

① 2차측을 개방할 수 없다.
② 2차측의 전압을 측정할 수 있다.
③ 2차 저항 제어법으로 속도를 제어할 수 없다.
④ 1차 3선 중 2선을 바꾸면 회전 방향을 바꿀 수 있다.

해설 농형 유도 전동기는 2차측(회전자)이 단락 권선으로 되어 있어 개방할 수 없고, 전압을 측정할 수 없으며, 2차 저항을 변화하여 속도 제어를 할 수 없고 1차 3선 중 2선의 결선을 바꾸면 회전 방향을 바꿀 수 있다.

13 3상 전원에서 2상 전원을 얻기 위한 변압기의 결선 방법은?

① Δ　　② T
③ Y　　④ V

해설 3상 전원에서 2상 전원을 얻기 위한 변압기의 결선 방법은 다음과 같다.
- 스코트(scott) 결선 → T결선
- 메이어(meyer) 결선
- 우드 브리지(wood bridge) 결선

14 정격 150[kVA], 철손 1[kW], 전부하 동손이 4[kW]인 단상 변압기의 최대 효율[%]과 최대 효율시의 부하[kVA]는? (단, 부하 역률 =1)

① 96.8[%], 125[kVA]
② 97.4[%], 75[kVA]
③ 97[%], 50[kVA]
④ 97.2[%], 100[kVA]

해설 $\frac{1}{m}$ 부하시 최대 효율 조건 $P_i = \left(\frac{1}{m}\right)^2 P_c$

$\frac{1}{m} = \sqrt{\frac{P_i}{P_c}} = \sqrt{\frac{1}{4}} = \frac{1}{2}$이므로 $\frac{1}{m}$ 부하시 효율

$$\eta_{\frac{1}{m}} = \frac{\frac{1}{m}P\cos\theta}{\frac{1}{m}P\cos\theta + P_i + \left(\frac{1}{m}\right)^2 P_c} \times 100 \text{ 에서}$$

최대 효율

$$\eta_m = \frac{\frac{1}{2}\times 150 \times 1}{\frac{1}{2}\times 150\times 1 + 1 + \left(\frac{1}{2}\right)^2 \times 4} \times 100 = 97.4[\%]$$

최대 효율시 부하 용량

$$P = P_n \times \frac{1}{2} = 150 \times \frac{1}{2} = 75[\text{kVA}]$$

15 직류 전동기의 속도 제어 방법에서 광범위한 속도 제어가 가능하며, 운전 효율이 가장 좋은 방법은?

① 계자 제어　　② 전압 제어
③ 직렬 저항 제어　　④ 병렬 저항 제어

해설 전동기의 회전수 N은

$$N = K\frac{V - I_a R_a}{\phi}\ [\text{rpm}]$$

따라서, N을 바꾸는 방법으로 V, R_a, ϕ을 가감하는 방법이 있다. 또한, R_a는 전기자 저항, 보극 저항 및 이것에 직렬인 저항의 합이다.
- 계자 제어(ϕ를 변화시키는 방법) : 분권 계자 권선과 직렬로 넣은 계자 조정기를 가감하여 자속을 변화시킨다. 속도를 가감하는 데는 가장 간단하고 효율이 좋다.
- 저항 제어(R_a를 변화시키는 방법) : 이 방법은 전기자 권선 및 직렬 권선의 저항은 일정하여 이것에 직렬로 삽입한 직렬 저항기를 가감하여 속도를 가감하는 방법이다. 취급은 간단하지만 저항기의 전력 손실이 크고 속도가 저하하였을 때에는 부하의 변화에 따라 속도가 심하게 변하여 취급이 곤란하다.
- 전압 제어(V를 변화시키는 방법) : 일정 토크를 내고자 할 때, 대용량인 것에 이 방법이 쓰인다. 전용 전원을 설치하여 전압을 가감하여 속도를 제어한다. 고효율로 속도가 저하하여도 가장 큰 토크를 낼 수 있고 역전도 가능하지만 장치가 극히 복잡하며 고가이다. 워드 레오나드 방식은 이러한 방법의 일례이다.

정답 12. ② 13. ② 14. ② 15. ②

16 단상 직권 정류자 전동기에 전기자 권선의 권수를 계자 권수에 비해 많게 하는 이유가 아닌 것은?

① 주자속을 크게 하고 토크를 증가시키기 위하여
② 속도 기전력을 크게 하기 위하여
③ 변압기 기전력을 크게 하기 위하여
④ 역률 저하를 방지하기 위하여

해설 단상 정류자 전동기에서는 계자를 약하게 하고, 전기자를 강하게 함으로써 역률을 좋게 하고 변압기에 기전력은 적게 한다.

17 트라이액(TRIAC)에 대한 설명으로 틀린 것은?

① 쌍방향성 3단자 사이리스터이다.
② 턴오프 시간이 SCR보다 짧으며 급격한 전압 변동에 강하다.
③ SCR 2개를 서로 반대 방향으로 병렬 연결하여 양방향 전류 제어가 가능하다.
④ 게이트에 전류를 흘리면 어느 방향이든 전압이 높은 쪽에서 낮은 쪽으로 도통한다.

해설 트라이액은 SCR 2개를 역병렬로 연결한 쌍방향 3단자 사이리스터로 턴온(오프) 시간이 짧으며 게이트에 전류가 흐르면 전원 전압이 (+)에서 (-)로 도통하는 교류 전력 제어 소자이다. 또한 급격한 전압 변동에 약하다.

18 단상 유도 전동기의 기동 방법 중 기동 토크가 가장 큰 것은?

① 반발 기동형　　② 분상 기동형
③ 셰이딩 코일형　　④ 콘덴서 분상 기동형

해설 단상 유도 전동기의 기동 토크가 큰 것부터 차례로 배열하면 다음과 같다.

- 반발 기동형
- 콘덴서 기동형
- 분상 기동형
- 셰이딩(shading) 코일형

19 10[kVA], 2,000/380[V]의 변압기 1차 환산 등가 임피던스가 $3+j4[\Omega]$이다. %임피던스 강하는 몇 [%]인가?

① 0.75　　② 1.0
③ 1.25　　④ 1.5

해설 1차 전류 $I_1 = \dfrac{P}{V_1} = \dfrac{10\times 10^3}{2,000} = 5[\text{A}]$

%임피던스 강하 $\%Z = \dfrac{IZ}{V}\times 100$

$$= \frac{5\times\sqrt{3^2+4^2}}{2,000}\times 100$$

$$= 1.25[\%]$$

20 △-Y 결선의 3상 변압기군 A와 Y-△ 결선의 변압기군 B를 병렬로 사용할 때 A군의 변압기 권수비가 30이라면 B군의 변압기 권수비는?

① 10　　② 30
③ 60　　④ 90

해설 A 변압기 권수비$=a_1$, B 변압기 권수비$=a_2$
1, 2차 상전압$=E_1,\ E_2$
1, 2차 선간 전압$=V_1,\ V_2$라 하면

$$a_1 = \frac{E_1}{E_2} = \frac{V_1}{\frac{V_2}{\sqrt{3}}} = \frac{\sqrt{3}\,V_1}{V_2}$$

$$a_2 = \frac{E_1'}{E_2'} = \frac{\frac{V_1}{\sqrt{3}}}{V_2} = \frac{V_1}{\sqrt{3}\,V_2}$$

$$\therefore \frac{a_1}{a_2} = \frac{\frac{\sqrt{3}\,V_1}{V_2}}{\frac{V_1}{\sqrt{3}\,V_2}} = \frac{3\cdot V_1\cdot V_2}{V_1\cdot V_2} = 3$$

$$\therefore a_2 = \frac{1}{3}a_1 = \frac{1}{3}\times 30 = 10$$

정답 16. ③ 17. ② 18. ① 19. ③ 20. ①

2023년 제3회 CBT 기출복원문제

01 50[Ω]의 계자 저항을 갖는 직류 분권 발전기가 있다. 이 발전기의 출력이 5.4[kW]일 때 단자 전압은 100[V], 유기 기전력은 115[V]이다. 이 발전기의 출력이 2[kW]일 때 단자 전압이 125[V]라면 유기 기전력은 약 몇 [V]인가?

① 130　② 145
③ 152　④ 159

해설 $P = VI$

$I = \frac{P}{V} = \frac{5,400}{100} = 54[A]$

$I_f = \frac{V}{r_f} = \frac{100}{50} = 2[A]$

$I_a = I + I_f = 54 + 2 = 56[A]$

$R_a = \frac{E - V}{I} = \frac{115 - 100}{56} = 0.267[\Omega]$

$I' = \frac{P}{V} = \frac{2,000}{125} = 16[A]$

$I_f' = \frac{125}{50} = 2.5[A]$

$I_a' = I' + I_f' = 16 + 2.5 = 18.5[A]$

$E' = V' + I_a' R_a$

$= 125 + 18.5 \times 0.267$

$= 129.9 = 130[A]$

02 1차 전압 100[V], 2차 전압 200[V], 선로 출력 50[kVA]인 단권 변압기의 자기 용량은 몇 [kVA]인가?

① 25　② 50
③ 250　④ 500

해설 단권 변압기의 $\frac{P(\text{자기 용량, 등가 용량})}{W(\text{선로 용량, 부하 용량})} = \frac{V_h - V_l}{V_h}$ 이므로

자기 용량 $P = \frac{V_h - V_l}{V_h} W$

$= \frac{200 - 100}{200} \times 50 = 25[\text{kVA}]$

03 동기 발전기를 병렬 운전하는 데 필요하지 않은 조건은?

① 기전력의 용량이 같을 것
② 기전력의 파형이 같을 것
③ 기전력의 크기가 같을 것
④ 기전력의 주파수가 같을 것

해설 **동기 발전기의 병렬 운전 조건**
- 기전력의 크기가 같을 것
- 기전력의 위상이 같을 것
- 기전력의 주파수가 같을 것
- 기전력의 파형이 같을 것

04 반도체 사이리스터에 의한 제어는 어느 것을 변화시키는 것인가?

① 전류　② 주파수
③ 토크　④ 위상각

해설 반도체 사이리스터(thyristor)에 의한 전압을 제어하는 경우 위상각 또는 점호각을 변화시킨다.

05 권선형 유도 전동기의 2차 여자법 중 2차 단자에서 나오는 전력을 동력으로 바꿔서 직류 전동기에 가하는 방식은?

① 회생 방식
② 크레머 방식
③ 플러깅 방식
④ 세르비우스 방식

정답 01. ① 02. ① 03. ① 04. ④ 05. ②

해설 권선형 유도 전동기의 속도 제어에서 2차 여자 제어법은 크레머 방식과 세르비우스 방식이 있으며, 크레머 방식은 2차 단자에서 나오는 전력을 동력으로 바꾸어 제어하는 방식이고, 세르비우스 방식은 2차 전력을 전원측에 반환하여 제어하는 방식이다.

06 출력 P_o, 2차 동손 P_{2c}, 2차 입력 P_2 및 슬립 s인 유도 전동기에서의 관계는?

① $P_2 : P_{2c} : P_o = 1 : s : (1-s)$
② $P_2 : P_{2c} : P_o = 1 : (1-s) : s$
③ $P_2 : P_{2c} : P_o = 1 : s^2 : (1-s)$
④ $P_2 : P_{2c} : P_o = 1 : (1-s) : s^2$

해설
- 2차 입력 : $P_2 = I_2^2 \cdot \frac{r_2}{s}$
- 2차 동손 : $P_{2c} = I_2^2 \cdot r_2$
- 출력 : $P_o = I_2^2 \cdot R = I_2^2 \frac{1-s}{s}$

$\therefore P_2 : P_{2c} : P_o = \frac{1}{s} : 1 : \frac{1-s}{s} = 1 : s : 1-s$

07 변압기의 규약 효율 산출에 필요한 기본 요건이 아닌 것은?

① 파형은 정현파를 기준으로 한다.
② 별도의 지정이 없는 경우 역률은 100[%] 기준이다.
③ 부하손은 40[℃]를 기준으로 보정한 값을 사용한다.
④ 손실은 각 권선에 대한 부하손의 합과 무부하손의 합이다.

해설 변압기의 손실이란 각 권선에 대한 부하손의 합과 무부하손의 합계를 말한다. 지정이 없을 때는 역률은 100[%], 파형은 정현파를 기준으로 하고 부하손은 75[℃]로 보정한 값을 사용한다.

08 3상 직권 정류자 전동기에 중간(직렬) 변압기가 쓰이고 있는 이유가 아닌 것은?

① 정류자 전압의 조정
② 회전자 상수의 감소
③ 경부하 때 속도의 이상 상승 방지
④ 실효 권수비 선정 조정

해설 3상 직권 정류자 전동기의 중간 변압기(또는 직렬 변압기)는 고정자 권선과 회전자 권선 사이에 직렬로 접속된다. 중간 변압기의 사용 목적은 다음과 같다.
- 정류자 전압의 조정
- 회전자 상수의 증가
- 경부하시 속도 이상 상승의 방지
- 실효 권수비의 조정

09 정격이 5[kW], 100[V], 50[A], 1,500[rpm]인 타여자 직류 발전기가 있다. 계자 전압 50[V], 계자 전류 5[A], 전기자 저항 0.2[Ω]이고 브러시에서 전압 강하는 2[V]이다. 무부하시와 정격 부하시의 전압차는 몇 [V]인가?

① 12　　② 10
③ 8　　④ 6

해설 무부하 전압 $V_0 = E = V + I_a R_a + e_b$
$= 100 + 50 \times 0.2 + 2 = 112[\text{V}]$
정격 전압 $V_n = 100[\text{V}]$
전압차 $e = V_0 - V_n = 112 - 100 = 12[\text{V}]$

10 정격 출력 5,000[kVA], 정격 전압 3.3[kV], 동기 임피던스가 매상 1.8[Ω]인 3상 동기 발전기의 단락비는 약 얼마인가?

① 1.1　　② 1.2
③ 1.3　　④ 1.4

해설
퍼센트 동기 임피던스 $\%Z_s = \frac{P_n Z_s}{10 V^2}[\%]$

단위법 동기 임피던스 $Z_s' = \frac{\%Z}{100} = \frac{P_n Z_s}{10^3 V^2}[\text{p.u}]$

정답 06. ① 07. ③ 08. ② 09. ① 10. ②

단락비 $K_s = \frac{1}{Z_s'} = \frac{10^3 V^2}{P_n Z_s} = \frac{10^3 \times 3.3^2}{5,000 \times 1.8} = 1.21$

11 **3상 유도 전동기의 기계적 출력 P[kW], 회전수 N[rpm]인 전동기의 토크[kg · m]는?**

① $716\frac{P}{N}$　② $956\frac{P}{N}$

③ $975\frac{P}{N}$　④ $0.01625\frac{P}{N}$

해설 3상 유도 전동기의 토크 $T = \frac{P}{2\pi\frac{N}{60}}$[N · m]

토크 $\tau = \frac{T}{9.8} = \frac{1}{9.8} \times \frac{P}{2\pi\frac{N}{60}} = 0.975\frac{P[\text{W}]}{N}$

$= 975\frac{P[\text{kW}]}{N}$ [kg · m]

12 **직류 전동기를 교류용으로 사용하기 위한 대책이 아닌 것은?**

① 자계는 성층 철심, 원통형 고정자 적용

② 계자 권선수 감소, 전기자 권선수 증대

③ 보상 권선 설치, 브러시 접촉 저항 증대

④ 정류자편 감소, 전기자 크기 감소

해설 직류 전동기를 교류용으로 사용시 여러 가지 단점이 있다. 그중에서 역률이 대단히 낮아지므로 계자 권선의 권수를 적게 하고 전기자 권수를 크게 해야 한다. 그러므로 전기자가 커지고 정류자 편수 또한 많아지게 된다.

13 **2상 교류 서보 모터를 구동하는 데 필요한 2상 전압을 얻는 방법으로 널리 쓰이는 방법은?**

① 2상 전원을 직접 이용하는 방법

② 환상 결선 변압기를 이용하는 방법

③ 여자 권선에 리액터를 삽입하는 방법

④ 증폭기 내에서 위상을 조정하는 방법

해설 제어용 서보 모터(servo motor)는 2상 교류 서보 모터 또는 직류 서보 모터가 있으며 2상 교류 서보 모터의 주권선에는 상용 주파의 교류 전압 E_r, 제어 권선에는 증폭기 내에서 위상을 조정하는 입력 신호 E_c가 공급된다.

14 **Y결선 한 변압기의 2차측에 다이오드 6개로 3상 전파의 정류 회로를 구성하고 저항 R을 걸었을 때의 3상 전파 직류 전류의 평균치 I[A]는? (단, E는 교류측의 선간 전압이다.)**

① $\frac{6\sqrt{2}}{2\pi}\frac{E}{R}$　② $\frac{3\sqrt{6}}{2\pi}\frac{E}{R}$

③ $\frac{3\sqrt{6}}{\pi}\frac{E}{R}$　④ $\frac{6\sqrt{2}}{\pi}\frac{E}{R}$

해설

직류 전압 $E_d = \frac{\sqrt{2}\sin\frac{\pi}{m}}{\frac{\pi}{m}}E$

$= \frac{\sqrt{2}\sin\frac{\pi}{6}}{\frac{\pi}{6}}E = \frac{6\sqrt{2}}{2\pi}E$[V]

직류 전류 평균값 $I_d = \frac{E_d}{R} = \frac{6\sqrt{2}E}{2\pi R}$[A]

[단, m은 상(phase)수로 3상 전파 정류는 6상 반파 정류에 해당하여 $m=6$이다.]

15 **단상 변압기에서 전부하의 2차 전압은 100[V]이고, 전압 변동률은 4[%]이다. 1차 단자 전압[V]은? (단, 1차와 2차 권선비는 20 : 1이다.)**

① 1,920　② 2,080

③ 2,160　④ 2,260

해설 $V_{10} = V_{1n}\left(1+\frac{\varepsilon}{100}\right) = ar_{2n}\left(1+\frac{\varepsilon}{100}\right)$

$= 20 \times 100 \times \left(1+\frac{4}{100}\right)$

$= 2,080$[V]

정답 11. ③ 12. ④ 13. ④ 14. ① 15. ②

16 **동기 전동기의 공급 전압과 부하를 일정하게 유지하면서 역률을 1로 운전하고 있는 상태에서 여자 전류를 증가시키면 전기자 전류는?**

① 앞선 무효 전류가 증가
② 앞선 무효 전류가 감소
③ 뒤진 무효 전류가 증가
④ 뒤진 무효 전류가 감소

해설 동기 전동기를 역률 1인 상태에서 여자 전류를 감소(부족 여자)하면 전기자 전류는 뒤진 무효 전류가 증가하고, 여자 전류를 증가(과여자)하면 앞선 무효 전류가 증가한다.

17 **직류 발전기의 정류 초기에 전류 변화가 크며 이때 발생되는 불꽃 정류로 옳은 것은?**

① 과정류
② 직선 정류
③ 부족 정류
④ 정현파 정류

해설 직류 발전기의 정류 곡선에서 정류 초기에 전류 변화가 큰 곡선을 과정류라 하며 초기에 불꽃이 발생한다.

18 **정격 출력 10,000[kVA], 정격 전압 6,600[V], 정격 역률 0.6인 3상 동기 발전기가 있다. 동기 리액턴스 0.6[p.u]인 경우의 전압 변동률[%]은?**

① 21　　② 31
③ 40　　④ 52

해설

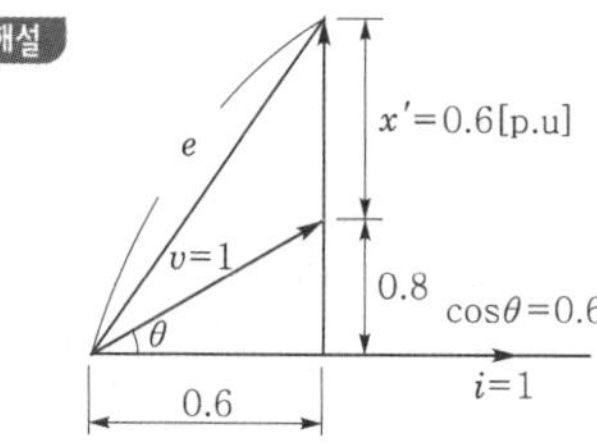

단위법으로 산출한 기전력 e

$$e=\sqrt{0.6^2+(0.6+0.8)^2}=1.52[\text{p.u}]$$

전압변동률 $\varepsilon=\dfrac{V_0-V_n}{V_n}\times 100=\dfrac{e-v}{v}\times 100$

$$=\frac{1.52-1}{1}\times 100=52[\%]$$

19 **이상적인 변압기의 무부하에서 위상 관계로 옳은 것은?**

① 자속과 여자 전류는 동위상이다.
② 자속은 인가 전압보다 90° 앞선다.
③ 인가 전압은 1차 유기 기전력보다 90° 앞선다.
④ 1차 유기 기전력과 2차 유기 기전력의 위상은 반대이다.

해설 이상적인 변압기는 철손, 동손 및 누설 자속이 없는 변압기로서, 자화 전류와 여자 전류가 같아져 자속과 여자 전류는 동위상이다.

20 **유도 전동기의 회전 속도를 N[rpm], 동기 속도를 N_s[rpm]이라 하고 순방향 회전 자계의 슬립은 s라고 하면, 역방향 회전 자계에 대한 회전자 슬립은?**

① $s-1$　　② $1-s$
③ $s-2$　　④ $2-s$

해설 역회전 시 슬립 $s'=\dfrac{N_s-(-N)}{N_s}=\dfrac{N_s+N}{N_s}$

$$=\frac{N_s+N_s}{N_s}-\frac{N_s-N}{N_s}$$

$$=2-s$$

정답 16. ① 17. ① 18. ④ 19. ① 20. ④

전기산업기사

2023년 제3회 CBT 기출복원문제

01 **단상 전파 정류 회로를 구성한 것으로 옳은 것은?**

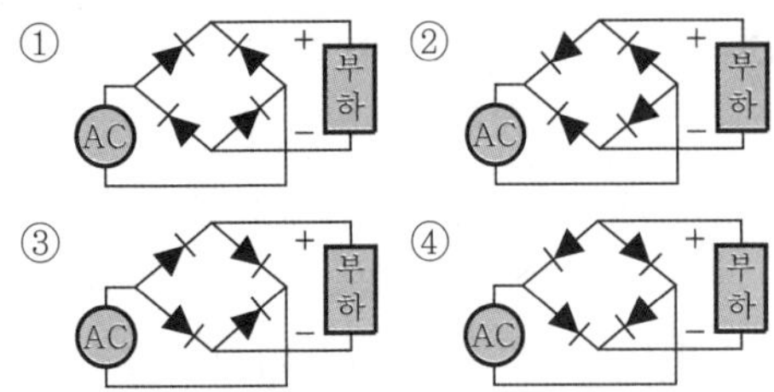

해설 **단상 전파(브리지) 정류 회로의 구성**

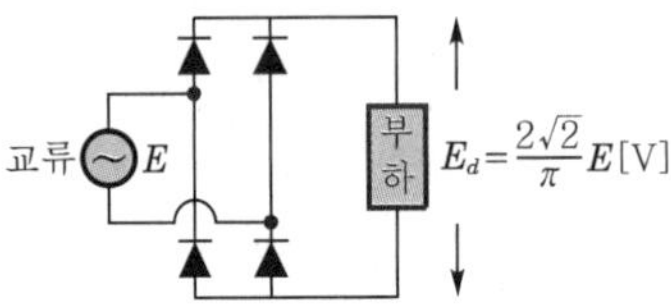

02 **3상 유도 전동기 원선도 작성에 필요한 기본량이 아닌 것은?**

① 저항 측정 ② 단락 시험
③ 무부하 시험 ④ 구속 시험

해설 **3상 유도 전동기의 하일랜드(Heyland) 원선도 작성시 필요한 시험**
- 무부하 시험
- 구속 시험
- 저항 측정

03 **단상 변압기 3대를 이용하여 Δ－Δ결선 하는 경우에 대한 설명으로 틀린 것은?**

① 중성점을 접지할 수 없다.
② Y－Y결선에 비해 상전압이 선간 전압의 $\frac{1}{\sqrt{3}}$배이므로 절연이 용이하다.
③ 3대 중 1대에서 고장이 발생하여도 나머지 2대로 V결선하여 운전을 계속할 수 있다.
④ 결선 내에 순환 전류가 흐르나 외부에는 나타나지 않으므로 통신 장애에 대한 염려가 없다.

해설 단상 변압기 3대를 Δ－Δ결선하면 상전압과 선간전압이 같으므로 권선의 절연 레벨이 높아진다.

04 **직류기에서 양호한 정류를 얻는 조건을 옳게 설명한 것은?**

① 정류 주기를 짧게 한다.
② 전기자 코일의 인덕턴스를 작게 한다.
③ 평균 리액턴스 전압을 브러시 접촉 저항에 의한 전압 강하보다 크게 한다.
④ 브러시 접촉 저항을 작게 한다.

해설
- 전기자 코일의 인덕턴스(L)를 작게 한다.
- 정류 주기(T_c)가 클 것
- 주변 속도(v_c)가 느릴 것
- 보극을 설치 → 평균 리액턴스 전압 상쇄
- 브러시의 접촉 저항을 크게 한다.

05 **유도 전동기의 속도 제어 방식으로 적합하지 않은 것은?**

① 2차 여자 제어 ② 2차 저항 제어
③ 1차 저항 제어 ④ 1차 주파수 제어

해설 유도 전동기의 회전 속도 $N=\frac{120f}{P}(1-s)$에서 속도 제어 방식은 다음과 같다.
- 주파수 제어
- 2차 저항 제어(슬립 변환)
- 극수 변환
- 종속법
- 2차 여자 제어
  - 크레머 방식
  - 세르비우스 방식

정답 01. ① 02. ② 03. ② 04. ② 05. ③

06 2상 서보 모터의 제어 방식이 아닌 것은?

① 온도 제어
② 전압 제어
③ 위상 제어
④ 전압·위상 혼합 제어

해설 2상 서보 모터의 제어 방식에는 전압 제어 방식, 위상 제어 방식, 전압·위상 혼합 제어 방식이 있다.

07 3상 동기 발전기에서 권선 피치와 자극 피치의 비를 $\frac{13}{15}$인 단절권으로 하였을 때 단절권 계수는?

① $\sin\frac{13}{15}\pi$ ② $\sin\frac{13}{30}\pi$
③ $\sin\frac{15}{26}\pi$ ④ $\sin\frac{15}{13}\pi$

해설 동기 발전기의 전기자 권선법에서 권선 피치와 자극 피치의 비를 β라 할 때 단절 계수 $K_p=\sin\frac{\beta\pi}{2}$

$=\sin\frac{\frac{13}{15}\pi}{2}=\sin\frac{13\pi}{30}$ 이다.

08 직류 직권 전동기에서 토크 T와 회전수 N과의 관계는?

① $T\propto N$ ② $T\propto N^2$
③ $T\propto\frac{1}{N}$ ④ $T\propto\frac{1}{N^2}$

해설 $T=\frac{P}{2\pi\frac{N}{60}}=\frac{ZP}{2\pi a}\phi I_a=k_1\phi I_a=K_2{I_a}^2$

(직권 전동기는 $\phi\propto I_a$)

$N=k\frac{V-I_a(R_a+r_f)}{\phi}\propto\frac{1}{\phi}\propto\frac{1}{I_a}$ 에서 $I_a\propto\frac{1}{N}$

$\therefore\ T=k_3\left(\frac{1}{N}\right)^2\propto\frac{1}{N^2}$

09 직류 발전기의 유기 기전력이 230[V], 극수가 4, 정류자 편수가 162인 정류자 편간 평균 전압은 약 몇 [V]인가? (단, 권선법은 중권이다.)

① 5.68 ② 6.28
③ 9.42 ④ 10.2

해설 **정류자 편간 전압**

$e_s=2e=\frac{PE}{K}=\frac{4\times230}{162}\fallingdotseq5.68$[V]

10 변압기의 임피던스 전압이란?

① 정격 전류시 2차측 단자 전압이다.
② 변압기의 1차를 단락, 1차에 1차 정격 전류와 같은 전류를 흐르게 하는 데 필요한 1차 전압이다.
③ 변압기 내부 임피던스와 정격 전류와의 곱인 내부 전압 강하이다.
④ 변압기 2차를 단락, 2차에 2차 정격 전류와 같은 전류를 흐르게 하는 데 필요한 2차 전압이다.

해설 $V_s=I_n\cdot Z$[V]
따라서, 임피던스 전압이란 정격 전류에 의한 변압기 내의 전압 강하이다.

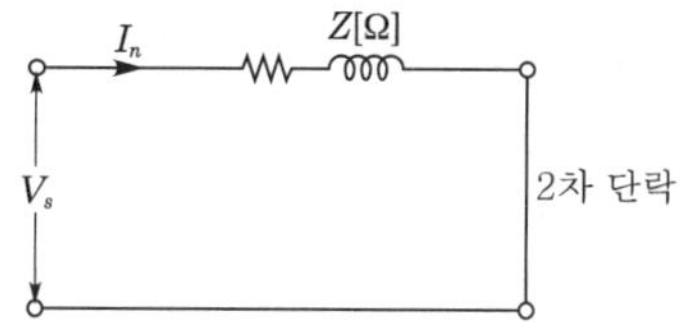

11 그림은 변압기의 무부하 상태의 백터도이다. 철손 전류를 나타내는 것은? (단, a는 철손각이고 ϕ는 자속을 의미한다.)

① o → c
② o → d
③ o → a
④ o → b

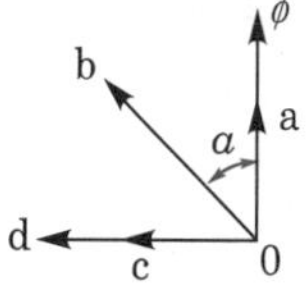

정답 06. ① 07. ② 08. ④ 09. ① 10. ③ 11. ①

해설 변압기의 무부하 상태의 벡터도에서 선분 o → c는 철손 전류, o → a는 자화 전류, o → b는 무부하 전류를 나타낸다.

12 동기 전동기의 자기동법에서 계자 권선을 단락하는 이유는?

① 기동이 쉽다.
② 기동 권선으로 이용한다.
③ 고전압의 유도를 방지한다.
④ 전기자 반작용을 방지한다.

해설 기동기에 계자 회로를 연 채로 고정자에 전압을 가하면 권수가 많은 계자 권선이 고정자 회전 자계를 끊으므로 계자 회로에 매우 높은 전압이 유기될 염려가 있으므로 계자 권선을 여러 개로 분할하여 열어 놓거나 또는 저항을 통하여 단락시켜 놓아야 한다.

13 직류 발전기의 구조가 아닌 것은?

① 계자 권선
② 전기자 권선
③ 내철형 철심
④ 전기자 철심

해설 직류 발전기의 3대 요소
- 전기자 : 전기자 철심, 전기자 권선
- 계자 : 계자 철심, 계자 권선
- 정류자

14 권선형 3상 유도 전동기의 2차 회로는 Y로 접속되고 2차 각 상의 저항은 0.3[Ω]이며 1차, 2차 리액턴스의 합은 1.5[Ω]이다. 기동시에 최대 토크를 발생하기 위해서 삽입하여야 할 저항[Ω]은? (단, 1차 각 상의 저항은 무시한다.)

① 1.2 ② 1.5
③ 2 ④ 2.2

해설 최대 토크를 발생하는 슬립 s_m

$$s_m = \frac{r_2}{\sqrt{{r_1}^2 + (x_1 + {x_2}')^2}} \fallingdotseq \frac{r_2}{x} \text{(1차 저항은 무시)}$$

동일 토크 발생 조건

$$\frac{r_2}{s_m} = \frac{r_2 + R}{s_s} = r_2 + R(s_s = 1)$$

∴ 2차측에 삽입하여야 할 저항 $R = \frac{r_2}{s_m} - r_2$

$$R = \frac{r_2}{\frac{r_2}{x}} - r_2 = x - r_2 = 1.5 - 0.3 = 1.2\,[\Omega]$$

15 75[W] 이하의 소출력으로 소형 공구, 영사기, 치과 의료용 등에 널리 이용되는 전동기는?

① 단상 반발 전동기
② 3상 직권 정류자 전동기
③ 영구 자석 스텝 전동기
④ 단상 직권 정류자 전동기

해설 소출력의 소형 공구(전기 드릴, 청소기), 치과 의료용 등에 널리 사용되는 전동기는 직·교류 양용의 단상 직권 정류자 전동기가 많이 사용된다.

16 임피던스 강하가 4[%]인 변압기가 운전 중 단락되었을 때 그 단락 전류는 정격 전류의 몇 배인가?

① 15
② 20
③ 25
④ 30

해설 퍼센트 임피던스 강하

$$\%Z = \frac{IZ}{V} \times 100 = \frac{I}{\frac{V}{Z}} \times 100 = \frac{I_n}{I_s} \times 100$$

단락 전류 $I_s = \frac{100}{\%Z} I_n = \frac{100}{4} I_n = 25 I_n$

정답 12. ③ 13. ③ 14. ① 15. ④ 16. ③

17 전기자 저항이 0.04[Ω]인 직류 분권 발전기가 있다. 단자 전압 100[V], 회전 속도 1,000[rpm]일 때 전기자 전류는 50[A]라 한다. 이 발전기를 전동기로 사용할 때 전동기의 회전 속도는 약 몇 [rpm]인가? (단, 전기자 반작용은 무시한다.)

① 759　② 883
③ 894　④ 961

해설 $R_a=0.04[\Omega]$, $V=100[V]$, $I_a=50[A]$이므로
1,000[rpm]에서 50[A]일 때
발전기의 기전력 E는
$E=V+I_aR_a=100+50\times0.04=102[V]$
전동기로서의 역기전력 E'는
$E'=V-I_aR_a=100-50\times0.04=98[V]$
단자 전압이 일정하므로 자속 ϕ도 일정하고, 회전수 N은
$N=\dfrac{V-I_aR_a}{K\phi}=\dfrac{E}{K\phi}$이므로 $N\propto E$이다.
$\dfrac{N'}{N}=\dfrac{E'}{E}$
$\therefore\ N'=N\times\dfrac{E'}{E}=1{,}000\times\dfrac{98}{102}\fallingdotseq961[\text{rpm}]$

18 2대의 3상 동기 발전기를 동일한 부하로 병렬 운전하고 있을 때 대응하는 기전력 사이에 60°의 위상차가 있다면 한쪽 발전기에서 다른 쪽 발전기에 공급되는 1상당 전력은 약 몇 [kW]인가? [단, 각 발전기의 기전력(선간)은 3,300[V], 동기 리액턴스는 5[Ω]이고 전기자 저항은 무시한다.]

① 181　② 314
③ 363　④ 720

해설 $P=\dfrac{E_0^{\ 2}}{2Z_s}\sin\delta_s=\dfrac{E_0^{\ 2}}{2x_s}\sin\delta$

$=\dfrac{\left(\dfrac{3{,}300}{\sqrt{3}}\right)^2}{2\times3}\times\sin60°=\dfrac{\left(\dfrac{3{,}300}{\sqrt{3}}\right)^2}{2\times3}\times\dfrac{\sqrt{3}}{2}$

$\fallingdotseq314[\text{kW}]$

19 그림과 같은 동기 발전기의 무부하 포화 곡선에서 포화 계수는?

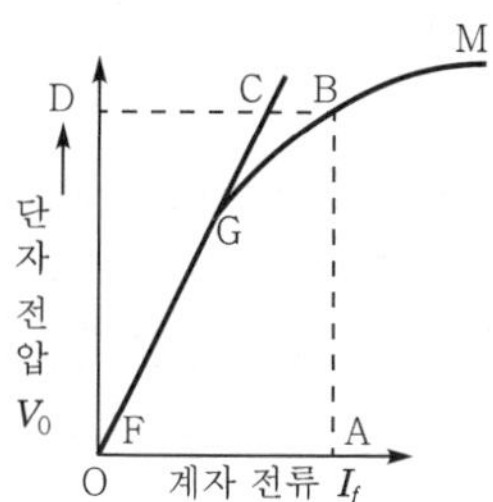

① $\dfrac{\overline{OA}}{\overline{OG}}$　② $\dfrac{\overline{OD}}{\overline{DB}}$
③ $\dfrac{\overline{BC}}{\overline{CD}}$　④ $\dfrac{\overline{CD}}{\overline{CO}}$

해설 포화 계수는 동기 발전기의 무부하 포화 곡선에서 포화의 정도를 나타내는 정수로 포화율이라고도 한다.
포화율 $\delta=\dfrac{\overline{BC}}{\overline{CD}}$

20 단상 및 3상 유도 전압 조정기에 관하여 옳게 설명한 것은?

① 단락 권선은 단상 및 3상 유도 전압 조정기 모두 필요하다.
② 3상 유도 전압 조정기에는 단락 권선이 필요 없다.
③ 3상 유도 전압 조정기의 1차와 2차 전압은 동상이다.
④ 단상 유도 전압 조정기의 기전력은 회전 자계에 의해서 유도된다.

해설 단상 유도 전압 조정기는 교번 자계를 이용하여 1, 2차 전압에 위상차가 없고 직렬, 분로, 및 단락 권선이 있으며, 3상 유도 전압 조정기는 회전 자계를 이용하며, 1, 2차 전압에 위상차가 있고 직렬 권선과 분포 권선을 갖고 있다.

정답 17. ④ 18. ② 19. ③ 20. ②

전기기사

2024년 제1회 CBT 기출복원문제

01 직류 발전기에 P[N · m/s]의 기계적 동력을 주면 전력은 몇 [W]로 변환되는가? (단, 손실은 없으며, i_a는 전기자 도체의 전류, e는 전기자 도체의 유도기전력, Z는 총 도체수이다.)

① $P=i_a eZ$

② $P=\dfrac{i_a e}{Z}$

③ $P=\dfrac{i_a Z}{e}$

④ $P=\dfrac{eZ}{i_a}$

해설 유기기전력 $E=e\dfrac{Z}{a}$[V]

여기서, a : 병렬 회로수

전기자 전류 $I_a=i_a \cdot a$[A]

전력 $P=E\cdot I_a=e\dfrac{Z}{a}\cdot i_a\cdot a=eZi_a$[W]

02 1차 전압 6,600[V], 권수비 30인 단상 변압기로 전등 부하에 30[A]를 공급할 때의 입력[kW]은? (단, 변압기의 손실은 무시한다.)

① 4.4

② 5.5

③ 6.6

④ 7.7

해설 권수비 $a=\dfrac{I_2}{I_1}$에서 $I_1=\dfrac{I_2}{a}=\dfrac{30}{30}=1$[A]

전등 부하의 역률 $\cos\theta=1$이므로

입력 $P_1=V_1 I_1\cos\theta$

$=6{,}600\times1\times1\times10^{-3}$

$=6.6$[kW]

03 돌극(凸極)형 동기 발전기의 특성이 아닌 것은?

① 직축 리액턴스 및 횡축 리액턴스의 값이 다르다.

② 내부 유기기전력과 관계없는 토크가 존재한다.

③ 최대 출력의 출력각이 90°이다.

④ 리액션 토크가 존재한다.

해설 돌극형 발전기의 출력식

$$P=\frac{EV}{x_d}\sin\delta+\frac{V^2(x_d-x_q)}{2x_d\cdot x_q}\sin2\delta\,[\text{W}]$$

돌극형 동기 발전기의 최대 출력은 그래프(graph)에서와 같이 부하각(δ)이 60°에서 발생한다.

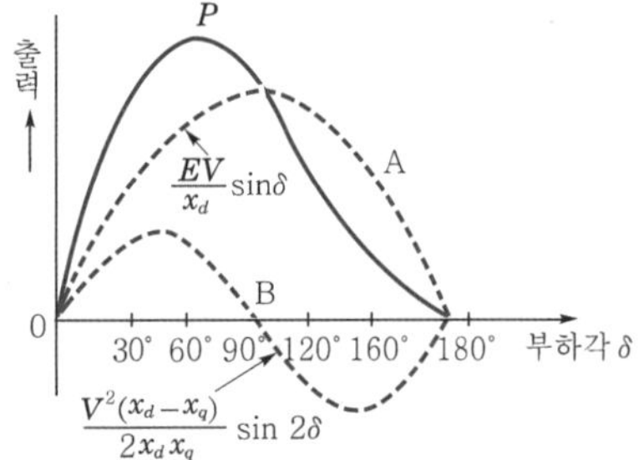

04 3상 유도 전동기에서 회전자가 슬립 s로 회전하고 있을 때 2차 유기 전압 E_{2s} 및 2차 주파수 f_{2s}와 s와의 관계는? (단, E_2는 회전자가 정지하고 있을 때 2차 유기기전력이며 f_1은 1차 주파수이다.)

① $E_{2s}=sE_2$, $f_{2s}=sf_1$

② $E_{2s}=sE_2$, $f_{2s}=\dfrac{f_1}{s}$

③ $E_{2s}=\dfrac{E_2}{s}$, $f_{2s}=\dfrac{f_1}{s}$

④ $E_{2s}=(1-s)E_2$, $f_{2s}=(1-s)f_1$

정답 01. ① 02. ③ 03. ③ 04. ①

해설 3상 유도 전동기가 슬립 s로 회전 시
2차 유기 전압 $E_{2s} = sE_2$[V]
2차 주파수 $f_{2s} = sf_1$[Hz]

05 직류 직권 전동기에서 위험한 상태로 놓인 것은?

① 정격전압, 무여자
② 저전압, 과여자
③ 전기자에 고저항이 접속
④ 계자에 저저항 접속

해설 직권 전동기의 회전 속도 $N = K\frac{V - I_a(R_a + r_f)}{\phi} \propto \frac{1}{\phi} \propto \frac{1}{I_f}$이고 정격전압, 무부하(무여자) 상태에서 $I = I_f \fallingdotseq 0$이므로 $N \propto \frac{1}{0} = \infty$로 되어 위험 속도에 도달한다.
직류 직권 전동기는 부하가 변화하면 속도가 현저하게 변하는 특성(직권 특성)을 가지므로 무부하에 가까워지면 속도가 급격하게 상승하여 원심력으로 파괴될 우려가 있다.

06 3상 권선형 유도 전동기 기동 시 2차측에 외부 가변 저항을 넣는 이유는?

① 회전수 감소
② 기동 전류 증가
③ 기동 토크 감소
④ 기동 전류 감소와 기동 토크 증가

해설 3상 권선형 유도 전동기의 기동 시 2차측의 외부에서 가변 저항을 연결하는 목적은 비례 추이 원리를 이용하여 기동 전류를 감소하고 기동 토크를 증가시키기 위해서이다.

07 일반적인 DC 서보 모터의 제어에 속하지 않는 것은?

① 역률 제어 ② 토크 제어
③ 속도 제어 ④ 위치 제어

해설 DC 서보 모터(servo motor)는 위치 제어, 속도 제어 및 토크 제어에 광범위하게 사용된다.

08 역률 100[%]일 때의 전압변동률 ε은 어떻게 표시되는가?

① %저항 강하 ② %리액턴스 강하
③ %서셉턴스 강하 ④ %임피던스 강하

해설 전압변동률 $\varepsilon = p\cos\theta + q\sin\theta$
$\cos\theta = 1$, $\sin\theta = 0$이므로
$\varepsilon = p$: %저항 강하

09 게이트 조작에 의해 부하 전류 이상으로 유지 전류를 높일 수 있어 게이트 턴온, 턴오프가 가능한 사이리스터는?

① SCR ② GTO
③ LASCR ④ TRIAC

해설 SCR, LASCR, TRIAC의 게이트는 턴온(turn on)을 하고, GTO는 게이트에 흐르는 전류를 점호할 때와 반대로 흐르게 함으로써 소자를 소호시킬 수 있다.

10 유도기전력의 크기가 서로 같은 A, B 2대의 동기 발전기를 병렬 운전할 때, A 발전기의 유기 기전력 위상이 B보다 앞설 때 발생하는 현상이 아닌 것은?

① 동기화력이 발생한다.
② 고조파 무효 순환 전류가 발생된다.
③ 유효 전류인 동기화 전류가 발생된다.
④ 전기자 동손을 증가시키며 과열의 원인이 된다.

해설 동기 발전기의 병렬 운전 시 유기기전력의 위상차가 생기면 동기화 전류(유효 순환 전류)가 흘러 동손이 증가하여 과열의 원인이 되고, 수수 전력과 동기화력이 발생하여 기전력의 위상이 일치하게 된다.

정답 05. ① 06. ④ 07. ① 08. ① 09. ② 10. ②

11 동기 조상기의 계자를 과여자로 해서 운전할 경우 틀린 것은?

① 콘덴서로 작용한다.
② 위상이 뒤진 전류가 흐른다.
③ 송전선의 역률을 좋게 한다.
④ 송전선의 전압강하를 감소시킨다.

해설 동기 조상기를 송전 선로에 연결하고 계자 전류를 증가하여 과여자로 운전하면 진상 전류가 흘러 콘덴서 작용을 하며 선로의 역률 개선 및 전압강하를 경감시킨다.

12 3대의 단상 변압기를 $\Delta - \mathrm{Y}$로 결선하고 1차 단자 전압 V_1, 1차 전류 I_1이라 하면 2차 단자 전압 V_2와 2차 전류 I_2의 값은? (단, 권수비는 a이고, 저항, 리액턴스, 여자 전류는 무시한다.)

① $V_2 = \sqrt{3}\dfrac{V_1}{a}$, $I_2 = \sqrt{3}aI_1$

② $V_2 = V_1$, $I_2 = \dfrac{a}{\sqrt{3}}I_1$

③ $V_2 = \sqrt{3}\dfrac{V_1}{a}$, $I_2 = \dfrac{a}{\sqrt{3}}I_1$

④ $V_2 = \dfrac{V_1}{a}$, $I_2 = I_1$

해설 • 2차 단자 전압(선간전압) $V_2 = \sqrt{3}\ V_{2p}$

$$= \sqrt{3}\frac{V_1}{a}$$

• 2차 전류 $I_2 = aI_{1p} = a\dfrac{I_1}{\sqrt{3}}$

13 Y결선 한 변압기의 2차측에 다이오드 6개로 3상 전파의 정류 회로를 구성하고 저항 R을 걸었을 때의 3상 전파 직류 전류의 평균치 I[A]는? (단, E는 교류측의 선간전압이다.)

① $\dfrac{6\sqrt{2}}{2\pi}\dfrac{E}{R}$　② $\dfrac{3\sqrt{6}}{2\pi}\dfrac{E}{R}$

③ $\dfrac{3\sqrt{6}}{\pi}\dfrac{E}{R}$　④ $\dfrac{6\sqrt{2}}{\pi}\dfrac{E}{R}$

해설

직류 전압 $E_d = \dfrac{\sqrt{2}\sin\dfrac{\pi}{m}}{\dfrac{\pi}{m}}E$

$$= \frac{\sqrt{2}\sin\frac{\pi}{6}}{\frac{\pi}{6}}E = \frac{6\sqrt{2}}{2\pi}E\,[\mathrm{V}]$$

직류 전류 평균값 $I_d = \dfrac{E_d}{R} = \dfrac{6\sqrt{2}\,E}{2\pi R}$[A]

(단, m은 상(phase)수로 3상 전파 정류는 6상 반파 정류에 해당하여 $m=6$이다.)

14 전체 도체수는 100, 단중 중권이며 자극수는 4, 자속수는 극당 0.628[Wb]인 직류 분권 전동기가 있다. 이 전동기의 부하 시 전기자에 5[A]가 흐르고 있었다면 이때의 토크[N·m]는?

① 12.5　② 25
③ 50　④ 100

해설 단중 중권이므로 $a=p=4$이다.
$Z=100$, $\phi=0.628$[Wb], $I_a=5$[A]이므로

$$\therefore \tau = \frac{pZ}{2\pi a}\phi I_a = \frac{4\times 100}{2\pi\times 4}\times 0.628\times 5 = 50\,[\mathrm{N\cdot m}]$$

15 3상 유도 전동기의 특성에서 비례 추이하지 않는 것은?

① 출력　② 1차 전류
③ 역률　④ 2차 전류

해설

2차 전류 $I_2 = \dfrac{E_2}{\sqrt{\left(\dfrac{r_2}{s}\right)^2 + {x_2}^2}}$

1차 전류 $I_1 = I_1' + I_0 \fallingdotseq I_1'$

$$I_1 = \frac{1}{\alpha\beta}I_2 = \frac{1}{\alpha\beta}\cdot\frac{E_2}{\sqrt{\left(\frac{r_2}{s}\right)^2 + {x_2}^2}}$$

정답 11. ② 12. ③ 13. ① 14. ③ 15. ①

동기 와트(2차 입력) $P_2 = I_2^{\ 2} \cdot \frac{r_2}{s}$

2차 역률 $\cos\theta_2 = \frac{r_2}{Z_2} = \frac{r_2}{\sqrt{r_2^{\ 2} + (sx_2)^2}}$

$$= \frac{\frac{r_2}{s}}{\sqrt{\left(\frac{r_2}{s}\right)^2 + x_2^{\ 2}}}$$

$\left(\frac{r_2}{s}\right)$가 들어 있는 함수는 비례 추이를 할 수 있다. 따라서 출력, 효율, 2차 동손 등은 비례 추이가 불가능하다.

16 동기 발전기의 단락비가 1.2이면 이 발전기의 %동기 임피던스[p.u]는?

① 0.12　　② 0.25

③ 0.52　　④ 0.83

해설 단락비 $K_s = \frac{1}{Z_s'[\text{p.u}]}$ (단위법 퍼센트 동기 임피던스)

단위법 $\%Z_s = \frac{1}{K_s} = \frac{1}{1.2} = 0.83[\text{p.u}]$

17 3상 직권 정류자 전동기에 중간 변압기를 사용하는 이유로 적당하지 않은 것은?

① 중간 변압기를 이용하여 속도 상승을 억제할 수 있다.

② 회전자 전압을 정류 작용에 맞는 값으로 선정할 수 있다.

③ 중간 변압기를 사용하여 누설 리액턴스를 감소할 수 있다.

④ 중간 변압기의 권수비를 바꾸어 전동기 특성을 조정할 수 있다.

해설 3상 직권 정류자 전동기의 중간 변압기를 사용하는 목적은 다음과 같다.

- 전원 전압을 정류 작용에 맞는 값으로 선정할 수 있다.
- 중간 변압기의 권수비를 바꾸어 전동기의 특성을 조정할 수 있다.
- 중간 변압기를 사용하여 철심을 포화하여 두면 속도 상승을 억제할 수 있다.

18 유도 전동기로 동기 전동기를 기동하는 경우, 유도 전동기의 극수는 동기기의 그것보다 2극 적은 것을 사용하는데 그 이유로 옳은 것은? (단, s는 슬립이며 N_s는 동기 속도이다.)

① 같은 극수로는 유도기는 동기 속도보다 sN_s 만큼 느리므로

② 같은 극수로는 유도기는 동기 속도보다 $(1-s)N_s$만큼 느리므로

③ 같은 극수로는 유도기는 동기 속도보다 sN_s 만큼 빠르므로

④ 같은 극수로는 유도기는 동기 속도보다 $(1-s)N_s$만큼 빠르므로

해설 극수가 같은 경우 유도 전동기의 회전 속도 $N = N_s(1-s) = N_s - sN_s$이므로 sN_s만큼 느리다.

19 직류기의 정류 작용에 관한 설명으로 틀린 것은?

① 리액턴스 전압을 상쇄시키기 위해 보극을 둔다.

② 정류 작용은 직선 정류가 되도록 한다.

③ 보상 권선은 정류 작용에 큰 도움이 된다.

④ 보상 권선이 있으면 보극은 필요 없다.

해설 보상 권선은 정류 작용에 도움은 되나 전기자 반작용을 방지하는 것이 주 목적이며 양호한 정류(전압 정류)를 위해서는 보극을 설치하여야 한다.

정답 16. ④ 17. ③ 18. ① 19. ④

20 5[kVA] 3,300/210[V], 단상 변압기의 단락 시험에서 임피던스 전압 120[V], 동손 150[W]라 하면 퍼센트 저항 강하는 몇 [%]인가?

① 2 ② 3
③ 4 ④ 5

해설 퍼센트 저항 강하(p)

$$p = \frac{I_{1n} \cdot r_{12}}{V_{1n}} \times 100 = \frac{\text{동손}(P_c)}{\text{정격용량}(P_n)} \times 100$$

$$\therefore\ p = \frac{150}{5 \times 10^3} \times 100 = 3$$

정답 20. ②

전기산업기사

2024년 제1회 CBT 기출복원문제

01 동기기의 전기자 저항을 r, 반작용 리액턴스를 x_a, 누설 리액턴스를 x_l이라 하면 동기 임피던스는?

① $\sqrt{r^2+\left(\frac{x_a}{x_l}\right)^2}$　② $\sqrt{r^2+{x_l}^2}$

③ $\sqrt{r^2+{x_a}^2}$　④ $\sqrt{r^2+(x_a+x_l)^2}$

해설 동기 임피던스 $\dot{Z}_s=r+jx_s[\Omega]$
동기 리액턴스 $x_s=x_a+x_l[\Omega]$
$\therefore |\dot{Z}_s|=\sqrt{r^2+(x_a+x_l)^2}\,[\Omega]$

02 동기 발전기에서 기전력의 파형이 좋아지고 권선의 누설 리액턴스를 감소시키기 위하여 채택한 권선법은?

① 집중권　② 형권
③ 쇄권　④ 분포권

해설 분포권을 사용하는 이유
- 기전력의 고조파가 감소하여 파형이 좋아진다.
- 권선의 누설 리액턴스가 감소한다.
- 전기자 권선에 의한 열을 고르게 분포시켜 과열을 방지하고 코일 배치가 균일하게 되어 통풍 효과를 높인다.

03 유도 전동기의 2차 동손(P_c), 2차 입력(P_2), 슬립(s)일 때의 관계식으로 옳은 것은?

① $P_2P_cs=1$　② $s=P_2P_c$

③ $s=\frac{P_2}{P_c}$　④ $P_c=sP_2$

해설
2차 입력 $P_2=mI_2^{\,2}\cdot\frac{r_2}{s}[\text{W}]$

2차 동손 $P_c=mI_2^{\,2}\cdot r_2=sP_2[\text{W}]$

04 변압기의 임피던스 전압이란?

① 정격 전류 시 2차측 단자 전압이다.
② 변압기의 1차를 단락, 1차에 1차 정격 전류와 같은 전류를 흐르게 하는 데 필요한 1차 전압이다.
③ 변압기 내부 임피던스와 정격 전류와의 곱인 내부 전압 강하이다.
④ 변압기 2차를 단락, 2차에 2차 정격 전류와 같은 전류를 흐르게 하는 데 필요한 2차 전압이다.

해설 $V_s=I_n\cdot Z[\text{V}]$
따라서, 임피던스 전압이란 정격 전류에 의한 변압기 내의 전압 강하이다.

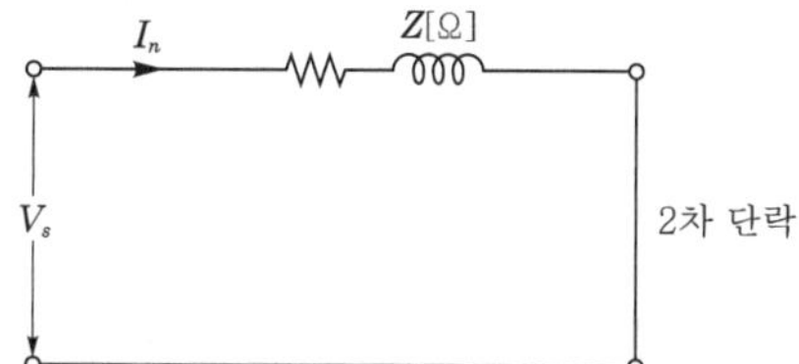

05 3상 유도 전동기의 전원측에서 임의의 2선을 바꾸어 접속하여 운전하면?

① 즉각 정지된다.
② 회전 방향이 반대가 된다.
③ 바꾸지 않았을 때와 동일하다.
④ 회전 방향은 불변이나 속도가 약간 떨어진다.

해설 3상 유도 전동기의 전원측에서 3선 중 2선의 접속을 바꾸면 회전 자계가 역회전하여 전동기의 회전 방향이 반대로 된다.

정답 01. ④ 02. ④ 03. ④ 04. ③ 05. ②

06 **직류기의 전기자 권선에 있어서 m중 중권일 때 내부 병렬 회로수는 어떻게 되는가?**

① $a=\frac{p}{m}$ ② $a=mp$

③ $a=p-m$ ④ $a=\frac{m}{p}$

해설 직류기의 전기자 권선법에서
- 단중 중권의 경우 병렬 회로수 $a=p$(극수)
- 다중 중권의 경우 병렬 회로수 $a=mp$(m : 다중도)

07 **변압기 결선 방식에서 △-△결선 방식의 특성이 아닌 것은?**

① 중성점 접지를 할 수 없다.
② 110[kV] 이상 되는 계통에서 많이 사용되고 있다.
③ 외부에 고조파 전압이 나오지 않으므로 통신 장해의 염려가 없다.
④ 단상 변압기 3대 중 1대의 고장이 생겼을 때 2대로 V결선하여 송전할 수 있다.

해설 변압기의 △-△결선 방식의 특성은 운전 중 1대 고장 시 2대로 V결선, 통신 유도 장해 염려가 없고, 중성점 접지 할 수 없으므로 33[kV] 이하의 배전계통의 변압기 결선에 유효하다.

08 **단상 유도 전압 조정기의 1차 권선과 2차 권선의 축 사이의 각도를 α라 하고 양 권선의 축이 일치할 때 2차 권선의 유기 전압을 E_2, 전원 전압을 V_1, 부하측의 전압을 V_2라고 하면 임의의 각 α일 때의 V_2는?**

① $V_2 = V_1 + E_2\cos\alpha$
② $V_2 = V_1 - E_2\cos\alpha$
③ $V_2 = V_1 + E_2\sin\alpha$
④ $V_2 = V_1 - E_2\sin\alpha$

해설 단상 유도 전압 조정기는 1차 권선을 0°~180°까지 회전하여 2차측의 선간 전압을 조정하는 장치로서 임의의 각 α일 때 2차 선간 전압 $V_2 = V_1 + E_2\cos\alpha$이다.

09 **스테핑 모터의 특징을 설명한 것으로 옳지 않은 것은?**

① 위치 제어를 할 때 각도 오차가 적고 누적되지 않는다.
② 속도 제어 범위가 좁으며 초저속에서 토크가 크다.
③ 정지하고 있을 때 그 위치를 유지해주는 토크가 크다.
④ 가속, 감속이 용이하며 정·역전 및 변속이 쉽다.

해설 스테핑 모터는 아주 정밀한 디지털 펄스 구동 방식의 전동기로서 정·역 및 변속이 용이하고 제어 범위가 넓으며 각도의 오차가 적고 축적되지 않으며 정지 위치를 유지하는 힘이 크다. 적용 분야는 타이프 라이터나 프린터의 캐리지(carriage), 리본(ribbon) 프린터 헤드, 용지 공급의 위치 정렬, 로봇 등이 있다.

10 **공급 전압이 일정하고 역률 1로 운전하고 있는 동기 전동기의 여자 전류를 증가시키면 어떻게 되는가?**

① 역률은 뒤지고, 전기자 전류는 감소한다.
② 역률은 뒤지고, 전기자 전류는 증가한다.
③ 역률은 앞서고, 전기자 전류는 감소한다.
④ 역률은 앞서고, 전기자 전류는 증가한다.

해설 동기 전동기가 역률 1로 운전 중 여자 전류를 증가하면 과여자가 되어 앞선 역률로 되며 역률이 낮아져 전기자 전류는 증가한다.

정답 06. ② 07. ② 08. ① 09. ② 10. ④

11 사이리스터에서의 래칭 전류에 관한 설명으로 옳은 것은?

① 게이트를 개방한 상태에서 사이리스터 도통 상태를 유지하기 위한 최소의 순전류
② 게이트 전압을 인가한 후에 급히 제거한 상태에서 도통 상태가 유지되는 최소의 순전류
③ 사이리스터의 게이트를 개방한 상태에서 전압을 상승하면 급히 증가하게 되는 순전류
④ 사이리스터가 턴온하기 시작하는 순전류

해설 게이트 개방 상태에서 SCR이 도통되고 있을 때 그 상태를 유지하기 위한 최소의 순전류를 유지 전류(holding current)라 하고, 턴온되려고 할 때는 이 이상의 순전류가 필요하며, 확실히 턴온시키기 위해서 필요한 최소의 순전류를 래칭 전류라 한다.

12 직류기의 보상 권선은?

① 계자와 병렬로 연결
② 계자와 직렬로 연결
③ 전기자와 병렬로 연결
④ 전기자와 직렬로 연결

해설 전기자 반작용의 방지책으로 자극편에 홈(slot)을 만들고 권선을 배치한 것을 보상 권선이라 하며 보상 권선의 전류는 전기자 전류와 크기가 같아야 하므로 전기자와 직렬로 접속한다.

13 단상 전파 정류 회로를 구성한 것으로 옳은 것은?

①
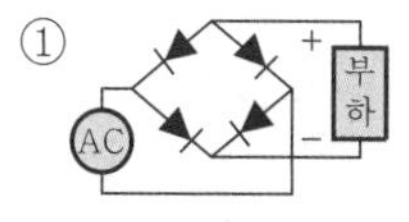

②
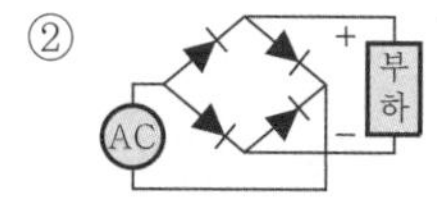

③
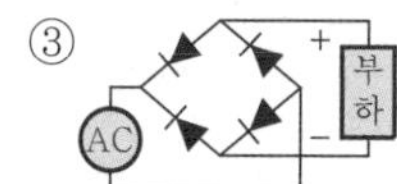

④
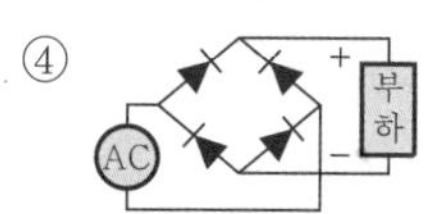

해설 단상 전파(브리지) 정류 회로의 구성

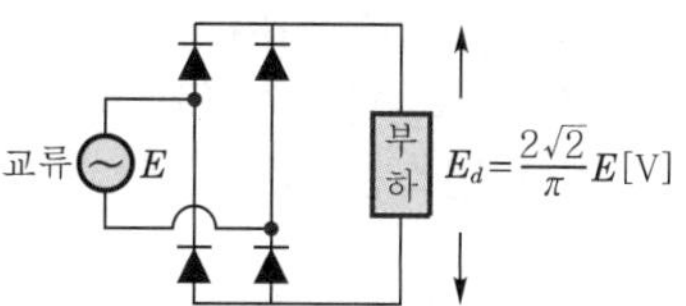

14 농형 유도 전동기의 속도 제어법이 아닌 것은?

① 극수 변환 ② 1차 저항 변환
③ 전원 전압 변환 ④ 전원 주파수 변환

해설
- 유도 전동기의 회전 속도

$$N=N_s(1-s)=\frac{120f}{P}(1-s)$$

- 농형 유도 전동기의 속도 제어법
  - 극수 변환
  - 1차 주파수 제어
  - 전원 전압 제어(1차 전압 제어)

15 정격 출력 시(부하손/고정손)는 2이고, 효율 0.8인 어느 발전기의 1/2정격 출력 시의 효율은?

① 0.7 ② 0.75
③ 0.8 ④ 0.83

해설 부하손을 P_c, 고정손을 P_i, 출력을 P라 하면 정격 출력 시에는 $P_c=2P_i$로 되므로

$$0.8=\frac{P}{P+P_c+P_i},\ P_c=2P_i$$

$$0.8=\frac{P}{P+2P_i+P_i}=\frac{P}{P+3P_i}$$

$\frac{1}{2}$부하 시의 동손은 $P_c=2P_i\times\left(\frac{1}{2}\right)^2=\frac{1}{2}P_i$이므로

$$\therefore\ \eta_{\frac{1}{2}}=\frac{\frac{1}{2}P}{\frac{1}{2}P+\left(\frac{1}{2}\right)^2P_c+P_i}=\frac{P}{P+\frac{1}{2}P_c+2P_i}$$

$$=\frac{P}{P+\frac{1}{2}\times2P_i+2P_i}=\frac{P}{P+3P_i}=0.8$$

정답 11. ④ 12. ④ 13. ① 14. ② 15. ③

16 고압 단상 변압기의 %임피던스 강하 4[%], 2차 정격 전류를 300[A]라 하면 정격 전압의 2차 단락 전류[A]는? (단, 변압기에서 전원측의 임피던스는 무시한다.)

① 0.75 ② 75
③ 1,200 ④ 7,500

해설 단락 전류$(I_s)=\dfrac{100}{\%Z}\cdot I_n$[A]

$\therefore\ I_s=\dfrac{100}{4}\times 300=7{,}500$[A]

17 3상 유도 전동기의 2차 저항을 m배로 하면 동일하게 m배로 되는 것은?

① 역률 ② 전류
③ 슬립 ④ 토크

해설 3상 유도 전동기의 동기 와트로 표시한 토크

$$T_s=\frac{V_1^{\,2}\dfrac{r_2'}{s}}{\left(r_1+\dfrac{r_2'}{s}\right)^2+(x_1+x_2')^2}$$ 이므로

2차 저항(r_2)을 2배로 하면 동일 토크를 발생하기 위해 슬립이 2배로 된다.

18 단권 변압기에서 고압측을 V_h, 저압측을 V_l, 2차 출력을 P, 단권 변압기의 용량을 P_{1n}이라 하면 $\dfrac{P_{1n}}{P}$는?

① $\dfrac{V_l+V_h}{V_h}$ ② $\dfrac{V_h-V_l}{V_h}$

③ $\dfrac{V_l+V_h}{V_l}$ ④ $\dfrac{V_h-V_l}{V_l}$

해설 $\dfrac{P_{1n}}{P}=\dfrac{\text{자기 용량}}{\text{부하 용량(2차 출력)}}$

$=\dfrac{V_h-V_l}{V_h}=1-\dfrac{V_l}{V_h}$

19 직류 전동기의 역기전력에 대한 설명으로 틀린 것은?

① 역기전력은 속도에 비례한다.
② 역기전력은 회전 방향에 따라 크기가 다르다.
③ 역기전력이 증가할수록 전기자 전류는 감소한다.
④ 부하가 걸려 있을 때에는 역기전력은 공급전압보다 크기가 작다.

해설 역기전력 $E=V-I_aR_a=\dfrac{Z}{a}P\phi\dfrac{N}{60}$[V]

역기전력의 크기는 회전 방향과는 관계가 없다.

20 동기 발전기의 단락비나 동기 임피던스를 산출하는 데 필요한 특성 곡선은?

① 부하 포화 곡선과 3상 단락 곡선
② 단상 단락 곡선과 3상 단락 곡선
③ 무부하 포화 곡선과 3상 단락 곡선
④ 무부하 포화 곡선과 외부 특성 곡선

해설 동기 발전기의 단락비

$K_s=\dfrac{I_{f_0}}{I_{f_s}}=\dfrac{\text{무부하 정격 전압을 유기하는 데 필요한 계자 전류}}{\text{3상 단락 정격 전류를 흘리는 데 필요한 계자 전류}}$

에서 단락비와 동기 임피던스를 산출하는 데 필요한 특성 곡선은 무부하 포화 곡선과 3상 단락 곡선이다.

정답 16. ④ 17. ③ 18. ② 19. ② 20. ③

전기기사

2024년 제2회 CBT 기출복원문제

01 동기 전동기의 기동법 중 자기동법(self-starting method)에서 계자 권선을 저항을 통해서 단락시키는 이유는?

① 기동이 쉽다.
② 기동 권선으로 이용한다.
③ 고전압의 유도를 방지한다.
④ 전기자 반작용을 방지한다.

해설 기동기에 계자 회로를 연 채로 고정자에 전압을 가하면 권수가 많은 계자 권선이 고정자 회전 자계를 끊으므로 계자 회로에 매우 높은 전압이 유기될 염려가 있으므로 계자 권선을 여러 개로 분할하여 열어 놓거나 또는 저항을 통하여 단락시켜 놓아야 한다.

02 전력용 변압기에서 1차에 정현파 전압을 인가하였을 때, 2차에 정현파 전압이 유기되기 위해서는 1차에 흘러들어가는 여자 전류는 기본파 전류 외에 주로 몇 고조파 전류가 포함되는가?

① 제2고조파
② 제3고조파
③ 제4고조파
④ 제5고조파

해설 변압기의 철심에는 자속이 변화하는 경우 히스테리시스 현상이 있으므로 정현파 전압을 유도하려면 여자 전류에는 기본파 전류 외에 제3고조파 전류가 포함된 첨두파가 되어야 한다.

03 직류 전동기에서 정출력 가변 속도의 용도에 적합한 속도 제어법은?

① 일그너 제어 ② 계자 제어
③ 저항 제어 ④ 전압 제어

해설 회전 속도 $N=k\dfrac{V-I_aR_a}{\phi}\propto\dfrac{1}{\phi}$

출력 $P=E\cdot I_a=\dfrac{Z}{a}P\phi\dfrac{N}{60}I_a\propto\phi N$에서 자속을 변화하여 속도 제어를 하면 출력이 일정하므로 계자 제어를 정출력 제어라 한다.

04 다이오드 2개를 이용하여 전파 정류를 하고, 순저항 부하에 전력을 공급하는 회로가 있다. 저항에 걸리는 직류분 전압이 90[V]라면 다이오드에 걸리는 최대 역전압[V]의 크기는?

① 90 ② 242.8
③ 254.5 ④ 282.8

해설 직류 전압 $E_d=\dfrac{2\sqrt{2}}{\pi}E=0.9E$

교류 전압 $E=\dfrac{E_d}{0.9}=\dfrac{90}{0.9}=100[\mathrm{V}]$

최대 역전압(PIV) $V_{\text{in}}=2\cdot E_m=2\sqrt{2}E$
$=2\sqrt{2}\times100$
$=282.8[\mathrm{V}]$

05 동기 발전기의 자기 여자 현상 방지법이 아닌 것은?

① 수전단에 리액턴스를 병렬로 접속한다.
② 발전기 2대 또는 3대를 병렬로 모선에 접속한다.
③ 송전 선로의 수전단에 변압기를 접속한다.
④ 단락비가 작은 발전기로 충전한다.

해설 자기 여자 현상의 방지책
• 발전기 2대 또는 3대를 병렬로 모선에 접속한다.

정답 01. ③ 02. ② 03. ② 04. ④ 05. ④

- 수전단에 동기 조상기를 접속하고 이것을 부족 여자로 운전한다.
- 송전 선로의 수전단에 변압기를 접속한다.
- 수전단에 리액턴스를 병렬로 접속한다.
- 전기자 반작용은 적고, 단락비를 크게 한다.

06 극수 8, 중권 직류기의 전기자 총 도체수 960, 매극 자속 0.04[Wb], 회전수 400[rpm]이라면 유기기전력은 몇 [V]인가?

① 256　② 327
③ 425　④ 625

해설 유기기전력 $E=\frac{Z}{a}p\phi\frac{N}{60}$

$=\frac{960}{8}\times 8\times 0.04\times\frac{400}{60}$

$=256[V]$

07 출력 P_o, 2차 동손 P_{2c}, 2차 입력 P_2 및 슬립 s인 유도 전동기에서의 관계는?

① $P_2 : P_{2c} : P_o = 1 : s : (1-s)$
② $P_2 : P_{2c} : P_o = 1 : (1-s) : s$
③ $P_2 : P_{2c} : P_o = 1 : s^2 : (1-s)$
④ $P_2 : P_{2c} : P_o = 1 : (1-s) : s^2$

해설
- 2차 입력 : $P_2 = I_2^{\,2}\cdot\frac{r_2}{s}$
- 2차 동손 : $P_{2c} = I_2^{\,2}\cdot r_2$
- 출력 : $P_o = I_2^{\,2}\cdot R = I_2^{\,2}\frac{1-s}{s}$

$\therefore\ P_2 : P_{2c} : P_o = \frac{1}{s} : 1 : \frac{1-s}{s} = 1 : s : 1-s$

08 스텝각이 2°, 스테핑 주파수(pulse rate)가 1,800[pps]인 스테핑 모터의 축속도 [rps]는?

① 8　② 10
③ 12　④ 14

해설 스테핑 모터의 축속도 $n=\frac{\beta\times f_p}{360}=\frac{2\times 1{,}800}{360°}$

$=10[rps]$

09 동기기의 안정도를 증진시키는 방법이 아닌 것은?

① 단락비를 크게 할 것
② 속응 여자 방식을 채용할 것
③ 정상 리액턴스를 크게 할 것
④ 영상 및 역상 임피던스를 크게 할 것

해설 **동기기의 안정도 향상책**
- 단락비가 클 것
- 동기 임피던스(리액턴스)가 작을 것
- 속응 여자 방식을 채택할 것
- 관성 모멘트가 클 것
- 조속기 동작이 신속할 것
- 영상 및 역상 임피던스가 클 것

10 유도 전동기의 최대 토크를 발생하는 슬립을 s_t, 최대 출력을 발생하는 슬립을 s_p라 하면 대소 관계는?

① $s_p = s_t$
② $s_p > s_t$
③ $s_p < s_t$
④ 일정치 않다.

해설 $s_t=\frac{r_2'}{\sqrt{r_1^{\,2}+(x_1+x_2')^2}}\fallingdotseq\frac{r_2'}{x_2'}=\frac{r_2}{x_2}$

$s_p=\frac{r_2'}{r_2'+\sqrt{(r_1+r_2')^2+(x_1+x_2')^2}}$

$\fallingdotseq\frac{r_2'}{r_2'+Z}$

$\frac{r_2'}{x_2'}>\frac{r_2'}{r_2'+Z}$

$\therefore\ s_t > s_p$

정답 06. ① 07. ① 08. ② 09. ③ 10. ③

11 3상 동기 발전기에서 그림과 같이 1상의 권선을 서로 똑같은 2조로 나누어서 그 1조의 권선 전압을 E[V], 각 권선의 전류를 I[A]라 하고, 지그재그 Y형(zigzag star)으로 결선하는 경우 선간 전압, 선전류 및 피상 전력은?

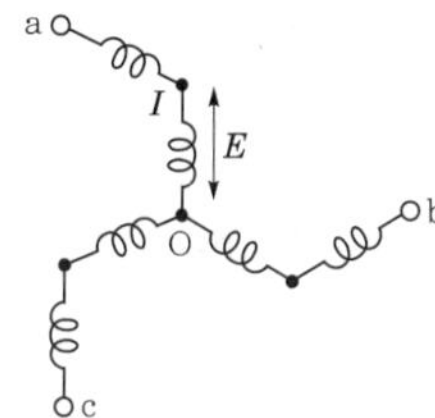

① $3E$, I, $\sqrt{3}\times 3E\times I = 5.2EI$

② $\sqrt{3}E$, $2I$, $\sqrt{3}\times\sqrt{3}E\times 2I = 6EI$

③ E, $2\sqrt{3}I$, $\sqrt{3}\times E\times 2\sqrt{3}I = 6EI$

④ $\sqrt{3}E$, $\sqrt{3}I$, $\sqrt{3}\times\sqrt{3}E\times\sqrt{3}I = 5.2EI$

해설 선간전압 $V_l = \sqrt{3}V_p = \sqrt{3}\times\sqrt{3}E_p = 3E$[V]

선전류 $I_l = I_p = I$[A]

피상 전력 $P_a = \sqrt{3}V_lI_l$

$= \sqrt{3}\times 3E\times I$

$= 5.2EI$ [VA]

12 사이리스터(thyristor) 단상 전파 정류 파형에서의 저항 부하 시 맥동률[%]은?

① 17 ② 48

③ 52 ④ 83

해설

$$\nu = \frac{\sqrt{E^2 - E_d^2}}{E_d}\times 100 = \sqrt{\left(\frac{E}{E_d}\right)^2 - 1}\times 100$$

$$= \sqrt{\left(\frac{\frac{E_m}{\sqrt{2}}}{\frac{2E_m}{\pi}}\right)^2 - 1}\times 100$$

$$= \sqrt{\left(\frac{\pi}{2\sqrt{2}}\right)^2 - 1}\times 100$$

$$= \sqrt{\frac{\pi^2}{8} - 1}\times 100$$

$$\fallingdotseq 0.48\times 100 = 48[\%]$$

13 3상 유도 전동기의 기동법 중 Y－△ 기동법으로 기동 시 1차 권선의 각 상에 가해지는 전압은 기동 시 및 운전 시 각각 정격전압의 몇 배가 가해지는가?

① 1, $\frac{1}{\sqrt{3}}$ ② $\frac{1}{\sqrt{3}}$, 1

③ $\sqrt{3}$, $\frac{1}{\sqrt{3}}$ ④ $\frac{1}{\sqrt{3}}$, $\sqrt{3}$

해설 기동 시 고정자 권선의 결선이 Y결선이므로 상전압은 $\frac{1}{\sqrt{3}}V_0$이고, 운전 시 △결선이 되어 상전압과 선간전압은 동일하다.

14 분권 발전기의 회전 방향을 반대로 하면 일어나는 현상은?

① 전압이 유기된다.

② 발전기가 소손된다.

③ 잔류 자기가 소멸된다.

④ 높은 전압이 발생한다.

해설 직류 분권 발전기의 회전 방향이 반대로 되면 전기자의 유기기전력 극성이 반대로 되고, 분권 회로의 여자 전류가 반대로 흘러서 잔류 자기를 소멸시키기 때문에 전압이 유기되지 않으므로 발전되지 않는다.

15 다이오드를 사용하는 정류 회로에서 과대한 부하 전류로 인하여 다이오드가 소손될 우려가 있을 때 가장 적절한 조치는 어느 것인가?

① 다이오드를 병렬로 추가한다.

② 다이오드를 직렬로 추가한다.

③ 다이오드 양단에 적당한 값의 저항을 추가한다.

④ 다이오드 양단에 적당한 값의 콘덴서를 추가한다.

해설 다이오드를 병렬로 접속하면 과전류로부터 보호할 수 있다. 즉, 부하 전류가 증가하면 다이오드를 여러 개 병렬로 접속한다.

정답 11. ① 12. ② 13. ② 14. ③ 15. ①

16 변압기 단락 시험에서 변압기의 임피던스 전압이란?

① 1차 전류가 여자 전류에 도달했을 때의 2차측 단자 전압
② 1차 전류가 정격전류에 도달했을 때의 2차측 단자 전압
③ 1차 전류가 정격전류에 도달했을 때의 변압기 내의 전압강하
④ 1차 전류가 2차 단락 전류에 도달했을 때의 변압기 내의 전압강하

해설 변압기의 임피던스 전압이란, 변압기 2차측을 단락하고 1차 공급 전압을 서서히 증가시켜 단락 전류가 1차 정격전류에 도달했을 때의 변압기 내의 전압강하이다.

17 슬립 5[%]인 유도 전동기의 등가 부하 저항은 2차 저항의 몇 배인가?

① 19 ② 20
③ 29 ④ 40

해설 등가 저항(기계적 출력 정수) R

$$R=\frac{r_2}{s}-r_2=\left(\frac{1}{s}-1\right)r_2=\frac{1-s}{s}r_2$$
$$=\frac{1-0.05}{0.05}\cdot r_2=19r_2$$

18 권수비 60인 단상 변압기의 전부하 2차 전압 200[V], 전압변동률 3[%]일 때 1차 단자 전압[V]은?

① 12,180 ② 12,360
③ 12,720 ④ 12,930

해설 전압변동률 $\epsilon=\dfrac{V_{20}-V_{2n}}{V_{2n}}\times 100$,

$\acute{\epsilon}=\dfrac{\epsilon}{100}=0.03$

$V_{20}=V_{2n}(1+\acute{\epsilon})$

1차 단자 전압 $V_1=a\cdot V_{20}=a\cdot V_{2n}(1+\acute{\epsilon})$
$=60\times 200\times(1+0.03)$
$=12{,}360[\text{V}]$

19 단상 변압기를 병렬 운전할 경우 부하 전류의 분담은?

① 용량에 비례하고 누설 임피던스에 비례
② 용량에 비례하고 누설 임피던스에 반비례
③ 용량에 반비례하고 누설 리액턴스에 비례
④ 용량에 반비례하고 누설 리액턴스의 제곱에 비례

해설 단상 변압기의 부하 분담은 A, B 2대의 변압기 정격전류를 I_A, I_B라 하고 정격전압을 V_n이라 하고 %임피던스를 $z_a=\%I_AZ_a$, $z_b=\%I_BZ_b$로 표시하면

$$z_a=\frac{Z_aI_A}{V_n}\times 100,\ z_b=\frac{Z_bI_B}{V_n}\times 100$$

단, $I_aZ_a=I_bZ_b$이므로

$$\therefore\ \frac{I_a}{I_b}=\frac{z_b}{z_a}=\frac{Z_bV_n}{I_B}\times\frac{I_A}{Z_aV_n}=\frac{P_AZ_b}{P_BZ_a}$$

여기서, P_A : A 변압기의 정격용량
P_B : B 변압기의 정격용량
I_a : A 변압기의 부하 전류
I_b : B 변압기의 부하 전류

20 직류 분권 전동기의 정격전압이 300[V], 전부하 전기자 전류 50[A], 전기자 저항 0.2[Ω]이다. 이 전동기의 기동 전류를 전부하 전류의 120[%]로 제한시키기 위한 기동 저항값은 몇 [Ω]인가?

① 3.5 ② 4.8
③ 5.0 ④ 5.5

해설 기동 전류 $I_s=\dfrac{V-E}{R_a+R_s}$
$=1.2I_a=1.2\times 50=60[\text{A}]$

기동시 역기전력 $E=0$이므로

기동 저항 $R_s=\dfrac{V}{1.2I_a}-R_a$
$=\dfrac{300}{1.2\times 50}-0.2$
$=4.8[\Omega]$

정답 16. ③ 17. ① 18. ② 19. ② 20. ②

2024년 제2회 CBT 기출복원문제

01 **유도 전동기의 회전력 발생 요소 중 제곱에 비례하는 요소는?**

① 슬립
② 2차 권선 저항
③ 2차 임피던스
④ 2차 기전력

해설 2차 입력 $P_2 = I_2^{\ 2}\dfrac{r_2}{s} = \left(\dfrac{E_2}{Z_2}\right)^2 \cdot \dfrac{r_2}{s}$[W]

토크 $T = \dfrac{P}{2\pi\dfrac{N}{60}} = \dfrac{P_2}{2\pi\dfrac{N_s}{60}}$

$= \dfrac{\dfrac{r_2}{s}}{2\pi\dfrac{N_s}{60}} \cdot \dfrac{E_2^{\ 2}}{Z_2^{\ 2}} \propto E_2^{\ 2}$

02 **서보 모터의 특징에 대한 설명으로 틀린 것은?**

① 발생 토크는 입력 신호에 비례하고, 그 비가 클 것
② 직류 서보 모터에 비하여 교류 서보 모터의 시동 토크가 매우 클 것
③ 시동 토크는 크나, 회전부의 관성 모멘트가 작고, 전기력 시정수가 짧을 것
④ 빈번한 시동, 정지, 역전 등의 가혹한 상태에 견디도록 견고하고, 큰 돌입 전류에 견딜 것

해설 서보 모터(Servo motor)는 위치, 속도 및 토크 제어용 모터로 시동 토크는 크고, 관성 모멘트가 작으며 교류 서보 모터에 비하여 직류 서보 모터의 기동 토크가 크다.

03 **변압기의 2차를 단락한 경우에 1차 단락 전류 I_{s1}은? (단, V_1 : 1차 단자 전압, Z_1 : 1차 권선의 임피던스, Z_2 : 2차 권선의 임피던스, a : 권수비, Z : 부하의 임피던스)**

① $I_{s1} = \dfrac{V_1}{Z_1 + a^2 Z_2}$
② $I_{s1} = \dfrac{V_1}{Z_1 + a Z_2}$
③ $I_{s1} = \dfrac{V_1}{Z_1 - a Z_2}$
④ $I_{s1} = \dfrac{V_1}{Z_1 + Z_2 + Z}$

해설 2차 임피던스 Z_2를 1차측으로 환산하면

$Z_2' = a^2 Z_2$이므로

1차 단락 전류 $I_{s1} = \dfrac{V_1}{Z_1 + Z_2'} = \dfrac{V_1}{Z_1 + a^2 Z_2}$[A]

04 **동기 전동기의 특징으로 틀린 것은?**

① 속도가 일정하다.
② 역률을 조정할 수 없다.
③ 직류 전원을 필요로 한다.
④ 난조를 일으킬 염려가 있다.

해설 **동기 전동기의 장단점**

- 장점
  - 속도가 일정하다.
  - 항상 역률 1로 운전할 수 있다.
  - 저속도의 것으로 일반적으로 유도 전동기에 비하여 효율이 좋다.
- 단점
  - 보통 구조의 것은 기동 토크가 작다.
  - 난조를 일으킬 염려가 있다.
  - 직류 전원을 필요로 한다.
  - 구조가 복잡하다.
  - 속도 제어가 곤란하다.

정답 01. ④ 02. ② 03. ① 04. ②

05 입력 전압이 220[V]일 때, 3상 전파 제어 정류 회로에서 얻을 수 있는 직류 전압은 몇 [V]인가? (단, 최대 전압은 점호각 $\alpha=0$일 때이고, 3상에서 선간 전압으로 본다.)

① 152 ② 198
③ 297 ④ 317

해설 3상 전파 정류 직류 전압$(E_d)=1.35E_a$[V]
$\therefore\ E_d=1.35\times 220=297$[V]

06 유도 전동기의 회전자에 슬립 주파수의 전압을 공급하여 속도를 제어하는 방법은?

① 2차 저항법 ② 2차 여자법
③ 직류 여자법 ④ 주파수 변환법

해설 권선형 유도 전동기의 2차측에 슬립 주파수 전압을 공급하여 슬립의 변화로 속도를 제어하는 방법을 2차 여자법이라 한다.

07 10[kW], 3상, 200[V] 유도 전동기의 전부하 전류는 약 몇 [A]인가? (단, 효율 및 역률 85[%]이다.)

① 60 ② 80
③ 40 ④ 20

해설 $P=\sqrt{3}\ VI\cos\theta\cdot\eta$[W]

$$\therefore\ I=\frac{P}{\sqrt{3}\ V\cos\theta\cdot\eta}=\frac{10\times 10^3}{\sqrt{3}\times 200\times (0.85)^2}$$

$\fallingdotseq 40$[A]

08 직류 발전기 중 무부하일 때보다 부하가 증가한 경우에 단자 전압이 상승하는 발전기는?

① 직권 발전기 ② 분권 발전기
③ 과복권 발전기 ④ 차동 복권 발전기

해설 단자 전압 $V=E-I_a(R_a+r_s)$
부하가 증가하면 과복권 발전기는 기전력(E)의 증가폭이 전압 강하 $I_a(R_a+r_s)$보다 크게 되어 단자 전압이 상승한다.

09 어떤 변압기의 부하 역률이 60[%]일 때 전압 변동률이 최대라고 한다. 지금 이 변압기의 부하 역률이 100[%]일 때 전압 변동률을 측정했더니 3[%]였다. 이 변압기의 부하 역률이 80[%]일 때 전압 변동률은 몇 [%]인가?

① 2.4 ② 3.6
③ 4.8 ④ 5.0

해설 전압 변동률 $\varepsilon=p\cos\theta+q\sin\theta$

$$=\sqrt{p^2+q^2}\cos(\alpha-\theta)$$

역률 $\cos\theta=1$일 때 $\varepsilon=p\times 1+q\times 0=p=3$[%]
최대 전압 변동률은 $\theta=\alpha$이므로

$$\cos\theta=\cos\alpha=\frac{p}{\sqrt{p^2+q^2}}=0.6$$

$\sqrt{p^2+q^2}$, q, α, p

따라서 $q=4$[%]
역률 $\cos\theta=0.8$일 때
전압 변동률 $\varepsilon=3\times 0.8+4\times 0.6=4.8$[%]

10 정·역 운전을 할 수 없는 단상 유도 전동기는?

① 분상 기동형 ② 셰이딩 코일형
③ 반발 기동형 ④ 콘덴서 기동형

해설 단상 유도 전동기에서 정·역 운전을 할 수 없는 전동기는 셰이딩(shading) 코일형 전동기이다.

11 변압기를 병렬 운전하는 경우에 불가능한 조합은?

① Δ−Δ와 Y−Y ② Δ−Y와 Y−Δ
③ Δ−Y와 Δ−Y ④ Δ−Y와 Δ−Δ

해설 3상 변압기 병렬 운전의 결선 조합은 다음과 같다.

병렬 운전 가능	병렬 운전 불가능
Δ−Δ와 Δ−Δ Y−Y와 Y−Y Y−Δ와 Y−Δ Δ−Y와 Δ−Y Δ−Δ와 Y−Y Δ−Y와 Y−Δ	Δ−Δ와 Δ−Y Δ−Y와 Y−Y

정답 05. ③ 06. ② 07. ③ 08. ③ 09. ③ 10. ② 11. ④

12 슬립 6[%]인 유도 전동기의 2차측 효율[%]은 얼마인가?

① 94 ② 84
③ 90 ④ 88

해설 유도 전동기의 2차 효율

$$\eta_2 = \frac{P_0}{P_2} \times 100 = \frac{P_2(1-s)}{P_2} \times 100$$
$$= (1-s) \times 100 = (1-0.06) \times 100 = 94[\%]$$

13 직류 분권 전동기의 계자 저항을 운전 중에 증가하면?

① 전류는 일정 ② 속도는 감소
③ 속도는 일정 ④ 속도는 증가

해설 직류 분권 전동기의 회전 속도

$N = K\frac{V - I_a R_a}{\phi} \propto \frac{1}{\phi} \propto \frac{1}{I_f}$ 이므로

계자 저항이 증가하면 계자 전류가 감소, 주자속(ϕ)이 감소하여 회전 속도는 빨라진다.

14 와류손이 50[W]인 3,300/110[V], 60[Hz]용 단상 변압기를 50[Hz], 3,000[V]의 전원에 사용하면 이 변압기의 와류손은 약 몇 [W]로 되는가?

① 25 ② 31
③ 36 ④ 41

해설 와전류손 $P_e = \sigma_e(t \cdot k_f f B_m)^2$, $E = 4.44 f N \phi_m$

$P_e \propto V^2$

$$\therefore P_e' = \left(\frac{V'}{V}\right)^2 P_e = \left(\frac{3{,}000}{3{,}300}\right)^2 \times 50 = 41.32\,[\text{W}]$$

15 단락비가 큰 동기기는?

① 안정도가 높다.
② 전압 변동률이 크다.
③ 기계가 소형이다.
④ 전기자 반작용이 크다.

해설 단락비가 큰 동기 발전기의 특성

- 동기 임피던스가 작다.
- 전압 변동률이 작다.
- 전기자 반작용이 작다(계자기 자력은 크고, 전기자 기자력은 작다).
- 출력이 크다.
- 과부하 내량이 크고, 안정도가 높다.
- 자기 여자 현상이 작다.
- 회전자가 크게 되어 철손이 증가하여 효율이 약간 감소한다.

16 단상 반발 전동기에 해당되지 않는 것은?

① 아트킨손 전동기
② 시라게 전동기
③ 데리 전동기
④ 톰슨 전동기

해설 시라게 전동기는 3상 분권 정류자 전동기이다. 단상 반발 전동기의 종류에는 아트킨손(Atkinson)형, 톰슨(Thomson)형, 데리(Deri)형, 윈터 아이티베르그(Winter Eichberg)형 등이 있다.

17 3상, 6극, 슬롯수 54의 동기 발전기가 있다. 어떤 전기자 코일의 두 변이 제1슬롯과 제8슬롯에 들어 있다면 단절권 계수는 약 얼마인가?

① 0.9397
② 0.9567
③ 0.9837
④ 0.9117

해설 동기 발전기의 극 간격과 코일 간격을 홈(slot)수로 나타내면 다음과 같다.

극 간격 $\frac{S}{P} = \frac{54}{6} = 9$

코일 간격 8슬롯−1슬롯=7

단절권 계수 $K_P = \sin\frac{\beta\pi}{2} = \sin\frac{\frac{7}{9}\times 180°}{2}$

$= \sin 70° = 0.9397$

정답 12. ① 13. ④ 14. ④ 15. ① 16. ② 17. ①

18 3단자 사이리스터가 아닌 것은?

① SCR　　② GTO
③ SCS　　④ TRIAC

해설 SCS(Silicon Controlled Switch)는 1방향성 4단자 사이리스터이다.

19 3상 교류 발전기의 기전력에 대하여 $\frac{\pi}{2}$[rad] 뒤진 전기자 전류가 흐르면 전기자 반작용은?

① 증자 작용을 한다.
② 감자 작용을 한다.
③ 횡축 반작용을 한다.
④ 교차 자화 작용을 한다.

해설 전기자 전류가 90° 뒤진 경우에는 주자속(자극축)과 전기자 전류에 의한 자속이 일치하는 감자 작용을 한다.

20 평형 3상 회로의 전류를 측정하기 위해서 변류비 200 : 5의 변류기를 그림과 같이 접속하였더니 전류계의 지시가 1.5[A]이다. 1차 전류[A]는?

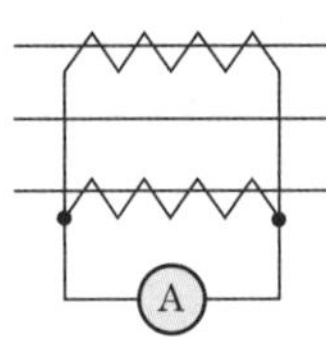

① 60　　② $60\sqrt{3}$
③ 30　　④ $30\sqrt{3}$

해설

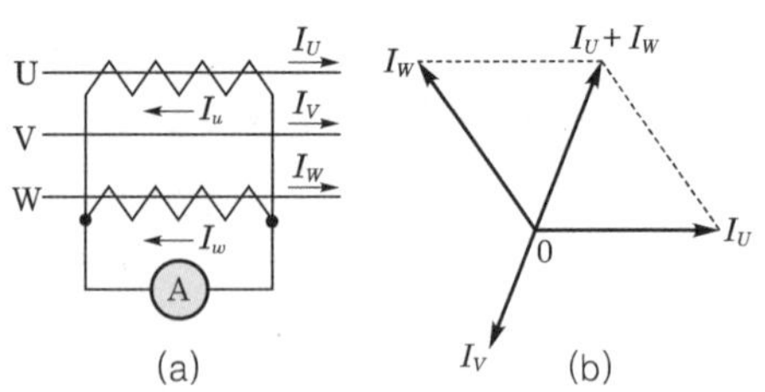

그림 (a)와 같이 각 선전류를 I_U, I_V, I_W, 변류기의 2차 전류를 I_u, I_w라 하면 평형 3상 회로이므로 그림 (b)와 같은 벡터도로 되고 회로도 및 벡터도에서 알 수 있는 바와 같이 전류계 Ⓐ에 흐르는 전류는

$$I_u+I_w=I_U\times\frac{5}{200}+I_W\times\frac{5}{200}$$

$$=\frac{I_U+I_W}{40}=-\frac{I_V}{40}\text{가 되고,}$$

그 크기는 1.5[A]이므로 $\frac{I_V}{40}=1.5[A]$

$\therefore\ I_V=1.5\times40=60[A]$

정답 18. ③ 19. ② 20. ①

2024년 제3회 CBT 기출복원문제

01 원통형 회전자를 가진 동기 발전기는 부하각 δ가 몇 도일 때 최대 출력을 낼 수 있는가?

① 0°　② 30°
③ 60°　④ 90°

해설 돌극형은 부하각 $\delta = 60°$ 부근에서 최대 출력을 내고, 비돌극기(원통형 회전자)는 $\delta = 90°$에서 최대가 된다.

돌극기 출력 $P = \dfrac{E \cdot V}{x_d \sin\delta} + \dfrac{V^2(x_d - x_q)}{2x_d \cdot x_q}\sin 2\delta$ [W]

비돌극기 출력 $P = \dfrac{EV}{x_s}\sin\delta$ [W]

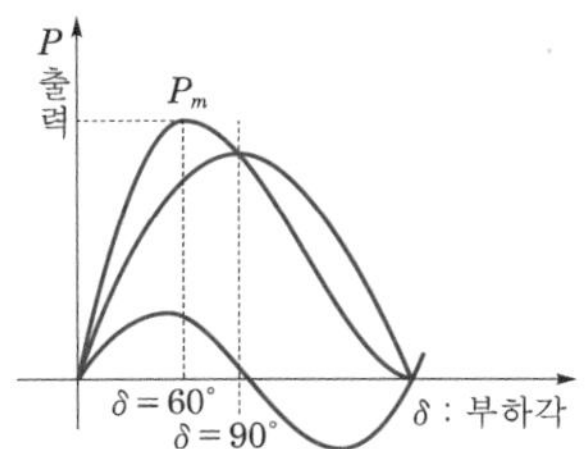

▌돌극기 출력 그래프▐

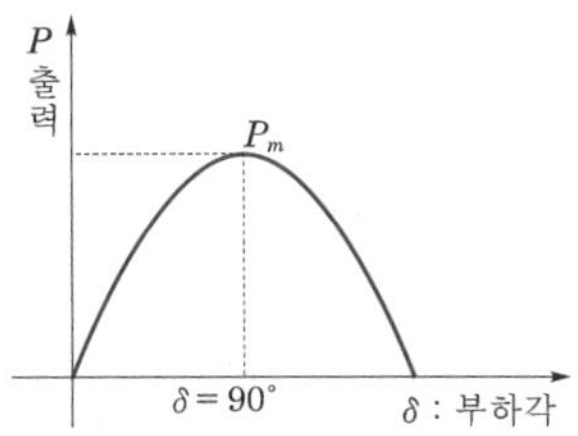

▌비돌극기 출력 그래프▐

02 정격이 5[kW], 100[V], 50[A], 1,800[rpm]인 타여자 직류 발전기가 있다. 무부하 시의 단자 전압[V]은? (단, 계자 전압 50[V], 계자 전류 5[A], 전기자 저항 0.2[Ω], 브러시의 전압강하는 2[V]이다.)

① 100　② 112
③ 115　④ 120

해설 직류 발전기의 무부하 단자 전압

$V_0(E) = V + I_a R_a + e_b = 100 + 50 \times 0.2 + 2$
$= 112$[V]

03 유도 전동기의 2차 여자 제어법에 대한 설명으로 틀린 것은?

① 역률을 개선할 수 있다.
② 권선형 전동기에 한하여 이용된다.
③ 동기 속도 이하로 광범위하게 제어할 수 있다.
④ 2차 저항손이 매우 커지며 효율이 저하된다.

해설 유도 전동기의 2차 여자 제어법은 2차(회전자)에 슬립 주파수 전압을 외부에서 공급하여 속도를 제어하는 방법으로 권선형에서만 사용이 가능하며 역률을 개선할 수 있고, 광범위로 원활하게 제어할 수 있으며 효율도 양호하다.

04 3상 유도 전동기의 기계적 출력 P[kW], 회전수 N[rpm]인 전동기의 토크[N·m]는?

① $0.46\dfrac{P}{N}$

② $0.855\dfrac{P}{N}$

③ $975\dfrac{P}{N}$

④ $9,549.3\dfrac{P}{N}$

해설 전동기의 토크 $T = \dfrac{P}{\omega} = \dfrac{P}{2\pi\dfrac{N}{60}}$

$= \dfrac{60 \times 10^3}{2\pi}\dfrac{P}{N}$

$= 9,549.3\dfrac{P}{N}$[N·m]

정답 01. ④ 02. ② 03. ④ 04. ④

05 일정 전압 및 일정 파형에서 주파수가 상승하면 변압기 철손은 어떻게 변하는가?

① 증가한다.
② 감소한다.
③ 불변이다.
④ 증가와 감소를 반복한다.

해설 공급 전압이 일정한 상태에서 와전류손은 주파수와 관계없이 일정하며, 히스테리시스손은 주파수에 반비례하고 철손의 80[%]가 히스테리시스손인 관계로 철손은 주파수에 반비례한다.

06 변압기 여자 회로의 어드미턴스 Y_0[℧]를 구하면? (단, I_0는 여자 전류, I_i는 철손 전류, I_ϕ는 자화 전류, g_0는 컨덕턴스, V_1는 인가 전압이다.)

① $\dfrac{I_0}{V_1}$　② $\dfrac{I_i}{V_1}$
③ $\dfrac{I_\phi}{V_1}$　④ $\dfrac{g_0}{V_1}$

해설 여자 어드미턴스$(Y_0)=\sqrt{{g_0}^2+{b_0}^2}=\dfrac{I_0}{V_1}$[℧]

07 부스트(boost) 컨버터의 입력 전압이 45[V]로 일정하고, 스위칭 주기가 20[kHz], 듀티비(duty ratio)가 0.6, 부하 저항이 10[Ω]일 때 출력 전압은 몇 [V]인가? (단, 인덕터에는 일정한 전류가 흐르고 커패시터 출력 전압의 리플 성분은 무시한다.)

① 27　② 67.5
③ 75　④ 112.5

해설 부스트(boost) 컨버터의 출력 전압 V_o

$$V_o=\frac{1}{1-D}V_i=\frac{1}{1-0.6}\times 45=112.5[\mathrm{V}]$$

여기서, D : 듀티비(Duty ratio)
부스트 컨버터 : 직류→직류로 승압하는 변환기

08 무부하의 장거리 송전 선로에 동기 발전기를 접속하는 경우, 송전 선로의 자기 여자 현상을 방지하기 위해서 동기 조상기를 사용하였다. 이때 동기 조상기의 계자 전류를 어떻게 하여야 하는가?

① 계자 전류를 0으로 한다.
② 부족 여자로 한다.
③ 과여자로 한다.
④ 역률이 1인 상태에서 일정하게 한다.

해설 동기 발전기의 자기 여자 현상은 진상(충전) 전류에 의해 무부하 단자 전압이 상승하는 작용으로 동기 조상기가 리액터 작용을 할 수 있도록 부족 여자로 운전하여야 한다.

09 직류 직권 전동기에서 위험한 상태로 놓인 것은?

① 정격전압, 무여자
② 저전압, 과여자
③ 전기자에 고저항이 접속
④ 계자에 저저항 접속

해설 직권 전동기의 회전 속도 $N=K\dfrac{V-I_a(R_a+r_f)}{\phi}$ $\propto\dfrac{1}{\phi}\propto\dfrac{1}{I_f}$이고 정격전압, 무부하(무여자) 상태에서 $I=I_f\fallingdotseq 0$이므로 $N\propto\dfrac{1}{0}=\infty$로 되어 위험 속도에 도달한다.
직류 직권 전동기는 부하가 변화하면 속도가 현저하게 변하는 특성(직권 특성)을 가지므로 무부하에 가까워지면 속도가 급격하게 상승하여 원심력으로 파괴될 우려가 있다.

10 3상 유도 전동기의 2차 입력 P_2, 슬립이 s일 때의 2차 동손 P_{2c}는?

① $P_{2c}=\dfrac{P_2}{s}$　② $P_{2c}=sP_2$
③ $P_{2c}=s^2P_2$　④ $P_{2c}=(1-s)P_2$

해설 $P_2 : P_{2c}=1 : s$
$\therefore\ P_{2c}=sP_2$

정답 05. ② 06. ① 07. ④ 08. ② 09. ① 10. ②

11 일반적인 DC 서보 모터의 제어에 속하지 않는 것은?

① 역률 제어
② 토크 제어
③ 속도 제어
④ 위치 제어

해설 DC 서보 모터(servo motor)는 위치 제어, 속도 제어 및 토크 제어에 광범위하게 사용된다.

12 3상 유도 전동기의 원선도를 그리려면 등가회로의 상수를 구할 때에 몇 가지 실험이 필요하다. 시험이 아닌 것은?

① 무부하 시험
② 구속 시험
③ 고정자 권선의 저항 측정
④ 슬립 측정

해설 **원선도 작성 시 필요한 시험**
- 무부하 시험
- 구속 시험
- 권선의 저항 측정

13 부하의 역률이 0.6일 때 전압변동률이 최대로 되는 변압기가 있다. 역률 1.0일 때의 전압변동률이 3[%]라고 하면 역률 0.8에서의 전압변동률은 몇 [%]인가?

① 4.4　　② 4.6
③ 4.8　　④ 5.0

해설 부하 역률 100[%]일 때 $\varepsilon_{100}=p=3[\%]$
최대 전압변동률 ε_{max} 은 부하 역률 $\cos\phi_m$ 일 때이므로

$$\cos\phi_m=\frac{p}{\sqrt{p^2+q^2}}=0.6$$

$$\frac{3}{\sqrt{3^2+q^2}}=0.6$$

$\therefore\ q=4[\%]$

부하 역률이 80[%]일 때

$$\therefore\ \varepsilon_{80}=p\cos\phi+q\sin\phi$$
$$=3\times0.8+4\times0.6=4.8[\%]$$

또한 최대 전압변동률(ε_{max})

$$\therefore\ \varepsilon_{max}=\sqrt{p^2+q^2}=\sqrt{3^2+4^2}=5[\%]$$

14 동기 전동기에서 전기자 반작용을 설명한 것 중 옳은 것은?

① 공급 전압보다 앞선 전류는 감자 작용을 한다.
② 공급 전압보다 뒤진 전류는 감자 작용을 한다.
③ 공급 전압보다 앞선 전류는 교차 자화 작용을 한다.
④ 공급 전압보다 뒤진 전류는 교차 자화 작용을 한다.

해설 **동기 전동기의 전기자 반작용**
- 횡축 반작용 : 전기자 전류와 전압이 동위상일 때
- 직축 반작용 : 직축 반작용은 동기 발전기와 반대 현상
  - 증자 작용 : 전류가 전압보다 뒤질 때
  - 감자 작용 : 전류가 전압보다 앞설 때

15 어느 분권 전동기의 정격 회전수가 1,500[rpm]이다. 속도 변동률이 5[%]라 하면 공급 전압과 계자 저항의 값을 변화시키지 않고 이것을 무부하로 하였을 때의 회전수[rpm]는?

① 1,265　　② 1,365
③ 1,436　　④ 1,575

해설 $\varepsilon=5[\%]$, $N=1{,}500[\text{rpm}]$이므로

$$\varepsilon=\frac{N_0-N}{N}\times100$$

$$\therefore\ N=N_n\left(1+\frac{\varepsilon}{100}\right)$$
$$=1{,}500\times\left(1+\frac{5}{100}\right)=1{,}575[\text{rpm}]$$

정답 11. ① 12. ④ 13. ③ 14. ① 15. ④

16 **변압기의 보호 방식 중 비율 차동 계전기를 사용하는 경우는?**

① 고조파 발생을 억제하기 위하여
② 과여자 전류를 억제하기 위하여
③ 과전압 발생을 억제하기 위하여
④ 변압기 상간 단락 보호를 위하여

해설 비율 차동 계전기는 입력 전류와 출력 전류 관계비에 의해 동작하는 계전기로서 변압기의 내부 고장(상간 단락, 권선 지락 등)으로부터 보호를 위해 사용한다.

17 **실리콘 정류 소자(SCR)와 관계없는 것은?**

① 교류 부하에서만 제어가 가능하다.
② 아크가 생기지 않으므로 열의 발생이 적다.
③ 턴온(turn on)시키기 위해서 필요한 최소의 순전류를 래칭(latching) 전류라 한다.
④ 게이트 신호를 인가할 때부터 도통할 때까지의 시간이 짧다.

해설 실리콘 정류 소자(SCR)는 직류와 교류를 모두 제어할 수 있다.

18 **직류 발전기의 단자 전압을 조정하려면 어느 것을 조정하여야 하는가?**

① 기동 저항
② 계자 저항
③ 방전 저항
④ 전기자 저항

해설 단자 전압 $V=E-I_aR_a$

유기기전력 $E=\frac{Z}{a}p\phi\frac{N}{60}=K\phi N$

유기기전력이 자속(ϕ)에 비례하므로 단자 전압은 계자 권선에 저항을 연결하여 조정한다.

19 **동기 발전기의 병렬 운전 중 여자 전류를 증가시키면 그 발전기는?**

① 전압이 높아진다.
② 출력이 커진다.
③ 역률이 좋아진다.
④ 역률이 나빠진다.

해설 동기 발전기의 병렬 운전 중 여자 전류를 증가시키면 그 발전기는 무효 전력이 증가하여 역률이 나빠지고, 상대 발전기는 무효 전력이 감소하여 역률이 좋아진다.

20 **단상 정류자 전동기의 일종인 단상 반발 전동기에 해당되는 것은?**

① 시라게 전동기
② 반발 유도 전동기
③ 아트킨손형 전동기
④ 단상 직권 정류자 전동기

해설 직권 정류자 전동기에서 분화된 단상 반발 전동기의 종류는 아트킨손형(Atkinson type), 톰슨형(Thomson type) 및 데리형(Deri type)이 있다.

정답 16. ④ 17. ① 18. ② 19. ④ 20. ③

2024년 제3회 CBT 기출복원문제

01 변압기를 △－Y로 결선했을 때, 1차, 2차의 전압 위상차는?

① 0° ② 30°
③ 60° ④ 90°

해설 Y 결선에서 선간 전압은 상전압보다 $\sqrt{3}$ 배 크고, 위상은 30° 앞선다.

$V_l = \sqrt{3}\, V_p \angle 30°$[V]

2차 전압이 1차 전압보다 위상이 30° 앞선다.

02 단상 정류자 전동기에 보상 권선을 사용하는 이유는?

① 정류 개선
② 기동 토크 조절
③ 속도 제어
④ 역률 개선

해설 단상 정류자 전동기는 약계자, 강전기자형이기 때문에 전기자 권선의 리액턴스가 크게 되어 역률 저하의 원인이 된다. 그러므로 고정자에 보상 권선을 설치해서 전기자 반작용을 상쇄하여 역률을 개선한다.

03 동기 조상기를 부족 여자로 사용하면? (단, 부족 여자는 역률이 1일 때의 계자 전류보다 작은 전류를 의미한다.)

① 일반 부하의 뒤진 전류를 보상
② 리액터로 작용
③ 저항손의 보상
④ 커패시터로 작용

해설 동기 조상기의 계자 전류를 조정하여 부족 여자로 운전하면 리액터로 작용하고, 과여자 운전하면 커패시터로 작용한다.

04 동기 발전기의 3상 단락 곡선에서 나타내는 관계로 옳은 것은?

① 계자 전류와 단자 전압
② 계자 전류와 부하 전류
③ 부하 전류와 단자 전압
④ 계자 전류와 단락 전류

해설 동기 발전기의 3상 단락 곡선은 3상 단락 상태에서 계자 전류가 증가할 때 단락 전류의 변화를 나타낸 곡선이다.

05 4극 단중 파권 직류 발전기의 전전류가 I[A]일 때, 전기자 권선의 각 병렬 회로에 흐르는 전류는 몇 [A]가 되는가?

① $4I$ ② $2I$
③ $\frac{I}{2}$ ④ $\frac{I}{4}$

해설 단중 파권 직류 발전기의 병렬 회로수 $a=2$이므로 각 권선에 흐르는 전류 $i=\frac{I}{a}=\frac{I}{2}$[A]

06 3상 동기 발전기를 병렬 운전하는 도중 여자 전류를 증가시킨 발전기에서는 어떤 현상이 생기는가?

① 무효 전류가 감소한다.
② 역률이 나빠진다.
③ 전압이 높아진다.
④ 출력이 커진다.

해설 여자 전류를 증가시킨다는 것은 무효 전력을 증가시키는 것과 같은 효과가 있기 때문에 무효 전력이 증가하므로 일시적으로 역률이 저하된다.

정답 01. ② 02. ④ 03. ② 04. ④ 05. ③ 06. ②

07 전기자 지름 0.2[m]의 직류 발전기가 1.5[kW]의 출력에서 1,800[rpm]으로 회전하고 있을 때 전기자 주변 속도는 약 몇 [m/s]인가?

① 18.84 ② 21.96
③ 32.74 ④ 42.85

해설 전기자 주변 속도 $v=\frac{x}{t}=2\pi r\frac{N}{60}$

$v=\pi D\frac{N}{60}=\pi\times0.2\times\frac{1,800}{60}=18.84[\text{m/s}]$

08 3상 유도 전동기의 운전 중 전압을 80[%]로 낮추면 부하 회전력은 몇 [%]로 감소되는가?

① 94 ② 80
③ 72 ④ 64

해설 $\frac{\tau_s'}{\tau_s}=\left(\frac{V'}{V}\right)^2$

$\therefore\ \tau_s'=\tau_s\left(\frac{V'}{V}\right)^2=\tau_s\times(0.8)^2=0.64\tau_s$

즉, 부하 토크는 64[%]로 된다.

09 단상 전파 정류로 직류 450[V]를 얻는 데 필요한 변압기 2차 권선의 전압은 몇 [V]인가?

① 525 ② 500
③ 475 ④ 465

해설 직류 전압 $E_d=\frac{2\sqrt{2}}{\pi}E[\text{V}]$이므로

교류 전압 $E=E_d\cdot\frac{\pi}{2\sqrt{2}}$

$=450\times\frac{\pi}{2\sqrt{2}}$

$=500[\text{V}]$

10 동일 용량의 변압기 2대를 사용해 3,300[V]의 3상 간선에서 220[V]의 2상 전력을 얻으려면 T좌 변압기의 권수비는 약 얼마인가?

① 15.34 ② 12.99
③ 17.31 ④ 16.52

해설 변압기의 상수 변환을 위한 스코트 결선(T결선)에서 T좌 변압기의 권수비

$a_T=\frac{\sqrt{3}}{2}a_{주}$

$=\frac{\sqrt{3}}{2}\times\frac{3,300}{220}$

$\fallingdotseq 12.99$

11 전기 기기에 있어 와전류손(eddy current loss)을 감소시키기 위한 방법은?

① 냉각 압연
② 보상 권선 설치
③ 교류 전원을 사용
④ 규소 강판을 성층하여 사용

해설 자기 회로인 철심에서 시간적으로 자속이 변화할 때 맴돌이 전류에 의한 와전류손을 감소하기 위해 얇은 강판을 절연(바니시 등)하여 성층 철심한다.

12 서보 모터의 특징에 대한 설명으로 틀린 것은?

① 발생 토크는 입력 신호에 비례하고, 그 비가 클 것
② 직류 서보 모터에 비하여 교류 서보 모터의 시동 토크가 매우 클 것
③ 시동 토크는 크나, 회전부의 관성 모멘트가 작고, 전기력 시정수가 짧을 것
④ 빈번한 시동, 정지, 역전 등의 가혹한 상태에 견디도록 견고하고, 큰 돌입 전류에 견딜 것

해설 서보 모터(Servo motor)는 위치, 속도 및 토크 제어용 모터로 시동 토크는 크고, 관성 모멘트가 작으며 교류 서보 모터에 비하여 직류 서보 모터의 기동 토크가 크다.

정답 07. ① 08. ④ 09. ② 10. ② 11. ④ 12. ②

13 사이리스터에서의 래칭 전류에 관한 설명으로 옳은 것은?

① 게이트를 개방한 상태에서 사이리스터 도통 상태를 유지하기 위한 최소의 순전류
② 게이트 전압을 인가한 후에 급히 제거한 상태에서 도통 상태가 유지되는 최소의 순전류
③ 사이리스터의 게이트를 개방한 상태에서 전압을 상승하면 급히 증가하게 되는 순전류
④ 사이리스터가 턴온하기 시작하는 순전류

해설 게이트 개방 상태에서 SCR이 도통되고 있을 때 그 상태를 유지하기 위한 최소의 순전류를 유지 전류(holding current)라 하고, 턴온되려고 할 때는 이 이상의 순전류가 필요하며, 확실히 턴온시키기 위해서 필요한 최소의 순전류를 래칭 전류라 한다.

14 권선형 유도 전동기의 속도 – 토크 곡선에서 비례 추이는 그 곡선이 무엇에 비례하여 이동하는가?

① 슬립 ② 회전수
③ 공급 전압 ④ 2차 저항

해설 3상 권선형 유도 전동기는 동일 토크에서 2차 저항을 증가하면 슬립이 비례하여 증가한다. 따라서 토크 곡선이 2차 저항에 비례하여 이동하는 것을 토크의 비례 추이라 한다.

15 1차 전압 6,900[V], 1차 권선 3,000회, 권수비 20의 변압기가 60[Hz]에 사용할 때 철심의 최대 자속[Wb]은?

① 0.76×10^{-4} ② 8.63×10^{-3}
③ 80×10^{-3} ④ 90×10^{-3}

해설 $E_1 = 4.44 f \omega_1 \phi_m$ [V]

$$\therefore \phi_m = \frac{E_1}{4.44 f \omega_1} = \frac{6{,}900}{4.44 \times 60 \times 3{,}000} \fallingdotseq 8.63 \times 10^{-3} \text{ [Wb]}$$

16 변압기의 임피던스 와트와 임피던스 전압을 구하는 시험은?

① 부하 시험 ② 단락 시험
③ 무부하 시험 ④ 충격 전압 시험

해설 임피던스 전압 V_s는 변압기 2차측을 단락했을 때 단락 전류가 정격 전류와 같은 값을 가질 때 1차측에 인가한 전압이며, 임피던스 와트는 임피던스 전압을 공급할 때 변압기의 입력으로, 임피던스 와트와 임피던스 전압을 구하는 시험은 단락 시험이다.

17 일반적인 농형 유도 전동기에 관한 설명 중 틀린 것은?

① 2차측을 개방할 수 없다.
② 2차측의 전압을 측정할 수 있다.
③ 2차 저항 제어법으로 속도를 제어할 수 없다.
④ 1차 3선 중 2선을 바꾸면 회전 방향을 바꿀 수 있다.

해설 농형 유도 전동기는 2차측(회전자)이 단락 권선으로 되어 있어 개방할 수 없고, 전압을 측정할 수 없으며, 2차 저항을 변화하여 속도 제어를 할 수 없고 1차 3선 중 2선의 결선을 바꾸면 회전 방향을 바꿀 수 있다.

18 교류 발전기의 고조파 발생을 방지하는 데 적합하지 않은 것은?

① 전기자 슬롯을 스큐 슬롯으로 한다.
② 전기자 권선의 결선을 Y형으로 한다.
③ 전기자 반작용을 작게 한다.
④ 전기자 권선을 전절권으로 감는다.

해설 교류(동기) 발전기의 고조파 발생을 방지하여 기전력의 파형을 개선하려면 전기자 권선을 분포권, 단절권으로 하여 Y결선을 하고 전기자 반작용을 작게 하며 경사 슬롯(skew slot)을 채택한다.

정답 13. ④ 14. ④ 15. ② 16. ② 17. ② 18. ④

19 단상 및 3상 유도 전압 조정기에 대한 설명으로 옳은 것은?

① 3상 유도 전압 조정기에는 단락 권선이 필요 없다.

② 3상 유도 전압 조정기의 1차와 2차 전압은 동상이다.

③ 단락 권선은 단상 및 3상 유도 전압 조정기 모두 필요하다.

④ 단상 유도 전압 조정기의 기전력은 회전 자계에 의해서 유도된다.

해설 3상 유도 전압 조정기는 권선형 3상 유도 전동기와 같이 1차 권선과 2차 권선이 있으며 단락 권선은 필요 없다. 기전력은 회전 자계에 의해 유도되며 1차 전압과 2차 전압 사이에는 위상차 α가 생긴다.

20 직류 분권 전동기의 단자 전압과 계자 전류를 일정하게 하고 2배의 속도로 2배의 토크를 발생하는 데 필요한 전력은 처음 전력의 몇 배인가?

① 2배 ② 4배

③ 8배 ④ 불변

해설 출력 $P \propto \tau \cdot N$

속도와 토크를 모두 2배가 되도록 하려면 출력(전력)을 처음의 4배로 하여야 한다.

정답 19. ① 20. ②

전기 시리즈 감수위원

구영모 연성대학교
김우성, 이돈규 동의대학교
류선희 대양전기직업학교
박동렬 서영대학교
박명석 한국폴리텍대학 광명융합캠퍼스
박재준 중부대학교
신재현 경기인력개발원
오선호 한국폴리텍대학 화성캠퍼스
이재원 대산전기직업학교
차대중 한국폴리텍대학 안성캠퍼스
허동렬 경남정보대학교

가나다 순

03 전기기기

2022. 1. 15. 초 판 1쇄 발행
2025. 1. 8. 3차 개정증보 3판 1쇄 발행

검인

지은이 | 임한규
펴낸이 | 이종춘
펴낸곳 | BM ㈜도서출판 성안당
주소 | 04032 서울시 마포구 양화로 127 첨단빌딩 3층(출판기획 R&D 센터)
10881 경기도 파주시 문발로 112 파주 출판 문화도시(제작 및 물류)
전화 | 02) 3142-0036
031) 950-6300
팩스 | 031) 955-0510
등록 | 1973. 2. 1. 제406-2005-000046호
출판사 홈페이지 | **www.cyber.co.kr**
ISBN | 978-89-315-1333-2 (13560)
정가 | 22,000원

이 책을 만든 사람들
책임 | 최옥현
진행 | 박경희
교정 · 교열 | 김원갑, 최주연
전산편집 | 이지연
표지 디자인 | 임흥순
홍보 | 김계향, 임진성, 김주승, 최정민
국제부 | 이선민, 조혜란
마케팅 | 구본철, 차정욱, 오영일, 나진호, 강호묵
마케팅 지원 | 장상범
제작 | 김유석